GANG JIEGOU JIBEN YUANLI

最新规范

"十二五"普通高等教育本科国家级规划教材

U0184447

钢结构
基本原理 （第5版）

主 编 许 蔚 史世伦
副主编 李晓琴 王 鹏

重庆大学出版社

内容提要

本书是"十二五"普通高等教育本科国家级规划教材《钢结构基本原理》(第4版)的修订版。

本书根据《钢结构设计标准》(GB 50017—2017)等现行标准、规范编写而成,主要介绍钢结构设计的基本原理。主要内容包括概述、钢结构的材料、钢结构的连接、轴心受力构件(含钢索)、受弯构件、拉弯和压弯构件等。

本书可作为高等院校土木工程及相关专业本科和专科学生的教材,也可作为从事土木工程设计、施工、科研的技术人员参考用书。

图书在版编目(CIP)数据

钢结构基本原理/许蔚,史世伦主编. --5 版. --
重庆:重庆大学出版社,2023.1
高等学校土木工程本科系列教材
ISBN 978-7-5689-3962-1

Ⅰ.①钢… Ⅱ.①许… ②史… Ⅲ.①钢结构—高等
学校—教材 Ⅳ.①TU391

中国国家版本馆 CIP 数据核字(2023)第 096179 号

钢结构基本原理
(第5版)
主 编 许 蔚 史世伦
副主编 李晓琴 王 鹏
策划编辑 鲁 黎

责任编辑:鲁 黎 版式设计:鲁 黎
责任校对:王 倩 责任印制:张 策
*
重庆大学出版社出版发行
出版人:饶帮华
社址:重庆市沙坪坝区大学城西路 21 号
邮编:401331
电话:(023)88617190 88617185(中小学)
传真:(023)88617186 88617166
网址:http://www.cqup.com.cn
邮箱:fxk@ cqup.com.cn(营销中心)
全国新华书店经销
重庆市国丰印务有限责任公司印刷
*
开本:787mm×1092mm 1/16 印张:20.25 字数:519 千
2002 年 2 月第 1 版 2023 年 1 月第 5 版 2023 年 1 月第 13 次印刷
印数:30 901—32 900
ISBN 978-7-5689-3962-1 定价:49.00 元

第5版前言

本书自 2002 年第 1 版出版以来,受到各使用单位的好评,并提出修改建议。2005 年、2008 年和 2012 年分别修订出版了第 2、3、4 版,使用学校也逐渐增加,被评为全国大学版协优秀畅销书。2006 年,本书被列入教育部普通高等教育"十一五"国家级规划教材建设项目;2014 年被列入教育部普通高等教育"十二五"国家级规划教材建设项目。经过编者和出版社多年的共同努力,对书中内容做了调整与充实,使教材质量得到进一步提高。

近年来,与钢结构相关的设计、施工和材料的标准、规范相继更新,包括《钢结构设计标准》(GB 50017—2017)、《钢结构通用规范》(GB 55006—2021)、《工程结构通用规范》(GB 55001—2021)、《建筑结构可靠性设计统一标准》(GB 50068—2018)、《钢结构工程施工质量验收标准》(GB 50205—2020)、《低合金高强度钢》(GB/T 1591—2018)等,钢结构行业也出现了许多新的发展成果。本次修订以习近平新时代中国特色社会主义思想为指导,基于扩充学生视野,增强创新意识的编写理念,将相关标准、规范的最新规定及行业发展最新成果融入本书中,使学生能学习到最新的内容,适应毕业后的工作。同时,本次修订也吸纳了广大读者使用过程中反馈的一些宝贵建议。

本书适用于普通高等学校土木工程专业及相关专业本科学生,也可供从事土木工程设计、施工、科研的技术人员及参加注册结构工程师执业资格考试的考生参考。

本书由许蔚、史世伦担任主编。参加本书编写的人员有:许蔚(第 1 章)、史世伦(第 2、6 章及部分附录)、李晓琴(第 3 章及相应的附表)、王鹏(第 5 章)、双超(第 4 章及部分附录)。在编写过程中,教研室同仁赵惠敏、王海莹、王俊平提供了修改建议,研究生张田协助绘制了部分插图。

限于编者的水平,书中难免存在错漏之处,恳请读者批评指正。

编 者

2022 年 6 月

目 录

第 **1** 章 概 述

1.1 钢结构的特点和应用范围

钢结构的特点和
应用范围

1.1.1 钢结构的特点

由钢板、热轧型钢、冷加工成型的薄壁型钢以及钢索制成的工程结构称为钢结构。钢结构（steel structure）有以下特点：

（1）钢材强度高，结构重量轻

钢材与混凝土和木材相比，虽然容重较大，但由于强度（strength）很高，容重与屈服点的比值相对较低。因此，在承载力相同的条件下，钢结构与钢筋混凝土结构、木结构相比，构件体积小，结构重量轻，运输和安装方便。例如，当跨度和荷载相同时，普通钢屋架的重量仅为钢筋混凝土屋架重量的 1/4 ~ 1/3。若采用薄壁型钢屋架则更轻。所以钢结构特别适用于跨度大、建筑物高、荷载重的结构，也适用于要求装拆和移动的结构。

（2）材质均匀，有良好的塑性和韧性

与钢筋混凝土和木材相比，钢材的内部组织比较均匀，各个方向的物理力学性能基本相同，可视为各向同性材料，钢材的弹性模量（modulus of elasticity）大（$E = 2.06 \times 10^5 \text{ N/mm}^2$），具有良好的塑性（plasticity）和韧性（toughness）。这些物理力学性能，最符合目前所采用的计算方法和结构分析中的基本假定，所以钢结构的实际受力情况与结构分析结果最接近，在使用中安全可靠。

（3）安装方便，施工周期短

钢结构装配化程度高，一般均采用工厂制造后运至工地安装，因此具有精确度高和大件、批量生产的特点，现场装配速度很快，施工（construction）周期很短。例如，建筑面积为 10 000 m² 左右的轻钢结构厂房，全部钢结构仅需一个月即可安装完毕，因此可以节省投资，降低造价，提高经济效益和资金周转率。

（4）密闭性好

由于钢材具有不渗漏性和可焊性（weldability），因此可以采用焊接制成完全密封的焊接密闭结构。例如,气密性和水密性要求较高的高压容器、大型油库、煤气柜、大型管道等板壳结构。

（5）钢结构耐热,但不耐火

当钢材温度在150 ℃以内时,物理力学性能变化很小,当在250 ℃左右时,钢材的抗拉强度提高而塑性降低,冲击韧性下降;当温度高于300 ℃时,屈服点和极限强度急剧下降;温度到达600 ℃左右时,强度接近于零。钢结构通常在温度450~650 ℃时,失去承载能力,所以钢结构耐热（≤150 ℃）,但不耐火。当钢结构长期经受150 ℃以上的辐射热时,必须在局部区域采取隔热保护措施。此外,对轻型钢结构还应根据建筑物的耐火极限时间,对承重构件采取有效的防护措施,如涂刷防火涂料等,但费用较高。

（6）钢结构易锈蚀,维护费用大

钢结构的最大缺点是容易锈蚀(rustiness),新建的钢结构必须先除锈,然后刷防锈涂料或镀锌,且每隔一段时间要重复一次,维护费用较大。若采用不易锈蚀的耐候钢,则可节省大量劳动力和维护费用,但一次性投入较大,目前还较少采用。

1.1.2　钢结构的应用范围

（1）重型厂房结构

重型厂房是指设有起重量很大（100 t以上）或运行非常频繁（重级工作制）的吊车的厂房,以及直接承受很大振动荷载或受振动荷载影响很大的厂房。例如,冶炼厂的平炉车间、热轧车间、混铁炉车间;重型机械厂的铸钢车间、锻压车间、水压机车间;造船厂的船体车间;飞机制造厂的装配车间等。

（2）大跨度房屋的屋盖结构

结构的跨度越大,其自重在全部荷载中所占的比例越大。由于钢结构具有强度高、自重轻的优点,最适用于大跨度结构(large span structure),如飞机库、体育馆、展览厅、影剧院、大型交易市场等屋盖结构。

（3）高层及多层建筑

钢结构由于结构自重轻、构件体积小、装配化程度高,对高层结构(high-rise structure)特别有利。因此,在高层建筑,特别是超高层建筑中,宜采用钢结构或钢结构框架与钢筋混凝土筒体相结合的组合结构。此外,钢结构还适用于多层工业厂房(industrial plant building),如炼油工业中的多层多跨框架等。

（4）轻型钢结构

轻型钢结构(light steel structure)是由冷弯薄壁型钢、薄壁钢管或小角钢、圆钢等组成的结构。屋面和墙体常用压型钢板等轻质材料。由于轻型钢结构具有建造速度快、用钢量省、综合经济效益好等优点,适用于吊车吨位不大于20 t的中、小跨度单层厂房、仓库以及中、小型体育馆等大空间民用建筑。此外,由于轻型钢结构装拆方便,宜用于需要拆迁的结构。

（5）其他结构

1）塔桅结构

塔桅结构包括电视塔、微波塔、无线电桅杆、高压输电塔、石油钻井塔、化工排气塔、导航塔及火箭发射塔等。

2）板壳结构

板壳结构包括大型储气柜、储液库等要求密闭的容器以及大直径高压输油管、输气管等。另外,还有高炉的炉壳、轮船的船体等。

3)桥梁结构

钢结构一般用于跨度大于 40 m 的各种形式的大、中跨度桥梁。

4)移动式结构

移动式结构包括桥式起重机、塔式起重机、龙门式起重机、缆式起重机、装卸桥等起重运输机械以及水工闸门、升船机等。

1.2　钢结构的设计方法

钢结构的设计方法

1.2.1　基本要求

钢结构设计要贯彻技术先进、经济合理、安全适用、确保质量的基本原则,具体应满足下列几项基本要求:

①所设计的结构必须安全可靠,保证结构在运输、安装和使用过程中具有足够的强度、刚度、整体稳定和局部稳定。

②必须满足建筑物的使用要求,合理选用钢材,精心设计,保证结构有良好的耐久性。

③在设计中尽可能地采用先进的设计理论、新型的结构形式和连接方式,优先选用高强度低合金钢等优质钢材,以便减轻结构自重和节省钢材。

④设计时尽量使结构构造简单,制造、运输、安装方便,从而缩短建筑物施工周期,降低造价。

⑤采取有效措施,提高钢结构的防锈蚀能力和满足钢结构的防火要求。

⑥钢结构的外形,在可能的条件下,应满足简洁美观的要求。

1.2.2　设计方法及其发展

(1)容许应力设计法

容许应力设计法(allowable stress design method),即把钢材可以使用的最大强度,除以一个安全系数,作为结构设计时容许达到的最大应力——容许应力。设计应力必须小于或等于容许应力,表达式为:

$$\sigma = \frac{\sum N_i}{S} \leqslant \frac{f_y}{K} = [\sigma] \tag{1.1}$$

式中　σ —— 构件的设计应力;

　　$[\sigma]$ —— 钢材的容许应力;

　　$\sum N_i$ —— 根据标准荷载求得的内力组合值;

　　S —— 构件的几何特性;

　　f_y —— 钢材的屈服点;

　　K —— 安全系数。

容许应力法没有考虑荷载和材料性能的随机变异性,而是把它们视为固定不变的定值。为了保证结构的可靠性,引入一个定值的安全系数,故称为定值法。在实际工程中,各种荷载所引起的结构内力(称为荷载效应 S)与结构的承载能力和抵抗变形的能力(称为结构抗力 R)均受各种偶然因素影响,都是随时间或空间变动的随机变量,在结构设计中应考虑上述变量的随机性。因此,定值法并不能真正度量结构的可靠度,所以定值理论对结构可靠度的研究,是处于以经验为基础的定性分析阶段。在钢结构的疲劳计算中目前仍在使用此法。

(2)半概率极限状态设计法

随着科学技术的发展,概率论在建筑结构中的应用日益广泛,现在不仅应用于结构试验数据的统计分析,而且在结构可靠度概率设计理论方面也日趋成熟。结构设计方法逐渐由定值法过渡到概率法,把结构可靠度的研究,由以经验为基础的定性分析阶段,提高到以概率论、数理统计为基础的定量分析阶段。

20 世纪 50 年代出现了极限状态设计法(limit-state design method)。这种方法的特点是规定了结构的两种极限状态:承载能力极限状态和正常使用极限状态,并引入了 3 个系数,荷载系数——考虑荷载可能的变动;匀质系数——考虑材料性质的不一致性;工作条件系数——考虑结构或构件的工作特点,还考虑结构构件的计算尺寸与实际的构件可能不完全相符等因素。另外,在荷载和材料强度取值上也部分地考虑了概率问题。因此,半概率极限状态设计法比容许应力法更科学、合理,其缺点是表达式较为复杂。1974 年,在《钢结构设计规范》(TJ 17—74)中,结合我国几十年来所积累的工程实践经验和资料,对结构的强度、稳定、变形的极限状态和影响结构可靠度的各种因素进行半经验、半概率的多系数分析,求出一个"安全系数",并将此法以容许应力法的形式表示为:

$$\sigma = \frac{\sum N_i}{S} \leqslant \frac{f_y}{K_1 \cdot K_2 \cdot K_3} = \frac{f_y}{K} \leqslant [\sigma] \tag{1.2}$$

式中 K_1——荷载系数;

K_2——材料系数;

K_3——调整系数。

其他符号同前。

(3)近似概率极限状态设计法

我国从 1989 年实施的《钢结构设计规范(code for design of steel structure)》(GBJ17—1988),2003 年实施的《钢结构设计规范》(GB 50017—2003)以及现行的《钢结构设计标准》(GB 50017—2017)采用以概率论为基础的一次二阶矩极限状态设计法。该方法简化了基本变量随时间变化的关系,同时,将一些复杂的关系进行了线性化,故称之为近似概率极限状态设计法,其要点将在 1.2.3 中介绍。

(4)全概率极限状态设计法

全概率极限状态设计法是将影响结构安全的各种因素分别采用随机变量或随机过程的概率模型来描述,对整个结构体系进行精确的概率分析后,用求得的失效概率直接度量结构的安全性。此法需大量的技术资料,目前尚不具备条件,世界各国都还尚未列入规范。但随着分析理论的发展和各种技术资料的丰富与积累,最终必将采用全概率设计法。

由于处理结构安全问题的广度和深度不同,半概率极限状态设计法、近似概率极限状态设计法和全概率极限状态设计法也称为概率极限状态设计法的 3 个水准。

1.2.3　概率极限状态设计法

(1) 结构的极限状态

当结构或构件超过某个特定的状态,就不能满足设计规定的某一功能要求时,则此特定状态称为该功能的极限状态。

实际结构必须满足下列功能要求:

①能承受正常使用和施工时可能出现的各种作用;

②在正常使用时具有良好的工作性能;

③在正常使用和维护下,具有足够的耐久性;

④在偶然事件(accident)发生时及发生后,能保持必需的整体稳定性(stability)。

结构的工作性能可用结构的功能函数描述,设 $x_1, x_2, \cdots, x_n$ 为 n 个随机变量,则:

$$Z = g(x_1, x_2, \cdots, x_n) \tag{1.3}$$

式中　Z——结构的功能函数,也可用结构的荷载效应 S 和抗力 R 来表达,即

$$Z = g(R, S) = R - S \tag{1.4}$$

式中 R 和 S 为两个基本的随机变量,Z 是 R 和 S 的函数,因此也是一个随机变量。

当 $Z>0$ 时,结构处于可靠状态;

当 $Z<0$ 时,结构处于失效状态;

当 $Z=0$ 时,结构处于极限状态。

由此可见,结构的极限状态是结构由可靠转变为失效的临界状态。

$$Z = g(R, S) = R - S = 0 \tag{1.5}$$

称为极限状态方程。

(2) 结构的可靠度

结构的可靠性(reliability)包括结构的安全性(safety)、适用性(usability)和耐久性(durability)。而结构的可靠度则是结构可靠性的概率度量,即结构在规定的时间内,在规定的条件下,完成预定功能的概率。这里所讲的完成预定功能的概率,就是满足前述四项基本功能的事件($Z \geqslant 0$)的概率。若以 p_s 表示结构的可靠度(degree of reliability),则有

$$p_s = p(Z \geqslant 0) \tag{1.6}$$

当结构处于失效状态($Z<0$)时的概率,称为失效概率(probability of failure),以 p_f 表示,即

$$p_f = p(Z < 0) \tag{1.7}$$

由于可靠度与失效概率是两个相反的概率,两者的关系应满足下式:

$$p_s = 1 - p_f \tag{1.8}$$

由式(1.8)可知,结构可靠度的计算可以转化为结构失效率的计算。用概率的观点来观察结构是否可靠,是指失效概率 p_f 是否已经达到可以接受的预定要求。在实际工程中绝对可靠的结构($p_s=1$),即失效概率为零($p_f=0$)的结构是没有的。

已知功能函数

$$Z = g(R, S) = R - S$$

设 $f_R(R)$ 和 $f_S(S)$ 分别是结构的抗力 R 和荷载效应 S 的概率密度函数,$f(R, S)$ 为 R 和 S 的联合概率密度函数,R 和 S 是相互独立的随机变量,则有

$$f(R, S) = f_R(R) \cdot f_S(S) \tag{1.9}$$

其失效概率为

$$p_f = p(Z < 0) = p(R - S < 0) = \iint\limits_{R-S<0} f(R,S)\,\mathrm{d}R\mathrm{d}S$$

$$= \iint\limits_{R-S<0} f_R(R) \cdot f_S(S)\,\mathrm{d}R\mathrm{d}S \tag{1.10}$$

若已知随机变量 R 和 S 的概率密度函数 $f_R(R)$ 和 $f_S(S)$，由上式可求得结构的失效概率 p_f，但由于影响结构可靠度的因素很多，且极为复杂，求 R 和 S 的理论概率密度困难很大，因此目前无法从上述理论公式直接求出结构的失效概率，这就是目前我们还不能采用全概率设计法的原因之一。

（3）可靠指标 β

在功能函数 $Z=R-S$ 中，R 和 S 是两个服从正态分布的随机变量，可分别求出它们的平均值 μ_R,μ_S 和标准差 σ_R,σ_S，则功能函数 Z 也服从正态分布，它的平均值和标准差分别为

$$\mu_Z = \mu_R - \mu_S, \sigma_Z = \sqrt{\sigma_R^2 + \sigma_S^2} \tag{1.11}$$

图 1.1 为功能函数 $Z=R-S$ 的正态分布图。图中由 $-\infty$ 到 0 的阴影面积为失效概率，其值为：

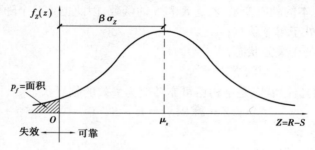

图 1.1　功能函数 $Z=R-S$ 的正态分布图

$$p_f = p\{z < 0\} = \int_{-\infty}^{0} f_z(z)\,\mathrm{d}z \tag{1.12}$$

$$\beta = \frac{\mu_Z}{\sigma_Z} = \frac{\mu_R - \mu_S}{\sqrt{\sigma_R^2 + \sigma_S^2}} \tag{1.13}$$

由式（1.13）可知，只要知道结构的抗力 R 和荷载效应 S 这两个随机变量的平均值 μ_R,μ_S 和方差 σ_R^2,σ_S^2，就可以求出 β。而从图中可以看出，β 与失效概率 p_f 之间存在着对应关系。当 β 变小时，阴影面积增大，即失效概率 p_f 增大；当 β 变大时，则相反，因此 β 可以作为衡量结构可靠度的一个数量指标，故称 β 为可靠指标（reliability index）。

$$p_f = \varphi(-\beta) \tag{1.14}$$

式中，$\varphi(-\beta)$ 为标准正态函数，只要知道可靠指标 β 的数值，即可查标准正态函数表，求出失效概率 p_f。表 1.1 为 β 与 p_f 的对应值。

表 1.1　正态分布随机函数的可靠指标 β 与失效概率 p_f 的对应值

β	4.5	4.2	4.0	3.7	3.5	3.2	3.0	2.7	2.5	2.0
p_f	3.4×10^{-6}	1.34×10^{-5}	3.17×10^{-5}	1.08×10^{-4}	2.33×10^{-4}	6.87×10^{-4}	1.35×10^{-3}	3.47×10^{-3}	6.21×10^{-3}	2.28×10^{-2}

为了使结构达到安全可靠与经济上的最佳平衡，必须选择一个结构的最优失效概率或目

标可靠指标,但这是一个非常复杂且困难的工作。目前我国与其他很多国家一样,采用"校准法",就是以长期的工程实践为基础,通过对原有设计的反演分析,找出校准点,再经过综合分析后,确定设计采用的目标可靠指标。对钢结构各类主要构件校准的结果,β 一般在 3.16 ~ 3.62。我国《建筑结构可靠性设计统一标准》(GB 50068—2018)按破坏类型(延性破坏或脆性破坏)和安全等级(根据破坏后果和建筑物类型分为一、二、三级)分别规定了各类构件的可靠指标,见表 1.2。用于一般工业与民用建筑物的钢结构,其构件设计的目标可靠指标一般为 3.2,钢结构连接的目标可靠指标比构件略高,一般推荐为 4.5。

表 1.2 结构构件承载能力极限状态设计时采用的可靠指标 β 值

破坏类型	安全等级			破坏类型	安全等级		
	一级	二级	三级		一级	二级	三级
延性破坏	3.7	3.2	2.7	脆性破坏	4.2	3.7	3.2

注:①延性破坏是指结构构件在破坏前有明显的变形或其他预兆;脆性破坏是指结构构件在破坏前无明显的变形或其他预兆。

②当承受偶然作用时,结构构件的可靠指标应符合相关规范的规定。当有特殊要求时,结构构件的可靠指标可不受本表限制。

对于特殊建筑钢结构,其安全等级可根据具体情况另行确定。当按抗震要求设计时,建筑结构的安全等级应符合《建筑抗震设计规范》(GB 50011—2010)的规定。

1.2.4 钢结构设计表达式

采用计算结构的失效概率 p_f 或可靠指标 β 与所定的最优失效概率或目标可靠指标相比较的设计方法,在实际设计时比较复杂,也较难掌握。因此,《钢结构设计标准》(GB 50017—2017)把以概率理论为基础的极限状态设计法,采用分项系数的设计表达式进行计算。

1)承载能力极限状态

承载能力极限状态(ultimate limit states)为结构或结构构件达到最大承载能力或不适宜继续承载的变形极限状态。

按承载能力极限状态设计时,应考虑荷载效应的基本组合,必要时应考虑荷载效应的偶然组合。

结构或结构构件的破坏或过度变形的承载能力极限状态设计,应符合下式要求:

$$\gamma_0 S_d \leqslant R_d \tag{1.15}$$

式中　γ_0——结构重要性系数,其值按《建筑结构可靠性设计统一标准》(GB 50068—2018)采用,见表 1.3;

S_d——作用组合的效应设计值;

R_d——结构或结构构件的抗力设计值。

表 1.3 结构重要性系数 γ_0

结构重要性系数	对持久设计状况和短暂设计状况			对偶然设计状况和地震设计状况
	安全等级			
	一级	二级	三级	
γ_0	1.1	1.0	0.9	1.0

对持久设计状况和短暂设计状况,应采用作用的基本组合。

基本组合的效应设计值应按式(1.16)中最不利值确定:

$$S_d = S\left(\sum_{i \geqslant 1} \gamma_{Gi} G_{ik} + \gamma_P P + \gamma_{Q1} \gamma_{L1} Q_{1k} + \sum_{j>1} \gamma_{Qj} \psi_{cj} \gamma_{Lj} Q_{jk}\right) \tag{1.16}$$

式中　$S(\cdot)$——作用组合的效应函数;

G_{ik}——第 i 个永久作用的标准值;

P——预应力作用的有关代表值;

Q_{1k}——第 1 个可变作用的标准值;

Q_{jk}——第 j 个可变作用的标准值;

γ_{Gi}——第 i 个永久作用的分项系数,应按表 1.4 采用;

γ_P——预应力作用的分项系数,应按表 1.4 采用;

γ_{Q1}——第 1 个可变作用的分项系数,应按表 1.4 采用;

γ_{Qj}——第 j 个可变作用的分项系数,应按表 1.4 采用;

γ_{L1}——第 1 个考虑结构设计使用年限的荷载调整系数,应按表 1.5 采用;

γ_{Lj}——第 j 个考虑结构设计使用年限的荷载调整系数,应按表 1.5 采用;

ψ_{cj}——第 j 个可变作用的组合值系数。

表 1.4　建筑结构的作用分项系数

作用分项系数	适用情况	
	当作用效应对承载力不利时	当作用效应对承载力有利时
γ_G	1.3	$\leqslant 1.0$
γ_P	1.3	1.0
γ_Q	1.5	0

表 1.5　建筑结构考虑结构设计使用年限的荷载调整系数 γ_L

结构设计使用年限/年	γ_L
5	0.9
50	1.0
100	1.1

当作用与作用效应按线性关系考虑时,基本组合的效应设计值应按式(1.17)中最不利值计算:

$$S_d = \sum_{i \geqslant 1} \gamma_{Gi} S_{Gik} + \gamma_P S_P + \gamma_{Q1} \gamma_{L1} S_{Q1k} + \sum_{j>1} \gamma_{Qj} \psi_{cj} \gamma_{Lj} S_{Qjk} \tag{1.17}$$

式中　S_{Gik}——第 i 个永久作用标准值的效应;

S_P——预应力作用有关代表值的效应;

S_{Q1k}——第 1 个可变作用标准值的效应;

S_{Qjk}——第 j 个可变作用标准值的效应。

对于荷载效应的偶然组合,应按《建筑结构可靠性设计统一标准》(GB 50068—2018)及《建筑结构荷载规范》(GB 50009—2012)确定。

2）正常使用极限状态

正常使用极限状态（serviceability limit states）为结构或结构构件达到正常使用的某项规定限值时的极限状态。按正常使用极限状态设计时，除钢与混凝土组合梁外，只考虑荷载短期效应组合。

对正常使用极限状态，按《建筑结构可靠性设计统一标准》（GB 50068—2018）的规定要求分别采用荷载的标准组合、频遇组合和准永久组合进行设计，使变形等计算值不超过相应的规定限值。对钢结构设计只考虑荷载的标准组合，其设计表达式为：

$$S_d = \sum_{i \geq 1} S_{Gik} + S_P + S_{Q1k} + \sum_{j > 1} \psi_{cj} S_{Qjk} \leq C \tag{1.18}$$

式中 C ——结构或构件达到正常使用要求的规定限值，如变形、裂缝、振幅等，按相关规范的规定采用。

式（1.18）中没有分项系数，只考虑各种荷载的标准值产生的荷载效应，这是因为荷载标准值就是指结构在正常使用情况下可能出现的最大荷载值。

以简支梁为例，要求验算的变形是梁的挠度；若梁的截面惯性矩为 I，钢材的弹性模量为 E。采用荷载短期效应组合，挠度验算公式为：

$$v = \frac{5}{384} \frac{(g_k + q_k) l^4}{EI} + \frac{F_k l^3}{48EI} \leq [v]$$

式中 $[v]$ ——根据使用要求确定的梁的容许挠度。

1.3 钢结构的发展

我国钢结构的发展

钢结构的发展与钢铁产量和钢铁冶炼技术有着密切的关系。我国古代钢铁冶炼技术在世界处于领先地位，因此，我国是最早用钢铁建造桥梁等承重结构的少数几个国家之一。早在公元前二百多年（秦始皇时代），就用铁建造桥墩；公元 60 年前后（汉明帝时代），开始在我国西南地区的深山峡谷上建造铁链悬桥。其中以四百多年前（明代）云南的沅江桥、三百多年前（清代）贵州的盘江桥及四川泸定的大渡河桥最为著名。这些都是举世公认的世界上最古老的铁桥。除铁链悬桥外，我国古代还建造了许多纪念性建筑，如建于公元 1061 年（宋代）湖北当阳的 13 层玉泉寺铁塔，山东济宁的铁塔寺铁塔和江苏镇江的甘露寺铁塔等。

18 世纪欧洲工业革命以后，由于钢铁工业的发展，钢结构在欧洲各国的应用逐渐增多，范围也不断扩大，而我国由于长期受封建主义社会制度的束缚，特别是 1840 年鸦片战争以后，沦为半殖民地半封建的国家，经济停滞不前，钢结构发展非常缓慢，与欧美各国差距拉大。在这段时期，我国也建造了一些钢结构厂房、桥梁等工程，如 1927 年建成的沈阳皇姑屯机车厂钢结构厂房，1931 年建成的广州中山纪念堂圆屋顶钢结构，1937 年建成的杭州钱塘江大桥等，均是由我国自己设计和建造的代表性工程。

1949 年中华人民共和国成立以后，钢结构的设计理论、学术水平、制造和安装技术都有了很大的提高，培养了大批从事钢结构设计、研究的人才，并建造了大量的钢结构厂房和民用建筑，其规模和技术难度都接近世界先进水平。例如，在第一、第二个五年计划期间建成的鞍钢、武钢等大型冶金联合企业，上海、大连等地的造船厂，太原、富拉尔基重型机器制造厂，长春第一汽车制造厂以及洛阳拖拉机厂。

1961 年建成的北京工人体育馆(图 1.2),能容纳 15 000 名观众,比赛大厅屋盖采用直径为 94 m 的平置车轮形双层悬索结构(suspension structure);1967 年 9 月建成了我国第一座大跨度平板网架结构——北京首都体育馆(图 1.3);1970 年 9 月建成的上海文化广场屋盖结构为三向平板网架,平面形状为扇形,这是我国第一座采用空心球节点和钢管杆件的大跨度网架结构。1973 年 10 月建成的上海体育馆圆形屋盖,平面直径 $D = 110$ m,周边向外悬挑 7.5 m,为三向平板网架结构。这些大型网架结构的建成,标志着我国网架结构在设计、制造和安装方面跨上了一个新的台阶,为空间结构的发展打下了良好的基础。

图 1.2　北京工人体育馆　　　　　　　　图 1.3　网架结构

1978 年改革开放以来,全国以经济建设为中心,国民经济得到了空前的发展,每年以 10% 左右的速度持续增长。1996 年我国钢产量首次突破一亿吨,跃居世界第一位,为我国钢结构的快速发展奠定了物质基础;在此期间建成的典型建筑有:上海浦东金茂大厦,高 420.5 m;上海体育场屋盖结构,采用马鞍形大悬挑钢管空间结构,长轴为 288.4 m,短轴为 274.4 m,中间敞开椭圆孔的长轴为 213 m,短轴为 150 m,屋盖面积为 36 100 m^2。64 榀悬挑主桁架的一端分别固定在 32 根钢筋混凝土柱上,最大悬挑跨度达 73.5 m;北京 2008 年奥运会国家体育场——鸟巢、国家体育馆、游泳馆——水立方等大型空间钢结构。此外,我国的斜拉桥技术也进入世界领先水平,在全国各地建成了不少大跨度斜拉桥和悬索桥(图 1.4)。

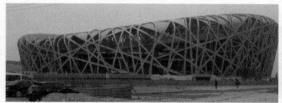

(a)鸟巢　　　　　　　　　　　　　(b)国家大剧院

(c)水立方　　　　　　　　　　　　(d)斜拉桥和悬索桥

图 1.4　典型大跨钢结构工程

随着国民经济的发展、钢产量增加和钢材品种增多,钢结构的应用将进入一个空前繁荣的发展时期,钢结构的技术水平也需要进一步地提高,主要有以下几个方面:

(1)低合金钢等优质高强钢材的研制和应用

目前,除了 Q235 钢、Q390 钢、Q420 钢以外,《钢结构设计标准》(GB 50017—2017)中增加了 Q460 钢。为了更好地满足我国钢结构发展的需要,今后应加强以下几个方面的工作:

①研制强度更高、综合性能更好的低合金新钢种。

②提高低合金钢的产量和在钢结构中应用的比率。

③改善和提高低合金钢的性能。

(2)结构设计理论与方法的研究

在保证结构安全的前提下,为了充分发挥钢材的作用,更合理地使用钢材,还应该深入研究结构设计理论与方法,使结构和构件的计算方法更能反映实际工作情况。有待研究的问题有:压弯构件的弯扭屈曲问题,薄板屈曲后强度的利用问题,钢结构的塑性设计问题,残余应力对结构强度和稳定性的影响以及门式刚架体系的整体稳定和结构的空间工作问题等。

(3)轻型钢结构的研究和应用

轻型钢结构主要指薄壁型钢结构以及由圆钢和小角钢组成的轻型结构。我国自 20 世纪 60 年代开始有组织地研究薄壁型钢结构,并批量地用于屋架和檩条等承重结构。1975 年制定了我国第一部《薄壁型钢结构技术规范》(TJ 18—75),总结和推动了我国轻型钢结构的发展。后又在总结工程实践经验和科研成果的基础上对规范进行了修订,先后发布了《冷弯薄壁型钢结构技术规范》(GBJ 18—87)和《冷弯薄壁型钢结构技术规范》(GB 50018—2002)。

(4)钢与混凝土组合构件的研究和应用

钢与混凝土组合构件充分利用了钢材抗拉和混凝土耐压的特性,且使一个构件有多种用途,因此是一种非常合理和经济的结构,目前在桥梁和房屋楼盖中已有应用。例如,房屋楼盖中应用的钢梁与钢筋混凝土板组合结构;用压型钢板(shaped steel plate)作为底模,再用抗剪键与混凝土板相连而使压型钢板与混凝土板成为整体工作的组合板;用于地下建筑结构中的钢管混凝土结构等。组合构件是一种很有发展前途的构件形式,有待进一步研究开发。

(5)高层钢结构的研究

近十几年来,我国沿海各大城市建造了大批高层建筑,其中有些采用了钢结构体系或钢结构框架与钢筋混凝土筒体相结合的混合结构体系。随着高层建筑的发展,钢结构是超高层建筑的主要结构形式(图 1.5)。

图 1.5 高层建筑——上海陆家嘴

(6)新结构和新技术的研究和应用

平板网架结构、网壳结构、张拉结构、预应力钢结构等新技术的应用,在减轻结构自重、节约钢材方面有很大作用。平板网架结构具有空间刚度大、受力均匀,经济效果好等优点,在我国发展非常迅速,经过30多年的工程实践,在设计、制造、安装各个方面,技术上已非常成熟,并广泛应用于工业与民用建筑中。全国已建成许多大跨度网架,其中某些已达到世界先进水平。在发展平板网架结构的基础上,目前正在研究和发展网壳结构,并已成功地建成了不少大跨度网壳结构的房屋。

张拉结构包括悬索屋盖、斜拉桥、索穹顶结构、索膜结构等,是一种结构效率更高、更为省钢的大跨结构形式。其中,索穹顶结构采用高强度钢索作为主要受力构件,配合使用轴心受力杆件,通过施加预应力,巧妙地张拉成穹顶结构,在穹顶上覆盖高强轻质膜材料或轻型屋面材料,构成大跨穹形屋盖,其平面形状可建成圆形、椭圆形或其他形状(图1.6),目前最大跨度已达210 m。张拉结构在我国大跨度建筑中具有广阔的应用前景。

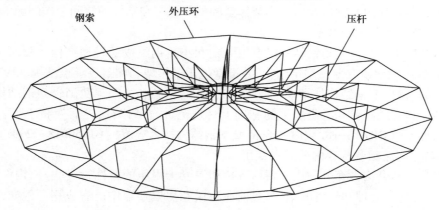

钢索　　　　外压环　　　　压杆

图1.6　肋环形索穹顶结构示意图

钢结构施加预应力后,能增强结构的刚度,提高承载能力,从而节省钢材。预应力钢结构可应用于桁架、梁及框架等结构或构件,但目前应用较少,有待研究和发展。

将网架、悬索、拱等几种不同的结构结合在一起的组合结构,也是一种在建筑形式上新颖别致,受力非常合理的结构形式,如江西体育馆、北京北郊综合体育馆等。

除上述几个方面外,钢结构优化设计的应用和推广、钢结构的防腐和防火处理等也都是有待研究的问题。

复习思考题

1.近年来,我国在钢结构方面取得了哪些成就?

2.钢结构有哪些主要的特点?目前我国钢结构主要应用在哪些方面?为什么应用范围日益广泛?

3.钢结构设计有哪些基本要求?

4.我国在钢结构设计中采用过哪些设计方法？我国《钢结构设计标准》（GB 50017—2017）采用的是什么方法？比较这些方法有什么优、缺点。

5.在承载能力极限状态和正常使用极限状态的设计表达式中,各符号代表什么含义?

6.目前我国钢结构在哪些方面有待研究和进一步发展?

第**2**章
钢结构的材料

钢材的种类很多,其化学成分不同,性能各异。钢结构对钢材的力学性能、加工性能和抵抗有害介质侵蚀等性能有较高的要求。因此,必须了解钢材的强度、塑性、冷弯、韧性、可焊性以及影响钢材性能变化的各种因素,才能根据钢结构所受的荷载、工作环境,选择符合要求的钢材,设计出安全可靠、经济耐用的钢结构。

2.1　钢材的主要力学性能

钢材的主要力学性能-1

钢材的主要力学性能-2

2.1.1　钢材的强度指标和塑性指标

(1)单向均匀受拉的工作特性

在常温静载情况下,Q235 钢材标准试件(图 2.1)受单向拉伸试验时的应力-应变曲线如图 2.2 所示。该曲线反映了钢材的工作特性,可描述如下:

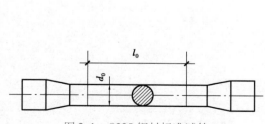

图 2.1　Q235 钢材标准试件

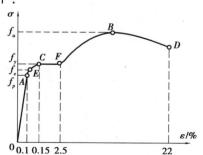

图 2.2　Q235 钢单向受拉应力-应变曲线

1）弹性阶段：*OFE* 段

OF 段为直线工作阶段，*OF* 直线的斜率称为弹性模量 E，f_p 称为比例极限，*FE* 段为非直线弹性工作阶段，f_e 称为弹性极限。

2）弹塑性阶段：*EC* 段

σ 与 ε 不成比例，除弹性变形外还有塑性变形，f_y 称为屈服强度，又叫屈服点（yield point）或流限（材料力学中用 σ_s 表示）。

3）屈服阶段：*CF* 段

钢材（试件）完全屈服，σ 不增加（保持 f_y）而 ε 骤增。

4）强化阶段：*FB* 段

经过屈服阶段后，钢材内部组织重新排列，抵抗外力的能力增强。

5）颈缩阶段：*BD* 段

应力超过后 f_u，试件出现"颈缩"而断裂，f_u 称为抗拉强度（tensile strength），又称为极限强度或抗拉极限（材料力学中用 σ_b 表示）。

（2）强度指标

由于 f_y、f_p、f_e 很接近，且在屈服前应变很小，$\varepsilon_p \approx 0.1\%$（$\varepsilon_y \approx 0.15\%$）可以把三点看作为一点，并以屈服点 f_y 作为代表。

钢材的屈服点 f_y，抗拉强度 f_u，是钢材力学性能的强度指标。f_y、f_u 值越大，说明钢材的承载力越高。钢结构设计中，常把钢材应力达到屈服点 f_y 作为评价钢结构承载能力（抗拉、抗压、抗弯强度）极限状态的标志，即取 f_y 作为钢材的强度标准值 $f_k = f_y$。常用结构钢材的强度设计值（design value）见附表 1.1。

抗拉强度 f_u 在实际构件中是不允许达到的，一般情况下，构件应力达到 f_y 就认为构件失效。当应力大于 f_y 而小于 f_u 时，构件虽失效但不破坏。抗拉强度 f_u 高可以增加结构的安全保障。

Q235 钢材在屈服点前的性质接近理想的弹性体，而屈服点后的流幅现象又接近理想的塑性体，并且流幅的范围又是足够大（$\varepsilon = 0.15\% - 2.5\%$），故可认为钢材是理想的弹-塑性体（图2.3），即假定钢材应力小于 f_y 时是完全弹性的，应力超过 f_y 后则是完全塑性的。利用这个假定可以简化钢构件的分析过程。

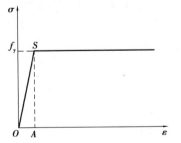

图 2.3　理想弹-塑性体的应力-应变曲线

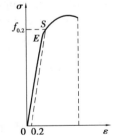

图 2.4　高强度钢的应力-应变曲线

高强度钢材没有明显的屈服台阶（图2.4），这类钢的屈服点是根据实验分析结果人为规定的，称为条件屈服（用 $f_{0.2}$ 表示，定义为试件卸载后其残余应变为 0.2% 时所对应的应力）。这类钢材在设计中不宜利用塑性。

钢材在单向受压（短试件）时，抗压强度与单向受拉时相同。钢材受扭转时的应力-应变曲线也与受拉时相似,但剪切屈服点和抗剪强度低于 f_y 和 f_u;剪变模量 G 也低于弹性模量 E。钢材和铸钢件的弹性模量、剪变模量、线膨胀系数 a 和质量密度 r 列于表 2.1。

表 2.1　钢材和钢铸件的物理性能指标

弹性模量 E /(N·mm^{-2})	剪切模量 G /(N·mm^{-2})	质量密度 r /(kg·m^{-3})	线膨胀系数 α /℃$^{-1}$	泊松比 μ
2.06×10^5	7.9×10^4	7 850	1.2×10^{-5}	0.3

（3）塑性指标

衡量钢材塑性性能的主要指标是伸长率 δ 和断面收缩率 ψ。

伸长率:
$$\delta = \frac{l_1 - l_0}{l_0} \times 100\% \qquad (2.1)$$

断面收缩率:
$$\psi = \frac{A_0 - A_1}{A_0} \times 100\% \qquad (2.2)$$

式中　l_0——试件拉伸前标距长度;

　　　l_1——试件拉断后原标距间长度;

　　　A_0——试件截面面积;

　　　A_1——拉断后颈缩区的截面面积。

钢材的伸长率越大,钢材塑性越好。

2.1.2　冷弯性能

冷弯性能是指钢材在冷加工产生塑性变形(deformed)时,对产生裂缝的抵抗能力。如图 2.5 所示,将试件弯曲成规定的角度后,检查试件弯曲部分的表面有无裂缝、裂断、分层等缺陷,没有即为合格。

冷弯试验是鉴定钢材质量的一种良好方法,常作为静力拉伸试验和冲击试验的一种补充试验,是一项衡量钢材力学性能的综合指标。冷弯试验一方面可以检验钢材能否适应构件加工制作过程中的冷作工艺,另一方面还可暴露出钢材的内部缺陷(internal faultiness),如颗粒组织、结晶状况、夹杂物分布及夹层情况,内部微观裂纹、气泡等。

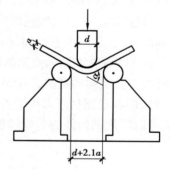

图 2.5　冷弯 180°试件

2.1.3　冲击韧性

冲击韧性是钢材在塑性变形和断裂过程中吸收能量的能力。

冲击韧性:
$$\alpha_k = \frac{A_k}{A} \qquad (2.3)$$

式中　A_k——试验机的冲击功,N·m;

　　　A——缺口处净截面面积,cm^2。

材料在动载下抵抗脆性破坏的能力越强,韧性越好。因此冲击韧性是衡量钢材强度、塑性及材质的一项综合指标。钢材的韧性与温度、轧制方法和试件缺口形状有关。冲击韧性由冲击试验测定(图2.6),采用夏比 U 形缺口试件。

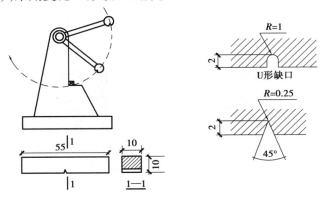

图2.6 冲击韧性试验

2.1.4 可焊性

可焊性是指在一定的材料、工艺条件下,钢材在接头处经过焊接后能够获得良好的焊接性能。焊接后焊缝金属及其附近的热影响区金属不产生裂纹,并且它们的力学性能不低于母材的力学性能。

2.1.5 耐久性

耐腐蚀性:钢材耐腐蚀性较差,必须采取防护措施,新建结构需要涂装油漆,已建成的结构需定期维修。

耐老化性:随着时间的增长,钢材的力学性能有所改变,出现所谓"时效"现象,即"老化"。"时效"的结果是使钢材变脆。

耐长期高温性:在长期高温条件下工作的钢材,其破坏强度比静力拉伸试验的强度低得多,应另行测定"持久强度"。

耐疲劳性:钢结构或构件在长期连续的交变荷载或重复荷载作用下,应力虽低于 f_y,但也会发生破坏,称为"疲劳破坏"。

2.1.6 钢构件的两种破坏形式

①塑性破坏——构件破坏前有明显的变形。此类构件破坏前经历了材料屈服后产生的塑性流变,当应力达到 f_u 后,构件又产生明显的"颈缩"现象,变形大幅增加。例如,Q235 钢材拉伸破坏时的应变高达22%左右,约为弹性变形的200倍。塑性破坏有明显的预兆,容易被发现而采取补救措施,可避免造成严重后果。

②脆性破坏——破坏前构件塑性变形很小,平均应力一般都小于屈服点 f_y,破坏始于应力集中处,如缺口、裂纹、凹角和多向受拉区域。由于脆性破坏前没有任何预兆,无法及时被发现和采取补救措施,危及生命财产安全,后果严重。各种工程结构(如厂房、桥梁、船艇、压力容器等)都曾出现过重大脆性断裂事故,设计时应努力防止构件或结构出现脆性破坏。

2.2 影响钢材性能的因素

影响钢材性能的因素-1　　　　影响钢材性能的因素-2

决定钢材性能的主要因素是钢材的化学成分及其微观结构（microstructure），与钢材的冶炼、浇铸、轧制等工艺过程也有密切的关系。此外钢结构的加工、构造、尺寸、受力状态及其所处的环境温度等都是影响钢材性能的重要因素。

2.2.1 化学成分的影响

钢的主要化学成分是铁（在普通碳素钢中约占99%），此外还有碳、锰、硅等有利元素以及硫、磷、氧、氮等有害元素。在合金钢中还添加钒、铌、钛等元素，这些元素含量虽少，但对钢材的性能却有很大的影响。

（1）碳（C）

碳含量直接影响钢材的强度、塑性、韧性和可焊性。随着碳含量的增加，钢材的抗拉强度和屈服点提高，但其塑性、韧性和冷弯性能，特别是低温冲击韧性降低，可焊性也变差。因此钢结构的钢材碳含量不能过高。

（2）锰（Mn）、硅（Si）

锰和硅都能提高钢材的强度而又不过多降低钢材的塑性和韧性，是对钢材有益的元素。锰、硅都可作为脱氧剂，锰还能消除硫对钢的热脆影响。但锰、硅都会使钢材的可焊性降低，硅还会降低钢材的抗锈蚀性，故应限制含量。

（3）硫（S）、磷（P）

硫和磷在钢材中是两种十分有害的元素。硫与铁化合生成硫化铁，散布在纯铁体的间层中，使钢材的塑性、韧性、可焊性降低，高温时，硫使钢变脆，称为"热脆"。磷的有害作用主要是使钢在低温时韧性降低并容易产生脆性破坏，称为"冷脆"，在高温时也使塑性变差。

（4）氧（O）、氮（N）、氢（H）

氧、氮是在炼钢时进入钢液的有害元素。氧的作用和硫相同而且更甚，增加了钢的热脆性；氮的作用类似于磷，能显著降低钢材的塑性、韧性并增大其冷脆性。氢在低温时使钢材呈脆性破坏，产生"氢脆"现象。

各种结构钢、合金钢的化学成分及含量可查阅相关手册。

2.2.2 冶炼、浇铸、轧制的影响

（1）冶炼

我国目前钢结构用钢主要是平炉和氧气转炉冶炼而成的，这两种冶炼方法炼制的钢质量大体相当。侧吹碱性转炉法炼制的钢质量较差，产量不多，现已不用于承重钢结构中。电炉钢

质量精良,但成本高,电耗大,钢结构中一般也不用。转炉钢、平炉钢、电炉钢的性能比较见表2.2。

表 2.2 转炉钢、平炉钢、电炉钢的性能比较

比较项目		炉种				
		转炉钢			碱性平炉钢	碱性电炉钢
		底吹酸性转炉钢	侧吹碱性转炉钢	氧气顶吹转炉钢		
有害气体/%	氮	0.011 ~ 0.025	0.003 ~ 0.008	0.001 ~ 0.003	0.002 ~ 0.006	0.008 ~ 0.010
	氧	0.04 ~ 0.10	0.033 ~ 0.067	0.02 ~ 0.04	0.02 ~ 0.04	0.01 ~ 0.02
	氢	0.000 4 ~ 0.000 7	0.000 18 ~ 0.000 54	0.000 1 ~ 0.000 3	0.000 2 ~ 0.000 6	0.000 2 ~ 0.000 6
夹杂物		较多	较多	较少	较少	最少
焊接性能		最差	较差	好	好	最好
钢的质量		差	较差	好	好	最好
疲劳性能		最低	低	较高	较高	最高
钢的用途		—	非受力构件	重要和一般结构	重要结构	特殊用途
钢的成本		低	较低	较低	较高	最高

(2)脱氧方法

钢在炼钢炉中或盛钢罐中用锰、硅、铝作为脱氧剂进行脱氧(deoxidize)。其中锰的脱氧能力最弱,它们之间的脱氧能力比为锰:硅:铝=1:5:90。按脱氧程度或方法不同而分为沸腾钢(代号为F)、镇静钢(代号为Z)和特殊镇静钢(代号为TZ),镇静钢和特殊镇静钢的代号可以省去。

1)沸腾钢

仅用弱脱氧剂锰铁进行脱氧时,钢液中仍保留有相当多的氧化铁,与其中的碳化合生成一氧化碳等气体大量逸出,致使钢液剧烈沸腾,故称沸腾钢。这种钢铸锭时气体不能全部逸出,易形成气泡包在钢锭内,还使硫、磷等杂质分布不匀,出现局部富集的所谓"偏析"现象。沸腾钢质量不均匀,轧制时易使产生分层,降低钢材、特别是厚钢板的抗层状撕裂的能力。

2)镇静钢

在熔炼钢液中加入适量的强氧化剂硅和锰等进行彻底脱氧,钢液在钢模内平静地逐渐冷却而不发生沸腾现象,故称镇静钢。由于镇静钢的冷却速度慢,气体较易逸出,因而质量优良且均匀,组织致密,杂质少,偏析小,性能比沸腾钢好,但工艺复杂,冷却后钢锭头部缩凹而需要切除的部分较多。

3)特殊镇静钢

脱氧程度比镇静钢要求还高,通常是用硅脱氧后再用铝补充脱氧,形成更为细密的晶粒结构。我国钢结构中的 Q235-D 钢以及桥梁用钢等属此类钢。

(3)轧制

轧制(rolling)钢材是把钢锭加热到 1 200 ~ 1 300 ℃高温时进行,这时钢具有较好的热塑性和焊合性,利用轧钢机压力的作用,可使钢锭中的小气泡、裂纹和质地较疏松部分焊合密实,消除组织缺陷和细化钢的晶粒。因此,轧制钢比铸钢质量好,压缩比越大,钢材的力学性能越好。此外,由于轧辊的压延作用,钢材顺轧辊轧制方向的性能比横向的性能好。

2.2.3 残余应力的影响

热轧型钢中的残余应力(remaining stress)是因不均匀冷却而产生的。热轧型钢冷却时其边缘、尖角及薄细部位因与空气接触多而冷却快,先冷却部位常形成强劲的约束(constraint),阻止后冷却部位的自由收缩,从而使后冷却部位受拉,形成自相平衡的复杂的残余应力分布。此后钢材的调直和加工(剪切、气割、焊接等)还将改变这种分布。构件承受荷载时,荷载引起的应力将与残余应力叠加(superposition),使构件有些部位提前达到屈服并发展塑性变形,使截面的弹性区域减少。因此残余应力将降低构件的刚度(stiffness)和稳定性,而对构件的强度不产生影响。此外,残余应力尤其是焊接残余应力常使钢材处于二维或三维复杂应力状态下,将降低其抗冲击断裂和抗疲劳破坏的能力。

2.2.4 温度的影响

(1)温度升高

钢材的强度和弹性模量的总趋势是降低的,但在 150 ℃以下时变化不大。当温度在 250 ℃时,钢材的抗拉强度有较大的提高,但塑性、韧性变差,此时的破坏为脆性破坏,称为“蓝脆”。当温度超过 300 ℃时,其强度和弹性模量开始显著下降,而塑性开始显著增大,钢材产生徐变。达到 600 ℃时,强度几乎为零。

(2)温度降低

温度下降到负温时,钢材的强度虽有提高,但塑性和韧性降低、脆性增加,出现脆性转变温度。以韧性指标为例(图 2.7),反弯点对应的温度 T_0 即为脆性转变温度。

选用钢材时应使结构所处的环境温度高于脆性转变温度的下限值 T_1,且在环境温度下具有足够的冲击韧性值。

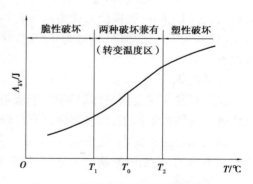

图 2.7 温度降低对钢材性能的影响

2.2.5 钢材硬化的影响

(1)冷作硬化

所谓冷作,就是钢材在常温下冷加工(拉、拔、弯、冲切、剪切等)的过程。

钢材在弹性范围内重复加、卸荷载一般不会改变钢材的性能。但当加载到强化区间卸载后,钢材的塑性变形不能恢复。再次加载时,钢材的屈服强度提高,弹性范围增加,但塑性和伸长率降低。这一性质称为冷作硬化(stiffening)。

(2)时效硬化

钢材随存放时间延长,会出现屈服强度提高,弹性范围增加,伸长率降低,这一性质称为时效(effectiveness for a given period of time)硬化。这是因为随着时间的推移,钢材化学成分中的氮和碳逐渐析出,形成了自由的氮化物和碳化物,它们能起到阻止纯铁体晶粒间的滑移,约束塑性发展,从而提高钢材的强度,降低塑性。

人工加载让钢试件先产生 10% 左右的塑性变形,然后加热至 250 ℃,并保温 1 h 后自然冷却(cooling),这一方法能加速时效进程,称为人工时效。可利用人工时效方法对重要结构的钢材进行时效处理,以便测试钢材时效后的冲击韧性。

2.2.6　应力集中的影响

在构件截面发生变化的区域,截面应力分布并不均匀,突变处(如缺口等)将产生局部高峰应力,这种因截面尺寸显著变化而引起应力局部增大的现象称为应力集中(stress concentration)。分析表明:应力集中产生的高峰应力区附近总是存在平面或三维应力场,使钢材性能变脆而引发脆性破坏。

钢结构中的应力集中的现象不可避免,但只要在设计和施工时注意采取合理的构件形状和构造措施,使截面的变化平缓过渡,就能降低应力集中的影响。另外,在常温下承受静力荷载作用的钢结构,由于建筑钢材的塑性较好,当应力在局部达到屈服应力后,钢材的塑性变形使应力重分布,应力分布不均匀现象也会趋于平缓。因此,只要符合设计与施工规范的有关规定,计算时可不考虑应力集中的影响。

2.3　复杂应力下的屈服条件

钢材在单向拉伸时,以屈服点为界,正应力小于屈服点为弹性工作状态,大于屈服点为塑性状态。实际钢结构中,钢材常是在两向或三向的复杂应力状态下工作,这时钢材的屈服并不取决于一个方向的应力,而是由反映各方向应力综合影响的相当应力 σ_{eq}(也称折算应力)间来表示。当 $\sigma_{eq} < f_y$ 时,钢材处于弹性阶段;当 $\sigma_{eq} \geqslant f_y$ 时,钢材处于塑性阶段。

根据强度理论,三维应力场的相当应力(equivalent stress)计算表达式为:

$$\sigma_{eq} = \sqrt{\frac{1}{2}\left[(\sigma_1 - \sigma_2)^2 + (\sigma_2 - \sigma_3)^2 + (\sigma_3 - \sigma_1)^2\right]} \tag{2.4}$$

或

$$\sigma_{eq} = \sqrt{\sigma_x^2 + \sigma_y^2 + \sigma_z^2 - (\sigma_x\sigma_y + \sigma_x\sigma_z + \sigma_y\sigma_z) + 3(\tau_{xy}^2 + \tau_{xz}^2 + \tau_{yz}^2)} \tag{2.5}$$

由相当应力计算公式可知,钢材处于同号应力场时,三个主应力符号相同,相当应力始终小于屈服点,钢材不会有明显的塑性变形。因此,在构件中如果出现多向拉应力作用的区域,总是发生脆性破坏。

各种情况下的相当应力:

只有两向应力作用时

$$\sigma_z = \tau_{xz} = \tau_{yz} = 0$$

则

$$\sigma_{eq} = \sqrt{\sigma_x^2 + \sigma_y^2 - \sigma_x\sigma_y + 3\tau_{xy}^2} \tag{2.6}$$

受纯剪切(shearing)时

$$\sigma_x = \sigma_y = \sigma_z = \tau_{xz} = \tau_{yz} = 0, \tau_{xy} = \tau$$

则

$$\sigma_{eq} = \sqrt{3\,\tau^2} \qquad (2.7)$$

设 $\sigma_{eq} = f_y$ 时的 $\tau = f_v$，则

$$f_v = \frac{f_y}{\sqrt{3}} \approx 0.58 f_y \qquad (2.8)$$

2.4 钢结构的疲劳破坏和疲劳计算

2.4.1 疲劳破坏

试验表明，钢构件(如吊车梁、支撑振动设备的平台梁等)在连续反复荷载作用下，尽管应力低于抗拉强度，甚至低于屈服点，但经过一定的循环次数后，也会发生断裂破坏。这种经历长期反复荷载作用而发生突然断裂的现象，称为疲劳破坏。疲劳破坏前构件没有明显的变形特征，属于脆性破坏。

产生疲劳破坏的原因，是钢构件上难免有微观裂纹(crack)，如钢材中的非金属杂质、轧制或加工时造成的微小裂纹等。在荷载作用下，受拉区的微裂纹尖端因应力集中而出现高应力区，并伴随双向或三向拉应力场，使钢材的塑性发展受到限制。在工作初期，由于应力较小，而且构件还有一定的强度储备，这些微小裂纹不会立刻引起构件断裂。但在长期反复荷载作用下，裂纹尖端的拉应力使裂纹有逐步扩展的趋势并缓慢地扩展，与此同时，构件的有效截面也逐步减小。经过一定的循环(circle)次数后，一旦裂纹扩展到构件截面不能承受荷载时，构件出现突然断裂。

2.4.2 钢材的疲劳强度极限

1) 应力循环特征、应力幅

反复荷载在构件内引起的应力随时间变化的曲线称为循环应力谱(图2.8)。循环应力谱的特征可用 $\rho = \sigma_{min} / \sigma_{max}$ 来表示(拉应力为正，压应力为负)。例如图2.8(a)的 $\rho = -1$ 表示完全对称(symmetry)循环，图2.8(b)的 $\rho = 0$ 表示脉冲(pulse)循环。图2.8(c)、(d)的 ρ 值在0和-1之间，称为不完全对称循环，但图2.8(c)以拉应力为主，图2.8(d)以压应力为主。ρ 值可以介于-1和+1之间。

应力变化的幅度称为应力幅，用 $\Delta\sigma = \sigma_{max} - \sigma_{min}$ 表示。在应力循环过程中，如果应力幅保持为常量，称为常幅应力循环，否则称变幅应力循环。

2) 非焊接结构的应力幅

对于轧制钢材或非焊接结构，在循环次数 N 一定的情况下，根据试验资料可以绘出 N 次循环的疲劳图，即 σ_{max} 和 σ_{min} 的关系曲线。该曲线曲率不大，可近似用直线来代替，所以只要求得两个点就可以决定疲劳图。

图2.9是 $N = 2 \times 10^6$ 次的疲劳图。当 $\rho = 0$ 和 $\rho = -1$ 时的疲劳强度分别为 σ_0 和 σ_{-1}，由此便可确定 $B(-\sigma_{-1}, \sigma_{-1})$、$C(0, \sigma_0)$ 两点，并通过 B、C 两点得到直线 $ABCD$。D 点的应力对应钢材的屈服强度。当坐标为 σ_{max} 和 σ_{min} 的点落在直线 $ABCD$ 线上或上方时，表示这组应力循环达到 N 次时，将发生疲劳破坏。$ABCD$ 的直线方程为：

$$\sigma_{\max} - k\sigma_{\min} = \sigma_0 \tag{2.9a}$$

或

$$\sigma_{\max}(1 - k\rho) = \sigma_0 \tag{2.9b}$$

式中, $k = (\sigma_0 - \sigma_{-1})/\sigma_{-1}$ 为直线 $ABCD$ 的斜率, 经试验数据统计分析, 一般取 $k = 0.7$。

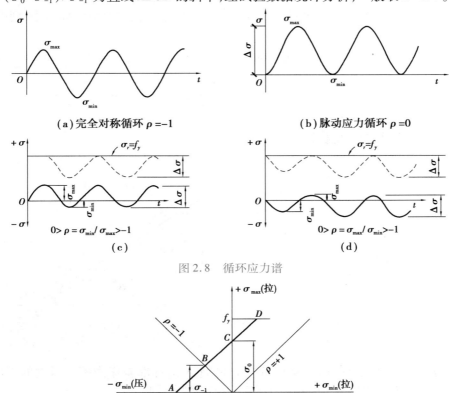

图 2.8　循环应力谱

图 2.9　非焊接部位疲劳图

从式(2.9)可以看出, 非焊接结构疲劳强度与最大应力、应力比、循环次数和构造状况(应力集中程度)有关。

3)焊接结构的应力幅和容许应力幅

对于焊接结构来说, 由于焊接加热及焊接后冷却, 将会产生残余应力, 在焊缝及其附近主体金属残余拉应力通常达到钢材的屈服点 f_y, 此部位正是形成和发展疲劳裂纹最敏感的区域。在重复荷载作用下, 循环应力处于增大阶段时, 焊缝附近的高峰应力不再增加, 最大实际应力为 f_y, 之后循环应力下降到 $\sigma_{\min} = f_y - \Delta\sigma$, 再升到 f_y, 循环往复。因此, 不论应力比如何, 焊缝附近的实际应力循环均在拉应力 $f_y - \Delta\sigma$ 和 f_y 之间循环, 所以疲劳强度与名义最大应力和应力比无关, 而与应力幅 $\Delta\sigma$ 有关。图 2.8 中的实线为名义应力谱, 虚线为实际应力谱。

常幅疲劳试验可以测定钢材的疲劳强度极限。试验用一组(10 根)相同材料的光滑小试件, 每次将一根试件安装在疲劳试验机上, 第 1 根试件可施加较大的弯矩, 使试件受纯弯曲, 上缘受拉, 下缘受压; 当电机带动试件旋转时, 试件表面各点的应力交替出现拉、压变化, 转动一圈完成一次循环, 由施加的弯矩可以算出应力幅 $\Delta\sigma$; 当经过某一循环次数 N, 试件破坏, 得到 $\Delta\sigma$-N 曲线上的 1 个点[图 2.10(a)]。依次对其余试件进行实验, 并逐步减小弯矩, 也即减小

应力幅 $\Delta\sigma$，试件破坏时的循环次数将不断增加，每一根试件得到 $\Delta\sigma\text{-}N$ 曲线上的一个点；当应力幅 $\Delta\sigma$ 小于一定值时，即使有无限次循环，试件也不会产生疲劳破坏。

根据试验数据可以画出构件或连接的应力幅 $\Delta\sigma$ 与相应循环次数 N 的关系曲线，如图 2.10（a）所示，按试验数据回归的 $\Delta\sigma\text{-}N$ 曲线为平均值曲线。目前国内外都常用双对数坐标轴的方法使曲线变为直线，以便于应用，如图 2.10（b）所示。在双对数坐标图中，疲劳直线方程为：

$$\lg N = b_1 - \beta \lg(\Delta\sigma) \tag{2.10a}$$

或

$$N(\Delta\sigma)^{\beta} = 10^{b_1} = C \tag{2.10b}$$

式中　β——疲劳直线在纵坐标上的斜率；

　　　b_1——疲劳直线在横坐标轴上的截距；

　　　N——循环次数。

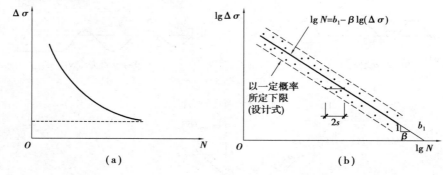

图 2.10　$\Delta\sigma\text{-}N$ 曲线

考虑试验数据的离散性，取平均值减去 2 倍 $\lg N$ 的标准差作为疲劳强度的下限值［图 2.10（b）中实线下方的虚线］。下限值的直线方程可以表示为：

$$\lg N = b_1 - \beta \lg(\Delta\sigma) - 2s = b_2 - \beta \lg(\Delta\sigma) \tag{2.11}$$

或

$$N(\Delta\sigma)^{\beta} = 10^{b_2} = C \tag{2.12}$$

取此 $\Delta\sigma$ 作为容许应力幅：

$$[\Delta\sigma] = \left(\frac{C}{N}\right)^{\frac{1}{\beta}} \tag{2.13}$$

疲劳计算的基本思路为：保证构件或连接所计算部位的应力幅不得超过容许应力幅，容许应力幅根据构件和连接类别、应力循环次数等因素确定。

2.4.3　钢结构的疲劳计算

钢结构的疲劳计算是针对具体构件或连接部位，特别是连接部位，应力集中和焊接残余应力对疲劳强度影响很大，因此构件或连接的疲劳强度都低于材料的疲劳强度。对不同的焊接构件和连接形式，按试验数据回归的直线方程斜率不尽相同，为方便设计，《钢结构设计标准》（GB 500017—2017）按连接方式、受力特点和疲劳强度，再适当考虑 $S\text{-}N$ 曲线簇的等间距布置、归纳分类，将正应力作用下的构件和连接分为 14 类（见附录 6），各类别的 $S\text{-}N$ 曲线如图

2.11 所示;将剪应力作用下的构件和连接类别分为 3 类(见附表 6.6),各类别的 *S-N* 曲线如图 2.12 所示。

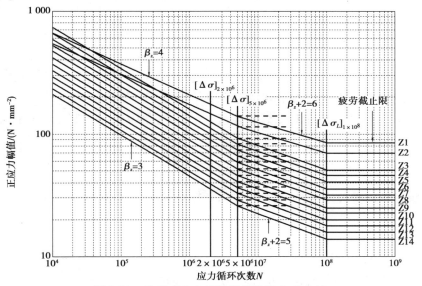

图 2.11　关于正应力幅的疲劳强度 *S-N* 曲线

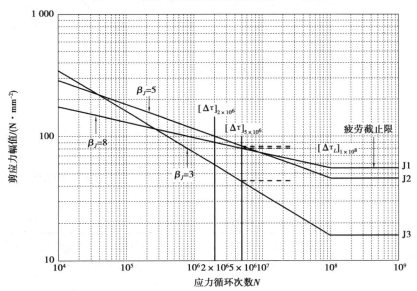

图 2.12　关于剪应力幅的疲劳强度 *S-N* 曲线

在结构使用寿命期间,当常幅疲劳的最大应力幅符合下列公式时,则疲劳强度满足要求。

(1)正应力幅的疲劳计算

$$\Delta\sigma < \gamma_t \left[\Delta\sigma_L\right]_{1\times10^8} \tag{2.14}$$

焊接部位:

$$\Delta\sigma = \sigma_{\max} - \sigma_{\min} \tag{2.15}$$

非焊接部位:

$$\Delta\sigma = \sigma_{\max} - 0.7\sigma_{\min} \tag{2.16}$$

（2）剪应力幅的疲劳计算

$$\Delta\tau < [\Delta\tau_L]_{1\times10^8} \tag{2.17}$$

焊接部位：

$$\Delta\tau = \tau_{max} - \tau_{min} \tag{2.18}$$

非焊接部位：

$$\Delta\tau = \tau_{max} - 0.7\tau_{min} \tag{2.19}$$

板厚或直径修正系数 γ_t 应按下列规定采用：

①对于横向角焊缝连接和对接焊缝连接，当连接板厚 $t(\text{mm})$ 超过 25 mm 时，应按下式计算：

$$\gamma_t = \left(\frac{25}{t}\right)^{0.25} \tag{2.20}$$

②对于螺栓轴向受拉连接，当螺栓的公称直径 $d(\text{mm})$ 大于 30 mm 时，应按下式计算：

$$\gamma_t = \left(\frac{30}{d}\right)^{0.25} \tag{2.21}$$

③其他情况取 $\gamma_t = 1.0$。

式中 $\Delta\sigma$——构件或连接计算部位的正应力幅，N/mm^2；

       σ_{max}——计算部位应力循环中的最大拉应力（取正值），N/mm^2；

       σ_{min}——计算部位应力循环中的最小拉应力或最大压应力，N/mm^2，拉应力取正值，压应力取负值；

       $\Delta\tau$——构件或连接计算部位的剪应力幅，N/mm^2；

       τ_{max}——计算部位应力循环中的最大剪应力，N/mm^2；

       τ_{min}——计算部位应力循环中的最小剪应力，N/mm^2；

       $[\Delta\sigma_L]_{1\times10^8}$——正应力幅的疲劳截止限，根据附录6规定的构件和连接类别按表2.3采用，N/mm^2；

       $[\Delta\tau_L]_{1\times10^8}$——剪应力幅的疲劳截止限，根据附录6规定的构件和连接类别按表2.4采用，N/mm^2。

表 2.3   正应力幅的疲劳计算参数

构件与连接类别	构件与连接相关系数		循环次数 n 为 2×10^6 次的容许正应力幅 $[\Delta\sigma]_{2\times10^6}/(\text{N}\cdot\text{mm}^{-2})$	循环次数 n 为 5×10^6 次的容许正应力幅 $[\Delta\sigma]_{5\times10^6}/(\text{N}\cdot\text{mm}^{-2})$	疲劳截止限 $[\Delta\sigma_L]_{1\times10^8}/(\text{N}\cdot\text{mm}^{-2})$
	C_z	β_z			
Z1	$1\,920\times10^{12}$	4	176	140	85
Z2	861×10^{12}	4	144	115	70
Z3	3.91×10^{12}	3	125	92	51
Z4	2.81×10^{12}	3	112	83	46
Z5	2.00×10^{12}	3	100	74	41
Z6	1.46×10^{12}	3	90	66	36

构件与连接类别	构件与连接相关系数		循环次数 n 为 $2×10^6$ 次的容许正应力幅 $[\Delta\sigma]_{2×10^6}/(N \cdot mm^{-2})$	循环次数 n 为 $5×10^6$ 次的容许正应力幅 $[\Delta\sigma]_{5×10^6}$ $/(N \cdot mm^{-2})$	疲劳截止限 $[\Delta\sigma_L]_{1×10^8}$ $/(N \cdot mm^{-2})$
	C_z	β_z			
Z7	$1.02×10^{12}$	3	80	59	32
Z8	$0.72×10^{12}$	3	71	52	29
Z9	$0.50×10^{12}$	3	63	46	25
Z10	$0.35×10^{12}$	3	56	41	23
Z11	$0.25×10^{12}$	3	50	37	20
Z12	$0.18×10^{12}$	3	45	33	18
Z13	$0.13×10^{12}$	3	40	29	16
Z14	$0.09×10^{12}$	3	36	26	14

表 2.4　剪应力幅的疲劳计算参数

构件与连接类别	构件与连接的相关系数		循环次数 n 为 $2×10^6$ 次的容许剪应力幅 $[\Delta\tau]_{2×10^6}/(N \cdot mm^{-2})$	疲劳截止限 $[\Delta\tau_L]_{1×10^8}$ $/(N \cdot mm^{-2})$
	C_J	β_J		
J1	$4.10×10^{11}$	3	59	16
J2	$2.00×10^{16}$	5	100	46
J3	$8.61×10^{21}$	8	90	55

当常幅疲劳计算不能满足式(2.14)或式(2.17)要求时,应按下列规定进行计算:

①正应力幅的疲劳计算应符合下列公式规定:

$$\Delta\sigma \leqslant \gamma_t[\Delta\sigma] \tag{2.22}$$

当 $n \leqslant 5×10^6$ 时:

$$[\Delta\sigma] = \left(\frac{C_z}{n}\right)^{\frac{1}{\beta_z}} \tag{2.23}$$

当 $5×10^6 < n \leqslant 1×10^8$ 时:

$$[\Delta\sigma] = \left[([\Delta\sigma]_{5×10^6})\frac{C_z}{n}\right]^{\frac{1}{\beta_z+2}} \tag{2.24}$$

当 $n > 1×10^8$ 时:

$$[\Delta\sigma] = [\Delta\sigma_L]_{1×10^8} \tag{2.25}$$

②剪应力幅的疲劳计算应符合下列公式规定:

$$\Delta\tau \leqslant [\Delta\tau] \tag{2.26}$$

当 $n \leqslant 1×10^8$ 时:

$$[\Delta\tau] = \left(\frac{C_J}{n}\right)^{\frac{1}{\beta_J}} \tag{2.27}$$

当 $n > 1 \times 10^8$ 时:

$$[\Delta\tau] = [\Delta\tau_L]_{1 \times 10^8} \tag{2.28}$$

式中 $[\Delta\sigma]$——常幅疲劳的容许正应力幅,N/mm²;

   n——应力循环次数;

   C_z, β_z——构件和连接的相关参数,根据附录6规定的构件和连接类别按表2.3采用;

   $[\Delta\sigma]_{5 \times 10^6}$——循环次数 n 为 5×10^6 次的容许正应力幅,N/mm²,根据附录6规定的构件和连接类别按表2.3采用;

   $[\Delta\tau]$——常幅疲劳的容许剪应力幅,N/mm²;

   C_J, β_J——构件和连接的相关系数,根据附录6规定的构件和连接类别按表2.4采用。

当变幅疲劳的计算不能满足式(2.9)或式(2.12)要求时,可按下列公式规定计算:

①正应力幅的疲劳计算应符合下列公式规定:

$$[\Delta\sigma_e] \leqslant \gamma_t[\Delta\sigma]_{2 \times 10^6} \tag{2.29}$$

$$\Delta\sigma_e = \left[\frac{\sum n_i(\Delta\sigma_i)^{\beta_z} + ([\Delta\sigma]_{5 \times 10^6})^{-2}\sum n_j(\Delta\sigma_i)\beta_z + 2}{2 \times 10^6}\right]^{\frac{1}{\beta_z}} \tag{2.30}$$

②剪应力幅的疲劳计算应符合下列公式规定:

$$[\Delta\tau_e] \leqslant [\Delta\tau]_{2 \times 10^6} \tag{2.31}$$

$$\Delta\tau_e = \left[\frac{\sum n_i(\Delta\tau_i)^{\beta_J}}{2 \times 10^6}\right]^{\frac{1}{\beta_J}} \tag{2.32}$$

式中 $\Delta\sigma_e$——由变幅疲劳预期使用寿命(总循环次数 $n = \sum n_i + \sum n_j$)折算成循环次数 n 为 2×10^6 次常幅疲劳的等效正应力幅,N/mm²;

   $[\Delta\sigma]_{2 \times 10^6}$——循环次数 n 为 2×10^6 次的容许正应力幅,N/mm²,根据附录6规定的构件和连接类别按表2.3采用;

   $\Delta\sigma_i, n_i$——应力谱中在 $\Delta\sigma_i \geqslant [\Delta\sigma]_{5 \times 10^6}$ 范围内的正应力幅(N/mm²)及其频次;

   $\Delta\sigma_j, n_j$——应力谱中在 $[\Delta\sigma]_{1 \times 10^8} \leqslant \Delta\sigma_i < [\Delta\sigma]_{5 \times 10^6}$ 范围内的正应力幅(N/mm²)及其频次;

   $\Delta\tau_e$——由变幅疲劳预期使用寿命(总循环次数 $n = \sum n_i$)折算成循环次数 n 为 2×10^6 次常幅疲劳的等效剪应力幅(N/mm²);

   $[\Delta\tau]_{2 \times 10^6}$——循环次数 n 为 2×10^6 次的容许剪应力幅(N/mm²),根据附录6规定的构件和连接类别按表2.4采用;

   $\Delta\tau_i, n_i$——应力谱中在 $\Delta\tau_i \geqslant [\Delta\tau_L]_{5 \times 10^6}$ 范围内的剪应力幅(N/mm²)及其频次。

实际工程构件的工作应力幅多为变化的,或称随机荷载,如吊车起吊荷载每次可能都不一样,且多数工作荷载小于设计荷载。对重级工作制吊车梁和重级、中级工作制吊车桁架,按照线性疲劳累积损伤原则,将随机变化的应力幅折算成等效常应力幅按下式计算:

$$\alpha_f\Delta\sigma_{max} \leqslant \gamma_t[\Delta\sigma]_{2 \times 10^6} \tag{2.33}$$

式中 α_f——欠载效应的等效系数,按表2.5采用。

表 2.5　吊车梁和吊车桁架欠载效应的等效系数 α_f

吊车类型	α_f
A6、A7 工作级别（重级）的硬钩吊车	1.0
A6、A7 工作级别（重级）的软钩吊车	0.8
A4、A5 工作级别（中级）的吊车	0.5

进行疲劳计算时需注意以下两点：

①目前，疲劳计算仍采用容许应力法，荷载采用标准值，不考虑分项系数和动力系数，并按弹性工作计算。

②钢构件或连接的疲劳破坏是由于循环应力反复作用下疲劳裂纹的生成和扩展而导致断裂。因而疲劳允许应力幅主要取决于应力循环次数以及构件或连接的具体构造细节和应力集中程度，钢材强度等级对疲劳破坏应力幅或疲劳寿命的影响并不显著，计算时可认为疲劳允许应力幅与钢种无关。

2.5　钢材的种类、选用和型钢规格

钢材的种类及选用-1

钢材的种类及选用-2

2.5.1　钢材的种类

钢结构中常用的钢材主要有：碳素结构钢、低合金高强度钢、耐大气腐蚀的耐候钢和桥梁用钢。

（1）碳素结构钢

按国家标准《碳素结构钢》（GB/T 700—2006）的规定，碳素结构钢按质量等级分为 A、B、C、D 四级，表示对钢材的质量保证要求不同。A 级只要求保证抗拉强度、屈服点和伸长率，必要时才要求冷弯试验合格，对冲击韧性无要求。而 B,C,D 级要求保证抗拉强度、屈服点、伸长率和冷弯试验合格，同时还要求保证一定的冲击韧性。B 级要求在 20 ℃时，冲击功 $A_k \geq 27$ J；C 级要求在 0 ℃时，冲击功 $A_k \geq 27$ J；D 级要求在-20 ℃时，冲击功 $A_k \geq 27$ J。另外，不同质量等级对材料化学成分的要求也不同，A 级钢的碳、硅、锰含量可以不作为交货条件，但应在质量证明书中注明其含量。

碳素结构钢的牌号（brand）由代表屈服点的字母 Q、屈服点数值、质量等级（A，B，C，D）、脱氧方法符号（F，Z，TZ，分别表示沸腾钢、镇静钢和特殊镇静钢）4 个部分顺序组成。目前生产的碳素结构钢有：Q195、Q215、Q235 和 Q275 4 种，含碳量越多，屈服点越高，塑性越低。

Q235 的含碳量低于 0.22%，属于低碳钢，其强度适中，塑性、韧性和可焊性较好，是建筑钢结构常用的钢材品种之一。

脱氧方法对钢材质量有很大影响，如 Q235 钢材，A、B 两级的脱氧方法可以是 F，Z；C 级只能是 Z；而 D 级只能是 TZ。Z 和 TZ 在牌号中可以省略，例如：

Q235—A·F——A 级沸腾钢。

Q235—B——B 级镇静钢。

Q235—C——C 级镇静钢。

Q235—D——D 级特殊镇静钢。

另外，对碳塑结构钢进行热处理（heat treatmen），如调质处理、正火处理可降低杂质元素含量，减少缺陷，提高材料综合性能，这类钢称为优质碳素钢。用于制作高强度螺栓、网架结构中的螺栓球、重要结构的钢铸件、预应力结构中的锚具（45 号钢）和制作碳素钢丝、钢绞线（65 ~ 80 号钢）等。

（2）低合金高强度结构钢

低合金高强度结构钢是在碳素钢中加入少量几种合金元素，其总量虽低于 5%，但钢的强度明显提高，故称为低合金高强度结构钢。按国家标准《低合金高强度结构钢》（GB/T 1591—2018）的规定，采用与碳素结构钢类似的表示方法，其牌号按钢材厚度或直径不大于 16 mm 时的上屈服点由小到大排列，有 Q355，Q390，Q420 和 Q460 等，牌号意义和碳素结构钢相同。不同的是，低合金高强度结构钢不设 A 质量等级，其质量等级分为 B，C，D，E，F 五级，其中 E 级和 F 级分别要求-40 ℃和-60 ℃的冲击韧性。

（3）耐大气腐蚀用钢（耐候钢）

在钢的冶炼过程中，加入少量特定的合金元素，一般指铜（Cu）、磷（P）、铬（Cr）、镍（Ni）等，使之在金属基体表面形成保护层，提高钢材耐大气腐蚀性能，这类钢统称为耐大气腐蚀用钢或耐候钢。我国目前生产的耐候钢分为高耐候结构钢和焊接结构用耐候钢两类。相比较而言，高耐候结构钢具有较好的耐大气腐蚀性能，焊接耐候钢具有较好的焊接性能。耐候钢的牌号表示方法是由分别代表"屈服点"的拼音首字母 Q，屈服点的数值，"高耐候"或"耐候"的汉语拼音字母 GNH 或 NH 以及质量等级（A，B，C，D，E）顺序组成。例如，Q355GNHC 表示屈服点为 355（N/mm^2），质量等级为 C 级的高耐候钢。耐候钢的化学成分、力学性能等参数可查阅国家标准《耐候结构钢》（GB/T 4171—2008）。

（4）桥梁用结构钢

由于桥梁所受荷载性质特殊，桥梁用钢的力学性能、焊接性能等技术要求一般都严于房屋建筑用钢，其牌号表达方式与其他钢材一样，由屈服点拼音首字母 Q，屈服点数值，桥梁钢拼音首字母 q 和质量等级（C，D，E，F）4 个部分顺序组成，如 Q420qD。桥梁钢的化学成分、力学性能等参数可查阅国家标准《桥梁用结构钢》（GB/T 714—2015）。

（5）建筑结构用钢板

高性能建筑结构钢材（GJ 钢）适用于建造高层结构，大跨度结构及其他重要建筑结构，与碳素结构钢及低合金高强度结构钢相比，GJ 钢具有较高的冲击韧性，良好的焊接性能，强度的厚度效应也更低。

GJ 钢的牌号由代表屈服强度的汉语拼音字母（Q），规定的最小屈服强度数值，代表高性能建筑结构用钢的汉语拼音字母（GJ），质量等级符号（B，C，D，E）组成。如 Q345GJC；对于厚度方向性能钢板,在质量等级后加上厚度方向性能级别(Z15、Z25 或 Z35),如 Q345GJCZ25。

GJ 钢的性能指标可查阅国家标准《建筑结构用钢板》(GB/T 19879—2015)。

2.5.2　钢材的选用

由前述可知,不同钢材的力学性能、焊接性能、价格等技术、经济指标各有差异。因此,合理选择钢材是钢结构设计中的首要环节。选择钢材的基本原则是既要保证结构的安全可靠,又要做到用料经济合理。选择钢材时考虑的因素有:

1)结构的重要性

由于使用条件、结构所处部位等方面的不同,结构可以分为重要、一般和次要的三类。例如民用大跨度屋架、重级工作制吊车梁等就是重要的;普通厂房的屋架和柱等属于一般的;梯子、平台、栏杆等则是次要的。应根据不同情况,有区别地选用钢材,并对钢材质量提出不同保证项目。

2)荷载的性质

按所承受荷载的性质,结构可分为承受静力荷载和动力荷载两种。在承受动力荷载的结构或构件中,又有经常满载和不经常满载的区别。因此,荷载性质不同,就应选用不同的钢材,并提出不同的质量保证项目。例如,对重级工作制吊车梁就要选用冲击韧性和疲劳性能好的钢材;而对一般承受静力荷载的结构或构件,如普通屋架及柱等(在常温条件下),就可以选用 Q235 钢。

3)连接方法

连接方法不同,对钢材质量要求也不同。例如焊接结构的钢材,由于焊接过程中不可避免地会产生焊接应力、焊接变形和焊接缺陷,在受力性质改变和温度变化的情况下,容易引起缺口敏感,导致构件产生裂纹或裂缝,甚至发生脆性断裂。所以焊接结构对钢材的化学成分、力学性能和可焊性都有较高的要求。如钢材中的碳、硫、磷的含量要低,塑性、韧性指标要高、可焊性要好等。但对非焊接结构(如用高强度螺栓或铆钉连接的结构),这些要求就可以放宽。

4)结构的工作温度

结构所处的环境和工作条件,例如室内、室外、温度变化、腐蚀作用情况等对钢材的影响很大。钢材有随着温度下降而发生脆断(低温冷脆)的特性。钢材的塑性、冲击韧性都随着温度的下降而降低,当下降到冷脆转变温度时,钢材处于脆性状态,随时都可能突然发生脆性断裂。国内外都有这样的工程事故的实例。而经常在低温条件下工作的焊接结构则更为敏感(sensitivity),选材时,必须慎重考虑。

选用钢材就是要确定钢材牌号(包括钢种、冶炼方法、脱氧方法、质量等级等),并提出应有的力学性能和化学成分保证项目,至少应具有屈服点、抗拉强度、伸长率三项力学性能和硫、磷含量两项化学成分的合格保证,对焊接结构还应有含碳量的合格保证。详细要求请查阅《钢结构设计标准》(GB 50017—2017)中对钢材选用的具体规定。

2.5.3　型钢及规格

钢结构的构件均由各种规格的型钢(shape steel)加工制作而成,型钢包括热轧型钢、冷弯薄壁型钢、钢索等。

（1）热轧型钢

1）钢板

钢板（plate）有厚钢板、薄钢板和扁钢（图2.13）3种。其规格和用途如下：

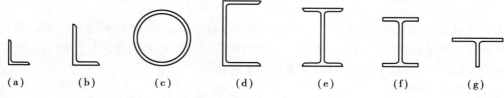

图2.13　型钢截面形式

厚钢板：厚度为4.5～60 mm，宽度为600～300 mm，长度为4～12 m；用于制作焊接组合截面构件，如焊接工字形截面梁的翼缘板、腹板等。

薄钢板：厚度为0.35～4 mm，宽度为500～1 500 mm，长度为0.5～4 m；用于制作冷弯薄壁型钢。

扁钢：厚度为3～60 mm，宽度为10～200 mm，长度为3～9 m。用于焊接组合截面构件的翼缘板、连接板、桁架节点板和制作零部件等。

钢结构中板件的表示方法为"-宽度×厚度×长度"，如"-400×12×800"，单位为mm。

近年来在超高层和大跨钢结构中，还使用厚度大于60 mm的特厚钢板。

2）角钢

角钢（angle steel）分等边角钢和不等边角钢。不等边角钢的表示方法为，"∟长边宽×短边宽×厚度"，如"∟100×80×8"，等边角钢表示为"∟边宽×厚度"，如∟100×8，单位为mm。

3）钢管

钢管分无缝钢管（seamless steel tube）和焊接钢管（welded steel tube）两种，表示方法为"ϕ外径×壁厚"，如ϕ180×4，单位为mm。

4）槽钢

槽钢（channel steel）有普通槽钢和轻型槽钢两种，用截面符号"["和截面高度（cm）表示，高度在20 cm以上的槽钢，还用字母a,b,c表示不同的腹板厚度。如[30a，称"30号"槽钢。号数相同的轻型槽钢与普通槽钢相比，其翼缘宽而薄，腹板也较薄。

5）工字钢

工字钢分为普通工字钢和轻型工字钢。用截面符号"I"和截面高度（cm）表示，高度在20 cm以上的普通工字钢，用字母a,b,c表示不同的腹板厚度。如I20c，称"20号"工字钢。腹板较薄的工字钢用于受弯构件较为经济。轻型工字钢的腹板（web）和翼缘（flange）均比普通工字钢薄，因而在相同重量下其截面模量和回转半径较大。

6）H型钢和剖分T型钢

H型钢是目前广泛使用的热轧型钢，与普通工字钢相比，其特点是：翼缘较宽，故两个主轴方向的惯性矩相差较小；另外翼缘内外两侧平行，便于与其他构件相连。为满足不同需要，H型钢有宽翼缘H型钢、中翼缘H型钢和窄翼缘H型钢，分别用标记HW,HM和HN表示。各种H型钢均可剖分为T型钢，相应标记用TW,TM,TN表示。H型钢和剖分T型钢的表示方法是：标记符号、高度×宽度×腹板厚度×翼缘厚度。例如，HM244×175×7×11，其剖分T型钢是TM122×175×7×11，单位为mm。

（2）薄壁型钢

薄壁型钢是用薄钢板经模压或冷弯而制成的，其截面形式（图 2.14）及尺寸可按合理方案设计。薄壁型钢的壁厚一般为 1.5～5 mm，用于承重结构时其壁厚不宜小于 2 mm。用于轻型屋面及墙面的压型钢板，钢板厚为 0.4～1.6 mm。薄壁型钢能充分利用钢材的强度，节约钢材，已在我国推广使用。

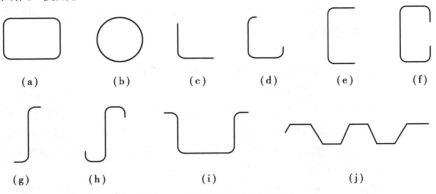

（a）　　　（b）　　　（c）　　　（d）　　　（e）　　　（f）

（g）　　　　（h）　　　　（i）　　　　　（j）

图 2.14　薄壁型钢的截面形式

（3）钢索

用高强钢丝组成的平行钢丝束、钢绞线或钢丝绳统称为钢索。

1）平行钢丝束

平行钢丝束通常由 7 根，19 根，37 根或 61 根直径为 4 mm 或 5 mm 的钢丝（steel wire）组成，其截面如图 2.15（a）、（b）所示。平行钢丝束的各根钢丝相互平行，它们受力均匀（homogeneous），能充分发挥高强钢丝材料的轴向抗拉强度，弹性模量也与单根钢丝接近。

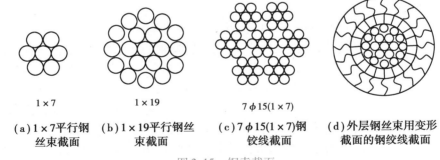

　1×7　　　　　1×19　　　　　7φ15(1×7)

（a）1×7平行钢　（b）1×19平行钢　（c）7φ15(1×7)钢　（d）外层钢丝束用变形
　丝束截面　　　丝束截面　　　绞线截面　　　截面的钢绞线截面

图 2.15　钢索截面

2）钢绞线

钢绞线（steel strand）一般由 7 根钢丝捻成，一根在中心，其余 6 根在外层同一方向缠绕，标记为（1×7）；我国有的厂家还生产由 2 根、3 根钢丝捻成的钢绞线，标记分别为（1×2）、（1×3）；也有多根钢丝如 19 根、37 根等捻成的钢绞线，分别由三层、四层钢丝组成，标记分别为（1×19）、（1×37）。国外常用多根钢丝捻成的钢绞线，其外层的钢丝截面有时还采用梯形、S 形等变形截面，如图 2.15（d）所示。国内常用（1×7）钢绞线，或多根（1×7）钢绞线平行组成的钢绞线束，如图 2.15（c）所示。

由于钢绞线中各钢丝的受力不均匀，钢绞线的抗拉强度要比单根钢丝降低 10%～20%，弹性模量也有所降低。国家标准《预应力混凝土用钢丝》（GB/T 5223—2014）对高强钢丝的力学性能指标要求见附表1.7。

3）钢丝绳

钢丝绳（steel cable）通常是由7股钢绞线捻成，以一股钢绞线作为核心，外层的6股钢绞线沿同一方向缠绕。由7（1+6）的钢绞线捻成的钢丝绳，其标记为绳7（7），股（1+6）。还有一种钢丝绳是由7（1+6+12）的钢绞线捻成的，其标记为绳7（19），股（1+6+12）。钢丝绳中每股钢绞线的捻向可以相反，也可以相同。钢丝绳的强度和弹性模量略低于钢绞线，其优点是比较柔软，适用于需要弯曲曲率较大的构件。

4）钢索的制作

钢索制作一般须经下料、编束、预张拉及防护等几个程序。

为了使钢索的各根钢丝或各股钢绞线在受荷后均匀受力，制索下料时应尺寸精确等长。一般采用"应力"下料，即将开盘、调直后的钢丝或钢绞线在一定张拉应力状态下号料，其拉应力可取 $200 \sim 300 \ \text{N/mm}^2$，在这一应力下钢丝或钢绞线可以拉直，消除一些非弹性因素对长度的影响；此外还应注意同一工程所有的索张力保持一致。钢丝或钢绞线及热处理钢筋的切断应采用切割机或摩擦圆锯片，切忌采用电切割或气切割。

钢索编束，不论钢丝束或钢绞线都采用栅孔板梳理，以使每根钢丝或各股钢绞线保持相互平行，防止互相交搭、缠结。钢索成束后，每隔1m左右要用铁丝缠绕扎紧。

焊接将会大大降低高强钢丝的强度，因此高强钢丝不能焊接。目前国内的高强钢丝、钢绞丝生产均可根据用户要求的重量和长度打成盘卷供货，并可做到整卷高强钢丝或钢绞线无焊接焊头。

各类钢索在使用前必须进行预张拉，以消除索的非弹性变形，保证索在使用阶段的弹性工作。图4.32表示钢索在初次受拉以及经过预张拉后的不同工作图形。预张拉一般取极限强度的50%～55%，维持0.5～2 h。钢索经上述方式预张拉后，工作性能就比较稳定，应力与应变基本呈线性关系。

钢索的预张拉一般在现场进行。实验表明，也可在索制成后就在工厂预张拉，保持清洁，然后卷在直径足够大的卷筒上，运送工地使用，而不影响索的使用质量。这样做还可减轻现场的工作量。

为了保证钢索的长期使用，并由于钢索是由直径较小的高强钢丝组成的，任何因素引起的截面损伤、削弱都会构成索结构的不安全因素，因此必须做好钢索的防护。钢索防护有以下做法：①黄油裹布；②多层塑料涂层，该涂层材料浸以玻璃加筋的丙烯树脂；③多层液体氯丁橡胶，并在表面覆以油漆；④塑料套管内灌液体的氯丁橡胶。防护做法可根据钢索的使用环境和具体施工条件选用其一。如我国的一些体育馆悬索屋盖，大多数露于室内的钢索都采用了黄油裹布做法。此方法在编好的钢索外表满涂黄油一道，用布条或麻布条缠绕包裹进行封闭。涂油、裹布应重复2～3道，每道包布的缠绕方法与前一道相反。此法简单易行，价格较便宜。暴露于室外的钢索则宜采用钢索外加套管内灌液体氯丁橡胶的做法。

不论采用哪种钢索防护做法，在钢索防护前均应注意认真做好除污、除锈，这是钢索防护施工中的首要工序，其目的是使钢索表面达到一定的清洁度以利于防护涂层的附着和提高防护寿命。研究结果表明，影响钢索防护质量的各种因素中，表面处理占49.5%～60%。因此，当钢丝或钢绞线进入施工现场后，首先应注意现场保护不使其锈蚀，未镀锌的钢丝或钢绞线应先涂一道红丹底漆。在作保护层前，若遇有钢丝或钢绞线已有锈蚀时，应注意彻底清除浮锈；锈蚀严重时则应根据具体情况降低标准使用或不用。

复习思考题

1. 钢材的主要力学性能指标有哪几项？查阅相关资料，了解常用钢材的力学性能。

2. 碳、硫、磷、氧、氮、氢对钢材的性能有何影响？查阅相关资料，了解常用钢材的化学成分。

3. 沸腾钢和镇静钢的性能有何不同？

4. 温度对钢材有何影响？

5. 钢材具有较好的塑性和韧性，为什么钢结构或构件还会发生脆性破坏？

6. 选择钢材时，应考虑哪些主要因素？

7. 查阅附录相关内容，了解各种型钢的规格、型号和几何参数。

第 **3** 章
钢结构的连接

连接方法

3.1 连接方法

  钢结构的构件制作和整体安装都离不开零部件和构件之间的连接。因此,连接在钢结构中占有重要地位。连接质量直接影响结构的安全和使用寿命;好的连接应符合安全可靠、节约钢材、构造简单和施工方便的原则。

  钢结构常用的连接方法有焊接连接、螺栓连接和仅在旧结构修复等特殊情况采用的铆钉连接(图3.1),因此,本章主要针对前两种连接方法的工作性能和设计计算进行介绍。

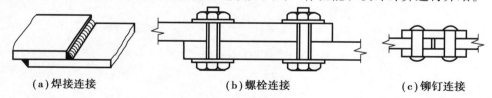

(a)焊接连接   **(b)螺栓连接**   **(c)铆钉连接**

图3.1 钢结构常用连接方法

  (1)焊接连接

  在被连接金属件之间的缝隙区域,通过高温使被连接金属与填充金属熔融结合,冷却后形成牢固连接的工艺过程称为焊接连接,填充金属带称为焊缝。焊接连接不削弱构件截面,用料经济,接头紧凑,构造简单,加工方便,可以采用自动化操作,是现代钢结构最主要的连接方法。但是,由于焊缝附近高温作用而形成的热影响区,使钢材的金相组织和力学性能发生变化,材质变脆,并产生焊接应力和焊接变形,对结构的工作性能往往有不利影响,可能使结构发生脆性破坏;另外,焊接结构还有较大的刚性,一旦局部发生裂纹很容易扩展,尤其在低温下易发生脆断。因此,在设计和制作焊接结构时,应对焊接结构的脆断问题引起足够的重视。

  (2)螺栓连接

  螺栓连接需要在被连接件上钻孔,装上螺杆、拧紧螺帽进行连接。所使用的螺栓分为普通螺栓和高强螺栓两类。

1）普通螺栓

普通螺栓分为 A,B,C 三级。A,B 级螺栓用优质碳素钢在车床上加工制作,其制作精度及对螺栓孔的要求较高,称为精制螺栓,成本较高。C 级螺栓一般用普通碳素钢 Q235BF 压制而成,其制作精度及对螺栓孔的要求较低,称为粗制螺栓,成本低。另外,螺栓按材料性能分为十个等级,A,B 级精制螺栓的材料性能等级有 5.6 级、8.8 级两种,采用优质碳素钢材制作;C 级粗制螺栓的性能等级为 4.6 级或 4.8 级。

材料性能等级的含义:例如,5.6 级表示抗拉强度不小于 500 N/mm^2,屈服点与抗拉强度之比为 0.6。

2）高强度螺栓

高强度螺栓用优质碳素钢或低合金钢制作,并经过热处理,材料性能等级有 8.8 级和 10.9 级两种。

高强度螺栓连接与普通螺栓连接的主要区别,就是高强度螺栓连接可以大大增加螺帽的拧紧程度,使螺杆产生预拉力,同时对被连接的板件间施加压力。当高强度螺栓用于抗剪连接时,可由板件间的摩擦力传递剪力,板件间没有相对滑动。在同一连接接头中,高强度螺栓连接不应与普通螺栓连接混用。

按计算时对高强度螺栓工作性能的要求不同,高强度螺栓分为承压型连接和摩擦型连接。常用紧固螺帽的方法有扭矩法、转角法和扭断螺栓尾部法。

3.2　焊接方法和焊缝形式

焊接方法和焊缝形式

3.2.1　钢结构的焊接方法

焊接方法较多,但在钢结构中常用的焊接方法是电弧焊及电阻焊。电弧焊有手工电弧焊、埋弧自动(或半自动)焊以及气体保护焊等。

（1）电弧焊

1）手工电弧焊

图 3.2 是手工电弧焊施焊的原理示意图。施焊前,用导线将焊件之一和电焊机的一个电极相连;电焊机的另一电极通过焊钳与焊条的裸露端相连。施焊时,将焊条的另一端点到焊接件上,形成暂时短路,随即将焊条稍稍抬起,使两电极间产生电子放射和气体电离而形成电弧。电弧产生高达 3 000 ℃ 的高温,使钢材熔化形成熔池,焊条中的焊丝也熔化滴落在熔池中,与焊件钢材熔融结合。与此同时,由焊条药皮形成的熔渣和气体覆盖熔池,防止空气中氧、氮等有害气体与熔化的液态金属接触,避免形成脆性易裂化合物。随着焊条的缓慢移动,熔融区逐步冷却后形成焊缝,完成焊接连接。

建筑钢结构常用焊条为 E43××、E50××、E55×× 和 E60×× 系列。其中字母 E 表示焊条,E 后紧邻的两位数字表示熔敷金属抗拉强度的最小值,如 E43 表示焊条最小抗拉强度 f_u = 430 N/mm^2(43 kg·f/mm^2)。第三和第四位数字用于表达药皮类型、焊接位置和电流类型。

手工电弧焊的焊条应与焊件钢材相匹配,对 Q235 钢选用 E43 型焊条,Q355、Q390 钢选用 E50 或 E55 型焊条,Q420、Q460 钢选用 E55 或 E60 焊条。例如 E5003 焊条,适用于主体金属为 Q355 钢的平焊、横焊及平角焊,药皮为钛型,交流或直流正反接,主要焊接较薄的构件。当焊接不同强度的钢材时,可采用与低强度钢材相适应的焊条。各种焊条型号及其用途可查阅相关国家标准(GB/T 5117—2012,GB/T 5118—2012)。

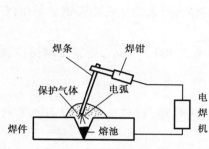

图 3.2 手工电弧焊

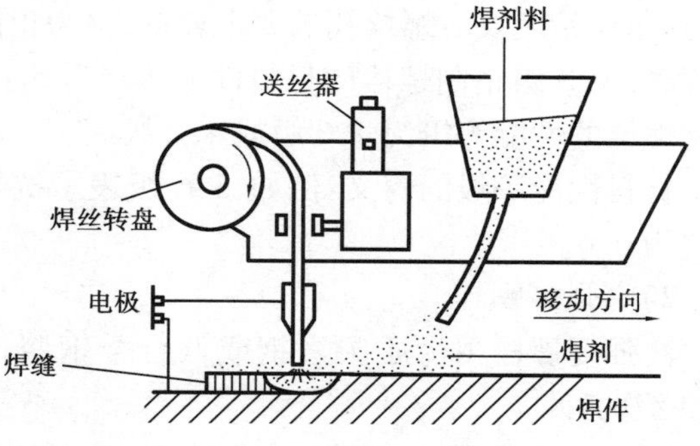

图 3.3 自动埋弧焊

动画:手工电弧焊

2)埋弧焊(自动或半自动)

埋弧焊是电弧在焊剂层下燃烧的一种电弧焊方法。焊丝送进和电弧移动均由机构自动控制的称埋弧自动焊(图 3.3);焊丝送进由机构控制,而电弧移动靠人工操作的则称埋弧半自动焊。

埋弧焊的焊丝伸出长度小,又被焊剂所覆盖,能对较细的焊丝采用大电流,因而电弧热量集中,熔深大,适用于厚板的焊接。采用自动或半自动化操作,焊接程序规范化,焊缝的化学成分均匀,形成的焊缝质量好,焊件变形小。埋弧自动焊接或半自动焊接采用的焊丝和焊剂,也必需与焊件钢材强度相匹配,符合现行标准对焊丝和焊剂的要求。

3)气体保护焊

气体保护焊简称气电焊,是利用惰性气体或二氧化碳气体作为保护介质,在电弧周围形成局部的保护层,使被熔化的钢材不与空气接触,因而电弧加热集中,焊接速度快,熔化深度大,焊缝强度高,塑性好。二氧化碳气体保护焊采用高锰高硅型焊丝,具有较强的抗锈能力,焊缝不易产生气孔。气电焊适用于低碳钢、低合金高强度钢以及其他合金钢的焊接。

(2)电阻焊

电阻焊是利用电流通过焊件接触点表面的电阻所产生的热量来熔化金属,再通过压力使其焊合。冷弯薄壁型钢的焊接常用这种接触点焊(图 3.4)。电阻焊适用于板叠厚度不超过 12 mm 的焊接。

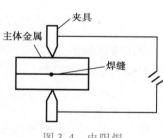

图 3.4 电阻焊

3.2.2 焊缝形式及焊接接头形式

焊缝的形式主要有两种:对接焊缝和角焊缝(图 3.5)。

焊接接头形式可根据受力合理、构造简单、施焊方便的原则选择对接焊缝或角焊缝。常见的焊接接头形式有以下 4 种:平接、搭接、T 形连接和角接,如图 3.6 所示。

图 3.6(a)、(b)都属于平接,其中图 3.6(a)直接用对接焊缝连接,这种连接的特点是要求下料准确,板边常需开坡口,制造费工,但传力路线简捷,受力性能好,疲劳强度高,节省材料。图 3.6(b)是用上、下两块盖板和角焊缝连接的,其特点是允许下料尺寸有较大的偏差(offset),制造省工,但多用了两层盖板,费料且有应力集中影响,疲劳强度较低。

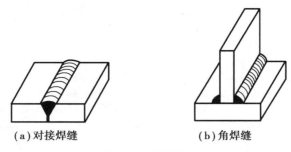

(a)对接焊缝　　　　**(b)角焊缝**

图 3.5　焊缝形式

图 3.6(c)是用角焊缝的搭接连接,这种连接传力不均匀,疲劳强度较低,但构造简单,施工方便,在屋架的腹杆与节点板的连接中被广泛采用。

图 3.6(d),(e)都属于 T 形连接,其中(d)是用角焊缝的 T 形连接,构造简单,应用广泛,但疲劳强度较低。(e)是用 K 形坡口对接焊缝的 T 形连接。

图 3.6(f),(g),(h)都属于角接,角接主要用于制作箱形截面构件,可采用角焊缝,也可采用对接焊缝。当板件较厚且受力较小时,还可采用如图 3.6(i)所示的未焊透对接焊缝。

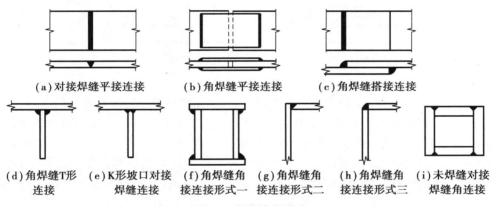

(a)对接焊缝平接连接　　**(b)角焊缝平接连接**　　**(c)角焊缝搭接连接**

(d)角焊缝T形　**(e)K形坡口对接**　**(f)角焊缝角**　**(g)角焊缝角**　**(h)角焊缝角**　**(i)未焊缝对接**
连接　　　**焊缝连接**　　**接连接形式一**　**接连接形式二**　**接连接形式三**　**焊缝角连接**

图 3.6　焊接接头形式

焊缝按施焊时焊工所持焊条与焊件间的相对位置分为平焊、横焊、立焊和仰焊 4 种(图 3.7)。平焊施焊方便,质量最好;立焊和横焊的质量及生产效率比平焊次之;仰焊的操作条件最差,焊缝质量不易保证,应尽量避免。

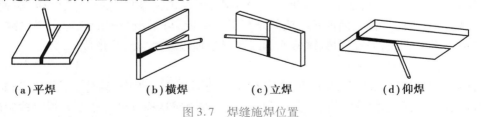

(a)平焊　　　**(b)横焊**　　　**(c)立焊**　　　**(d)仰焊**

图 3.7　焊缝施焊位置

3.2.3　焊缝缺陷和焊缝质量检验

(1)焊缝缺陷

焊缝缺陷是指焊接过程中产生于焊缝金属或附近热影响区钢材表面或内部的缺陷。常见的焊缝缺陷有裂纹、焊瘤、烧穿、弧坑、气孔、夹渣、咬边、未熔合、未焊透(图3.8)以及焊缝尺寸不符合要求、焊缝成形不良等。

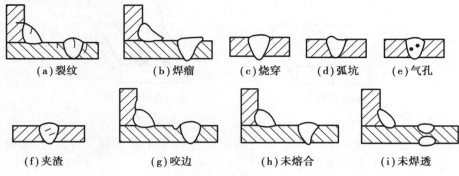

(a)裂纹 　　(b)焊瘤 　　(c)烧穿 　　(d)弧坑 　　(e)气孔

(f)夹渣 　　(g)咬边 　　(h)未熔合 　　(i)未焊透

图3.8　焊缝缺陷

裂纹是焊缝连接中最危险的缺陷,按裂纹产生的时间,可分为热裂纹和冷裂纹(图3.9)。热裂纹是在施焊时产生的,冷裂纹是在焊缝冷却过程中产生的。

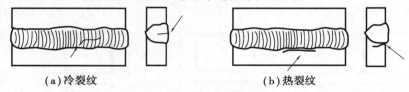

(a)冷裂纹 　　　　　　　　　　(b)热裂纹

图3.9　焊缝裂纹

在施焊时,主体金属和焊条的熔化金属相混合,并在加热停止后开始金属结晶,结晶时,正在冷却的金属受到冷却引起的拉应力作用,而这些拉应力作用在尚未获得足够强度的热金属上,容易引起热裂纹。这些裂纹起初并不明显,但以后在外荷载作用下可能导致脆性破坏,当有动力荷载作用时,这种裂纹尤其危险。主体金属中碳和其他杂质的含量较高,大晶粒组织,焊接厚度大等都能促成热裂纹的产生;有内部应力集中因素(气泡及夹渣)的沸腾钢,也有产生热裂纹的倾向,故在直接承受动力荷载的焊接结构中宜采用镇静钢。

如果在焊接的热影响区剧烈冷却,也可能产生淬硬组织,其韧性及塑性大大降低。冷却时产生的拉应力会产生与焊缝平行的冷裂纹。含碳量较高、使用沸腾钢及主体金属过厚等都能促成冷裂纹的出现。

产生裂纹的原因很多,如钢材的化学成分不当,焊接工艺条件(如电流、电压、焊速、施焊次序等)选择不合理,焊件表面油污未清除干净等。因此,可采用合理的施焊次序以减小焊接应力,避免出现裂纹;或进行预热、缓慢冷却或焊后处理以减少裂纹的形成。

(2)焊缝质量检验

焊缝缺陷将削弱焊缝的受力面积,而且在缺陷处形成应力集中,裂缝往往从缺陷处开始,成为连接破坏的根源,对焊接结构十分不利。因此,焊缝质量检查极为重要。焊缝检验就是检验焊缝及焊接热影响区域的有无各种缺陷,并作相应的处理,评价焊接质量、性能是否达到设计要求,确保焊缝安全可靠。

焊缝质量检验一般可用外观检查及内部无损检验,前者检查外观缺陷和几何尺寸,后者检查内部缺陷。内部无损检验目前广泛采用超声波检验。超声波检验使用灵活、经济,对内部缺陷反应灵敏,但不易识别缺陷性质,因此,有时还用磁粉检验、荧光检验等较简单的方法作为辅助。此外,还可采用 X 射线或 γ 射线透照拍片,但其应用不及超声波探伤广泛。

《钢结构工程施工质量验收标准》(GB 50205—2020)规定焊缝按其检验方法和质量要求分为一级、二级和三级。三级焊缝只要求对全部焊缝做外观检查且符合三级质量标准;一级、二级焊缝则除外观检查外,还要求一定数量的超声波检验并符合相应级别的质量标准,其中一级焊缝探伤比例为 100% ,二级焊缝探伤比例为 20% ,三级焊缝可不做探伤检查。角焊缝由于连接处钢板之间存在未熔合的部位,故一般按三级焊缝进行外观检查,特殊情况下可以要求按二级焊缝进行外观检查。

3.2.4　焊缝代号

焊缝代号用于钢结构施工图上对焊缝进行标注,标明焊缝形式、尺寸和辅助要求等。标注方法应符合《建筑结构制图标准》(GB/T 50105—2010)规定。表 3.1 列出一些常用的焊缝代号和标注方法,注意不同焊缝的代号和标注特点。

例如,标注单面焊缝时,当箭头指向焊缝所在的一面时,应将图形符号和尺寸标注在横线上方;当箭头指在焊缝所在的另一面(相对应的那边)时,应将图形符号和尺寸标注在横线的下方。标注双面焊缝时,应在横线的上下方都标注符号和尺寸,上方表示箭头一面的符号和尺寸,下方表示另一面的符号和尺寸;当两面尺寸相同时,只需在横线上方标注尺寸即可。焊缝符号表示焊缝的形式,如用"□"表示角焊缝,用"V"表示 V 形坡口对接焊缝,用"K"表示焊透的 K 形坡口对接焊缝;用"⌣"表示塞焊缝;辅助符号表示焊缝的辅助要求,如用"►"表示现场安装焊缝,用"⌐"表示三面围焊等。

表 3.1　常用焊缝符号

	角焊缝				对接焊缝	塞焊缝	三面围焊
	单面焊缝	双面焊缝	安装焊缝	相同焊缝			
形式					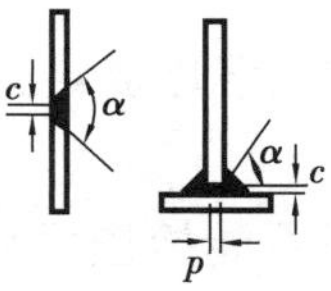		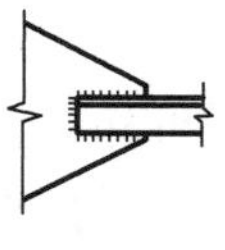
标注方法	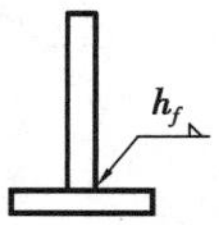	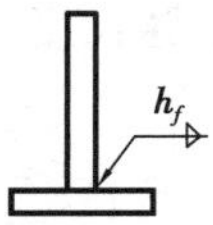	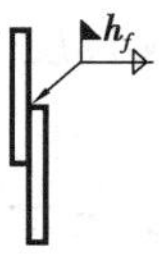		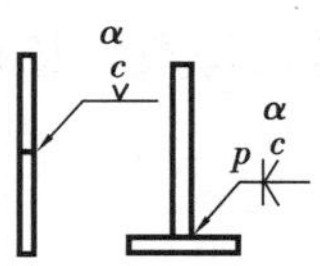		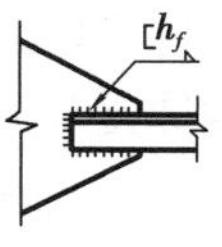

当焊缝分布比较复杂或用上述注标方法不能表达清楚时,可在标注焊缝代号的同时,在图上加栅线表示焊缝(图 3.10)。

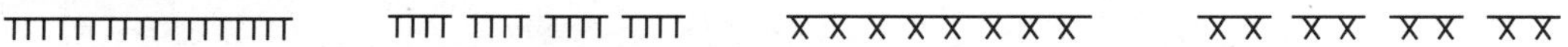

(a)正面焊缝　　　　(b)背面焊缝　　　　(c)安装焊缝　　　　(d)背面安装焊缝

图 3.10　用栅线表示焊缝

对接焊缝的
构造和计算

3.3 对接焊缝的构造和计算

3.3.1 对接焊缝的构造

对接焊缝常做成带坡口的形式,故又称为坡口焊缝。常用的坡口形式有直边形、单边 V形、V形、U形、K形和 X形(图 3.11)。做坡口是为了便于施焊,保证焊接质量,应根据焊件的厚度选用不同的坡口形式。坡口形状参数有:斜坡角度 α、钝边厚度 p 和间隙宽度 c。

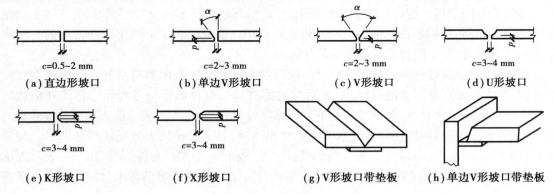

(a)直边形坡口   (b)单边V形坡口   (c)V形坡口   (d)U形坡口

(e)K形坡口   (f)X形坡口   (g)V形坡口带垫板   (h)单边V形坡口带垫板

图 3.11   坡口形式及垫板

当焊件厚度 $t \leqslant 6$ mm(手工焊)或 $t \leqslant 10$ mm(埋弧焊)时,可采用直边形焊缝;对于一般厚度的焊件($t = 8 \sim 20$ mm),可采用单边 V 或 V 形焊缝,斜坡口和间隙 c 形成一个焊条能够施焊的空间,使焊缝易于焊透;对于焊件厚度 $t > 20$ mm,应采用施焊空间更大的 U 形、K 形或 X 形焊缝。

当间隙 c 过大时,为防止熔化金属溢出,可采用垫板,如图 3.11(g),(h),施焊成型后,垫板可除去,也可保留。

对接焊缝的两端,常因不能熔透而出现凹形的焊口,焊口处常产生裂纹和应力集中。所以,对接焊缝施焊时应采用引弧板(图 3.12)消除此影响;在一些特殊情况下无法采用引弧板时(如 T 形接头的对接焊缝),每条焊缝的计算长度(有效长度)= 焊缝长度 $-2t$(t 为较薄焊件的厚度)。

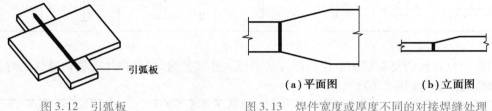

(a)平面图   (b)立面图

图 3.12   引弧板   图 3.13   焊件宽度或厚度不同的对接焊缝处理

在对接焊缝的拼接处,当两块焊件的宽度或厚度相差 4 mm 以上时,应分别把较宽或较厚一侧的板件做成坡度不大于 1:2.5 的斜边与窄或薄的焊件焊接,使截面缓和过渡以减小应力集中(图 3.13)。

3.3.2　对接焊缝的强度计算

焊缝的强度计算,就是要设计焊缝,或验算焊缝是否满足强度条件,保证连接的可靠性。计算时,取焊缝连接部分为分析对象,根据受力情况,由力学分析方法不难得到对接焊缝的强度计算公式。

（1）对接焊缝受轴心力作用

图 3.14 表示受轴向力作用的受拉构件连接,对接焊缝与轴力垂直,焊缝截面的应力均匀分布,强度计算公式为:

$$\sigma = \frac{N}{l_w t} \leqslant f_t^w \quad \text{或} \quad f_c^w \tag{3.1}$$

式中　N——轴心拉力或压力;

l_w——焊缝的计算长度,未使用引弧板时,$l_w = l - 2t$,采用引弧板时 $l_w = l$;

l——焊缝的几何长度;

t——被连接件的较小厚度,在 T 形连接中为腹板厚度;

f_t^w,f_c^w——对接焊缝的抗拉、抗压强度设计值(查附表 1.3)。

对于焊缝质量等级为一、二级的对接焊缝,其强度与钢材强度相等。因此,如果连接中使用了引弧板,则钢材强度满足焊缝强度,可不验算。而焊缝质量为三级的焊缝,其强度低于钢材强度,必须按公式(3.1)计算。

如果直焊缝的强度不满足,可使用斜对接焊缝(图 3.15),使焊缝的长度增加,应力减小。若取焊缝与作用力之间的夹角 $\theta \leqslant 56.3°$($\tan\theta \leqslant 1.5$),斜焊缝的强度不会低于钢材,可不验算。

例 3.1　如图 3.14 和图 3.15 所示,两块钢板通过对接焊缝连接成一个整体,钢板宽度 $l = 540$ mm,厚度 $t = 22$ mm,轴拉力设计值为 $N = 3\,100$ kN。钢材为 Q355B,手工焊,焊条为 E50 型,对接焊缝为三级,施焊时加引弧板(引出板),试验算该对接焊缝的强度。(注:由于对接焊缝一般采用焊透的对接焊缝形式,因此如果不做特别说明,对接焊缝就是指焊透的对接焊缝)

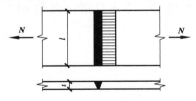

图 3.14　轴心受力的对接焊缝

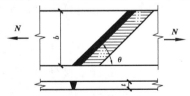

图 3.15　斜向对接焊缝

解　直对接焊缝的计算长度 $l_w = 540$ mm,由式(3.1)得焊缝正应力为:

$$\sigma = \frac{N}{l_w t} = \frac{3\,100 \times 10^3}{540 \times 22} = 260.9\,(\text{N/mm}^2) > f_t^w = 250\,(\text{N/mm}^2)$$

由计算可知,采用直对接焊缝不满足要求,改用斜对接焊缝并取 $\theta = 56°$,则焊缝计算长度 $l_w = \frac{540}{\sin 56°} = 651\,(\text{mm})$。斜对接焊缝的应力计算如下:

正应力

$$\sigma = \frac{N \sin\theta}{l_w t} = \frac{3\,100 \times 10^3 \times \sin 56°}{651 \times 22} = 179.4\,(\text{N/mm}^2) < f_t^w = 250\,(\text{N/mm}^2)$$

剪应力

$$\tau = \frac{N\cos 56°}{l_w t} = \frac{3\ 100 \times 10^3 \times \cos 56°}{651 \times 22} = 121.0(\text{N/mm}^2) < f_v^w = 170(\text{N/mm}^2)$$

此题也印证了：当三级焊缝受拉采用斜对接焊缝并取 $\tan\theta \leq 1.5$ 时，对接焊缝能够满足强度要求，故可不必验算。

（2）对接焊缝受弯矩、剪力共同作用

图 3.16 为钢结构中采用对接焊缝连接的工字形截面梁，焊缝受弯矩和剪力共同作用。截面上正应力、剪应力分布如图示，在上、下翼缘边有最大正应力，在腹板中部有最大剪应力，且都属于单向应力状态，应分别验算这两点的抗弯强度和抗剪强度：

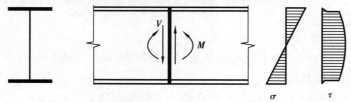

图 3.16　对接焊缝受弯矩、剪力共同作用

$$\sigma = \frac{M}{W_w} \leq f_t^w \tag{3.2}$$

$$\tau = \frac{V \cdot S_w}{I_w t_w} \leq f_v^w \tag{3.3}$$

式中　I_w——焊缝计算截面的惯性矩；

S_w——计算剪应力处以外的焊缝计算截面对中和轴的面积矩；

W_w——焊缝计算截面的抵抗矩；

t_w——腹板厚度；

f_v^w——对接焊缝的抗剪强度设计值。

另外，在翼缘与腹板相交处，同时受较大正应力和剪应力，且属于双向应力状态，该点的应力按折算应力计算。考虑折算应力只是在局部出现，焊缝的强度设计值可提高 10%，故得计算公式如下：

$$\sqrt{\sigma_1^2 + 3\tau_1^2} \leq 1.1f_t^w \tag{3.4}$$

式中　σ_1——腹板与翼缘交接处由弯矩引起的正应力；

τ_1——腹板与翼缘交接处的剪应力。

（3）对接焊缝受轴心力、弯矩和剪力共同作用

如图 3.17 所示，将轴心力作用在焊缝截面上产生的正应力与弯矩产生的正应力叠加。此时，最大正应力仍在翼缘边，单向受力；其余部分均受正应力和剪应力作用，处于双向应力状态，但最大应力点还是在翼缘与腹板相交处。

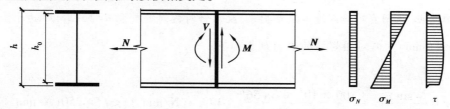

图 3.17　对接焊缝受轴心力、弯矩和剪力共同作用

计算公式如下：

$$\sigma = \sigma_N + \sigma_w = \frac{N}{A_w} + \frac{M}{W_w} \leqslant f_t^w \text{ 或 } f_c^w \tag{3.5}$$

$$\sqrt{(\sigma_N + \sigma_{w1})^2 + 3\tau_1^2} \leqslant 1.1 f_t^w \tag{3.6}$$

例3.2　图 3.18 所示牛腿与钢柱连接，牛腿上作用一集中力 $F = 3.8 \times 10^5$ N（静载），采用对接焊缝，焊缝截面为工字形。材料为 Q355B 钢，采用手工焊，焊条为 E50 型，焊缝质量等级为三级，施焊时上下翼缘加引弧板，验算连接是否可靠。

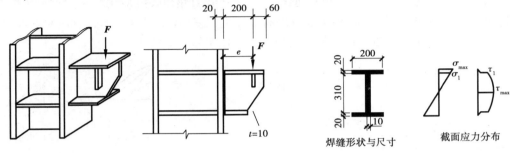

图 3.18　例 3.2 图

解　由于集中力 F 的作用，在焊缝截面产生竖向剪力 $V = F$；弯矩 $M = F \cdot e = 3.8 \times 10^5 \times 200 = 7.6 \times 10^7$ N。因此，连接受剪力与弯矩共同作用，分别按式(3.2)～式(3.4)验算。

a) 查焊缝强度和焊缝截面的几何参数计算

查附表 1.3 得对接焊缝的强度设计值：$f_t^w = 260$ N/mm², $f_v^w = 175$ N/mm²。

$$I_w = [(200 \times 350^3) - (190 \times 310^3)]/12 = 2.43 \times 10^8 (\text{mm}^4)$$

$$W_w = \frac{I_w}{y_0} = 2.43 \times 10^8/175 = 1.39 \times 10^6 (\text{mm}^3)$$

$$S_w = 200 \times 20 \times (155 + 10) + 155 \times 10 \times 155/2 = 7.8 \times 10^5 (\text{mm}^3)$$

$$S_{w1} = 200 \times 20 \times (155 + 10) = 6.6 \times 10^5 (\text{mm}^3)$$

b) 焊缝强度验算

由式(3.2)、式(3.3)验算焊缝截面上的最大正应力和最大剪应力

$$\sigma_{max} = M/W_w = 7.6 \times 10^7/(1.39 \times 10^6) = 54.68 (\text{N/mm}^2) < f_t^w = 260 (\text{N/mm}^2)$$

$$\tau_{max} = VS_w/(I_w t) = 3.8 \times 10^5 \times 7.8 \times 10^5/(2.43 \times 10^8 \times 10)$$

$$= 122 (\text{N/mm}^2) < f_v^w = 175 (\text{N/mm}^2)$$

c) 验算对接焊缝在翼缘和腹板相连处的折算应力

$$\sigma_1 = \sigma_{max} h_0/350 = 54.68 \times 310/350 = 48.43 (\text{N/mm}^2)$$

$$\tau_1 = VS_{w1}/(I_w t) = \tau \times S_{w1}/S_w = 122 \times 6.6 \times 10^5/7.8 \times 10^5 = 103.23 (\text{N/mm}^2)$$

由式(3.4)得

$$\sqrt{\sigma_1^2 + 3\tau_1^2} = \sqrt{48.43^2 + 3 \times 103.23^2} = 185.23 (\text{N/mm}^2) < 1.1 f_t^w = 286 (\text{N/mm}^2)$$

连接可靠。

3.4　角焊缝的构造和计算

3.4.1　角焊缝的截面形式和受力性能

角焊缝的截面形式可分为直角角焊缝和斜角角焊缝两种,如图 3.19 和图 3.20 所示。

直角角焊缝有等边式、平坦式和凹面式,其中等边式直角角焊缝应用最多。直角角焊缝的直角边边长 h_f 称为焊脚尺寸;h_e 称为焊缝的有效厚度,是计算角焊缝破坏面面积的参数之一。斜角角焊缝的参数如图 3.20 所示,斜角角焊缝主要用于钢管结构中。

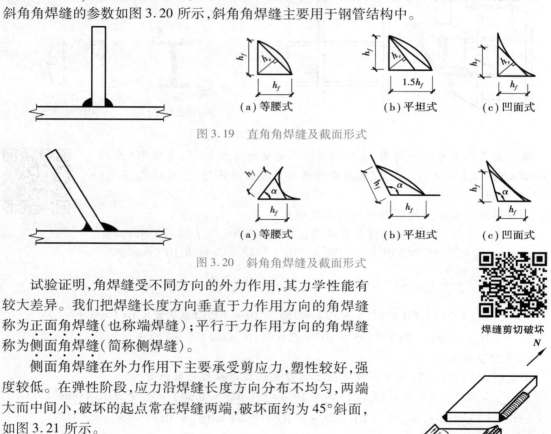

图 3.19　直角角焊缝及截面形式

图 3.20　斜角角焊缝及截面形式

试验证明,角焊缝受不同方向的外力作用,其力学性能有较大差异。我们把焊缝长度方向垂直于力作用方向的角焊缝称为正面角焊缝(也称端焊缝);平行于力作用方向的角焊缝称为侧面角焊缝(简称侧焊缝)。

侧面角焊缝在外力作用下主要承受剪应力,塑性较好,强度较低。在弹性阶段,应力沿焊缝长度方向分布不均匀,两端大而中间小,破坏的起点常在焊缝两端,破坏面约为 45°斜面,如图 3.21 所示。

正面角焊缝的应力状态比侧面角焊缝复杂,截面上正应力及剪应力作用,如图 3.22 所示。正面角焊缝的强度比侧面角焊缝高,但塑性较差,焊缝根角处应力集中突出,常在此处首先出现裂纹而破坏。

图 3.21　侧面角焊缝的应力分布

在直接承受动力荷载的结构中,正面角焊缝的截面常用平坦式,侧面角焊缝的截面常用凹面式。

3.4.2　角焊缝的构造要求

为了避免因焊脚尺寸过大或过小而引起"烧穿""变脆"等缺陷以及焊缝长度过长或过短

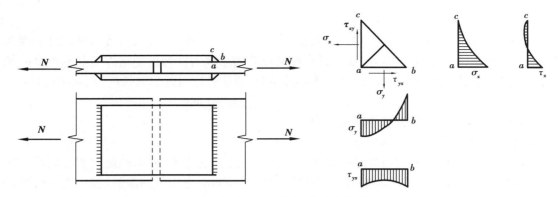

图 3.22　正面角焊缝的应力分布

而出现焊缝受力不均匀等现象,对角焊缝的强度和焊脚尺寸、焊缝长度等构造要求作了限制。在计算角焊缝连接时,除满足焊缝的强度条件外,还必须满足以下构造要求。

1)最小焊脚尺寸

角焊缝的焊脚尺寸相对于焊件厚度不能过小,否则焊接时产生的热量过小,冷却速度过快,焊缝容易脆裂。设计标准规定的角焊缝的最小焊脚尺寸见表 3.2,其中母材厚度 t 的取值与焊接方法有关。采用不预热的非低氢焊接方法进行焊接时,t 等于焊接连接部位中较厚件厚度,宜采用单道焊缝;采用预热的非低氢焊接方法或低氢焊接方法进行焊接时,t 等于焊接连接部位中较薄件厚度。此外,承受动荷载时角焊缝焊脚尺寸不宜小于 5 mm。

表 3.2　角焊缝最小焊脚尺寸

母材厚度/mm	角焊缝最小焊脚尺寸 $h_{f,\min}$/mm
$t \leqslant 6$	3
$6 < t \leqslant 12$	5
$12 < t \leqslant 20$	6
$t > 20$	8

2)最大焊脚尺寸

焊缝在施焊后,由于冷却引起了收缩应力,施焊的焊脚尺寸越大,则收缩应力越大,因此,为避免焊缝区的基本金属"过烧",应减小焊件的焊接残余应力和焊接变形,焊脚尺寸不必过于加大。

对板件边缘的角焊缝(图 3.23),当板件厚度 $t > 6$ mm 时,根据焊工的施焊经验,不易焊满全厚度,故取 $h_{f,\max} \leqslant t - (1 \sim 2)$ mm;当 $t \leqslant 6$ m 时,通常采用小焊条施焊,易于焊满全厚度,则取 $h_{f,\max} \leqslant t$。

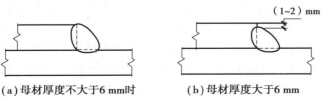

(a)母材厚度不大于 6 mm 时　　　　(b)母材厚度大于 6 mm 时

图 3.23　搭接焊缝沿母材棱边的最大焊脚尺寸

3）最小计算长度

如果角焊缝的长度太短,施焊时,起弧和灭弧产生的弧坑相距就很近,传力时焊缝会因为端部严重的应力集中首先被破坏,从而影响整条焊缝的承载力。为保证角焊缝具有可靠的承载能力,规定角焊缝的最小计算长度(应为扣除引弧、收弧长度后的焊缝长度)应同时满足:

$$l_{w,\min} \geqslant 8h_f \quad \text{和} \quad l_{w,\min} \geqslant 40 \text{ mm}$$

此规定适合正面角焊缝和侧面角焊缝。

4）侧面角焊缝的最大计算长度

搭接焊接连接中的侧面角焊缝在弹性阶段沿长度方向受力不均匀,两端大而中间小。在静力荷载作用下,如果焊缝长度不过大,当焊缝两端点处的应力达到屈服强度后,由于焊缝材料的塑性变形性能,继续加载则应力会渐趋均匀。但如果焊缝长度超过某一限值时,由于焊缝越长,应力不均匀现象越显著,则有可能首先在焊缝的两端破坏,为避免发生这种情况,一般规定侧面角焊缝的计算长度 $l_w \leqslant 60 h$。当实际长度大于上述限值时,其超过部分在计算中可以不予考虑;或者也可采用对全长焊缝的承载力设计值乘以折减系数来处理,折减系数 $a_f = 1.5 - l_w / (120 h)$ 且不小于 0.5,式中的有效焊缝计算长度 l_w 不应超过 $180h_f$。

若内力沿侧面角焊缝全长分布,其计算不受此限制。例如,焊接组合梁翼缘与腹板的连接焊缝,支承加劲肋与腹板的连接焊缝。

综上所述,在焊缝设计时,所选用的角焊缝焊脚尺寸应符合 $h_{f,\min} \leqslant h_f \leqslant h_{f,\max}$,并取整数(单位:mm);所选用的侧面角焊缝计算长度应符合 $l_{w,\min} \leqslant l_w \leqslant l_{w,\max}$。

5）其他构造要求

当板件的端部仅有两侧角焊缝连接时,为避免应力传递的过分曲折而使构件中应力过分不均,应使每条侧面角焊缝长度 l_w 不小于两侧面角焊缝之间的距离 b(图 3.24)。同时,为了避免因焊缝横向收缩,引起板件拱曲,应使侧面角焊缝之间的距离 b 不宜大于 200 mm。当 $b > 200$ mm 时,应加横向角焊缝或中间塞焊。

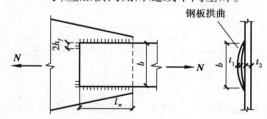

图 3.24　侧焊缝长度与间距的要求

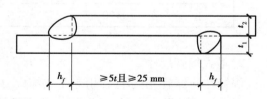

图 3.25　搭接连接双角焊缝的要求

杆件端部搭接采用三面围焊时,在转角处截面突变,会产生应力集中,如在此处起灭弧,可能出现弧坑或咬边等缺陷,从而加大应力集中的影响,故所有围焊的转角处必须连续施焊。对于非围焊情况,当角焊缝的端部在构件转角处时,宜连续绕过转角加焊 $2h_f$。

在搭接连接中,搭接长度 L 不得小于焊件较小厚度的 5 倍,且不小于 25 mm,以减小焊缝因收缩应力和偏心产生的转动对连接的影响(图 3.25)。

当次要构件且焊缝受力很小时,可采用间断角焊缝连接(图 3.26)。间断角焊缝长度 l 必须大于 $10h_f$,且不小于 50 mm;间断角焊缝的间距 e 不宜太长,以免因间断过大,使连接不紧密,潮气浸入引起锈蚀。在受压构件中,间距 $e \leqslant 15t$;在受拉构件中,间距 $e \leqslant 30t$,t 为较薄焊件的厚度。腐蚀环境中板件间需要密闭,因而不宜采用断续角焊缝。承受动荷载时,严禁采用断续坡口焊缝和断续角焊缝。

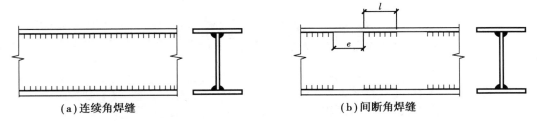

(a)连续角焊缝　　　　　　　**(b)间断角焊缝**

图 3.26　工字形焊接组合截面构件的连续角焊缝和间断角焊缝

3.4.3　直角角焊缝计算的基本公式

角焊缝计算,首先要分析构件所受外力与焊缝破坏截面上的应力之间的关系,并根据强度理论,建立角焊缝的强度计算公式,解决角焊缝的设计计算或承载力验算等问题。

直角角焊缝计算的
基本公式

试验结果表明:角焊缝的破坏面与直角边约为 45°;正面角焊缝的强度比侧面角焊缝高。因此,分析计算直角角焊缝时,可作如下假定和简化处理:

①假定角焊缝破坏面与直角边的夹角为 45°;

②不计焊缝熔入焊件的深度和焊缝表面的弧线高度,偏安全地取破坏面上等腰三角形的高为直角角焊缝的有效厚度 h_e,$h_e=0.7h_f$。有效厚度 h_e 与焊缝计算长度 l_w 的乘积称为破坏面的有效截面面积。

图 3.27 为采用等边直角角焊缝的 T 形连接,设在腹板平面的形心处受任意力 $2N$ 作用,将其分解为 $2N_x$,$2N_y$;每条焊缝受 N_x,N_y 作用,并在破坏截面上产生垂直方向的均布应力 σ_f 和沿截面长向的均布剪应力 τ_f(或$\tau_{//}$)。为便于分析,再将 σ_f 分解为有效截面平面上的剪应力 $\tau_\perp$ 和正应力 $\sigma_\perp$;可见,焊缝有效截面上的任意微元上,有正应力 $\sigma_\perp$,剪应力$\tau_{//}$,$\tau_\perp$;$\tau_{//}$ 和 $\tau_\perp$ 合成后仍在有效截面上,与 $\sigma_\perp$ 构成平面应力状态,可按折算应力建立强度条件,即

$$\sqrt{\sigma_\perp^2 + 3(\tau_\perp^2 + \tau_{//}^2)} \leqslant \sqrt{3}f_f^w \tag{3.7}$$

式中　$\sigma_\perp$——垂直于焊缝有效截面的正应力;

　　　$\tau_\perp$——有效截面上垂直焊缝长度方向的剪应力;

　　　$\tau_{//}$——有效截面上平行于焊缝长度方向的剪应力;

　　f_f^w——角焊缝的强度设计值,由角焊缝的抗剪试验和可靠度分析确定(附表 1.3)。

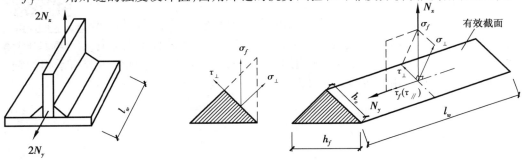

图 3.27　角焊缝的计算

$\sqrt{3}f_f^w$ 相当于焊缝单向抗拉强度设计值。

因为

$$\sigma_f = \frac{N_x}{h_e l_w}, \tau_f = \tau_{//} = \frac{N_y}{h_e l_w}$$

$$\sigma_\perp = \frac{\sigma_f}{\sqrt{2}}, \tau_\perp = \frac{\sigma_f}{\sqrt{2}}$$

将 $\sigma_\perp, \tau_\perp, \tau_{//}$ 代入式(3.7)整理得

$$\sqrt{\left(\sigma_f \Big/ \sqrt{\frac{3}{2}}\right)^2 + \tau_f^2} \leqslant f_f^w$$

写为

$$\sqrt{\left(\frac{\sigma_f}{\beta_f}\right)^2 + \tau_f^2} \leqslant f_f^w \tag{3.8}$$

由式(3.8)还可导出正面角焊缝和侧面角焊缝的计算公式:

① 当 $N_y = 0, \tau_f = 0$ 时,只有轴心力 N_x 作用,焊缝为正面角焊缝,其计算公式为:

$$\sigma_f = \frac{N_x}{h_e l_w} \leqslant \beta_f f_f^w \tag{3.9}$$

② 当 $N_x = 0, \sigma_f = 0$ 时,只有轴心力 N_y 作用,焊缝为侧面角焊缝,其计算公式为:

$$\tau_f = \frac{N_y}{h_e l_w} \leqslant f_f^w \tag{3.10}$$

式中　β_f——称为正面角焊缝的强度增大系数。对承受静力荷载或间接承受动力荷载结构中的正面角焊缝,$\beta_f = \sqrt{3/2} = 1.22$,即正面角焊缝的强度是侧面角焊缝强度的 1.22 倍;对直接承受动力荷载结构中的正面角焊缝,考虑其刚度大,韧性差,将其强度降低使用,取 $\beta_f = 1.0$;

l_w——角焊缝的计算长度。考虑起、落弧的影响,按各条焊缝的实际长度每端减去 h_f 计算。

式(3.8)—式(3.10)即为角焊缝计算的基本公式。基本公式在分析过程中虽作了简化处理,但计算结果与试验结果相符,满足角焊缝设计计算要求。

3.4.4　各种受力状态下直角角焊缝连接计算

(1)轴心力 N 作用下的角焊缝连接计算

1)盖板连接

图 3.28 所示为盖板连接,可采用两侧侧面角焊缝连接,正面角焊缝连接和三面围焊连接。只有侧焊缝连接时,按式(3.10)计算;只有正面角焊缝连接时,按式(3.9)计算;当采用三面围焊时,先用式(3.7)计算正面角焊缝所承担的轴心力 N',其余轴心力 $(N-N')$ 由侧焊缝承担,即

先计算　　$N' = \beta_f f_f^w \sum h_e l_w$

再验算　　$\tau_f = \dfrac{N - N'}{\sum h_e l_w} \leqslant f_f^w$

式中　　$\sum l_w$——连接一侧角焊缝计算长度的总和。

2)角钢与节点板连接

在钢桁架中,弦杆和腹杆多采用双角钢组成的 T 形截面,腹杆通过节点板与弦杆连接(图 3.29)。其中,角钢与节点板的连接一般采用两面侧焊,也可采用三面围焊和 L 形围焊(图 3.30)。

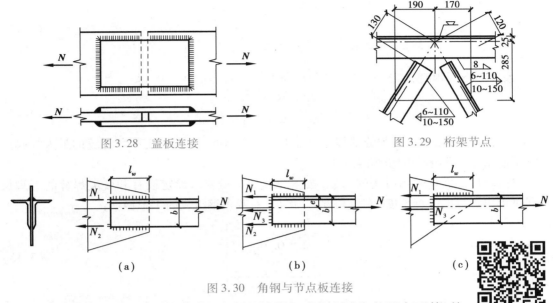

图 3.28　盖板连接　　　　　　　图 3.29　桁架节点

图 3.30　角钢与节点板连接

动画:节点板与角钢的焊接连接

桁架中的腹杆受轴心力作用,由于角钢轴线与肢背和肢尖的距离不等,故肢背焊缝和肢尖焊缝的受力也不同。当仅有肢背和肢尖上的侧面角焊缝时,如图 3.30(a)所示,设肢背焊缝受力 N_1,肢尖焊缝受力 N_2。

由平衡条件　　　　　　$N_1+N_2=N$;$N_1b=N(b-e)$;$N_2b=Ne$

解得

$$\left.\begin{array}{l} N_1=\dfrac{b-e}{b}N=k_1N \\[2mm] N_2=\dfrac{e}{b}N=k_2N \end{array}\right\} \tag{3.11}$$

式中　k_1,k_2——焊缝内力分配系数;角钢类型与组合方式不同,内力分配系数不同,按表 3.3 采用。

表 3.3　焊缝内力分配系数

角钢类型	连接形式	肢背 k_1	肢尖 k_2
等肢角钢		0.7	0.3
不等肢角钢(短肢相并)		0.75	0.25
不等肢角钢(长肢相并)	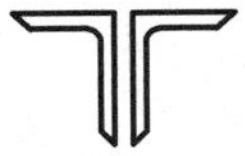	0.65	0.35

当采用三面围焊的角焊缝时,如图 3.30(b)所示。先按构造要求设定正面角焊缝的焊脚

尺寸 h_{f3},并求出正面角焊缝所承担的力 N_3。

$$N_3 = 2 \times 0.7h_{f3}b\beta_f f_f^w \tag{3.12}$$

再根据平衡条件($\sum m = 0$)可得:

$$\left.\begin{array}{l} N_1 = \dfrac{N(b-e)}{b} - \dfrac{N_3}{2} = k_1 N - \dfrac{N_3}{2} \\[3mm] N_2 = \dfrac{Ne}{b} - \dfrac{N_3}{2} = k_2 N - \dfrac{N_3}{2} \end{array}\right\} \tag{3.13}$$

当采用 L 形围焊时,如图 3.30(c)所示,令式(3.13)中的 $N_2 = 0$,得:

$$\left.\begin{array}{l} N_3 = 2k_2 N \\ N_1 = N - N_3 \end{array}\right\} \tag{3.14}$$

由 N_3 知,可求出正面角焊缝的焊缝尺寸 h_{f3};如求出的 h_{f3} 大于正面角焊缝的最大焊脚尺寸,则不能采用 L 形围焊的角焊缝连接。

另外,求出侧面角焊缝所受的力后,按角焊缝的构造要求设定肢背和肢尖焊缝的焊脚尺寸,即可求出焊缝的计算长度(有效长度)。例如,对双角钢组成的 T 形截面:

$$\left.\begin{array}{l} l_{w1} = \dfrac{N_1}{2 \times 0.7h_{f1}f_f^w} \\[3mm] l_{w2} = \dfrac{N_2}{2 \times 0.7h_{f2}f_f^w} \end{array}\right\} \tag{3.15}$$

和对接焊缝情况类似,考虑施焊时起、灭弧在焊缝端部产生的缺陷,取焊缝长度=计算长度+$2h_f$。采用两边侧面角焊缝连接,并在角钢端部连续地绕角加焊 $2h_f$ 时,加焊的 $2h_f$ 可抵消起灭弧的影响,取焊缝长度=计算长度;对三面围焊,要求在角钢端部转角处连续施焊,故每条侧焊缝只有一端受起(灭)弧的影响,取侧面角焊缝的长度=计算长度+h_f。

例 3.3 图 3.31 是用双层盖板和角焊缝的对接连接,若钢板采用 -10×430,承受轴力 $N = 10 \times 10^5$ N(静载,设计值),钢材 Q355B 钢,采用手工焊,焊条为 E50 型的非低氢型焊条,焊前不

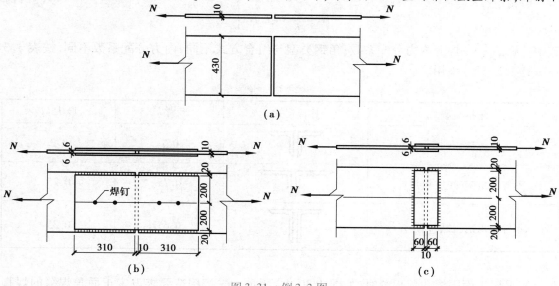

图 3.31 例 3.3 图

预热,试按:①用侧面角焊缝连接;②用三面围焊连接。

解　盖板横截面按等强度原则确定,即盖板横截面积不应小于被连接板件的横截面积,因此盖板钢材选 Q355B 钢,横截面为−6×400,总面积 A_1 为

$$A_1 = 2 \times 6 \times 400 = 4\,800(\text{mm}^2) > A = 430 \times 10 = 4\,300(\text{mm}^2)$$

查得直角角焊缝的强度设计值 $f_f^w = 200 \text{ N/mm}^2$。

角焊缝的焊脚尺寸:较薄板件的厚度 $t=6$ mm,易满焊全厚度,故 $h_{f,\max}=t=6$ mm。焊接采用不预热的非低氢型焊接方法,焊接连接部位中较厚板件的厚度 $t=10$ mm,由表3.2可查得角焊缝的最小焊脚尺寸为 5 mm。所以,取角焊缝的焊脚尺寸 $h_f=6$ mm,满足 $h_{f,\max} \geq h_f \geq h_{f,\min}$。

①采用侧面角焊缝。

由于 $b=400$ mm>200 mm,因此可加直径 $d=15$ mm 的焊钉 4 个,由于焊钉施焊质量不易保证,仅考虑它的构造作用。

求侧面角焊缝的计算长度 l_w。连接一侧由 4 条侧面角焊缝,则

$$l_w = N/(4h_e f_f^w) = 10 \times 10^5/(4 \times 0.7 \times 6 \times 200) = 298(\text{mm})$$

满足 $l_{w,\min}=8h_f=8×6=48(\text{mm})<l_w<l_{w,\max}=60h_f=60×6=360(\text{mm})$ 条件。

取侧面角焊缝的长度　$l_f=l_w+2h_f=298+12=310(\text{mm})$,取 310 mm

取被连板件间缝隙 10 mm,则盖板长度 l 为:

$$l = 2l_f + 10 = 2 \times 310 + 10 = 630(\text{m})$$

②采用三面围焊。

设正面角焊缝承担的力为 N_3:

$$N_3 = h_e B\beta_f f_f^w \times 2 = 0.7 \times 6 \times 400 \times 1.22 \times 200 \times 2 = 8.2 \times 10^5(\text{N})$$

侧面角焊缝的计算长度 l_w 为:

$$l_w = (N - N_3)/(4h_e f_f^w) = (10 \times 10^5 - 8.2 \times 10^5)/(4 \times 0.7 \times 6 \times 200) = 54(\text{mm})$$

满足 $8h_f=48(\text{mm})<l_w<60h_f=360(\text{mm})$ 条件。

由于此时的侧面角焊缝只有一端受起(灭)弧影响,故侧面角焊缝的实际长度 l_f 为:$l_f=l_w+h_f=54+6=60(\text{mm})$,取 60 mm,则盖板长度 l 为:

$$l = 2l_f + 10 = 2 \times 60 + 10 = 130(\text{mm})$$

例 3.4　图 3.32 所示角钢与节点板的角焊缝连接,轴力设计值 $N=8\times10^5$ N(静载,设计值),钢材采用 Q355B 钢,用 2∟100×10 组成的 T 形截面,节点板厚度 $t=8$ mm,焊条采用 E50 型的低氢型焊条,焊接方法为手工焊,试确定:①采用两面侧焊缝连接的焊缝尺寸;②采用三面围焊连接的焊缝尺寸。

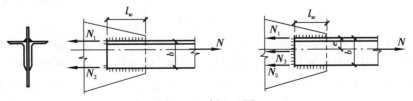

图 3.32　例 3.4 图

解　角焊缝强度设计值 $f_f^w = 200 \text{ N/mm}^2$。

较薄板件的厚度 $t=8$ mm >6 mm,故 $h_{f,\max}=t-(1～2)=8-(1～2)=(6～7)\text{mm}$。焊接采用低氢型焊接方法,焊接连接部位中的较薄板件的厚度 $t=8$ mm,由表3.2可查得角焊缝的最小

焊脚尺寸为 5 mm。因此,在两面侧焊时,取 $h_f = h_{f1} = h_{f2} = 6$ mm;在三面围焊时,取 $h_f = h_{f1} = h_{f2} = h_{f3} = 6$ mm。均满足 $h_{f,min} \leq h_f < h_{f,max}$ 条件。

①采用两面侧焊缝,并在角钢端部连续地绕角加焊 $2h_f$。

$$N_1 = k_1 N/2 = 0.7 \times 8 \times 10^5/2 = 2.8 \times 10^5 (N)$$

$$N_2 = k_2 N/2 = 0.3 \times 8 \times 10^5/2 = 1.2 \times 10^5 (N)$$

焊缝的计算长度为:

$$l_{w1} = N_1/(h_e f_f^w) = \frac{2.8 \times 10^5}{0.7 \times 6 \times 200} = 333 (mm)$$

$$l_{w2} = N_2/(h_e f_f^w) = \frac{1.2 \times 10^5}{0.7 \times 6 \times 200} = 143 (mm)$$

则 $8h_f = 8 \times 6 = 54 (mm) < \begin{cases} l_{w1} = 333 (mm) \\ l_{w2} = 143 (mm) \end{cases} < 60h_f = 60 \times 6 = 360 (mm)$ 均满足要求。

肢背焊缝长度 l_{f1} 和肢尖焊缝长度 l_{f2} 为:

$$l_{f1} = l_{w1} + h_f = 333 + 6 = 339 (mm),取 340 mm$$

$$l_{f2} = l_{w2} + h_f = 143 + 6 = 149 (mm),取 150 mm$$

②采用三面围焊。

设正面角焊缝承担的力为 N_3。

$$N_3 = 2 \times 0.7 h_{f3} b \beta_f f_f^w = 2 \times 0.7 \times 6 \times 100 \times 1.22 \times 200 = 2.049 6 \times 10^5 (N)$$

肢背和肢尖焊缝受力为:

$$N_1 = k_1 N - N_3/2 = 0.7 \times 8 \times 10^5 - 2.049 6 \times 10^5/2 = 4.575 2 \times 10^5 (N)$$

$$N_2 = k_2 N - N_3/2 = 0.3 \times 8 \times 10^5 - 2.049 6 \times 10^5/2 = 1.475 2 \times 10^5 (N)$$

肢背和肢尖焊缝计算长度为:

$$l_{w1} = N_1/(2h_e f_f^w) = 4.575 2 \times 10^5/(2 \times 0.7 \times 6 \times 200) = 272 (mm)$$

$$l_{w2} = N_2/2(f_e f_f^w) = 1.475 2 \times 10^5/(2 \times 0.7 \times 6 \times 200) = 88 (mm)$$

则 $8h_f = 8 \times 6 = 64 (mm) < \begin{cases} l_{w1} = 272 (mm) \\ l_{w2} = 88 (mm) \end{cases} < 60h_f = 60 \times 6 = 360 (mm)$ 均满足要求。

肢背焊缝长度 l_{f1} 和肢尖焊缝长度 l_{f2} 为:

$$l_{f1} = l_{w1} + h_f = 272 + 6 = 278 (mm),取 280 mm$$

$$l_{f2} = l_{w2} + h_f = 88 + 6 = 94 (mm),取 100 mm$$

(2)弯矩 M、剪力 V 及轴力 N 共同作用的角焊缝连接计算

图 3.33 所示的 T 形连接,角焊缝形心在 O 点,受未通过角焊缝形心 O 的斜向力 F 作用。现将力 F 分解为平行于焊缝长度方向且通过形心的剪力 $V = F \cos \alpha$ 和垂直于焊缝长度方向而未通过形心的力 $N_1 = F \sin \alpha$;再将力 N_1 向焊缝形心简化,则有垂直于焊缝长度而通过形心的力 $N = N_1 = F_1 \sin \alpha$ 和弯矩 $M = N \cdot e = F \cdot e \sin \alpha$。因而角焊缝受弯矩、剪力及轴力共同作用。轴力 N 及弯矩 M 在焊缝中产生垂直于焊缝长度方向的应力 $\sigma_{f \cdot N}$ 和 $\sigma_{f \cdot M}$,V 在焊缝中产生平行于焊缝长度方向的剪应力 $\tau_{f \cdot V}$。

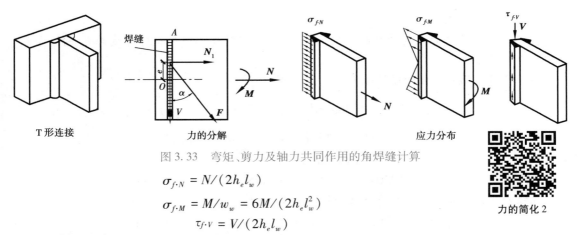

图 3.33　弯矩、剪力及轴力共同作用的角焊缝计算

$$\sigma_{f\cdot N} = N/(2h_e l_w)$$
$$\sigma_{f\cdot M} = M/w_w = 6M/(2h_e l_w^2)$$
$$\tau_{f\cdot V} = V/(2h_e l_w)$$

力的简化 2

根据剪力 V、轴力 N 和弯距 M 的作用方向,确定角焊缝有效截面上的危险点为 A,按式(3.8)验算,即

$$\sqrt{\left(\frac{\sigma_{f\cdot N}+\sigma_{f\cdot M}}{\beta_f}\right)^2 + \tau_{f\cdot V}^2} \leqslant f_f^w \tag{3.16}$$

设计时,一般已知角焊缝的实际长度,这时可按构造要求选焊脚尺寸 h_f,再按式(3.16)验算危险点的强度。如不满足,可调整 h_f(如果 $h_f>h_{f,\max}$ 时,需调整焊缝长度),直到计算结果满足强度条件为止。

例 3.5　图 3.34 所示牛腿与钢柱连接,牛腿上作用一集中力 $F=5.0\times10^5$ N(静载),采用角焊缝连接,沿牛腿工字形截面周边围焊,不受起(灭)弧影响。焊缝截面轮廓如图 3.34 所示。材料为 Q355B 钢,采用手工焊,焊条为 E50 型。设计牛腿与钢柱连接的角焊缝。

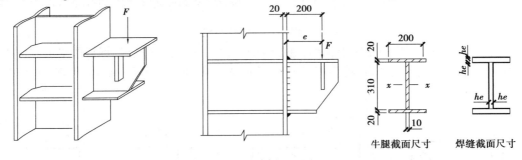

牛腿截面尺寸　　焊缝截面尺寸

图 3.34　例 3.5 图

解　①受力分析。

集中力 F 在焊缝截面产生竖向剪力 $V=F$;弯矩 $M=F\cdot e=5.0\times10^5\times200=10.0\times10^7$(N)。因此,角焊缝受剪力与弯矩共同作用。查得角焊缝的强度设计值 $f_f^w=200$(N/mm²)。

由于翼缘角焊缝的竖向刚度较差,可设剪力全部由腹板的两条竖向角焊缝承担;弯矩由全部焊缝共同承担。

根据腹板和翼缘的厚度,查阅表 3.2 可知,对应位置的最小焊脚尺寸分别 5 mm 和 6 mm;同时腹板和翼缘的厚度 $t>6$ mm,则 $h_{f,\max}=t-(1\sim2)=(8\sim9)$ mm 或 $(18\sim19)$ mm。故可设焊脚尺寸 $h_f=8$ mm,满足 $h_{f,\min}\leqslant h_f<h_{f,\max}$ 条件。每条焊缝的计算长度均大于 $8h_f$ 而小于 $60h_f$。

②焊缝的截面几何特性。

在计算焊缝的截面几何特性时,宜使计算简化将焊缝有效厚度视为厚度为 h_e 的一条线,简化后误差很小。

焊缝有效截面对 x 轴的惯性矩 I_{wx} 为

$$I_{wx} = 0.7 \times 8 \left[200 \times \left(\frac{350}{2} \right)^2 \times 2 + (200 - 10) \times \right.$$
$$\left. (310/2)^2 \times 2 \right] + 2 \times 0.7 \times 8 \times 310^3/12$$
$$= 1.45 \times 10^8 (\text{mm}^4)$$
$$W_w = I_{wx}/(350/2) = 1.45 \times 10^8/175 = 8.28 \times 10^5 (\text{mm}^3)$$

翼缘和腹板交接处的焊缝有效截面抵抗矩 $W_{w.1}$ 为

$$W_{w.1} = I_{wx}/(310/2) = 1.45 \times 10^8/155 = 9.35 \times 10^5 (\text{mm}^3)$$

③验算。

在弯矩作用下焊缝的最大应力:

$$\sigma_{f \cdot M} = M/W_w = 10 \times 10^7/(8.28 \times 10^5) = 120.77 (\text{N/mm}^2) < \beta_f f_f^w$$
$$= 1.22 \times 200 = 244 (\text{N/mm}^2)$$

牛腿腹板和翼缘连接处的角焊缝既有较大的弯曲应力,又受剪应力,按式(3.16)验算该点的强度,其中

$$\sigma_{f \cdot M1} = M/W_{w1} = 10 \times 10^7/(9.35 \times 10^5) = 106.9 (\text{N/mm}^2)$$
$$\tau_{f \cdot V} = V/(2h_e l_w) = 5 \times 10^5/(2 \times 0.7 \times 8 \times 310) = 144.4 (\text{N/mm}^2)$$

代入式(3.16),得

$$\sqrt{\left(\frac{\sigma_{f \cdot M1}}{\beta_f} \right)^2 + \tau_{f \cdot V}^2} = \sqrt{(106.9/1.22)^2 + 144.4^2} = 168.9 (\text{N/mm}^2) < f_f^w = 200 (\text{N/mm}^2) \text{ 可靠。}$$

(3)扭矩 T、剪力 V 及轴力 N 共同作用下的角焊缝计算

如图 3.35 所示,钢板与工字形截面柱的翼缘板连接,采用三面围焊,钢板所受的斜向力可分解为水平力 N 和竖向力 F;再将力 F 向焊缝形心简化,得剪力 $V = F$ 和扭矩 $T = Fe$,焊缝受扭矩、剪力和轴力共同作用。

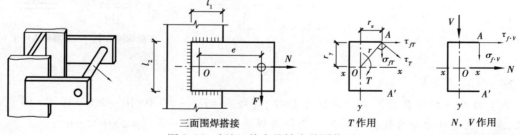

三面围焊搭接　　　　　　　　　　T 作用　　　　　　　N, V 作用

图 3.35　扭矩、剪力及轴力共同作用

假定焊缝是弹性的,而被连接件是刚性的,扭矩 T 使被连接件有绕围焊缝形心 O 旋转的趋势,焊缝上任何一点的应力方向垂直于该点与围焊缝形心 O 点的连线,且大小与两点间的距离 r 成正比。在扭矩 T 作用下,焊缝上 A 及 A' 点剪应力最大,设 A 点产生的剪应力 $\tau_T = Tr/I_0$,为便于分析,将其分解为垂直于焊缝长度的应力 σ_{fT} 和平行于焊缝长度的应力 τ_{fT},其中:

力的简化 3

$$\left. \begin{array}{l} \sigma_{fT} = \tau_{\mathrm{T}} r_x / r = T r_x / I_0 \\ \tau_{fT} = \tau_{\mathrm{T}} r_y / r = T r_y / I_0 \end{array} \right\} \tag{3.17}$$

式中　I_0——焊缝计算截面的极惯性矩。

设在 N,V 作用下焊缝的应力均匀分布,则 N,V 作用产生的应力表示为:

$$\left. \begin{array}{l} \tau_{f \cdot N} = N / (h_e l_w) \\ \sigma_{f \cdot V} = V / (h_e l_w) \end{array} \right\} \tag{3.18}$$

根据扭矩 T、剪力 V 和轴力 N 作用方向,可确定角焊缝上 A 点的应力最大,且为平面应力状态,由式(3.8)得强度计算公式为:

$$\sqrt{\left(\frac{\sigma_{f \cdot T} + \sigma_{f \cdot V}}{\beta_f}\right)^2 + (\tau_{fT} + \tau_{fN})^2} \leqslant f_f^w \tag{3.19}$$

按上述方法计算时,仅 A 点的应力达到强度设计值,显然偏于保守。

例 3.6　如图 3.36 所示,计算支托板与柱搭接的连接角焊缝。柱翼缘板和支托板厚度 $t=$ 12 mm,材料 Q355B 钢,与柱三面围焊,手工焊,采用 E50 焊条,$l_1=200$ mm,$l_2=400$ mm,作用力 $F=2 \times 10^5$ N,$a=200$ mm,试设计角焊缝。

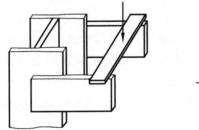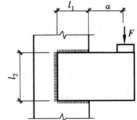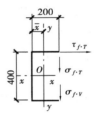

图 3.36　例 3.6 图

解　板件厚度为 12 mm,查阅表 3.2 可知,最小焊脚尺寸 5 mm;同时板件厚度 $t>6$ mm,则 $h_{f,\max} = t - (1 \sim 2) = (10 \sim 11)$ mm。故可设三边焊缝的焊脚尺寸相同,取 $h_f = 8$ mm,满足 $h_{f,\min} \leqslant h_f < h_{f,\max}$ 条件。每条焊缝的计算长度均大于 $8h_f$ 而小于 $60h_f$。

①几何特性。

确定焊缝形心 O 的坐标为

$$x = \frac{\dfrac{2 \times 0.7 \times 8 \times 192^2}{2}}{0.7 \times 8 \times (2 \times 192 + 400)} = 47 (\mathrm{mm})$$

$$I_{wx} = 0.7 \times 8 \times (400^3/12 + 2 \times 192 \times 200^2) = 1.16 \times 10^8 (\mathrm{mm^4})$$

$$I_{wy} = 0.7 \times 8 \times [400 \times 47^2 + 2 \times 192^3/12 + 192 \times (192/2 - 47)^2 \times 2] = 1.67 \times 10^7 (\mathrm{mm^4})$$

$$I_0 = I_{wx} + I_{wy} = 1.16 \times 10^8 + 1.165 \times 10^7 = 1.327 \times 10^8 (\mathrm{mm^4})$$

②焊缝受力。

$$T = Fe = F(a + l_1 - x) = 2 \times 10^5 (200 + 200 - 47) = 7.1 \times 10^7 (\mathrm{N \cdot mm})$$

$$V = F = 2 \times 10^5 (\mathrm{N})$$

③焊缝验算。

由式(3.17)、式(3.18)得

$$\tau_{f \cdot T} = Tr_y/I_0 = 7.1 \times 10^7 \times 200/(1.327 \times 10^8) = 107(\text{N/mm}^2)$$

$$\sigma_{f \cdot T} = Tr_x/I_0 = 7.1 \times 10^7 \times (192 - 47)/(1.327 \times 10^8) = 77.6(\text{N/mm}^2)$$

$$\sigma_{f \cdot V} = V/(h_e l_w) = 2 \times 10^5/[0.7 \times 8(400 + 192 \times 2)] = 45.6(\text{N/mm}^2)$$

代入式(3.19)得

$$\sqrt{\left(\frac{\sigma_{f \cdot T} + \sigma_{f \cdot V}}{\beta_f}\right)^2 + \tau_{f \cdot T}^2} = \sqrt{\left(\frac{77.6 + 45.6}{1.22}\right)^2 + 107^2} = 147.1(\text{N/mm}^2) < f_f^w = 200(\text{N/mm}^2)$$

经验算,焊缝可靠。

3.4.5　未焊透的对接焊缝

在钢结构设计中,当板件较厚,而板件间连接受力又很小,若采用3.3节所述的对接焊缝(焊透),焊缝强度不能充分发挥。此时可采用不焊透的对接焊缝(图3.37)。例如,用4块较厚的钢板焊成箱形截面的轴心受压柱时,焊缝主要起联系作用,采用不焊透的对接焊缝不仅省工、省料而且外形平整美观。

未焊透的对接焊缝必须在设计图纸上注明坡口形式及尺寸,坡口形式分V形和U形,如图3.37所示。由图可知,未焊透的对接焊缝实际上可视为坡口内焊接的角焊缝,故计算方法与直角角焊缝相同,用式(3.8)~式(3.10)计算,除在垂直于焊缝长度方向的压应力作用下取$\beta_f = 1.22$外,其他情况均偏安全地取$\beta_f = 1.0$,其有效厚度h_e与坡口类型和坡口角度有关。

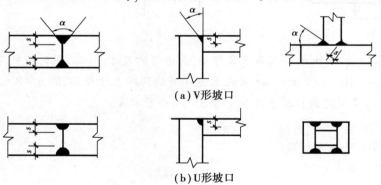

(a)V形坡口

(b)U形坡口

图3.37　未焊透的对接焊缝

V形坡口:当$\alpha \geqslant 60°$时,$h_e = s$。当$\alpha < 60°$时,$h_e = 0.75s$(主要是考虑根部不易焊满而降低)。

U形坡口:$h_e = s$。

其中,s为坡口根部至焊缝表面(不考虑余高)的最短距离;α为V形坡口角度。

另外,当熔合线处焊缝截面边长等于或接近于最短距离s时,应验算焊缝在熔合线上的抗剪强度,抗剪强度设计值取角焊缝的强度设计值乘以系数0.9。

焊接应力和焊接变形

3.5 焊接应力和焊接变形

3.5.1 焊接应力的成因和分类

钢结构中的焊接过程是一个不均匀加热和冷却过程,由于不均匀的温度场,作用使主体金属的膨胀和收缩不均匀。导致在主体金属内部产生内应力,通常称这种内应力为焊接应力,也称残余应力。

焊接应力的成因可用图 3.38 所示的高温加热模型说明。图中 3 块钢板,两端用两块不传热的刚性板连接,认为钢板之间互不传热。均匀加热中间钢板,产生沿长向的膨胀伸长,由于两边的两块钢板处于常温状态,会约束中间板自由伸长,设 3 块钢板的实际伸长量为 Δl。此时两边的钢板受拉,中间钢板受压。在高温下钢材的 f_y 大大降低,中间钢板所受的压应力常常大于钢材的屈服强度 f_y,使中间钢板产生不可恢复的热塑性压缩

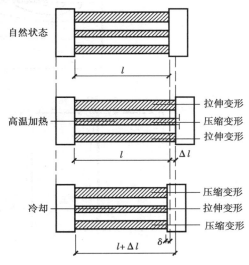

图 3.38 高温加热焊接应力模型

变形。当中间钢板自然冷却后,弹性变形可恢复,但热塑性压缩变形不可恢复,故冷却后的中间板应该比原长短。然而,中间板的收缩又受到两边板的限制,最终平衡时在中间板内产生拉应力,两边板则产生压应力。冷却后 3 块钢板都产生了变形 δ。

高温加热焊接应力模型

焊接应力的成因同加热模型类似。由于焊接温度在空间任意方向传递,故产生的焊接应力也属于三维应力状态,分为纵向焊接应力(与焊缝长度方向平行)、横向焊接应力(与焊缝长度方向垂直)及沿焊缝厚度方向的焊接应力。

(1)纵向焊接应力

如图 3.39 所示为两块钢板的对接焊缝。施焊时产生不均匀的温度场,焊缝附近温度高达 1 600 ℃以上,钢材温度在 600 ℃时进入热塑状态,高温区热膨胀也较大,但受到邻近温度较低、膨胀量较小的钢材的约束,使高温区受压并产生不可恢复的热塑性变形。冷却时,高温区的纵向收缩又受到邻近钢材的约束,导致近焊缝区受拉,远焊缝区受压,形成自相平衡的内部应力,如图 3.40 所示。

(2)横向焊接应力

横向焊接应力产生的原因有两个方面:其一是焊缝的纵向收缩使两块钢板有相向弯曲的趋势,但焊缝已将其连成整体,因而在焊缝中部产生横向拉应力,两端则产生压应力。其二是因为施焊时,先焊的焊缝逐步冷却结硬,具有一定的强度,并阻止后续焊缝的横向膨胀,使后续焊缝产生横向的热塑压缩。后续焊缝最终冷却时横向收缩受约束,便产生横向拉应力,导致较

先焊的部分焊缝产生横向压应力。由于内部应力要平衡,最早的远端焊缝则产生横向拉应力。上述两种横向应力的合成结果如图 3.40 所示。

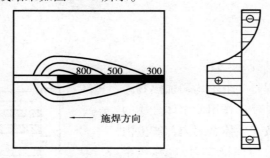

图 3.39　纵向焊接应力分布曲线

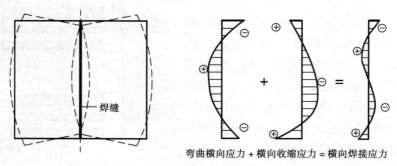

弯曲横向应力 + 横向收缩应力 = 横向焊接应力

图 3.40　横向焊接应力分布曲线

（3）厚度方向的焊接应力

对于厚钢板的对接焊缝连接,施焊时需多层施焊,故也会受到加热和冷却不均匀而产生沿厚度方向的焊接应力。焊缝成形时,与空气接触的焊缝表面先冷却结硬,中间部分后冷却,沿厚度方向的收缩受到外面已冷却焊缝的约束,因而在焊缝内部形成沿厚度方向的拉应力,外部为压应力,如图 3.41 所示。当钢材厚度 $t \leqslant 20$ mm 时,沿厚度方向焊接应力较小,可忽略不计;但 $t \geqslant 50$ mm 时,沿厚度方向焊接应力可达 50 N/mm²。

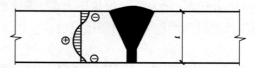

图 3.41　厚度方向焊接应力分布曲线

由上述可知,如果纵、横、厚三个方向的焊接应力在焊缝某区域形成三向拉应力场,将大大降低焊缝的塑性。

3.5.2　焊接变形

在焊接过程中,由于不均匀加热和冷却收缩,势必使构件产生局部鼓曲、歪曲、弯曲或扭转等。焊接变形的基本形式有纵、横向收缩、角变形、弯曲变形、扭曲变形和波浪变形等(图 3.42),实际的焊接变形常常是几种变形的组合。

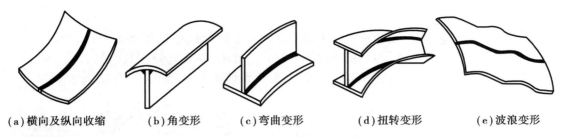

(a)横向及纵向收缩　　(b)角变形　　(c)弯曲变形　　(d)扭转变形　　(e)波浪变形

图 3.42　焊接变形的基本形式

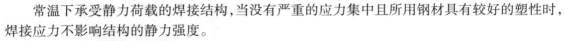

角变形

3.5.3　焊接应力和焊接变形对结构工作的影响

（1）焊接应力对结构性能的影响

1）对静力强度的影响

常温下承受静力荷载的焊接结构,当没有严重的应力集中且所用钢材具有较好的塑性时,焊接应力不影响结构的静力强度。

2）对构件刚度的影响

焊接应力虽不影响构件静力强度,却会降低它的刚度。由于焊接拉应力(或压应力)区域在拉力(或压力)作用下提前进入塑性状态,使弹性区逐渐减小,必然导致构件变形增大,刚度降低。

3）对构件稳定性的影响

焊接应力将降低构件的稳定承载力。

4）对疲劳强度的影响

实验结果表明,焊接拉应力加快了疲劳裂纹发展的速度,从而降低了焊缝及钢材的疲劳强度。因此,焊接应力对直接承受动力荷载的焊接结构是不利的。

5）对低温冷脆的影响

因为焊接结构中存在着双向或三向同号拉应力场,材料塑性变形受到限制,使钢材变脆。如果在低温下工作,钢材将会变得更脆。所以,焊接应力常是导致结构产生低温脆断的主要因素。

（2）焊接变形的影响

构件发生焊接变形,会导致构件的安装困难,有可能改变构件的受力方式。如轴心压杆,若焊接时产生了弯曲变形,就变成了压弯构件,其强度和稳定承载力将受影响。所以,要对焊接变形加以限制,设法减小焊接变形或对焊接变形进行必要的校正,使其变形量满足《钢结构工程施工及验收规范》规定的允许值(allowable value)。

3.5.4　焊缝的合理构造以及减小焊接应力、变形的措施

（1）焊缝的合理构造

①焊缝的焊脚尺寸和焊缝长度应符合构造要求,宜采用细长焊缝,不用粗短焊缝。施焊时不得随意加大焊缝的焊脚尺寸。

②设计时要考虑焊缝是否有施焊空间,并尽量避免仰焊。

③焊缝布置尽可能对称,以减少焊接变形,如图 3.43(a)所示。

④不宜采用带锐角的板料做肋板,板料的锐角应切掉,如图 3.43(b)所示,以免焊接时锐

角处板材被烧损,影响材质。

⑤焊缝不宜过分集中,避免产生过大的焊接应力甚至产生裂纹,如图3.43(c)所示。

⑥当拉力垂直于受力板面时,要考虑钢板的分层破坏,如图3.43(d)所示。

⑦尽量避免焊缝相交,可将次要焊缝中断,保证主焊缝连续,如图3.43(e)所示。

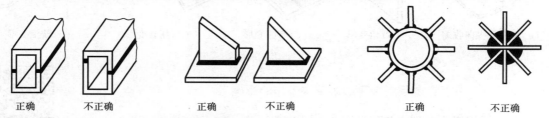

(a)焊缝布置对称与不对称对比 (b)带锐角与不带锐角的肋板焊接连接对比 (c)焊缝分布不集中与集中对比

(d)拉力垂直于受力板面的两种连接方式对比   (e)焊接组合截面肋板的连接形式

图3.43　焊缝的合理构造

(2)减小焊接应力、变形的措施

图3.44所示常用的几种减小焊接应力和变形的有效措施。

①预热法:在焊缝附近加热,降低焊缝周围的温差,可减小焊接应力。

②锤击法:用手锤按图3.44(b)方向轻击焊缝,可减小焊缝厚度方向的焊接拉应力。

③退火法:对不太大的构件,可进行退火处理,有效地消除焊接应力。

④选择合理的焊接次序:钢板对接时采用分段退焊,厚度方向采用分层焊,工字形截面采用对角跳焊。

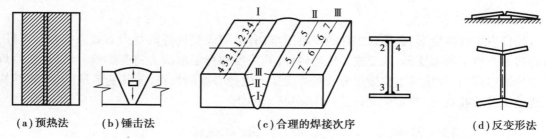

(a)预热法　(b)锤击法　　(c)合理的焊接次序　　(d)反变形法

图3.44　减小焊接应力、变形的措施

⑤反变形法:施焊前给构件一个和焊接变形相反的预变形,使构件在焊接后产生的焊接变形与之正好抵消。

3.6　螺栓连接的构造要求

3.6.1　螺栓连接形式

螺栓(bolt)连接主要有普通螺栓连接和高强螺栓连接两大类,有盖板对接、T 形连接和搭接等基本应用形式,如图 3.45 所示。

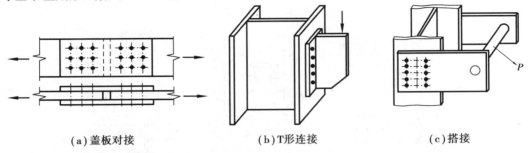

$$\text{(a)盖板对接}\qquad\text{(b)T形连接}\qquad\text{(c)搭接}$$

图 3.45　螺栓连接的基本应用形式

(1)普通螺栓连接

普通螺栓分为 A、B、C 三级,其中 A 级和 B 级为精制螺栓,C 级为粗制螺栓。A 级和 B 级普通螺栓的性能等级有 5.6 级和 8.8 级两种,C 级普通螺栓的性能等级有 4.6 级和 4.8 级两种。螺栓性能等级的含义是(以常用的 4.6 级 C 级普通螺栓为例):小数点前的数字"4"表示螺栓的最低抗拉强度为 400 MPa,小数点及小数点后面的数字".6"表示其屈强比(屈服强度与抗拉强度之比)为 0.6。

A 级与 B 级普通螺栓是由毛坯在车床上经过切削加工精制而成的,其表面光滑、尺寸准确,A、B 级普通螺栓的孔径 d 仅比螺栓公称直径 d 大 0.2 ~ 0.5 mm,对成孔质量要求高(Ⅰ类孔)。由于 A 级与 B 级普通螺栓有较高的精度,因而受剪性能好,但制作和安装复杂、造价偏高,较少在钢结构中采用。

C 级普通螺栓由未经加工的圆钢压制而成,其表面粗糙,一般采用在单个零件上一次冲成或不用钻模钻成设计孔径的孔(Ⅱ类孔),螺栓孔径比螺栓杆直径大 1.0 ~ 1.5 mm。由于螺栓杆与螺栓孔壁之间有较大的间隙,故 C 级螺栓连接受剪力作用时将会产生较大的剪切滑移。但 C 级螺栓安装方便,且能有效传递拉力,宜用于沿其杆轴方向受拉的连接,如承受静力荷载或间接承受动力荷载结构中的次要连接、承受静力荷载的可拆卸结构的连接、临时固定构件用的安装连接。

(2)高强螺栓连接

高强度螺栓一般采用 45 号钢、40B 钢和 20MnTiB 钢并经热处理加工而成,其性能等级有 8.8 级和 10.9 级两种,分别对应螺栓的抗拉强度不低于 830 MPa 和 1 040 MPa。

高强度螺栓根据外形来分,有大六角头型和扭剪型(图 3.46)两种。这两种高强度螺栓都是通过拧紧螺帽使螺杆受到拉伸,从而产生很大的预拉力,以使被连接板层间产生压紧力。但两种螺栓对预拉力的控制方法各不相同:大六角头型高强度螺栓是通过控制拧紧力矩或转动角度来控制预拉力;扭剪型高强度螺栓采用特制电动扳手,将螺杆顶部的十二面体拧断以使连接达到所要求的预拉力(图3.47)。

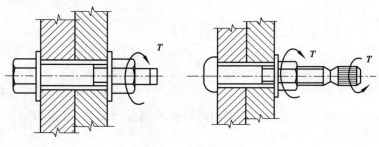

图 3.46 高强度螺栓

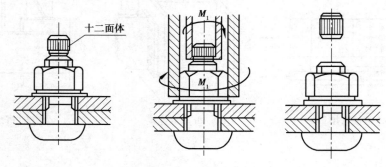

图 3.47 扭剪型高强度螺栓安装过程

高强度螺栓根据设计准则来分,有高强度螺栓摩擦型连接和高强度螺栓承压型连接。高强度螺栓摩擦型连接只依靠板层间的摩擦阻力传力,并以剪力不超过接触面摩擦力作为设计准则,其连接的剪切变形小,弹性性能好,耐疲劳,特别适用于直接承受动力荷载构件的连接。对直接承受动力荷载构件的抗剪螺栓连接应采用高强度螺栓摩擦型连接。而高强度螺栓承压型连接允许连接达到破坏前接触面滑移,以螺栓杆被剪断或板件被挤压破坏时的极限承载力作为设计准则,其连接的剪切变形比摩擦型大,故只适用于承受静力荷载或间接承受动力荷载的结构。

高强度螺栓孔应采用钻成孔(一般为Ⅱ类孔)。当高强度螺栓承压型连接采用标准圆孔时,其孔径 d_0 可按表3.4采用;高强度螺栓摩擦型连接可采用标准孔、大圆孔和槽孔,孔型尺寸可按表3.4采用。采用扩大孔连接时,同一连接面只能在盖板和芯板其中之一的板上采用大圆孔或槽孔,其余仍采用标准孔。高强度螺栓摩擦型连接盖板按大圆孔、槽孔制孔时,应增大垫圈厚度或采用连续型垫板,其孔径与标准垫圈相同,对 M24 及以下的螺栓,厚度不宜小于8 mm;对 M24 以上的螺栓,厚度不宜小于10 mm。对垫圈或垫板提出厚度构造要求,主要是为了保证非标准孔时螺栓连接处垫圈或垫板有较好的刚度。

表 3.4 高强度螺栓连接的孔型尺寸匹配(mm)

螺栓公称直径			M12	M16	M20	M22	M24	M27	M30
孔型	标准孔	直径	13.5	17.5	22	24	26	30	33
	大圆孔	直径	16	20	24	28	30	35	38
	槽孔	短向	13.5	17.5	22	24	26	30	33
		长向	22	30	37	40	45	50	55

需要注意的是,根据设计的要求,大六角头型和扭剪型高强度螺栓均可用于摩擦性连接或承压型连接。

3.6.2　螺栓的符号表示

螺栓及其螺栓孔表示见表 3.5,在钢结构施工图上需要将螺栓及其孔眼的施工要求用图例表示清楚,以免引起混淆。

表 3.5　螺栓及其孔眼图例

名　称	永久螺栓	高强度螺栓	安装螺栓	圆形螺栓孔	长圆形螺栓孔
图　例	◇	◆	◈	●	▬

3.6.3　螺栓孔的排列要求

螺栓的排列形式应简单、整齐、紧凑,排列方法有并列和错列两种,如图 3.48 所示。并列(又称棋盘式)排列简单整齐,便于画线制孔,采用较多;错列(又称梅花式)排列比较紧凑,可减少钢板截面的削弱,节约钢材。

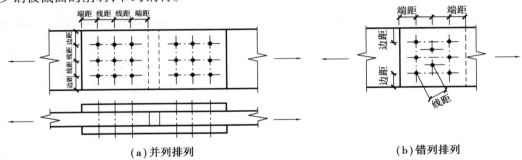

(a)并列排列　　　　　　　　　　　　(b)错列排列

图 3.48　螺栓孔排列形式与间距名称

在构件上排列成行的螺栓孔中心连线称为螺栓线;相邻两条螺栓线的间距称为线距;连接中最末一个螺栓孔中心沿连接的受力方向到构件端线的距离称为端距;螺栓孔中心在垂直连接的受力方向到构件边缘的距离称为边距。

螺栓在构件上排列的距离要求应符合表 3.6 的要求,其中规定螺栓的最小中心距和边距(端距)的取值是基于受力要求和施工安装要求而定的,规定螺栓的最大中心距和边距(端距)是为了保证钢板间的紧密贴合。

表 3.6　螺栓孔和铆钉孔的最大、最小容许距离(mm)

名　称	位置和方向			最大容许距离 (取两者的较小值)	最小容许距离
中心间距 (线距)	外排(垂直内力方向或顺内力方向)			$8d_0$ 或 $12t$	$3d_0$
	中间排	垂直内力方向		$16d_0$ 或 $24t$	
		顺内力方向	构件受压力	$12d_0$ 或 $18t$	
			构件受拉力	$16d_0$ 或 $24t$	
	沿对角线方向			—	

续表

名　称	位置和方向			最大容许距离 （取两者的较小值）	最小容许距离
中心至构件边缘距离	顺内力方向			4d_0 或 8t	2d_0
	垂直内力方向	剪切边或手工气割边			1.5d_0
		轧制边、自动气割边或锯割边	高强度螺栓		
			其他螺栓或铆钉		1.2d_0

注：①d_0 为螺栓孔或铆钉孔的孔径，t 为外层较薄板件的厚度。
②钢板边缘与刚性构件（如角钢、槽钢等）相连时，螺栓孔或铆钉孔的最大间距可按中间排的数值采用。
③计算螺栓孔引起的截面削弱时可取 $d+4$ mm 和 d_0 的较大者。

在型钢（图3.49）的长度方向布置螺孔时，由于各种型钢净空狭小，其间距除需满足表3.6的允许排列要求外，对角钢、普通工字钢、槽钢还应分别满足表3.7—表3.9给出的线距要求。在 H 型钢截面上排列螺栓，腹板上的 c 值可参照普通工字钢，翼缘上的 e 值或 e_1、e_2 值可根据其外伸宽度参照角钢。

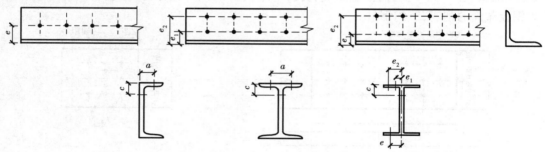

图 3.49　型钢的螺孔排列

表 3.7　角钢上螺栓或铆钉线距表（mm）

单行排列	角钢肢宽	40	45	50	56	63	70	75	80	90	100	110	125
	线距 e	25	25	30	30	35	40	40	45	50	55	60	70
	钉孔最大直径	11.5	13.5	13.5	15.5	17.5	20	22	22	24	24	26	26
双行错列	角钢肢宽	125	140	160	180	200	双行并列	角钢肢宽	160	180	200		
	e_1	55	60	70	70	80		e_1	60	70	80		
	e_2	90	100	120	140	160		e_2	130	140	160		
	钉孔最大直径	24	24	26	26	26		钉孔最大直径	24	24	26		

表 3.8　工字钢和槽钢腹板上的螺栓线距表（mm）

工字钢型号	12	14	16	18	20	22	25	28	32	36	40	45	50	56	63
线距 c_{min}	40	45	45	45	50	50	55	60	60	65	70	75	75	75	75
槽钢型号	12	14	16	18	20	22	25	28	32	36	40	—	—	—	—
线距 c_{min}	40	45	50	50	55	55	55	60	65	70	75	—	—	—	—

表 3.9　工字钢和槽钢翼缘上的螺栓线距表（mm）

工字钢型号	12	14	16	18	20	22	25	28	32	36	40	45	50	56	63
线距 a_{min}	40	40	50	55	60	65	65	70	75	80	80	85	90	95	95
槽钢型号	12	14	16	18	20	22	25	28	32	36	40	—	—	—	—
线距 a_{min}	30	35	35	40	40	45	45	45	50	56	60	—	—	—	—

3.6.4　螺栓连接的构造要求

螺栓连接除满足上述排列的容许距离外,根据不同情况尚应满足下列构造要求:

①为使连接可靠,螺栓连接或拼接节点中,每一杆件一端的永久性螺栓数不宜少于 2 个。对组合构件的缀条,其端部连接可采用 1 个螺栓,某些塔桅结构的腹杆也有用 1 个螺栓的情况。

②对直接承受动力荷载构件的普通螺栓受拉连接,应采用双螺帽或其他能防止螺帽松动的有效措施,比如采用弹簧垫圈或将螺帽和螺杆焊死等方法。

③当型钢构件拼接采用高强度螺栓连接时,由于构件本身抗弯刚度较大,为了保证高强度螺栓摩擦面的紧密贴合,拼接件宜采用刚度较弱的钢板。

④沿杆轴方向受拉的螺栓连接中的端板(法兰板),应适当加大其刚度(如加设加劲肋),以减少撬力对螺栓抗拉承载力的不利影响。

3.7　螺栓的工作性能及承载力

螺栓连接中,螺栓的受力形式有 3 种情况:一是螺栓只受剪力作用;二是螺栓只受拉力作用;三是螺栓受剪力、拉力共同作用(combined action)。

如图 3.50 所示,T 形连接中,在外力作用下,螺栓 A 连接的角钢和板件有相对错动的趋势,故螺栓 A 受剪,受剪面沿板件的错动面,图示受剪螺栓 A 有两个受剪面;螺栓 B 连接的角钢与板件的接触面间则有脱开的趋势,故螺栓 B 沿螺栓杆轴向受拉。

3.7.1　受剪螺栓的工作性能及承载力

受剪螺栓的工作
性能及承载力

(1)受剪螺栓的工作性能

考察一个螺栓从受剪到剪断,受剪面上的平均剪应力 τ 和连接的变形 δ 间的关系曲线如图 3.51 所示,可划分为以下 4 个阶段。

1)摩擦传力的弹性阶段

当荷载较小时,螺栓连接由板件间的摩擦力传递荷载,连接处于弹性工作阶段,即 0、1 直线段。普通螺栓的预拉力很小,此阶段持续时间很短,计算时可忽略不计;高强度螺栓预拉力很大,此阶段是摩擦型连接高强度螺栓的工作阶段。1 点是摩擦型连接高强度螺栓承载力的极限点。

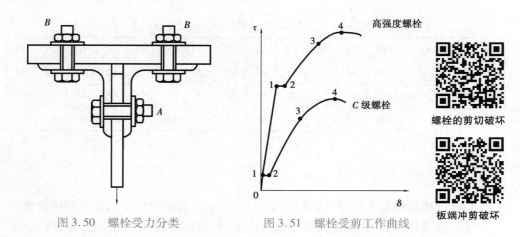

图 3.50　螺栓受力分类　　　　图 3.51　螺栓受剪工作曲线

2）滑移阶段

当荷载超过摩擦力后,板件接触面产生相对滑移,滑移量为螺杆与螺栓孔间的间隙,即 1 和 2 直线段。

3）螺杆受剪面传力的弹性阶段

这是普通螺栓和承压型连接高强度螺栓的主要工作阶段,即 2 和 3 线段,3 点是螺杆的剪切屈服点,也是承载力的极限点。此阶段由螺杆接触螺栓孔壁传力,螺栓孔壁受到挤压,螺杆主要受剪,同时还受较小的弯矩和轴力作用。

4）弹塑性阶段

随着荷载的增加,螺杆受剪面的剪应力超过剪切屈服极限直至连接破坏。此阶段的荷载增加较小,但连接的变形迅速增大。

（2）普通螺栓和承压型连接高强度螺栓的抗剪承载力

普通螺栓或承压型高强度螺栓受剪时,当螺杆较细,板件较厚,螺杆可能被剪坏;为计算方便,假定螺栓受剪面上的剪应力均匀分布,则一个剪力螺栓的抗剪承载力设计值为:

$$N_v^b = n_v f_v^b \pi d^2 / 4 \tag{3.20}$$

式中　n_v——受剪面数目,如图 3.52 所示,单剪 $n_v=1$,双剪 $n_v=2$,四剪 $n_v=4$;

　　　d——螺栓杆直径;

　　　f_v^b——螺栓的抗剪强度设计值,按附表 1.4 取值。

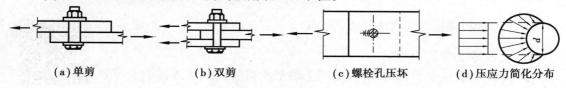

（a）单剪　　　　（b）双剪　　　　（c）螺栓孔压坏　　　（d）压应力简化分布

图 3.52　普通螺栓抗剪计算

螺杆受剪的同时,孔壁与螺杆柱面发生挤压,挤压应力分布在半圆柱面上。当螺杆较粗,板件相对较薄,薄板的孔壁可能发生挤压破坏。承压计算时,假定承压面为半圆柱面的投影面,即螺栓的直径面 $d \times t$,且压应力均匀分布。按上述简化方法,得一个剪力螺栓的抗压承载力设计值为:

$$N_c^b = d \cdot \sum t \cdot f_c^b \tag{3.21}$$

式中　　$\sum t$——在同一受力方向的承压构件的较小总厚度;

　　　　f_c^b——螺栓的承压强度设计值,取决于构件材料,按附表 1.4 取值。

一般情况下,一个螺栓的抗剪承载力和抗压承载力不同,哪一种承载力较小,螺栓就发生哪一种破坏。因此,一个受剪螺栓的承载力 N^b 应取式(3.20)、式(3.21)中的较小值,即

$$N^b = \min[N_v^b, N_c^b] \tag{3.22}$$

(3)摩擦型连接高强度螺栓的抗剪承载力

与普通螺栓和承压型连接高强度螺栓不同,摩擦型连接高强度螺栓抗剪不是通过螺栓杆受剪,而是紧固螺帽在螺栓杆内产生很大的预拉力,使被连接件压紧获得摩擦力(friction),由摩擦力抵抗剪力。因此,要确定摩擦型连接高强度螺栓的抗剪承载力(摩擦力),必须先确定高强度螺栓的预拉力。

高强度螺栓的预拉力值是根据螺栓抗拉强度和有效截面面积再考虑以下必要的系数计算确定。拧紧螺栓时,除使螺栓产生拉应力外,还将产生剪应力,剪应力的影响系数为 1.2;考虑螺栓材质的不均匀性,引进一折减系数 0.9;施工时为了补偿螺栓预拉力的松弛,一般超张拉 5% ~ 10%,为此采用一个超张拉系数 0.9;另外,由于以螺栓的抗拉强度计算,为安全起见,再引入一附加安全系数 0.9;设高强度螺栓预拉力值为 P,由下式计算:

$$P = 0.9 \times 0.9 \times 0.9 \times f_u A_e / 1.2 \tag{3.23}$$

式中　f_u——螺栓经热处理后的最低抗拉强度,对 8.8 级螺栓,$f_u = 830 \text{ N/mm}^2$,对 10.9 级螺栓,$f_u = 1\,040 \text{ N/mm}^2$;

　　　　A_e——螺纹处的有效面积,按附表 1.6 取用。

按式(3.23)计算出常用高强度螺栓的预拉力值 P 列于表 3.10,应用中可直接查表。

表 3.10　高强度螺栓的设计预拉力 P 值(kN)

螺栓的性能等级	螺栓公称直径/mm					
	M16	M20	M22	M24	M27	M30
8.8 级	80	125	150	175	230	280
10.9 级	100	155	190	225	290	355

确定了高强度螺栓的预拉力 P,即可计算摩擦型连接高强度螺栓的承载力(摩擦力),用 N_v^b 表示。摩擦型连接的承载力取决于构件接触面的摩擦力,而此摩擦力的大小与螺栓所受预拉力、摩擦面的抗滑移系数以及连接的传力摩擦面数有关。因此,单个高强度螺栓摩擦型连接的抗剪承载力设计值由式(3.24)给出。当高强度螺栓摩擦型连接采用大圆孔或槽孔时,由于连接的摩擦面面积有所减少,应对抗剪承载力进行折减,因此,式(3.24)右侧乘以孔型折减系数 k。本章在未对孔型做特别注明情况时,均指标准孔。

$$N_v^b = 0.9 k n_f \mu P \tag{3.24}$$

式中　μ——摩擦面的抗滑移系数,按表 3.10 采用;

　　　0.9——抗力分项系数 γ_R($\gamma_R = 1.111$)的倒数;

　　　k——孔型系数,标准孔取 1.0,大圆孔取 0.85,内力与槽孔长向垂直时取 0.7,内力与槽孔长向平行时取 0.6;

n_f——高强度螺栓的传力摩擦面数目，单剪时 $n_f=1$，双剪时 $n_f=2$；

P——单个高强度螺栓的设计预拉力，按表 3.10 采用；

μ——摩擦面抗滑移系数，按表 3.11 采用。

表 3.11　摩擦面的抗滑移系数 μ 值

在连接处构件接触面的处理方法	构件的钢号		
	Q235 钢	Q355 钢或 Q390 钢	Q420 钢或 Q460 钢
喷硬质石英砂或铸钢棱角砂	0.45	0.45	0.45
炮丸（喷砂）	0.40	0.40	0.40
钢丝刷清除浮锈或未经处理的干净轧制表面	0.30	0.35	—

试验证明，摩擦面涂红丹防锈漆后，抗滑移系数 μ 很低（在 0.14 以下），经处理后仍然较低，故摩擦面应严格避免涂红丹防锈漆。低温对高强度螺栓摩擦型连接抗剪承载力无明显影响，但当环境温度为 $100\sim150\ ℃$ 时，螺栓的预拉力将产生温度损失，故应将高强度螺栓连接的抗剪承载力设计值降低 10%；当高强度螺栓连接长期受热达 150 ℃ 以上时，应采用加耐热隔热涂层、热辐射屏蔽等隔热防护措施。此外，在潮湿或淋雨状态下进行连接拼装，也将降低 μ 值，故应采取防潮措施并避免雨天施工。在高强度螺栓连接范围内，构件接触面的处理方法应在施工图中说明。承压型连接时，连接处构件接触面可以不处理，仅需清除油污及浮锈即可。

3.7.2　受拉螺栓的承载力

（1）普通螺栓和承压型连接高强度螺栓受拉承载力

如前所述，拉力螺栓连接在外力作用下，连接件的接触面有脱开趋势。此时，螺栓杆受到沿杆轴方向的拉力作用，受拉螺栓的破坏形式为螺栓杆被拉断。因此，每个普通螺栓或承压型连接高强度螺栓的抗拉承载力设计值为：

受拉螺栓、剪拉螺栓的承载力

$$N_t^b = f_t^b A_e = f_t^b \pi \cdot d_e^2/4 \tag{3.25}$$

式中　d_e——螺栓在螺纹处的有效直径，螺栓的有效直径或有效面积可查附表 1.6；

f_t^b——螺栓的抗拉强度设计值，按附表 1.4 取值。

在采用螺栓、双角钢构成的 T 形连接来传递拉力时，通常角钢的刚度不大，受拉后，垂直于拉力作用方向的角钢肢会发生较大的变形，并起杠杆作用，在该肢外侧端部产生撬力 Q。因此，螺栓实际所受拉力 $F_f=N+Q$，由于确定 Q 值比较复杂，在计算中不计 Q 力，而是采用降低螺栓强度设计值的方法解决，即取 $f_t^b=0.8f$；并在构造上采取一些措施加强连接件的刚度，如设置加劲肋，可以减缓甚至消除撬力的影响（图 3.53）。

（2）摩擦型连接高强度螺栓受拉承载力

由于高强度螺栓的预拉力作用，被连接构件间在外力作用前已经有较大的挤压力。当连接受拉时，构件间有松开的趋势，挤压力逐步变小。如图 3.54 所示，设高强度螺栓在外拉力作用之前的预拉力为 P，钢板接触面上产生的挤压力为 C。高强度螺栓受拉之前，挤压力 C 与预拉力平衡，即

$$C = P$$

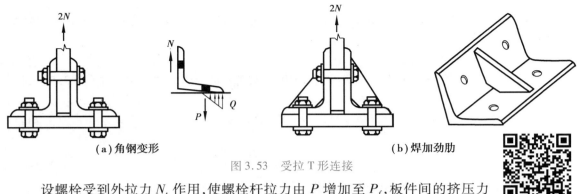

（a）角钢变形　　　　　　　　　　　　（b）焊加劲肋

图 3.53　受拉 T 形连接

受拉 T 形连接的
角钢变形

设螺栓受到外拉力 N_t 作用,使螺栓杆拉力由 P 增加至 P_f,板件间的挤压力却由 C 减为 C_f,由平衡条件得:

$$P_f = N_t + C_f$$

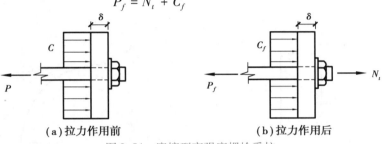

（a）拉力作用前　　　　　　　　　　　　（b）拉力作用后

图 3.54　摩擦型高强度螺栓受拉

在拉力 N_t 作用下,螺栓杆会进一步伸长,而钢板在拉力 N_t 作用之前产生的压缩量则有所恢复。设钢板厚度为 δ,螺栓杆截面面积为 A_b,钢板承压面面积为 A_c,螺栓杆和钢板的变形量可由力和变形之间的关系(虎克定律)计算。

螺杆伸长量:

$$\Delta_b = (P_f - P)\delta/EA_b$$

钢板回弹量:

$$\Delta_c = (C - C_f)\delta/EA_c$$

再根据变形协调,$\Delta_b = \Delta_c$,得:

$$P_f = P + \frac{N_t}{1 + A_c/A_b}$$

通常螺栓孔周围的承压面面积比螺栓杆截面面积大得多,取 $A_c/A_b = 10$。考察当构件刚好被拉开时,$C_f = 0$,$P_f = N_t$,代入上式得:

$$P_f = 1.1P \tag{3.26}$$

由此可见,当外力 N_t 刚好把构件拉开时,螺栓杆的拉力增量最多为预拉力的 110%,可以认为栓杆内的原预拉力基本不变,即 $P_f \approx P$。为了避免外拉力 N_t 大于栓杆预拉力 P,使被连接的板件间产生松弛现象,《钢结构设计标准》(GB 50017—2017)规定,每个高强度螺栓的抗拉承载力设计值为:

$$N_t^b = 0.8P \tag{3.27}$$

3.7.3　同时承受剪力和拉力作用的螺栓承载力

（1）普通螺栓和承压型连接高强度螺栓

图 3.55 连接中,螺栓群同时承受剪力和拉力作用。承受剪力和拉力共同作用的普通螺栓

和承压型连接高强度螺栓应考虑两种可能的破坏形式:一是螺杆受剪兼受拉破坏;二是孔壁承压破坏。

(2)螺杆受剪兼受拉计算

试验结果表明,螺栓在剪力与拉力共同作用时,承载力符合圆曲线相关关系(图3.56),计算式为:

$$(N_v/N_v^b)^2 + (N_t/N_t^b)^2 \leq 1 \tag{3.28a}$$

或

$$\sqrt{(N_v/N_v^b)^2 + (N_t/N_t^b)^2} \leq 1 \tag{3.28b}$$

式中 N_v,N_t——每个螺栓所承受的剪力和拉力;

N_v^b,N_t^b——每个螺栓的受剪和受拉承载力设计值,根据所用螺栓,分别按相应公式计算。

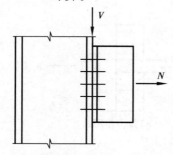

图3.55 螺栓群同时承受剪力和拉力作用

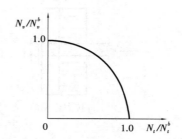

图3.56 承载力符合圆曲线相关关系

当剪切面在螺纹处时,其抗剪承载力设计值应按螺纹处的有效面积计算。

需要注意的是,在式(3.28b)左侧加根号,数学上没有意义,但加根号后可以更明确地看出计算结果的富余量或不足量。假如按式(3.28a)左侧算出的数值为0.9,不能误认为富余量为10%,实际上应为式(3.28b)算出的数值0.95,富余量仅为5%。

(3)孔壁承压计算

螺栓孔壁承压的计算公式为:

普通螺栓:

$$N_v \leq N_c^b \tag{3.29}$$

承压型连接高强度螺栓:

$$N_v \leq \frac{N_c^b}{1.2} \tag{3.30}$$

式中 N_c^b——每个螺栓的承压承载力设计值,按式(3.21)计算。

式(3.30)是保证连接板件不因承压强度不足而被破坏。因为受有杆轴方向拉力的高强度螺栓,板叠之间的压紧作用随外力的增加而减小,因而螺栓的承压强度设计值也随之降低,即承压型连接高强度螺栓的承压强度设计值随外拉力的变化而变化。为计算方便,《钢结构设计标准》(GB 50017—2017)规定,只要有外拉力作用,就将承压强度设计值除以1.2予以降低。因而式中的1.2是承压强度设计值的降低系数。

(4)摩擦型连接高强度螺栓

对摩擦型连接高强度螺栓,剪、拉共同作用时,拉力还会降低螺栓的抗剪能力。当螺栓杆

受到外拉力 N_t 作用时,钢板间的压力由 P 减小至 $P-N_t$。压力减小,钢板间的摩擦力就减小,即螺栓的抗剪承受载力减小。另外,根据试验结果,板件接触面上的抗滑移系数还因板件间压力的减小而降低。考虑这一影响,《钢结构设计标准》(GB 50017—2017)将 N_t 乘以 1.125 的系数来考虑抗滑移系数的降低。故采用标准孔时,规定摩擦型连接高强度螺栓同时承受剪力和拉力作用时,每个螺栓的抗剪承载力设计值为:

$$N_v^b = 0.9 n_f \mu (P - 1.125 \times 1.111 N_t) = 0.9 n_f \mu (P - 1.25 N_t) \qquad (3.31a)$$

同时还需满足 $N_t \leqslant 0.8P$。

式(3.31a)中的 1.111 为抗力分项系数 γ_R。式(3.31a)通过变化后,可以简化成如下直线相关形式:

$$(N_v / N_v^b) + (N_t / N_t^b) \leqslant 1 \qquad (3.31b)$$

将前述的 N_v^b(式 3.24)和 N_t^b(3.27)代入式(3.31b),并令推导得出的 $0.9 n_f \mu (P - 1.25 N_t)$ 为 $N_{v,t}^b$,即可得到式(3.31a),可见二者是等效的,《钢结构设计标准》(GB 50017—2017)中采用公式(3.31b)进行计算。

根据前述分析,现将各种受力情况的单个螺栓连接(包括普通螺栓和高强度螺栓)承载力设计值的计算式汇总于表 3.12 中以便对照和应用。

表 3.12　单个螺栓连接承载力设计公式

序　号	螺栓种类	受力状态	计算式	备　注
1	普通螺栓	受剪	$N_v^b = n_v \dfrac{\pi d^2}{4} \cdot f_v^b$ $N_c^b = d \sum t \cdot f_c^b$	取 N_v^b 与 N_c^b 中较小值
		受拉	$N_t^b = \dfrac{\pi d_e^2}{4} f_t^b$	
		兼受剪拉	$\sqrt{\left(\dfrac{N_v}{N_v^b}\right)^2 + \left(\dfrac{N_t}{N_t^b}\right)^2} \leqslant 1$ $N_v \leqslant N_c^b$	
2	高强度螺栓摩擦型连接	受剪	$N_v^b = 0.9 n_f \mu P$	
		受拉	$N_t^b = 0.8P$	
		兼受剪拉	$\dfrac{N_v}{N_v^b} + \dfrac{N_t}{N_t^b} \leqslant 1$ $N_t \leqslant 0.8P$	
3	高强度螺栓承压型连接	受剪	$N_v^b = n_v \dfrac{\pi d^2}{4} \cdot f_v^b$ $N_c^b = d \sum t \cdot f_c^b$	当剪切面在螺纹处时 $N_v^b = n_v \dfrac{\pi d_e^2}{4} f_v^b$
		受拉	$N_t^b = \dfrac{\pi d_e^2}{4} f_t^b$	
		兼受剪拉	$\sqrt{\left(\dfrac{N_v}{N_v^b}\right)^2 + \left(\dfrac{N_t}{N_t^b}\right)^2} \leqslant 1$ $N_v \leqslant N_c^b / 1.2$	

3.8 螺栓连接的设计、验算

螺栓连接的设计基本步骤是：

①根据连接要求选择螺栓类型和排列方式。

②初选螺栓的公称直径，按构造要求布置螺栓孔。

③根据连接承受的荷载，计算螺栓群中各螺栓的受力情况。

④确定所需的螺栓数或验算螺栓的承载力。若受力构件的截面有削弱，还需对构件截面进行强度验算。

由于螺栓连接的形式不同，螺栓的类型不同，所受的荷载形式不同，螺栓的受力情况也不同。因此，设计时需对各种情况作具体分析。

3.8.1 螺栓群均匀受剪

如图 3.57 所示，双盖板螺栓连接，螺栓群在轴力作用下受剪。

图 3.57 螺栓群受轴力作用

试验证明，沿连接的长度方向分布的各螺栓，其所受剪力并不均匀，两端大，中间小。当 $l_1 \leq 15d_0$ (d_0 为孔径)时，考虑连接进入弹塑性阶段后，内力发生重分布，螺栓群中各螺栓受力逐渐接近，可认为轴力 N 由每个螺栓平均分担。连接所需的螺栓数目 n 为：

$$n \geq \frac{N}{N^b} \tag{3.32}$$

式中　N——作用于螺栓群形心上的轴力设计值；

　　　N^b——一个螺栓的抗剪承载力设计值，按式(3.16)、式(3.17)确定。

但当 $l_1 > 15d_0$ 时，连接进入弹塑性阶段后，各螺栓所受内力也不易均匀，端部螺栓首先达到极限承载力而破坏，随后由外向里依次破坏。为防止这种破坏现象，规范采取降低螺栓抗剪承载力的方法进行设计，将式(3.21)改为：

$$n \geq \frac{N}{\eta N^b} \tag{3.33}$$

式中　η——抗剪承载力折减系数。取值如下：

当 $l_1 \leq 15d_0$ (d_0 为孔径)时，$\eta = 1.0$；

当 $15d_0 < l_1 \leq 60d_0$ 时，$\eta = 1.1 - l_1/(150d_0)$；

当 $l_1 > 60d_0$ 时，$\eta = 0.7$。

对图中连接形式，螺栓孔削弱了受拉钢板的截面面积，因此还需对板件进行强度验算。强度计算公式为：

$$\sigma = \frac{N}{A_n} \leq f \tag{3.34}$$

式中　A_n——净截面面积;

　　　f——钢材强度设计值。

板件强度验算时要注意所采用的螺栓类型、板件的破坏面位置、破坏面的内力和净截面面积。

①普通螺栓和承压型连接高强度螺栓。

图 3.58 所示的双盖板连接中,采用普通螺栓,板件和盖板的轴力图如图 3.58(a)所示。盖板中部内力最大,板件端部内力最大,破坏面为 1—1 截面。净截面面积:

$$A_n = t(b - n_1 d_0)$$

式中　t——板件厚度;

　　　b——板件宽度;

　　　n_1——1—1 截面的螺栓数;

　　　d_0——螺栓孔径。

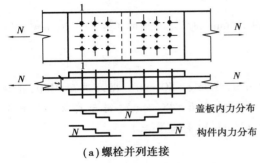

盖板内力分布

构件内力分布

(a)螺栓并列连接

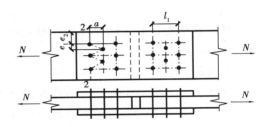

(b)螺栓错列连接

图 3.58　板件的强度验算

对图 3.58(b)所示,螺栓错列布置,构件有可能在 1—1 截面破坏,也有可能沿 2—2 折线截面破坏。因此,需对两个截面都作强度验算。2—2 折线截面的净截面面积:

$$A_n = \left[2e_1 + (n_2 - 1)\sqrt{a^2 + e^2} - n_2 d_0 \right] \cdot t$$

式中　n_2——2—2 折线截面上的螺栓数量。

②摩擦型连接高强度螺栓。

当连接采用摩擦型连接高强度螺栓时,由于摩擦型连接高强度螺栓是靠接触面上的摩擦阻力传递剪力,因而构件净截面上的内力计算与普通螺栓连接有所不同,有部分摩擦力在孔前传递,其净截面的内力 $N' < N$(图 3.59)。根据试验结果,可认为螺栓孔的前、后传力各一半。设连接一侧的螺栓总数为 n,破坏截面上的螺栓数为 n_1,则构件净截面所受的力为:

$$N' = N - 0.5\frac{N}{n} \times n_1 = N\left(1 - 0.5\frac{n_1}{n}\right)$$

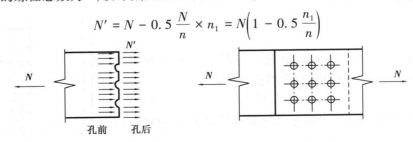

孔前　　孔后

图 3.59　摩擦型连接板件孔前、孔后传力各 1/2

因而净截面的强度计算公式为:

$$\sigma = N\left(1 - 0.5\frac{n_1}{n}\right)/A_n \leqslant 0.7f_u \tag{3.35}$$

例3.7 试设计图3.60所示角钢和节点板的螺栓连接。材料为Q355B,$N = 5 \times 10^5$ N,采用A级(5.6级)螺栓,Ⅰ类孔。用2∟90×6的角钢组成T形截面,截面积$A = 2\,120$ mm²,节点板厚度$t = 10$ mm。

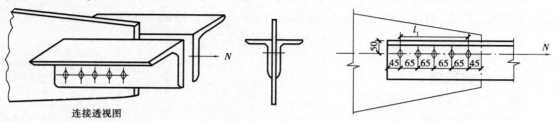

图3.60 角钢和节点板的螺栓连接

解 查附表1.4,A级(5.6级)螺栓的$f_v^b = 190$ N/mm²,Q355B 钢的$f_c^b = 510$ N/mm²,$f = 305$ N/mm²。

①确定螺栓直径。

根据表3.7在∟90×6上的钉孔最大直径为24 mm,线距$e = 50$ mm。据此选用M20,孔径20.3 mm,端距为45 mm$>2d_0 = 2 \times 20.3 = 40.6$(mm)并$<8t = 8 \times 6 = 48$(mm)(符合要求);栓距为65 mm$>3d_0 = 3 \times 20.3 = 60.9$(mm)并且$<12t = 12 \times 6 = 72$(mm)(符合要求)。

②一个 A 级螺栓承载力设计值。

$$N_v^b = n_v f_v^b \pi d^2/4 = 2 \times 190 \times 3.14 \times 20^2/4 = 1.193 \times 10^5(\text{N})$$

$$N_c^b = d \cdot t \cdot f_c^b = 20 \times 10 \times 510 = 1.02 \times 10^5(\text{N})$$

取以上两者最小值,所以承载力$N^b = 1.02 \times 10^5$(N)

③确定螺栓数目。

$l_1 = 4 \times 65 = 260$(mm) $< 15d_0 = 15 \times 20.3 = 304.3$(mm),$\eta = 1.0$,$n \geqslant \dfrac{N}{\eta N^b} = 5 \times 10^5/(1.02 \times 10^5) = 4.9$,取5个。

④构件净截面强度验算。

$$A_n = A - nd_0 t = 2\,120 - 2 \times 20.3 \times 6 = 1\,876.4(\text{mm})$$

$\sigma = N/A_n = 5 \times 10^5/1\,876.4 = 266.47$(N/mm²)$<f = 305$ N/mm²,符合要求。

螺栓布置如图3.60所示。

3.8.2 螺栓群受轴力作用均匀受拉

如图3.61所示,轴力 N 作用在螺栓群形心,可认为螺栓群均匀受拉,无论采用哪种螺栓,每个螺栓的拉力为:

$$N_i^N = N/n \leqslant N_t^b \tag{3.36}$$

设计时按式(3.36)即可确定螺栓数或验算螺栓的抗拉承载力。

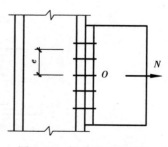

图3.61 螺栓群均匀受拉

3.8.3　螺栓群受弯矩 M 作用

图 3.62 所示 T 形连接,在弯矩 M 作用下,被连接件有顺弯矩 M 作用方向旋转的趋势,螺栓受拉。根据采用的螺栓类型和弯矩大小不同,转动中心位置不同,各个螺栓所受拉力也不同,需分类计算。

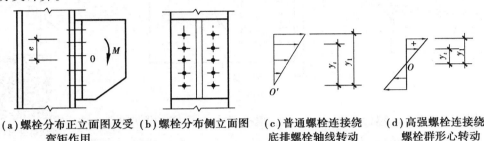

(a)螺栓分布正立面图及受 **(b)螺栓分布侧立面图** **(c)普通螺栓连接绕** **(d)高强螺栓连接绕**
弯矩作用 **底排螺栓轴线转动** **螺栓群形心转动**

图 3.62　螺栓群受弯矩作用

1)普通螺栓连接

普通螺栓的预拉力很小,在图示弯矩作用下,连接板件的上部会拉开一定的缝隙。因此,可偏安全地认为被连接构件是绕底排螺栓轴线转动,并设各螺栓所受拉力的大小与转动中心 O' 的距离成正比。根据平衡条件得:

$$M = m(N_1^M y_1 + N_2^M y_2 + N_3^M y_3 + \cdots + N_n^M y_n) \tag{3.37}$$

式中　m——螺栓的列数。

再根据几何关系得:

$$N_1^M / y_1 = N_2^M / y_2 = \cdots = N_i^M / y_i = \cdots = N_n^M / y_n \tag{3.38}$$

由式(3.37)、式(3.38)得:

$$N_1^M = \frac{M y_1}{m y_i^2} \tag{3.39}$$

式中　y_i——各螺栓到螺栓群形心 O' 的距离;

　　　y_1——y_i 中的最大值。

当螺栓群布置在一个狭长带上时,即 $y_1 > 3x_1$ 或 $x_1 > 3y_1$ 时,式(3.39)中可假设 $x_i = 0$ 或 $y_i = 0$ 来简化计算。

2)高强度螺栓连接

根据高强螺栓受拉的限制条件,拉力 $N_t^b \leqslant 0.8P$。所以,在弯矩 M 作用下,被连接构件的接触面一直保持紧密贴合,可认为被连接构件是绕螺栓群形心轴 O 转动。因此,高强度螺栓受弯矩作用时,螺栓的轴向拉力计算公式与普通螺栓相同,只是转动中心不同(注意 y_i 的取值)。

高强螺栓群受
弯矩作用

另外应注意,被连接构件绕底排螺栓或是顶排螺栓转动,应视弯矩作用方向而定。

3.8.4　螺栓群受扭作用

如图 3.63 所示搭接,在扭矩 T 作用下,连接板件有绕螺栓群形心旋转的趋势,使螺栓受剪,一般情况下,每个螺栓所受的剪力大小和方向都不同。

对普通螺栓和承压型连接高强度螺栓,各螺栓所受的剪力方向与螺栓群形心的连线垂直,剪力大小与距离 r 成正比。

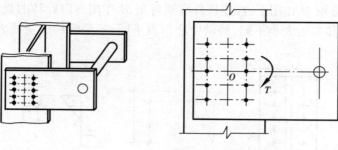
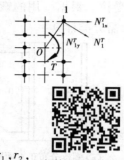

图 3.63　螺栓群受扭矩作用

螺栓群受扭转作用

根据以上假定,设螺栓 $1,2,3,\cdots,n$ 至螺栓群中心 O 点的距离为 $r_1,r_2,r_3,\cdots,r_n$;各螺栓承受的剪力分别为 $N_1^T,N_2^T,N_3^T,\cdots,N_n^T$。由此,根据平衡条件及几何条件得:

$$N_1^T r_1 + N_2^T r_2 + N_3^T r_3 + \cdots + N_n^T r_n = T \tag{3.40}$$

$$N_1^T/r_1 = N_2^T/r_2 = N_3^T/r_3 = \cdots = N_n^T/r_n \tag{3.41}$$

由式(3.40)、式(3.41)得:

$$(r_1^2 + r_2^2 + r_3^2 + \cdots + r_n^2)N_1^T/r_1 = T \tag{3.42}$$

所以

$$N_1^T = Tr_1/r_i^2 = Tr_1/(x_i^2 + y_i^2) \tag{3.43}$$

根据受力情况,螺栓 1 距 O 点最远,所以受力最大。

确定了螺栓所受的最大剪力,即可验算连接是否可靠,其强度条件是:N_1^T 不大于螺栓的抗剪承载力。

3.8.5　螺栓群受剪、拉、弯共同作用

图 3.64 所示为 T 形连接,螺栓群受轴心剪力 V,轴向力 N 和弯矩 M 共同作用,螺栓的受力可视为 3 种情况单独作用,然后再对作用进行叠加。由于轴向拉力 N 和弯矩 M 作用都使螺栓受轴向力,可先对 N,M 组合作用进行一次叠加,再与剪力叠加。

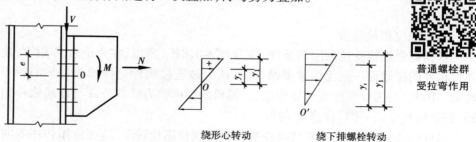

普通螺栓群受拉弯作用

绕形心转动　　　　绕下排螺栓转动

图 3.64　螺栓群受剪、拉、弯共同作用

1)拉、弯组合(螺栓受拉)

①当弯矩 M 较小时。设被连接件绕螺栓群的形心线上的 O 点转动,可得连接中螺栓所受拉力最大和最小的计算式为:

$$N_{\max} = N_t^N + N_{ti}^M = \frac{N}{n} + \frac{My_i}{my_i^2} \tag{3.44}$$

$$N_{\min} = N_t^N - N_{ti}^M = \frac{N}{n} - \frac{My_i}{my_i^2} \tag{3.45}$$

式中　y_i——各螺栓到形心转动轴线的距离。

当由式(3.45)求出的 $N_{\min} \geq 0$ 时,说明所有螺栓均受拉,被连接构件是绕螺栓群形心 O 转动,与假设相符,可由式(3.44)求出 $N_{\max}$。若只有 N、M 组合作用,则要求 $N_{\max}$ 满足强度条件:

$$N_{\max} \leq N_t^b = f_t^b \pi d_c^2 / 4$$

②当弯矩 M 较大时。由式(3.45)求出的 $N_{\min} < 0$ 时,说明连接下部受压,这时偏安全地认为被连接构件是绕底排螺栓转动。对底排螺栓轴线取矩,顶排螺栓受力为:

$$N_{\max} = N_t^N + N_{ti}^M = \frac{My_1}{my_i^2} \leq N_t^b \tag{3.46}$$

式中　y_1——y_i 中的最大值;

　　　y_i——各螺栓到底排螺栓轴线的距离。

2)剪、拉组合

因为螺栓群均匀受剪,$N_v = \dfrac{V}{n}$。将 N_v 和 $N_{\max}$ 代入剪-拉组合的相关公式,得:

$$\sqrt{(N_v/N_v^b)^2 + (N_{\max}/N_t^b)^2} \leq 1$$

普通螺栓:

$$N_v \leq N_c^b \tag{3.47}$$

承压型连接高强度螺栓:

$$N_v \leq \frac{N_c^b}{1.2} \tag{3.48}$$

摩擦型连接高强度螺栓:

$$N_{\max} \leq 0.8p \tag{3.49}$$

$$V \leq N_{vi}^b \sum_{i=1}^{n} 0.9 n_f \mu (P - 1.25 N_{ti}) \tag{3.50}$$

式(3.50)表示螺栓群所受剪力需小于各螺栓的抗剪承载力之和。式中 N_{ti} 是各个螺栓所受的拉力。有弯矩作用时,各螺栓的 N_{ti} 将不同,需按式(3.51)逐个计算。

$$N_{ti} = \frac{N}{n} \pm \frac{My_i}{my_i^2} \tag{3.51}$$

当 $N_{ti} < 0$ 时,取 $N_{ti} = 0$。

例3.8　图3.65所示为一牛腿与钢柱的螺栓连接,牛腿下设有承托板以承受剪力,故螺栓群仅受弯矩作用,可选用 C 级(4.8 级)螺栓。若采用 M18(孔径 19.5)的 C 级螺栓,Q355B 钢,螺栓间距为 70 mm,荷载 F 距柱翼缘表面 200 mm。试求 C 级螺栓连接所能承担的力 F,并设计承托板焊缝。

　　解　由于采用承托板承担剪力,则螺栓仅承担弯矩 $M = Fe$ 所引起的拉力。螺栓群在弯矩 M 作用下。由式(3.45)求得 $N_{\min} < 0$。因此,螺栓群绕最下边一排螺栓旋转。因而可用式(3.46)计算螺栓拉力。

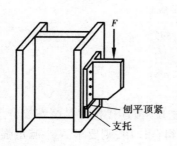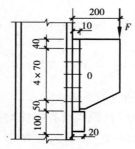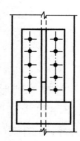

图 3.65 例 3.8 图

①求螺栓的最大拉力。

$$N_{t,max} = My_1/(my_i^2) = 200F \times 280/[2 \times (70^2 + 140^2 + 210^2 + 280^2)] = F/5.25$$

②抗拉承载力设计值。

C 级螺栓的 $f_t^b = 170\ N/mm^2$。

$$N_t^b = f_t^b \pi d_e^2/4 = 170 \times 3.14 \times 15.56^2/4 = 3.26 \times 10^4(N)$$

③确定 F。

由 $N_{t,max} \leq N_t^b$ 得：

$$F \leq 5.25N_t^b = 5.25 \times 3.26 \times 10^4 = 1.7 \times 10^5(N) = 170(kN)$$

④承托板与柱翼缘的角焊缝设计。

因为板件为 Q355B 钢材,故选用 E50 型焊条和手工焊工艺。

板件厚度为 10 mm,故最大焊脚尺寸为 20-(1~2)=18~19 mm;根据表 3.2,最小焊脚尺寸为 6 mm,所以取 $h_f = 10\ mm$。

$$l_w = 2(100 - 2h_f) = 2(100 - 20) = 160(mm)$$

$$\tau_f = V/(h_e l_w) = 1.7 \times 10^5/(0.7 \times 10 \times 160) = 151.8(N/mm^2)\ < f_f^w = 200(N/mm^2)$$

例 3.9 图 3.66 所示为一牛腿与钢柱的螺栓连接,受竖向荷载 $F = 10^5\ N$,距柱翼缘表面 200 mm;轴心力 $N = 1.5 \times 10^5\ N$。采用 M20 A 级(5.6 级)螺栓,孔径 20.3 mm,Q355B 钢,螺栓间距为 70 mm。验算连接是否可靠。

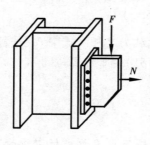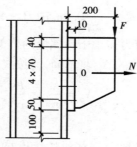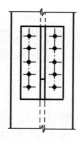

图 3.66 例 3.9 图

解 螺栓群受弯、剪和轴力共同作用。

查附表 1.4,A 级螺栓的 $f_t^b = 210\ N/mm^2$,$f_v^b = 190\ N/mm^2$,Q355B 钢 $f_c^b = 510\ N/mm^2$。

①承载力设计值。

$l_1 = 4 \times 70 = 280(mm) < 15d_0 = 15 \times 20.3 = 304.5(mm)$,抗剪承载力设计值不折减(即 $\eta = 1.0$)

$$N_t^b = f_t^b \pi d_e^2/4 = 210 \times 3.14 \times 17.65^2/4 = 5.1 \times 10^4(N)$$

$$N_v^b = n_v f_v^b \pi d^2/4 = 1 \times 190 \times 3.14 \times 20^2/4 = 5.97 \times 10^4 (\text{N})$$

$$N_c^b = d \cdot t \cdot f_c^b = 20 \times 10 \times 510 = 1.02 \times 10^5 (\text{N})$$

②每个螺栓承受的剪力 N_v 和拉力 N_t 计算。

$$N_v = V/n = 10^5/10 = 10^4 (\text{N})$$

$$N_t = 3.91 \times 10^4 (\text{N})$$

③按相关公式验算。

$$\sqrt{(N_v/N_v^b)^2 + (N_t/N_t^b)^2} = \sqrt{(10^4/59\,700)^2 + (3.91 \times 10^4/51\,000)^2}$$
$$= 0.78 < 1$$

$$N_v = 10^4\ \text{N} < N_c^b = 1.02 \times 10^5 (\text{N})$$

故连接可靠。

3.8.6　螺栓群受剪、拉、扭共同作用

如图 3.67 所示,钢板搭接在工字形柱的翼缘上用螺栓连接,螺栓群的形心是 O 点,由于斜向力未通过形心,第一步将斜向力分解为竖向力 F 和横向轴力 N;再将 F 向形心 O 点简化,得通过形心的剪力 $V = F$ 和扭矩 $T = Fe$(e 是力 F 作用点到螺栓群形心上的距离)。螺栓群受 V, N, T 共同作用。

螺栓群受剪拉弯、剪拉扭共同作用的设计计算

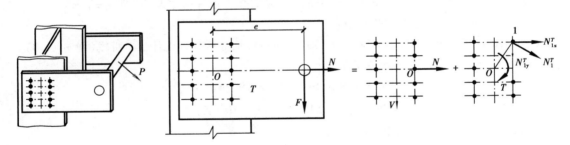

图 3.67　螺栓群受剪、拉、扭共同作用

V, N, T 作用均使螺栓群受剪,但剪力方向不同。仍按叠加原理,可对 V, N, T 单独计算,然后叠加。

剪力 V 作用:$N_i^v = \dfrac{V}{n}$。

拉力 N 作用:$N_i^N = \dfrac{N}{n}$。

扭矩 T 作用:距 O 点最远的螺栓 1 受剪力最大。

$$N_1^T = Tr_1/r_i^2 = Tr_1/(x_i^2 + y_i^2) \tag{3.52}$$

为便于组合,将 N_1^T 分解为水平及竖直方向分力

$$\left.\begin{array}{l} N_{1x}^T = N_1^T y_1/r_1 = Ty_1/(x_i^2 + y_i^2) \\ N_{1y}^T = N_1^T x_1/r_1 = Tx_1/(x_i^2 + y_i^2) \end{array}\right\} \tag{3.53}$$

螺栓群在剪力 V、轴力 N、扭矩 T 共同作用下的搭接连接中,螺栓 1 所受的合剪力也最大,用 N_1 表示,其强度条件为:

$$N_1 = \sqrt{(N_{1x}^N + N_{1x}^T)^2 + (N_{1y}^V + N_{1y}^T)^2} \leqslant N^b \tag{3.54}$$

当扭矩 T、剪力 V 及轴力 N 中的一个或两个为零时,只需令式(3.54)中的相应项为零,便能得出另两个或一个力作用下搭接的螺栓群计算的强度条件。

例 3.10 验算图 3.68 所示为螺栓连接,采用双盖板和 A 级螺栓(5.6 级)。Q355B 钢,被连接的钢板为 $-14×370$,盖板为 $2-8×370$,螺栓 M20,孔径 20.3 mm,布置如图 3.68 所示。承受作用在螺栓群形心上的扭矩 $T=3.0×10^7$ N·mm,剪力 $V=3.2×10^5$ N,轴向拉力 $N=3.5×10^5$ N。

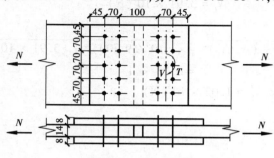

图 3.68　例 3.10 图

解　①承载力设计值。

查附表,A 级螺栓(5.6 级),$f_v^b=190$ N/mm^2;Q355B 钢 $f_c^b=510$ N/mm^2,$f=305$ N/mm^2。

螺栓群双向受剪,沿轴力 N 方向的搭接长度为:

$l_1=70$ mm $<15d_0=15×20.3=304.5$(mm),抗剪承载力设计值不折减(即 $\eta=1.0$)。

螺栓沿剪力 V 方向的搭接长度为:

$l_1'=4×70=280$(mm)$<15d_0=15×20.3=304.5$(mm),抗剪承载力设计值不折减(即 $\eta=1.0$)。

因此,螺栓抗剪承载力设计值不折减。

$$N_v^b=n_v\pi d^2f_v^b/4=2×3.14×20^2×190/4=1.19×10^5(\text{N})$$

$$N_c^b=dt\cdot f_c^b=20×14×510=1.43×10^5(\text{N})$$

取两者最小值,故 $N^b=1.19×10^5$(N)

②计算螺栓的受力。

$$N_{ix}^N=N/n=3.5×10^5/10=3.5×10^4(\text{N})$$

$$N_{iy}^V=V/n=3.2×10^5/10=3.2×10^4(\text{N})$$

$$x_i^2+y_i^2=10×35^2+4(70^2+140^2)=1.1×10^5(\text{mm})$$

代入式(3.28),得:

$$N_{1x}^T=Ty_1/(x_i^2+y_i^2)=3×10^7×140/(1.1×10^5)=3.8×10^4(\text{N})$$

$$N_{1y}^T=Tx_1/(x_i^2+y_i^2)=3×10^7×35/(1.1×10^5)=9.5×10^3(\text{N})$$

代入式(3.29),得:

$$N_1=\sqrt{(N_{ix}^N+N_{1x}^T)^2+(N_{iy}^V+N_{1y}^T)^2}$$

$$=\sqrt{(3.5×10^4+3.8×10^4)^2+(3.2×10^4+9.5×10^3)^2}$$

$$=8.4×10^4(\text{N})<N_v^b=1.19×10^5(\text{N})$$

③净截面强度验算。

对连接板件,T 的作用使板件受弯,在板件上缘产生弯曲拉应力并与拉力 N 的作用叠加。

相关计算参数如下:

$$A_n = 370 \times 14 - 20.3 \times 14 \times 5 = 3\,759 (\mathrm{mm}^2)$$

$$I_n = 14 \times 370^3/12 - 2 \times 14 \times 20.3(140^2 + 70^2) = 4.5 \times 10^7 (\mathrm{mm}^4)$$

$$W_n = I_n/185 = 4.5 \times 10^7/185 = 2.44 \times 10^5 (\mathrm{mm}^3)$$

板件上缘最大拉应力:

$$\sigma = T/W_n + N/A_n = 3 \times 10^7/244\,000 + 3.5 \times 10^5/3\,759 = 216 (\mathrm{N/mm}^2) < 305 (\mathrm{N/mm}^2)$$

净截面抗拉强度满足。

例 3.11　图 3.69 所示为柱间支撑与柱的高强度螺栓连接。试设计角钢与节点板的高强度螺栓连接;并验算竖向连接板同柱翼缘板的高强度螺栓连接。被连接板的钢材 Q355B,钢板厚 16 mm,角钢 2∟125×10,截面积 $A = 4874\ \mathrm{mm}^2$ 采用 10.9 级 M20 高强度螺栓,螺栓为标准孔,接触面采用喷硬质石英砂处理。按摩擦型连接设计。

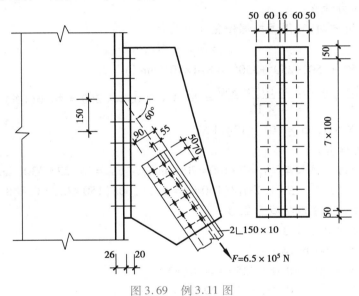

图 3.69　例 3.11 图

解　(1)角钢与节点板的连接设计

①抗剪承载力设计值。

查表知,采用标准孔,$k = 1$;接触面采用喷硬质石英砂处理,$\mu = 0.45$;采用 10.9 级 M20 高强度螺栓,$P = 155$ kN。

所以 $N_v^b = 0.9kn_f\mu P = 0.9 \times 1 \times 2 \times 0.45 \times 1.55 \times 10^5 = 1.256 \times 10^5 (\mathrm{N})$

②确定螺栓数目。

$n \geq F/N_v^b = 6.5 \times 10^5/(1.256 \times 10^5) = 5.2 (个)$,取 6 个。

对 2∟125×10 的连接角钢,采用双行错列布置,按表 3.7 取线距 $e_1 = 55$ mm,$e_2 = 90$ mm;取端距为 50 mm,栓距为 70 mm,满足表 3.6 的要求,螺栓布置如图 3.69 所示。

沿受力方向的搭接长度 $l_1 = 5 \times 70 = 350 (\mathrm{mm}) > 15d_0 = 15 \times 22 = 330 (\mathrm{mm})$,

所以 $\beta = 1.1 - l_1/(150d_0) = 1.1 - 350/(150 \times 22) = 0.993\,9$。

因而摩擦型连接高强度螺栓的抗剪承载设计值应为:

$$N_v^b = \beta \times 0.9n_f\mu P = 0.993\,9 \times 1.256 \times 10^5 = 1.245 \times 10^5 (\mathrm{N})$$

验算 $F/6 = 6.5 \times 10^5/6 = 1.1 \times 10^5 (\mathrm{N}) < N_v^b = 1.245 \times 10^5 (\mathrm{N})$

③截面强度验算。

$$\sigma = (1 - 0.5n_1/n)F/A_n$$
$$= (1 - 0.5 \times 1/6) \times 6.5 \times 10^5/(4\ 874 \times 10 \times 2)$$
$$= 135.73(\text{N/mm}^2) < f = 305\ \text{N/mm}^2$$

（2）验算竖向连接板同翼缘的连接

①承担内力计算。

将力 F 向螺栓群形心 O 简化，得：

$$N = F\cos 60° = 6.5 \times 10^5 \times 0.5(\text{N}) = 325(\text{kN})$$
$$V = F\sin 60° = 6.5 \times 10^5 \times 0.866(\text{N}) = 563(\text{kN})$$
$$M = N \cdot e = 325 \times 150 = 4.875 \times 10^4(\text{kN} \cdot \text{mm})$$

②螺栓最大拉力计算。

由 M 及 N 作用方向，可得上排螺栓受拉力最大

$$N_t = N/n + My_1/y_i^2$$

式中　$y_i^2 = 2 \times 2 \times (50^2 + 150^2 + 250^2 + 350^2) = 8.4 \times 10^5(\text{mm}^2)$

$$N_t = \frac{325}{16} + \frac{4.875 \times 10^4 \times 350}{8.4 \times 10^5} = 20.3 + 0.058 \times 350 = 40.6(\text{kN}) < N_t^b$$
$$= 0.8 \times 1.55 \times 10^5 = 124(\text{kN})$$

③螺栓群抗剪验算。

因沿剪力方向的搭接长度　$l_1 = 7 \times 100 = 700(\text{mm}) > 15d_0 = 15 \times 22 = 330(\text{mm})$

抗剪承载力折减系数　$\beta = 1.1 - l_1/(150d_0) = 1.1 - 700/(150 \times 22) = 0.888$

计算抗剪强度时需乘以折减系数 β。

先计算各螺栓所受的拉力

第一排螺栓：$N_{t1} = 40.6$ kN

第二排螺栓：$N_{t2} = 20.3 + 0.058 \times 250 = 34.8(\text{kN})$

第三排螺栓：$N_{t3} = 20.3 + 0.058 \times 150 = 29(\text{kN})$

第四排螺栓：$N_{t4} = 20.3 + 0.058 \times 50 = 23(\text{kN})$

第五排螺栓：$N_{t5} = 20.3 + 0.058 \times (-50) = 17.4(\text{kN})$

第六排螺栓：$N_{t6} = 20.3 + 0.058 \times (-150) = 11.6(\text{kN})$

第七排螺栓：$N_{t7} = 20.3 + 0.058 \times (-250) = 5.8(\text{kN})$

第八排螺栓：$N_{t8} = 20.3 + 0.058 \times (-350) = 0(\text{kN})$

故此 $N_{ti} = 40.6 + 34.8 + 29 + 23 + 17.4 + 11.6 + 5.8 + 0 = 162.2(\text{kN})$

$$\sum_{i=1}^{n} \beta \times 0.9n_f\mu(P - 1.25N_{ti}) = 0.888 \times 0.9 \times 1 \times 0.45 \times 2[8 \times 1.55 \times 10^2 - $$
$$1.25 \times 162.2] = 746.07(\text{kN}) > V = 563\ \text{kN}$$

故连接可靠。

例3.12　条件与例题3.10相同，但角钢与节点板连接时，剪切面在螺纹处。按承压型连接高强度螺栓设计。

解　（1）角钢与节点板的连接设计

①承载力设计值。

$$N_c^b = dt \cdot f_c^b = 20 \times 16 \times 590 = 188.3 \text{ kN}$$
$$N_v^b = n_v f_v^b \pi d_e^2 / 4$$
$$= 2 \times 310 \times 245 = 152 \text{ kN}$$

所以 $N^b = 152$ kN。

②确定螺栓数目。

$$n \geqslant F/N^b = 650/150 = 4.3(\text{个}), \text{取 5 个}$$

螺栓布置与例题 3.10 相同(少一个螺栓)。

沿受力方向的搭接长度 $l_1 = 4 \times 70 = 280(\text{mm}) < 15d_0 = 15 \times 22 = 330(\text{mm})$

③截面强度验算。

$$\sigma = F/A_n = 6.5 \times 10^5 / (4\,874 - 22 \times 10 \times 2) = 146.6(\text{N/mm}^2) < f = 305 \text{ N/mm}^2$$

可靠。

(2)验算竖向连接板同翼缘的连接

①内力计算。

$$N = 325 \text{ kN}, V = 563 \text{ kN}, M = 4.875 \times 10^4 \text{ kN} \cdot \text{mm}$$

②拉力计算。

$$N_t = N/n + My_1/y_i^2 = 40.6 \text{ kN} < N_t^b = 0.8P = 0.8 \times 155 = 124(\text{kN})$$

③承载力设计值计算。

因 $l_1 = 700$ mm $> 15d_0 = 322.5$ mm,所以

$$\beta = 1.1 - l_1/(150d_0) = 1.1 - 700/(150 \times 22) = 0.888$$
$$N_c^b = \beta \cdot dt \cdot f_c^b = 0.888 \times 20 \times 20 \times 590 = 209.6(\text{kN})$$

因剪切面在螺纹处,计算抗剪承载力时用螺栓的有效直径,即

$$N_v^b = \beta \cdot n_v f_v^b \pi d_e^2 / 4 = 0.888 \times 1 \times 310 \times 245 = 67.4(\text{kN})$$

④按相关公式验算。

$$\sqrt{(N_v/N_v^b)^2 + (N_t/N_t^b)^2} = \sqrt{(35.2/67.4)^2 + (40.6/209.6)^2} = 0.557 < 1$$
$$N_v = V/n = 563/16 = 35.2(\text{kN}) < N_c^b/1.2 = 209.6/1.2 = 174.67(\text{kN})$$

故连接可靠。

复习思考题

1. 钢结构有哪些连接方法及方式?各有何优缺点?目前常用哪些方法?

2. 焊缝质量检查分几类?各检查的内容是什么?哪一级焊缝质量检查的对接焊缝的强度与主体金属等强?

3. 对接焊缝为何要坡口?引弧板起什么作用?

4. 角焊缝的焊脚尺寸、焊缝长度有何限制?为什么?

5. 焊缝的起弧、落弧对焊缝有何影响?计算中如何考虑?

6. 就施焊位置而言,俯、立、横、仰 4 种焊缝中质量由最好到最差的次序是_____。

7. 等肢双角钢与节点板连接焊缝,其肢背、肢尖的分配系数 0.7 和 0.3 的主要根据

是_____。

A. 经验数字   B. 试验结果

C. 计算的简便   D. 使焊缝合力通过截面形心

8. 图3.70所示的侧面角焊缝的承载力_____。

A. $N=0.7×6(410-10)×2×160$ B. $N=0.7×6(410-10)×4×160$

C. $N=0.7×6×360×2×160$ D. $N=0.7×6(360-10)×4×160$

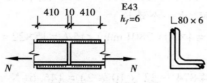

图3.70 思考题8图

9. 钢桁架节点图3.71,其吊重F的作用点分(a)和(b)两种情况。试回答下弦杆与节点板相连,当$h_{f1}=h_{f2}$时采用_____图较合理。

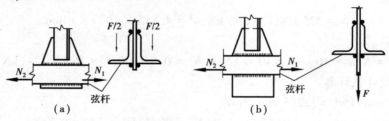

图3.71 思考题9图

10. 图3.72所示为角钢与节点板相连,当$h_{f1}=h_{f2}$时,采用_____图构造较合理。

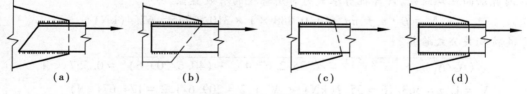

图3.72 思考题10图

11. 焊接应力_____。

A. 为自相平衡,对静力强度无影响 B. 为自相平衡,静力强度会降低

C. 对静力强度无影响   D. 为不自相平衡,静力强度会降低

12. 焊接应力和焊接变形对结构工作有何影响?减小焊接应力、焊接变形的方法有哪些?

13. 在对接焊缝的拼接处,当焊件的宽度不同或厚度相差4 mm以上,应分别在宽度方向或厚度方向采取什么措施?为什么?

14. 摩擦型高强度螺栓的预拉力越大,则连接的抗剪能力越高;若使用荷载使螺栓拉力增大,则连接的抗剪承接载力将_____。

A. 减小   B. 增大   C. 不变   D. 不一定

15. 普通螺栓与高强度螺栓在受弯连接中,在计算螺栓拉力时的主要区别是什么?为什么?

16. 每一杆件在节点上以及拼接接头的一端,永久性的螺栓(铆钉)数不少于_____个。

17. C 级螺栓宜用于直接承受动力荷载的受剪连接结构。(正确、不正确)

18. 高强度螺栓的预拉力起什么作用?预拉力的大小与承载力有何关系?

19. 摩擦型高强度螺栓连接与承压型高强度螺栓连接的极限状态各是什么?计算上有何差别?

20. 计算构件净截面强度时,摩擦型、承压型及普通螺栓连接三者有何异同?为什么?

21. 剪力螺栓(指普通螺栓)连接,一般有几种破坏形式?实际计算中考虑哪几种?其余几种如何保证?

22. 图 3.73 的摩擦型高强度螺栓连接,预拉力 $P=110$ kN,弯矩 M 使螺栓"1"产生 $N_t'=70$ kN 的拉力。在 M 作用下,螺栓"1"的拉力为_____。

    A. 等于 180 kN　　　　　　　　　　B. 低于 110 kN

    C. 略高于 110 kN　　　　　　　　　D. 仍为 110 kN

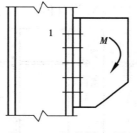

图 3.73　思考题 22 图

习　题

3.1　试设计图 3.74 所示的用双层盖板和角焊缝的对接连接。采用 Q355B 钢(主板-20×420),手工焊,焊条为 E50 型的非低氢型焊条,焊前不预热。轴心拉力 $N=1500$ kN(静载,设计值)。

3.2　如图 3.75 为双角钢和节点板的角焊缝连接。Q355B 钢,焊条 E50 型低氢型焊条。手工焊,轴心拉力 $N=800$ kN(静载,设计值)。试求:(1)采用两面侧焊缝设计;(2)采用三面围焊设计。

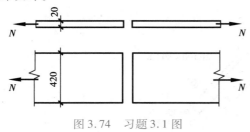

图 3.74　习题 3.1 图

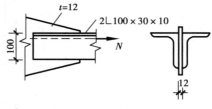

图 3.75　习题 3.2 图

3.3　节点构造如图 3.76 所示。悬臂承托与柱翼缘采用角焊缝连接,Q355B 钢,手工焊,焊条 E50 型,焊脚尺寸 $h_f=8$ mm。试求角焊缝能承受的最大静态和动态荷载 N。

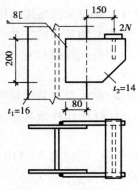

图 3.76 习题 3.3 图

3.4 试设计图 3.77 所示牛腿中的角焊缝。Q355B 钢,手工焊,焊条 E50 型的非低氢型焊条,焊前不预热。承受静力荷载 $N = 120$ kN(设计值)。

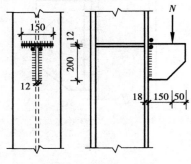

图 3.77 习题 3.4 图

3.5 条件同习题 3.1,试设计用对接焊缝的对接连接。焊缝质量Ⅲ级。

3.6 如图 3.78 所示构件连接,钢材为 Q355B,螺栓为粗制螺栓,$d_1 = d_2 = 170$ mm。试设计:

①角钢与连接板的螺栓连接;

②竖向连接板与柱翼缘板的螺栓连接。

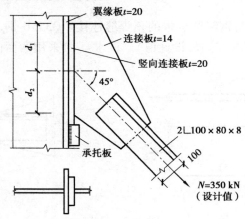

图 3.78 习题 3.6 图

3.7 按高强度螺栓摩擦型连接设计习题 3.6 中所要求的连接(取消承托板),螺栓强度级别及接触面处理方式自选。试分别按 $d_1 = d_2 = 170$ mm 和 $d_1 = 150$ mm、$d_2 = 190$ mm 两种情况进行设计。

3.8　按高强度螺栓承压型连接设计习题 3.6 中角钢与连接板的连接。螺栓强度级别及接触面处理方式自选。

3.9　图 3.79 所示牛腿用连接角钢 2∟100×20（由大角钢截得）及 M22 高强度螺栓（10.9级）和柱相连,钢材为 Q355B 钢,接触面采用喷砂处理,$F=370$ kN,试确定连接角钢两个肢上螺栓数目。

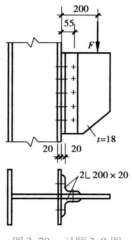

图 3.79　习题 3.9 图

3.10　条件同习题 3.1 相同,用双层盖板和螺栓的对接连接,螺栓直径、螺栓级别及接触面处理自选。试求:(1)按普通螺栓计算;(2)按摩擦型计算;(3)按承压型计算。

第 4 章
轴心受力构件

4.1 轴心受力构件的应用及截面形式

轴心受力构件的
应用和截面形式

4.1.1 轴心受力构件的应用

轴心受力构件是指承受通过截面形心轴的轴向力作用的一种受力构件,也称杆件。当这种轴心力为拉力时,称为轴心受拉构件或轴心拉杆;同样,当这种轴心力为压力时,称为轴心受压构件或轴心压杆。

轴心受力构件在钢结构工程中应用比较广泛,如桁架、屋架(roof truss)、网架(grid structure)、井塔等结构,均由轴心受力杆件连接而成。在进行结构受力分析时,常将这些杆件节点假设为铰接。因此,各杆件在节点荷载作用下均承受轴心拉力或轴心压力,属于轴心受力构件。各种索结构中的钢索也是一种轴心受拉构件。

在进行构件设计时,构件应同时满足承载力极限状态和正常使用极限状态的要求。对于承载力极限状态,轴心受拉构件以强度控制,而轴心受压构件则需同时满足强度和稳定性的要求。对于正常使用极限状态,均通过限制构件的长细比来保证轴心受拉和轴心受压构件具有足够的刚度。因此,按受力性质的不同,轴心受力构件需按要求分别进行强度计算、刚度计算和稳定计算,其中稳定问题又分为整体稳定和局部稳定。

4.1.2 截面形式

轴心受力构件的截面形式很多,按其生产制作情况分为单个型钢截面和组合截面两种,其中组合截面又分为实腹式(Solid-web)组合截面和格构式(lattice)组合截面。图 4.1(a)为型钢截面,其安装制作量少,省时省工,能有效地节约制作成本,因此,在受力较小的轴心受力构件中得到较多应用。而实腹式组合截面[图 4.1(b)]和格构式组合截面[图 4.1(c)]的形状、几何尺寸几乎不受限制,可根据受力性质、大小选用合适的截面,使得构件截面有较大的回转半径,从而增大截面的惯性矩,提高构件刚度,节约钢材。但由于组合截面制作费时费工,其总的成本并不一定很低,目前只在荷载较大或构件较高时使用。

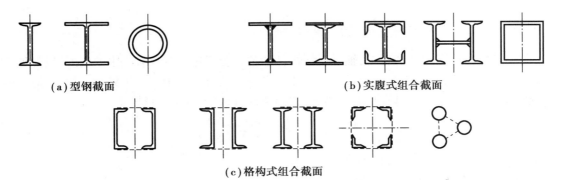

(a)型钢截面　　　　　　　　　　　　　**(b)实腹式组合截面**

(c)格构式组合截面

图 4.1　轴心受力构件常用截面

轴心受力构件的强度

4.2　轴心受力构件的强度和刚度

4.2.1　轴心受力构件的强度

根据钢材的应力-应变图,对截面无削弱的构件,无论是轴心受拉或轴心受压,当构件截面达到屈服强度时,将产生很大的塑性变形,从而影响结构的使用。因此,对截面无削弱的构件,其承载力的极限状态应控制其净截面的平均应力不超过钢材的抗拉强度设计值 f,即:

$$\sigma = \frac{N}{A} \leqslant f \tag{4.1}$$

但对截面有局部削弱的构件,如有螺孔的构件,在弹性阶段由于应力集中,孔边缘应力可能达到截面平均应力的 3 倍甚至更高。因此,构件孔边缘截面将首先屈服进入弹塑性状态,但由于是局部削弱,构件总的变形不大(不影响使用),而且经过塑性内力重分布后,截面应力又趋均匀,构件可以继续承载,直到整个截面断裂。因此,对截面有局部削弱的构件,应以净截面断裂为承载力极限状态,即应控制构件净截面上的平均应力 σ 不超过材料抗拉强度 f_u。所以净截面强度的计算公式是

$$\sigma = \frac{N}{A_n} \leqslant 0.7f_u \tag{4.2}$$

当杆端采用高强度螺栓摩擦型连接时,考虑到孔轴线前摩擦面传递一部分力,上式修正为

$$\sigma = \left(1 - 0.5\frac{n_1}{n}\right)\frac{N}{A_n} \leqslant 0.7f_u \tag{4.3}$$

式中　n_1——所计算截面的螺栓数;

　　　n——杆件一端的连接螺栓总数。

当拉杆为沿全长都用铆钉或螺栓连接而成的组合构件,则净截面屈服成为承载极限。此时强度计算公式取

$$\sigma = \frac{N}{A_n} \leqslant f \tag{4.4}$$

式中　N——轴向力设计值;

　　　A_n——构件净截面面积;

　　　f——钢材抗拉或抗压强度设计值。

4.2.2 轴心受拉构件和轴心受压构件的刚度

按正常使用极限状态的要求,轴心受拉构件和轴心受压构件应具有一定的刚度,以保证构件在运输和安装过程中,不会产生过大的挠曲变形或在动荷载作用下产生晃动。为此,通过限制构件的长细比来保证其具有足够的刚度,限制条件(limit condition)是

$$\lambda_{\max} = \frac{l_0}{i} \leqslant [\lambda] \tag{4.5}$$

式中 $\lambda_{\max}$——构件最不利方向的计算长细比;

l_0——构件相应方向的计算长度;

i——构件截面相应方向的回转半径;

$[\lambda]$——受拉构件或受压构件的容许长细比,按表4.1或表4.2选用。

表4.1 受压构件的容许长细比

项次	构件名称	容许长细比
1	柱、桁架、天窗架构件	150
	柱的缀条、吊车梁或吊车桁架以下的柱间支撑	
2	支撑(吊车梁或吊车桁架以下的柱间支撑除外)	200
	用以减少受压构件长细比的杆件	

注:①桁架(包括空间桁架)的受压腹杆,当其内力等于或小于承载力的50%时,容许长细比可为200。

②计算单角钢受压构件的长细比时,应采用角钢的最小回转半径,但计算在交叉点相互连接的交叉杆件平面外的长细比时,可采用与角钢肢边平行轴的回转半径。

③跨度等于或大于60的桁架,其受压弦杆、端压杆和直接承受动力荷载的受压腹杆的长细比不宜大于120。

④由容许长细比控制的杆件,在计算其长细比时,可不考虑扭转效应。

表4.2 受拉构件的容许长细比

项次	构件名称	承受静力荷载或间接承受动力荷载的结构		直接承受动力荷载的结构
		一般工业厂房	有重级工作制吊车的厂房	
1	桁架的杆件	350	250	250
2	吊车梁或吊车桁架以下的柱间撑	300	200	—
3	其他杆件、支撑、系杆等(张紧的圆钢除外)	400	350	—

注:①承受静力荷载的结构中,可只计算受拉构件在竖向平面内的长细比。

②在直接或间接承受动力荷载的结构中,单角钢受拉构件长细比的计算方法与表4.1注②相同。

③中、重级工作制吊车桁架下弦杆的长细比不宜超过200。

④在设有夹钳或钢性料耙等硬钩吊车的厂房中支撑(表中第2项除外)的长细比不宜超过300。

⑤受拉构件在永久荷载与风荷载组合作用下受压时,其长细比不宜超过250。

⑥跨度等于或大于60 m的桁架,其受拉弦杆和腹杆的长细比不宜超过300(承受静力荷载或间接承受动力荷载)或250(直接承受动力荷载)。

4.3　轴心受压构件的整体稳定

4.3.1　稳定问题概述

在荷载作用下,构件或结构的外力与内力必须保持平衡,平衡状态有持久的稳定平衡状态(stable equillibrium state)和极限平衡状态。当构件或结构处于极限平衡状态时,外界轻微的挠动就会使构件或结构产生很大的变形而丧失稳定性。即作用在构件或结构上的外荷载还未达到强度破坏荷载时,构件或结构已产生很大的变形,整体偏离原来的平衡位置而完全丧失承载能力甚至倒塌,这就是构件或结构的整体失稳破坏。在材料力学中,已初步介绍并建立了稳定破坏的概念。

钢结构中的轴心受压构件、受弯构件、压弯构件等都会产生失稳破坏,属于构件整体失稳。还有框架失稳、拱的失稳、薄壳失稳等属于结构整体失稳。另外,组成实腹构件的薄板,如工字形截面的翼缘或腹板,当受压力或剪力作用时,也有可能在局部位置出现失稳现象,称为局部失稳。国内外因失稳破坏导致钢结构倒塌的事故已有多起。特别是近年来,随着钢结构构件截面形式的不断丰富和高强钢材的应用,使得钢构件向着轻型、壁薄的方向发展,构件稳定性问题日益突出,钢结构的承载力设计也常常是由稳定条件控制。因此,对钢构件稳定性的学习和研究也就显得更加重要。本章先介绍轴心压杆的稳定计算,在后续各章还要介绍受弯构件和压弯构件的稳定计算,而拱的失稳、薄壳失稳则在大跨钢结构课程中介绍。

轴心压杆失稳是最基本的稳定问题。对压杆失稳现象的研究始于 18 世纪,此后,以欧拉为代表的众多科学家对压杆失稳的力学模型和计算方法都进行了深入研究。由于影响轴心压杆稳定性的因素很多,如初始应力、初偏心、初弯曲等缺陷的影响及相互影响,其稳定计算也较复杂,初学时先讨论理想轴心受压杆件的稳定计算,然后再考虑各种缺陷对压杆稳定性的影响。

4.3.2　理想轴心受压构件及其屈曲形式

为便于理论分析,先不考虑各种缺陷的影响,对轴心受压杆件作如下假设:

①杆件为等截面理想直杆。

②压力作用线与杆件形心轴重合。

③无初始应力影响。

④材料为均质、各向同性且无限弹性,符合虎克定律。

理想轴心受力构件
整体稳定计算Ⅰ

理想轴心受力构件
整体稳定计算Ⅱ

这样的轴心受压构件称为理想轴心受压杆件,理想轴心受压杆件的失稳也称为屈曲。根据轴心受力构件屈曲后的变形特点,有以下 3 种屈曲(buckling)形式:

①弯曲屈曲——构件只绕一个截面主轴旋转而纵轴由直线变为曲线的一种失稳形式。这是双轴对称截面构件最基本的屈曲形式。图 4.2(a)为工字钢的弯曲屈曲情况。

②扭转屈曲——失稳时,构件各截面均绕其纵轴旋转的一种失稳形式。当双轴对称截面

构件的轴力较大而构件较短时或开口薄壁杆件,可能发生这种失稳屈曲。图4.2(b)是双轴对称的开口薄壁十字压杆的扭转(torsion)屈曲。

③弯扭屈曲——构件发生弯曲变形的同时伴随着截面的扭转。这是单轴对称截面构件或无对称轴截面构件失稳的基本形式。

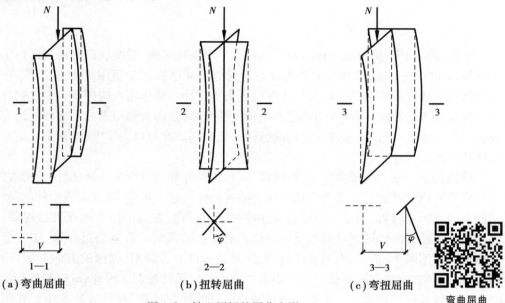

(a)弯曲屈曲　　　　　　　(b)扭转屈曲　　　　　　(c)弯扭屈曲

图4.2　轴心压杆的屈曲变形

弯曲屈曲

扭转屈曲

弯扭屈曲

4.3.3　轴心受压构件整体稳定临界力

轴心受压构件发生失稳时的轴向力称为临界力(或临界承载力)。理想轴心受压构件整体稳定临界力与屈曲形式有关,下面分别对其进行介绍。

(1)理想轴心受压构件弯曲屈曲时的临界力

两端铰接的理想细长轴心压杆(图4.3),当轴心压力 N 较小时,杆件形心轴始终保持直线状态,杆件只有压缩变形。此时如有侧向干扰能使杆件微弯,一旦该干扰撤除后,杆件又能恢复原来的直线平衡状态。这说明当轴心力 N 较小时,

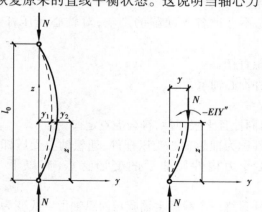

图4.3　两端铰支的轴心压杆临界状态

微弯杆件各截面外力矩小于截面内力抵抗能力,这种杆件的直线平衡状态是稳定的。当轴心力 N 增大到某一数值时,一有干扰,杆件就会微弯,且干扰撤除后,杆件仍保持微弯状态而不能恢复原来的直线平衡状态。这时杆件除直线平衡外,出现微弯平衡,这种现象称为平衡分支(branch)。因此种平衡是随遇的,故称为随遇平衡或中性平衡(neutral equilibrium)。当轴心力 N 超过此数值时,即便是微小的干扰也会使杆件产生很大的弯曲变形,此时构件失去了稳定性,截面发生了弯曲屈曲。中性平衡状态是从稳定平衡过渡到不稳定平衡的一个临界状态,这时作用于构件上的轴心力即称为该构件的轴心受压临界力(critical force)。

①理想轴心压杆的弹性弯曲屈曲——欧拉公式(Euler formula)。

图 4.3 所示的两端铰支杆件,受轴向压力 N 作用而处于中性平衡微弯状态,杆件弯曲后截面中产生了弯矩 M 和剪力 V,在轴线任意点上由弯矩产生的横向变形为 y_1,由剪力产生的横向变形为 y_2,总变形 $y=y_1+y_2$。

设杆件发生弯曲屈曲时截面的临界应力小于材料比例极限 f_p,即 $\sigma \leqslant f_p$(对理想材料取 $f_p = f_y$)。由材料力学可得

$$\frac{\mathrm{d}^2 y_1}{\mathrm{d}z^2} = -\frac{M}{EI}$$

由剪力 V 产生的轴线转角为

$$\gamma = \frac{\mathrm{d}y_2}{\mathrm{d}z} = \frac{\beta}{GA} \cdot V = \frac{\beta}{GA} \cdot \frac{\mathrm{d}M}{\mathrm{d}z}$$

式中　A, I——杆件截面面积、惯性矩;

　　　E, G——材料的弹性模量、剪切模量;

　　　β——与截面形状有关的系数。

因为

$$\frac{\mathrm{d}^2 y_2}{\mathrm{d}z^2} = \frac{\beta}{GA} \cdot \frac{\mathrm{d}^2 M}{\mathrm{d}z^2}$$

所以

$$\frac{\mathrm{d}^2 y}{\mathrm{d}z^2} = \frac{\mathrm{d}^2 y_1}{\mathrm{d}z^2} + \frac{\mathrm{d}^2 y_2}{\mathrm{d}z^2} = -\frac{M}{EI} + \frac{\beta}{GA} \cdot \frac{\mathrm{d}^2 M}{\mathrm{d}z^2}$$

由 $M = N \cdot y$ 得

$$\frac{\mathrm{d}^2 y}{\mathrm{d}z^2} = -\frac{N}{EI} \cdot y + \frac{\beta N}{GA} \cdot \frac{\mathrm{d}^2 y}{\mathrm{d}z^2}$$

$$y'' \left(1 - \frac{\beta N}{GA}\right) + \frac{N}{EI} \cdot y = 0$$

$$令 k^2 = \frac{N}{EI\left(1 - \dfrac{\beta N}{GA}\right)}$$

得常系数线性二阶齐次方程 $y'' + k^2 y = 0$

其通解为 $y = A \sin kz + B \cos kz$

由边界条件 $z=0, y=0; B=0, y=A \sin kz$。再由 $z=l, y=0$ 得

$$A \sin kl = 0$$

上式成立的条件是 $A=0$ 或 $\sin kl = 0$,其中 $A=0$ 表示杆件不出现任何变形,与杆件微弯的假设不符。由 $\sin kl = 0$,得 $kl = n\pi$($n=1,2,3,\cdots$),取最小值 $n=1$,得 $kl = \pi$,即

$$k^2 = \frac{\pi^2}{l^2} = \frac{N}{EI\left(1 - \frac{\beta N}{GA}\right)}$$

由此式解出 N，即为中性平衡的临界力 N_{cr}，

$$N_{cr} = \frac{\pi^2 EI}{l^2} \cdot \frac{1}{1 + \frac{\pi^2 EI}{l^2} \cdot \frac{\beta}{GA}} = \frac{\pi^2 EI}{l^2} \cdot \frac{1}{1 + \frac{\pi^2 EI}{l^2} \cdot \gamma_1} \tag{4.6}$$

临界状态时杆件截面的平均应力称为临界应力 σ_{cr}，

$$\sigma_{cr} = \frac{N_{cr}}{A} = \frac{\pi^2 E}{\lambda^2} \cdot \frac{1}{1 + \frac{\pi^2 EA}{\lambda^2} \cdot \gamma_1} \tag{4.7}$$

式中 γ_1——单位剪力时杆件的轴线转角，$\gamma_1 = \beta/(GA)$；

l——两端铰支杆得长度；

λ——杆件的长细比，$\lambda = l/i$；

i——杆件截面对应于屈曲轴的回转半径，$i = \sqrt{I/A}$。

如果忽略杆件剪切变形的影响（此影响很小），则式（4.6）和式（4.7）变为

$$\sigma_{cr} = \frac{\pi^2 E}{\lambda^2} \tag{4.8}$$

$$N_{cr} = \frac{\pi^2 EI}{l^2} \tag{4.9}$$

式（4.8）和式（4.9）式也称为欧拉公式。

临界力的计算公式由两端铰支的轴心受压杆件推导而得，当约束条件不同，杆件的临界力也不同。对于其他约束的轴心受压杆件，只需将式中的杆件长度 l 换成计算长度 l_0。$l_0 = \mu l$，μ 称为杆件的计算长度系数，按表4.3选用；此时的 l 是杆件的实际长度。

表4.3 轴心受压构件的计算长度系数

构件的屈曲形式		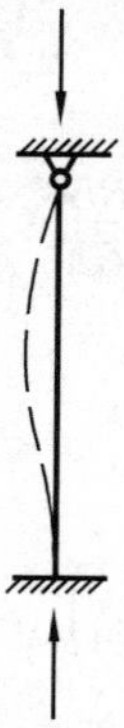				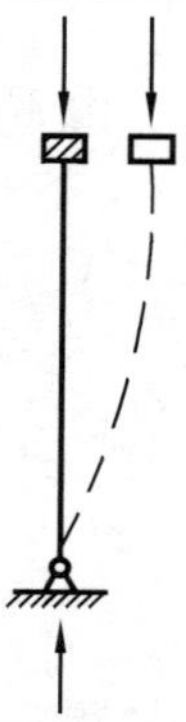
理论 μ 值	0.5	0.7	1.0	1.0	2.0	2.0
建议 μ 值	0.65	0.80	1.2	1.0	2.1	2.0
端部条件示意	无转动、无侧移		无转动、自由侧移	自由转动、无侧移	自由转动、自由侧移	

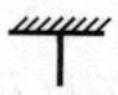

根据理想轴心压杆发生弹性弯曲的假设,临界应力 σ_{cr} 小于材料的比例极限 f_p,即

$$\sigma_{cr} = \frac{\pi^2 E}{\lambda^2} \leqslant f_p,\ \text{解得}$$

$$\lambda \geqslant \pi \cdot \sqrt{\frac{E}{f_p}} = \lambda_p \qquad\qquad (4.10)$$

式中,λ_p 称为临界长细比。

②理想轴心压杆的弹塑性弯曲屈曲——香莱理论。

对于长细比 $\lambda < \lambda_p$ 的轴心压杆发生弯曲屈曲时,构件截面应力已超过材料的比例极限,并很快进入弹塑性状态,由于截面应力与应变的非线性关系,这时确定构件的临界力较为困难。

关于弹塑性屈曲问题,1889 年德国科学家 F. 恩格塞尔(F. Engsser)首先提出了切线模量理论(图 4.4)。他建议用应力-应变曲线的切线模量 E_t 代替欧拉公式中的弹性模量 E,从而获得弹塑性屈曲临界力。但是构件微弯时凹面的压应力增加而凸面的压应力减少,并遵循着不同的应力-应变关系(图 4.5),因此切线模量理论是不严密的。1891 年,A. 康西德尔(A. Consider)在论文中阐述了双模量概念,在此基础上,根据雅辛斯基"弹性卸载"的建议,1895 年,恩格塞尔又提出了双模量理论,建议用折算模量 E_r 计算弹塑性屈曲临界力($E_r = El_1 + E_t l_2$。l_1,l_2 分别为图 4.5 中截面由中和轴划分的两个区域的惯性矩)。在此后的几十年里,双模量理论一直被认为是正确的。但后来的试验资料表明,实际的屈曲临界力介于两者之间而更接近于切线模量理论屈曲临界力。直到 1947 年,F. R. 香莱(F. R. Shanley)理论的提出,才使这一问题得到满意的解释(图 4.6)。

图 4.4　切线模量理论　　　　　　　图 4.5　双模量理论

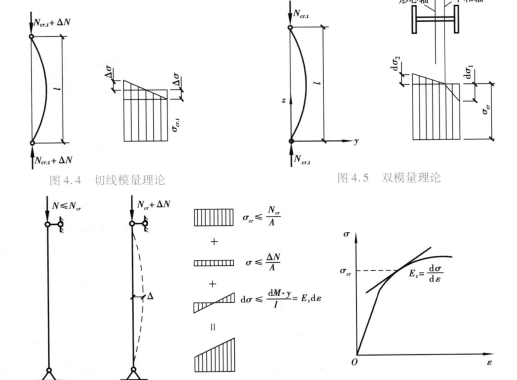

图 4.6　香莱理论

香莱认为,轴心受压构件在微弯状态下加载,构件凸面可能不卸载,并用力学模型证明了切线模量屈曲荷载是弹塑性屈曲临界力的下限,而双模量屈曲荷载是其上限,并认为对理想轴心受压构件的弹塑性阶段,切线模量更有实用价值。因此,理想轴心受压构件的弹塑性屈曲临界力和临界应力为:

$$N_{cr} = \frac{\pi^2 E_t I}{l^2} \tag{4.11}$$

$$\sigma_{cr} = \frac{\pi^2 E_t}{\lambda^2} \tag{4.12}$$

（2）理想轴心受压构件扭转屈曲的临界力

双轴对称截面的理想轴心压杆在压力作用下,杆件纵轴 z 可能发生扭转变形,即扭转屈曲。下面以工字形截面为例来推导轴心压杆发生扭转屈曲时的临界力,如图4.7所示。

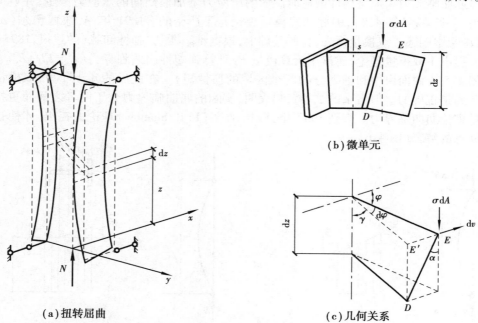

（a）扭转屈曲　　（b）微单元　　（c）几何关系

图 4.7　双轴对称截面构件的扭转屈曲

在轴心压力 N 作用下,构件除可能沿 x 轴、y 轴发生弯曲屈曲外,还可能绕纵轴 z 旋转。根据弹性杆件的平衡理论,并假定杆件两端简支,由此,可建立如下约束扭转的平衡微分方程:

$$-EI_\omega \varphi''' + GI_t \varphi' = M_T \tag{4.13}$$

式中　　φ —— 杆件任意截面的扭转角;

E, G —— 材料弹性模量和剪切模量;

I_ω —— 截面扇形惯性矩,计算方法见表4.4;

I_t —— 截面抗扭惯性矩,对开口薄壁杆件,$I_t = \dfrac{1}{3}\eta \sum\limits_{i=1}^{n} b_i t_i^3$,其中 b_i、t_i 分别为组成截面各

矩形板的宽度和厚度,η 为考虑板件连接为整体等有利因素的提高系数,对角形截面 $\eta = 1.0$,T形截面 $\eta = 1.15$,槽形、Z形截面 $\eta = 1.12$,工字形截面 $\eta = 1.25$;

M_T —— 纵向纤维倾斜时外力 N 产生的扭矩。

表 4.4　截面扇形惯性矩阵

截面形式				
计算公式	$I_\omega = \dfrac{h^2}{4} I_y$	$I_\omega = \dfrac{b^3 h^2 t}{12} \times \dfrac{b+2h}{h+2b}$	$I_\omega = \dfrac{b^3 h^2 t}{12} \times \dfrac{2h+3b}{h+6b}$	0

图 4.7 中,在长为 dz 的微元段两个相邻截面的相对扭角为 $d\varphi$。设 E, D 两点为两截面的对应点,变形后 ED 的倾角为:

$$\alpha = \frac{EE'}{dz} = r \cdot \frac{d\varphi}{dz}$$

式中　r——E 到截面剪心的距离。

在截面微面积 dA 上的横向剪力为

$$dv = \sigma dA \alpha = \sigma dA \cdot r\varphi'$$

横向剪力对剪心的扭矩为 $\sigma dA r^2 \varphi'$,故全截面的扭矩为

$$M_T = \int_A \sigma r^2 dA \varphi' = \sigma \varphi' \int_A r^2 dA = \sigma \varphi' A i_0^2 = N i_0^2 \varphi' \qquad (4.14)$$

式中　$\int_A r^2 dA = A i_0^2$——截面对剪心的极惯性矩。

因为　$I_0 = I_x + I_y + A a_0^2$,则

$i_0 = \sqrt{(I_x + I_y)/A + a_0^2}$——截面对剪心的极回转半径。

a_0——截面形心到剪心的距离(双轴对称截面的 $a_0 = 0$)。

将式(4.14)代入式(4.13),得

$$- EI_\omega \varphi''' + GI_t \varphi' = N i_0^2 \varphi'$$

此为轴心压杆扭转屈曲的平衡微分方程。

令　　　　　　　　$$k^2 = \frac{N i_0^2 - GI_t}{EI_\omega} \qquad (4.15)$$

得 $\varphi''' + k^2 \varphi' = 0$

其通解为 $\varphi = C_1 \sin(kz) + C_2 \sin(kz) + C_3$

由边界条件　$Z = 0$ 时,$\varphi = 0$,$\varphi'' = 0$。可解得 $C_3 = C_2 = 0$,故

$$\varphi = C_1 \sin(kz)$$

再由简支条件:$Z = l$ 时,$\varphi = 0$,得最小根 $kl = \pi$,即 $k = \dfrac{\pi}{l}$,代入式(4.15),可解得扭转屈曲临界力

$$N_z = \left(\frac{\pi^2 EI_\omega}{l^2} + GI_t \right) \frac{1}{i_0^2} \qquad (4.16)$$

此即理想轴心压杆扭转屈曲时的临界力计算式,式中第一项为翘曲(warping)扭转部分,与杆件长度有关,若将 l 改为计算长度 l_ω,式(4.16)也适用于其他支承条件的扭转屈曲计算;

第二项为自由扭转部分,与杆件长度无关。

为便于应用,可将扭转屈曲的临界力计算式(4.16)化为弯曲屈曲欧拉公式的形式,可令

$$N_z = \left(\frac{\pi^2 EI_\omega}{l^2} + GI_t\right)\frac{1}{i_0^2} = \frac{\pi^2 E}{\lambda_z^2} \cdot A$$

此式的含义是把扭转屈曲的计算式子写成欧拉公式的形式,但把弯曲屈曲欧拉公式中的 λ 用 λ_z 替换,λ_z 称为换算长细比。

由上式解得

$$\lambda_z = \sqrt{\frac{Ai_0^2}{I_\omega/l^2 + GI_t/(\pi^2 E)}} = \sqrt{\frac{Ai_0^2}{I_\omega/l_\omega^2 + I_t/25.7}}$$

式中 i_0——截面对剪心的极回转半径,对双轴对称截面,$i_0^2 = i_x^2 + i_y^2$ 或 $Ai_0^2 = I_x + I_y$;

l_ω——扭转屈曲的计算长度,对两端铰接、端部截面可自由翘曲或两端嵌固(embed)、端部截面翘曲受到完全约束的构件,取 $l_\omega = l_{0y}$。

计算分析表明,对一般工字形截面且支承能约束构件截面扭转时,扭转屈曲临界力大于绕弱轴的欧拉临界力。所以,工字形截面一般不发生扭转屈曲。但对十字形截面、L 形截面或 T 形截面,由于 l_ω 极小,当计算长度 l_ω 较大时,就可能发生扭转屈曲。

(3)理想轴心受压构件的弯扭屈曲临界力

对单轴对称的 T 形钢、等肢角钢、槽钢以及无对称轴的截面,由于截面形心与剪心不重合,当轴心压力使杆件绕对称轴弯曲时,必然会伴随扭转变形,产生弯扭屈曲。若轴心压力使杆件绕截面非对称轴(对单轴对称截面)屈曲,则为弯曲屈曲。

下面以轴心力作用绕对称轴的弯扭屈曲为例(图 4.8),来推导轴心压杆的弯扭屈曲临界力计算式。由于弯扭屈曲可分为对纵轴 z 的扭转屈曲和对对称轴的弯曲屈曲,因此推导过程也分两步进行:

1)对对称轴 y 的平衡方程

设弯曲引起的截面形心 O 的位移为 u,截面形心到剪心的距离 a_0,则扭转角 φ 引起的截面形心位移为 $a_0\varphi$,平衡方程为

$$-EI_y u'' = N(u + a_0\varphi) \tag{4.17}$$

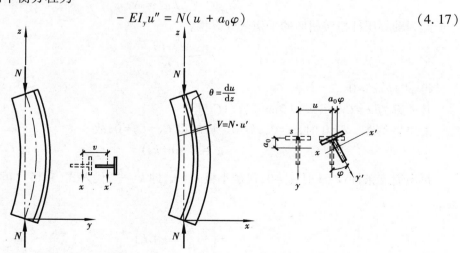

(a)截面绕非对称轴的弯扭屈曲　　　　(b)截面绕对称轴的弯曲屈曲

图 4.8　单轴对称截面轴心压杆的屈曲

2）对纵轴的扭矩平衡方程

杆件弯曲变形后，截面横向剪力 Nu'，剪力对剪心产生的扭矩为 Na_0u'，所以由外力产生的扭矩阵为 $M_T = Ni_0^2\varphi' + Na_0u'$，则平衡方程为

$$- EI_\omega\varphi + GI_t\varphi' = Ni_0^2\varphi' + Na_0u' \tag{4.18}$$

此即弯扭屈曲的平衡方程。

根据边界条件　　　　$Z = 0$ 时，$u = 0, u'' = 0, \varphi = 0, \varphi'' = 0$；

$Z = l$ 时，$u = 0, u'' = 0, \varphi = 0, \varphi'' = 0$

可分别解得

$$u = C_1\sin\left(\frac{\pi z}{l}\right) \tag{4.19}$$

$$\varphi = C_2\sin\left(\frac{\pi z}{l}\right) \tag{4.20}$$

将式（4.19）和式（4.20）代入式（4.17）和式（4.18），整理后得

$$\sin\frac{\pi z}{l}\left[\left(\frac{\pi^2 EI_y}{l^2} - N\right)C_1 - Na_0C_2\right] = 0$$

$$\frac{\pi}{l}\cos\frac{\pi z}{l}\left[-Na_0 \cdot C_1 + \left(\frac{\pi^2 EI_\omega}{l^2} + GI_t - Ni_0^2\right)C_2\right] = 0$$

由于是微变形态，$\sin(\pi z/l)$ 和 $\cos(\pi z/l)$ 不为零，故上两式中方括号项的值等于零。并令

$N_{Ey} = \dfrac{\pi^2 EI_y}{l^2}$（对 y 轴的欧拉临界力）

$N_z = \left(\dfrac{\pi^2 EI_\omega}{l^2} + GI_t\right)\dfrac{1}{i_0^2}$（绕 z 轴的扭转屈曲临界力）

整理得

$$(N_{Ey} - N)(N_z - N) - N^2(a_0/i_0)^2 = 0 \tag{4.21}$$

上式为 N 的二次式，解的最小根就是弯扭屈曲的临界力 N_{cr}。

对双轴对称截面，$a_0 = 0$，得

$$N_{cr} = N_{Ey} \text{ 或 } N_{cr} = N_z$$

此时，弯扭屈曲临界力是弯曲屈曲和扭转屈曲临界力的较小者。

对单轴对称截面，$a_0 \neq 0$，N_{cr} 比 N_{Ey} 和 N_z 都小。

式（4.21）是理想直杆的弹性弯扭屈曲计算式，为便于应用，将弹性弯扭屈曲临界力计算式写成欧拉公式的形式，即

$$N_{cr} = \frac{\pi^2 EA}{\lambda_{yz}^2}$$

将 $N = N_{cr} = \pi^2 EA/\lambda_{yz}^2$，$N_{Ey} = \pi^2 EA/\lambda_y^2$，$N_z = \pi^2 EA/\lambda_z^2$，代入式（4.21），可解得单轴对称截面轴心压杆绕对称轴的换算长细比 λ_{yz}。

$$\lambda_{yz} = \frac{1}{\sqrt{2}}\left[\lambda_y^2 + \lambda_z^2 + \sqrt{(\lambda_y^2 + \lambda_z^2)^2 - 4(1 - a_0^2/i_0^2)\lambda_y^2\lambda_z^2}\right]^{\frac{1}{2}}$$

式中　a_0——截面形心至剪心的距离；

i_0——截面对剪心的极回转半径；

λ_y——对对称轴的弯曲屈曲长细比；

λ_z——扭转屈曲换算长细比。

实际轴心受压构件
整体稳定计算

4.3.4 初始缺陷对轴心压杆稳定性的影响

理想的轴心压杆在实际工程中是不存在的。实际的杆件都是有各种初始缺陷,如初应力、初偏心、初弯曲等。随着现代计算手段和测试技术的发展,发现这些初始缺陷对轴心压杆的稳定性有着较大的影响,下面分别予以讨论。

（1）残余应力的影响

残余应力是在杆件受荷前,残存于杆件截面内且能自相平衡的初始应力。其产生的主要原因有:①焊接时由于不均匀受热和不均匀冷却产生的焊接应力;②型钢热轧后的不均匀冷却;③板边缘经火焰切割后的热塑性收缩;④构件经冷校正产生的塑性变形。其中,以热残余应力的影响最大。

残余应力对轴心受压构件稳定性的影响与截面上残余应力的分布有关。下面以热轧制 H 型钢为例说明残余应力对轴心受压的影响(图 4.9)。

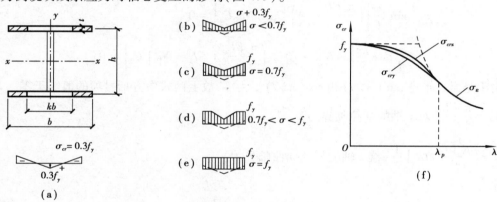

图 4.9 残余应力对柱子的影响

H 型钢轧制时,翼缘端出现纵向残余压应力[图 4.9(a)]中阴影部分(称为 I 区),其余部分存在纵向拉应力(称为 II 区),并假定纵向残余应力最大值为 $0.3f_y$,由于轴心压应力与残余应力的叠加,使得 I 区先进入塑性状态而 II 区仍工作于弹性状态,图 4.9(b)、(c)、(d)、(e)反映了弹性区域变化过程。当 I 区进入塑性状态后其截面应力不可能再增加,能够抵抗外力矩(屈曲弯矩)的只有截面的弹性区,此时构件的欧拉临界力和临界应力为:

$$N_{cr} = \frac{\pi^2 E I_e}{l_0^2} = \frac{\pi^2 E I}{l_0^2} \cdot \frac{I_e}{I} \tag{4.22}$$

$$\sigma_{cr} = \frac{\pi^2 E}{\lambda^2} \cdot \frac{I_e}{I} \tag{4.23}$$

式中 I_e——截面弹性区惯性矩(有效惯性矩);

I——全截面惯性矩。

由于 $I_e/I < 1$,因此,残余应力的出现使轴心受压杆件的临界力和临界应力降低,而且其降低程度对杆件的强轴和弱轴还不一样。由图 4.9(a)、图 4.9(d),对强轴(x 轴)屈曲时,

$$\sigma_{cr \cdot x} = \frac{\pi^2 E}{\lambda_x^2} \cdot \frac{I_{ex}}{I_x} = \frac{\pi^2 E}{\lambda_x^2} \cdot \frac{2t(kb)h^2/4}{2tbh^2/4} = \frac{\pi^2 E}{\lambda_x^2} \cdot k \tag{4.24}$$

对弱轴(y)屈曲时

$$\sigma_{cr \cdot y} = \frac{\pi^2 E}{\lambda_y^2} \cdot \frac{I_{ey}}{I_y} = \frac{\pi^2 E}{\lambda_y^2} \cdot \frac{2t(kb)^3/12}{2tb^3/12} = \frac{\pi^2 E}{\lambda_y^2} \cdot k^3 \qquad (4.25)$$

比较式(4.24)和式(4.25),由于 $k<1$,当 $\lambda_x = \lambda_y$ 时,$\sigma_{cr \cdot x} > \sigma_{cr \cdot y}$,因此,残余应力对弱轴的影响要比对强轴的影响大。同时,由图 4.9(f)所示的临界应力与长细比的关系曲线(也称柱子曲线)可以看出,残余应力对 $\lambda > \lambda_p$ 的细长杆无明显影响。

(2)初弯曲的影响

实际加工制作的杆件,不可能是理想的直杆,都会出现不同程度的弯曲变形,即初始弯曲。初弯曲的形式是多样的,对两端铰接的轴心压杆,可假设初弯曲为半波正弦曲线(sine curve),且最大初始挠度为 v_0,则

$$y_0 = v_0 \sin\left(\frac{\pi \cdot z}{l}\right) \qquad (4.26)$$

在轴心力作用下,杆件的挠度增加 y,则轴心力产生的偏心矩为 $N(y+y_0)$,截面内力抵抗矩为 $-EIy''$(图 4.10),根据平衡条件可建立如下平衡方程

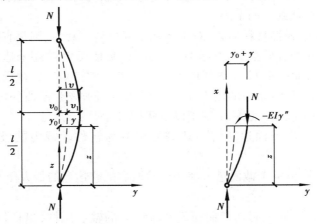

图 4.10 有初弯曲的轴心压杆

$$- EIy'' = N(y + y_0) \qquad (4.27)$$

对两端铰接的压杆,在弹性阶段有

$$y = v_1 \sin\left(\frac{\pi \cdot z}{l}\right) \qquad (4.28)$$

式中 v_1——杆件中点新增挠度的最大值。

将式(4.26)和式(4.28)代入式(4.27)得

$$\sin\left(\frac{\pi \cdot z}{l}\right) \left[- v_1 \frac{\pi^2 EI}{l^2} + N(v_1 + v_0) \right] = 0$$

由于 $\sin\left(\frac{\pi \cdot z}{l}\right) \neq 0$,只有方括号中多项式的值为零。令 $N_E = \frac{\pi^2 EI}{l^2}$,即欧拉临界力,得

$$- v_1 N_E + N(v_1 + v_0) = 0$$

解得 $v_1 = \frac{Nv_0}{N_E - N}$

$$v = v_0 + v_1 = \frac{N_E v_0}{N_E - N} = \frac{1}{1 - N/N_E} \cdot v_0 = \beta \cdot v_0 \tag{4.29}$$

式中 $\beta = 1/(1 - N/N_E)$ 称挠度放大系数。

式(4.29)即杆件中点总挠度的计算式。如果弯曲变形随压力作用而变化过程中弹性模量 E 保持不变,即假定杆件为无限弹性的理想材料,根据式(4.29)可绘出 N-v 变化曲线如图4.11中实线部分。由图可见以下特点:

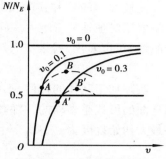

图4.11 有初弯曲的轴心压杆 N-v 曲线

①具有初弯曲的压杆,一旦有压力作用,弯曲变形增大,中点挠度随压力 N 增加呈非线性变化,开始阶段挠度增加较慢,随后增加较快。对无限弹性材料,当轴压力 N 接近欧拉临界力 N_E 时,中点挠度趋于无限大。

②在相同压力作用下,压杆的初挠度 v_0 越大,挠曲变形越大。

③有初弯曲的压杆,即使只有很小的初弯曲,其承载力总是低于欧拉临界力 N_E。故欧拉临界力 N_E 是弹性压杆承载力的上限。

上述特点是对无限弹性材料而言,对于实际工程材料,弹性范围是有限的,随着轴力 N 增加,当杆件截面进入弹塑性阶段后,其承载能力降低,致使压力 N 还未达到临界力 N_E 之前杆件就失去了承载能力,如图4.11中虚线所示。图中 A 或 A' 点是压杆截面边缘开始屈服(强度条件),但此时杆件尚有继续承载的能力;B 或 B' 点是压杆弹塑性阶段的极限压力点。

如何确定杆件的承载力?这就出现了以下两种"准则":

边缘屈服准则——以截面边缘应力达到屈服点为构件承载力的极限状态来确定临界应力。

最大强度准则——以整个截面进入弹塑性阶段后能够达到的最大压力值来确定压杆的临界力。

按"边缘屈服准则",对只有初弯曲而无残余应力的轴心压杆,当杆件截面边缘开始屈服时,有:

$$\frac{N}{A} + \frac{N \cdot v}{W} = \frac{N}{A} + \frac{N}{W} \cdot \frac{N_E v_0}{N_E - N} = f_y$$

$$\frac{N}{A}\left(1 + v_0 \frac{A}{W} \cdot \frac{N_E}{N_E - N}\right) = f_y$$

令 $\varepsilon_0 = (v_0 A)/W, \sigma_E = N_E/A, \sigma = N/A$,得

$$\sigma\left(1 + \varepsilon_0 \cdot \frac{\sigma_E}{\sigma_E - \sigma}\right) = f_y$$

这是关于 σ 的二次方程,解出其有效根,即是按杆件边缘屈服考虑了初弯曲的轴心压杆弯扭屈曲时的临界应力 σ_{cr}

$$\sigma_{cr} = \frac{f_y + (1 + \varepsilon_0)\sigma_E}{2} - \sqrt{\left[\frac{f_y + (1 + \varepsilon_0)\sigma_E}{2}\right]^2 - f_y \sigma_E} \tag{4.30}$$

此即柏力(Perry)公式,实为考虑二阶效应的强度公式。

取《钢结构工程施工质量验收标准》(GB 50205—2020)规定的初弯曲最大允许值 $v_0 = l/$

1 000 计算初弯曲率 ε_0 得

$$\varepsilon_0 = \frac{l}{1\,000} \cdot \frac{A}{W} = \frac{l}{1\,000} \cdot \frac{1}{\rho} = \frac{\lambda}{1\,000} \cdot \frac{i}{\rho}$$

式中　ρ——截面核心矩，$\rho = W/A$；

　　　i——回转半径；

　　　λ——杆件的长细比。

对不同的杆件截面形式或同一截面不同的惯性轴，i/ρ 值不同，故由柏力公式计算出的 σ_{cr} 值大小不同，绘出的 σ_{cr}-λ 曲线也不同。图 4.12 是计算出工字形截面柱在相同初挠曲下，分别绕 x 轴和 y 轴的两条柱子曲线。

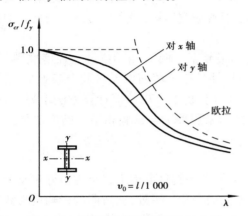

图 4.12　仅考虑初弯曲时的柱子曲线

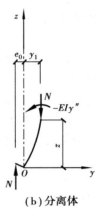

（a）初始偏心的压杆　（b）分离体

图 4.13　有初偏心的压杆

（3）初偏心的影响

由于制造或安装的偏差，造成杆件在受力前就存在初始偏心（initial offset），如图 4.13 所示。

假定杆件在受荷前是理想直杆（无初弯曲和残余应力），只有初偏心（偏心距 e_0），则受荷后杆件在弹性工作阶段有如下平衡方程：

$EIy'' + N(y+e_0) = 0$，即

$$y'' + \frac{N}{EI} \cdot y = -\frac{N}{EI} \cdot e_0$$

令 $k^2 = \frac{N}{EI}$，得

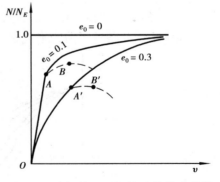

图 4.14　有初偏心压杆的压力-挠度曲线

$$y'' + k^2 y = -k^2 e_0 \tag{4.31}$$

此式为二阶常系数非齐次微分方程，可解得杆件中点的最大挠度 v：

$$v = e_0 \left(\sec \frac{kl}{2} - 1 \right) \tag{4.32}$$

由此式可绘出有初偏心压杆的 N-v 关系曲线（图 4.14）。该曲线与图 4.11 相似，但

①初偏心曲线过原点，而初弯曲曲线不过原点。

②影响程度不同。初弯曲对中等长细比的杆件的影响较大，而初偏心对短杆（小长细比杆）有较明显影响，对细长杆影响不大。

4.3.5 实际轴心受压构件整体稳定计算

(1)轴心压杆稳定承载力计算分析

通过以上对理想轴心受压杆件和受各种缺陷影响的受压杆件稳定承载力的学习和讨论,我们知道,欧拉公式是研究受压杆件稳定性的基本公式。但由于受残余应力、初弯曲、初偏心等各种缺陷的影响,欧拉公式不能直接用于受压杆件的稳定计算,还必须考虑各种缺陷对杆件稳定承载力的影响。前面讨论了受压杆件分别在 3 种缺陷影响下的临界力或临界应力计算,其中初弯曲和初偏心对受压杆件稳定性的影响类似。因此,分析时可用初弯曲来模拟初偏心的影响,即用一种缺陷代替两种缺陷的影响。另外,在实际压杆中,可能各种初始缺陷都存在,但各种缺陷同时达到最不利状态的概率极小。因此,对普通钢结构,通常只考虑影响最大的残余应力和初弯曲两种缺陷。

尽管可作上述简化,实际受压杆件的稳定分析仍很复杂。例如,采用"最大强度准则"分析时,若同时考虑残余应力和初弯曲两种缺陷,则沿杆件长度各截面以及截面上各点的应力-应变关系都是变量,很难列出临界力的解析式,只能在计算机上采用数值计算方法求解,但此法还不便于直接在工程设计中应用。目前,世界各国均采用理论与试验相结合的方法得到的多柱子曲线来进行受压杆件的稳定计算。

(2)轴心压杆的多柱子曲线

如前所述,由于钢构件的截面形状和加工方式不同,各类构件截面上残余应力分布及大小有很大差异,且残余应力的影响又随压杆屈曲方向不同而变化。另外,初弯曲的影响也与截面形状和屈曲方向有关。因此,对各种不同的截面形式、加工方式以及对不同的屈曲方向,就有很多条不同的柱子曲线。这些柱子曲线形成一定范围内的分布带,即图 4.15 所示的虚线包含的范围。为便于工程设计中应用,在保证可靠度的情况下对分布带内的柱子曲线进行适当的归并,通常采用几条柱子曲线来代表柱子曲线的分布带。

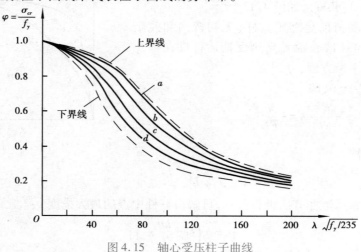

图 4.15 轴心受压柱子曲线

美国混凝土协会(ACI)根据里海(lehigh)大学对 112 根压杆的计算和试验研究结果,提出了 3 条柱子曲线,这 3 条柱子曲线分别代表了 30、70 和 12 条压杆的承载力曲线。

欧洲钢结构协会(ECCS)对 1 000 多根压杆进行了理论分析和试验结果统计分析,提出 5

条柱子曲线。

在我国《钢结构设计标准》(GB 50017—2017)中,由重庆大学和西安建筑科技大学结合我国常用构件的截面形式,按照不同尺寸、不同加工条件及相应残余应力分布情况进行分类研究,并根据安全、经济、实用三原则和数理统计结果,取每类柱子曲线的平均值绘制成图 4.15 所示的 a,b,c,d 4 条柱子曲线,分别代表了 4 类杆件截面类型。杆件截面的分类列于表 4.5 和表 4.6。

表 4.5　轴心受压构件的截面分类(板厚 $t<40$ mm)

截面形式		对 x 轴	对 y 轴
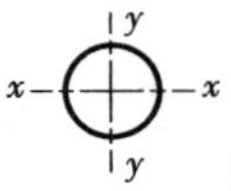 轧制		a 类	a 类
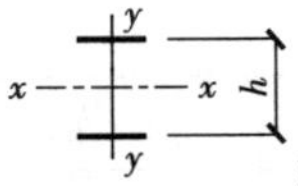 轧制	$b/h \leqslant 0.8$	a 类	b 类
	$b/h > 0.8$	a^* 类	b^* 类
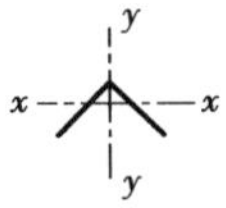 轧制等边角钢		a^* 类	a^* 类
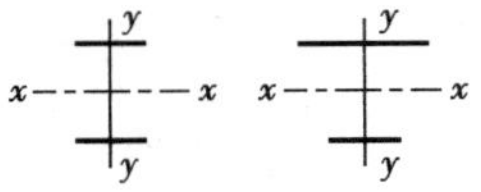 焊接,翼缘为焰切边	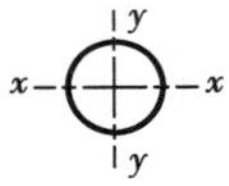 焊接	b 类	b 类
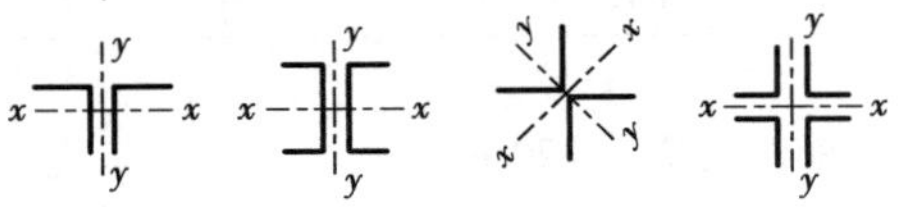 轧制			
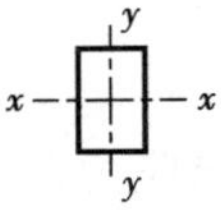 轧制,焊接(板件宽厚比>20)	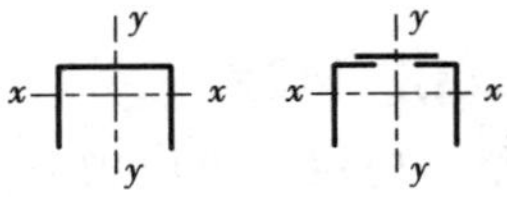 轧制或焊接	b 类	b 类
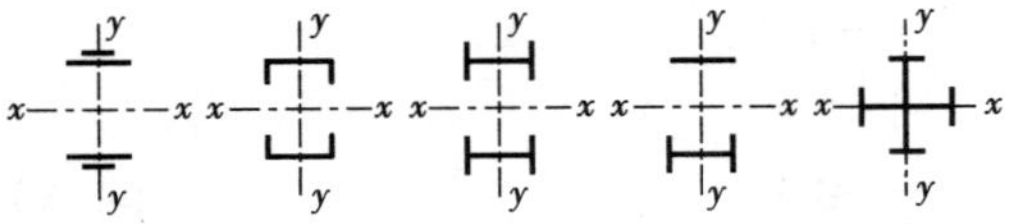 焊接	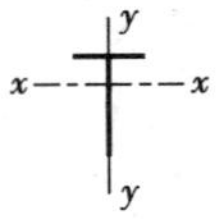 轧制截面和翼缘为焰切边的焊接截面		
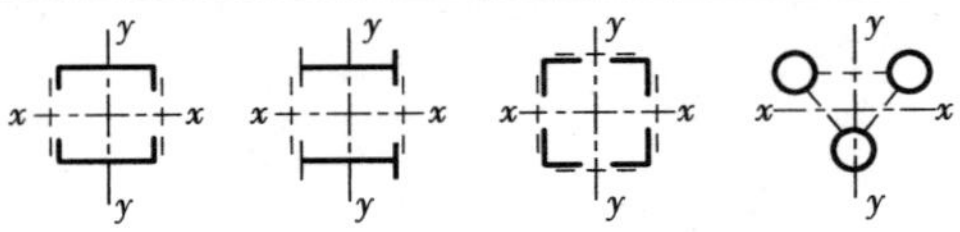 格构式	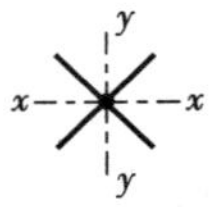 焊接,板件边缘焰切		

续表

截面形式	对 x 轴	对 y 轴
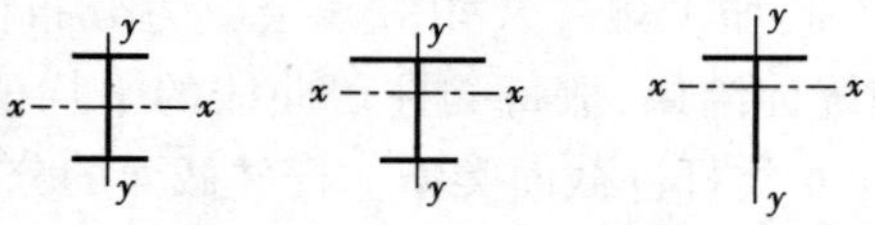 焊接,翼缘为轧制或剪切边	b 类	c 类
焊接,板件边缘轧制或剪切	c 类	c 类
焊接,板件宽厚比≤20	c 类	c 类

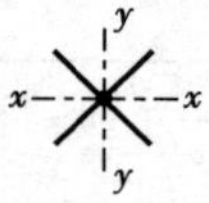

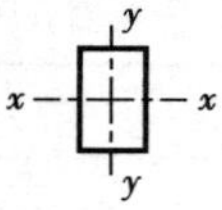

表 4.6　轴心受压构件的截面分类(板厚≥40 mm)

截面形式		对 x 轴	对 y 轴
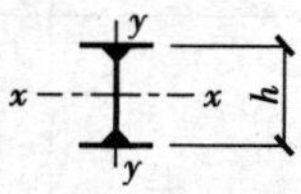 轧制工字形或 H 形截面	$t<80$ mm	b 类	c 类
轧制工字形或 H 形截面	$t\geqslant80$ mm	c 类	d 类
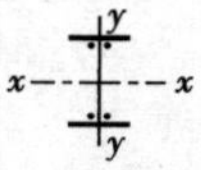 焊接工字形截面	翼缘为焰切边	b 类	b 类
焊接工字形截面	翼缘为轧制或剪切边	c 类	d 类
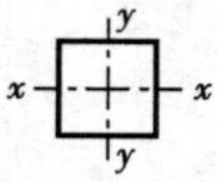 焊接箱型截面	板件宽厚比>20 mm	b 类	b 类
焊接箱型截面	板件宽厚比≤20 mm	c 类	c 类

(3)轴心受压构件整体稳定计算式

根据轴心受压构件的整体稳定临界应力 σ_{cr} 应不小于其轴心压应力的原则,考虑到抗力分项系数 γ_R,即

$$\sigma = \frac{N}{A} \leqslant \frac{N_{cr}}{A\gamma_R} = \frac{\sigma_{cr}}{f_y} \cdot \frac{f_y}{\gamma_R} = f, 即$$

$$\sigma = \frac{N}{A} \leqslant \varphi f \quad 或 \quad \frac{N}{\varphi Af} \leqslant 1 \tag{4.33}$$

此即为《钢结构设计标准》(GB 50017—2017)规定轴心受压构件整体稳定的计算式。

式中　N——轴心压力设计值;

　　　A——构件毛截面积;

　　　f——钢材抗压强度设计值;

　　　φ——$\varphi = \sigma_{cr}/f_y$,称为轴心受压构件整体稳定系数。

《钢结构设计标准》(GB 50017—2017)已将各条柱子曲线中的纵坐标 σ_{cr} 换算成整体稳定系数 φ,并按不同长细比 λ 的对应值编制成附表 2.1—附表 2.4。实际应用时,按表 4.5 或表 4.6 中轴心受压构件的截面分类,并根据构件的长细比 λ,可由附录 2 中的附表 2.1—附表 2.4 查得对应的稳定系数 φ,按式(4.33)进行轴心受压杆件的整体稳定计算。

构件长细比 λ 应按下列规定计算:

①截面为双轴对称或极对称的构件(弯曲屈曲)。

$$\lambda_x = \frac{l_{0x}}{i_x}$$

$$\lambda_y = \frac{l_{0y}}{i_y}$$

式中 l_{0x}, l_{0y}——杆件对应 x 轴、y 轴方向的计算长度。

计算后,取 λ_x 和 λ_y 中的较大值查稳定系数 φ。对双轴对称十字形截面构件,λ_x 或 λ_y 值不得小于 $5.07b/t$(其中 b/t 为悬伸板件的宽厚比)。

②截面为单轴对称的构件。

对于单轴对称截面,由于截面形心与剪切中心不重合,绕对称轴失稳时还伴随扭转(弯扭屈曲)。在相同条件下,弯扭失稳临界力比弯曲失稳临界力低。

对双板 T 形和槽形等单轴对称截面进行了弯扭分析,结果表明,绕对称轴(设为 y 轴)的稳定应考虑扭转效应。此时,用换算长细比 λ_{yz} 代替 λ_y:

$$\lambda_{yz} = \frac{1}{\sqrt{2}}\left[(\lambda_y^2 + \lambda_z^2) + \sqrt{(\lambda_y^2 + \lambda_z^2)^2 - 4(1 - e_0^2/i_0^2)\lambda_y^2\lambda_z^2} \right]^{\frac{1}{2}}$$

$$\lambda_z^2 = \frac{i_0^2 A}{\left(\dfrac{I_t}{25.7} + \dfrac{I_\omega}{l_\omega^2}\right)}$$

$$i_0^2 = e_0^2 + i_x^2 + i_y^2$$

式中 e_0——截面形心至剪心的距离;

i_0——截面对剪心的极回转半径;

λ_y——构件对对称轴的长细比;

λ_z——扭转屈曲的换算长细比;

I_t——毛截面抗扭惯性矩;

I_ω——毛截面扇形惯性矩,对 T 形、十字形和角形截面近似为 0;

A——毛截面面积;

l_ω——扭转屈曲的计算长度,对两端铰接端部截面可自由翘曲和两端嵌固端部截面的翘曲完全受到约束的构件,取 $l_\omega = l_{0y}$。

等边单角钢轴心受压构件当绕两主轴弯曲的计算长度相等时,计算分析和试验研究都表明,绕强轴弯扭屈曲的承载力总是高于绕弱轴弯曲屈曲承载力,因此,此类构件可不计算弯扭屈曲。

对双角钢组合 T 形截面,绕对称轴的换算长细比 λ_{yz} 可按《钢结构设计标准》(GB 50017—2017)给出的简化公式(表 4.7)计算。

表 4.7　单角钢截面和双角钢组合 T 形截面绕对称轴的换算长细比 λ_{yz} 简化公式

截面形式及条件		简化公式
	$\lambda_y \geqslant \lambda_z$	$\lambda_{yz} = \lambda_y \left[1+0.16\left(\dfrac{\lambda_z}{\lambda_y}\right) \right]$
	$\lambda_y < \lambda_z$	$\lambda_{yz} = \lambda_y \left[1+0.16\left(\dfrac{\lambda_y}{\lambda_z}\right) \right]$ $\lambda_z = 0.39 \dfrac{b}{t}$
	$\lambda_y \geqslant \lambda_z$	$\lambda_{yz} = \lambda_y \left[1+0.25\left(\dfrac{\lambda_z}{\lambda_y}\right) \right]$
	$\lambda_y < \lambda_z$	$\lambda_{yz} = \lambda_y \left[1+0.25\left(\dfrac{\lambda_y}{\lambda_z}\right) \right]$ $\lambda_z = 5.1 \dfrac{b_2}{t}$
	$\lambda_y \geqslant \lambda_z$	$\lambda_{yz} = \lambda_y \left[1+0.06\left(\dfrac{\lambda_z}{\lambda_y}\right) \right]$
	$\lambda_y < \lambda_z$	$\lambda_{yz} = \lambda_y \left[1+0.06\left(\dfrac{\lambda_y}{\lambda_z}\right) \right]$ $\lambda_z = 3.7 \dfrac{b_1}{t}$
	$\lambda_v \geqslant \lambda_z$	$\lambda_{xyz} = \lambda_y \left[1+0.25\left(\dfrac{\lambda_z}{\lambda_v}\right) \right]$
	$\lambda_v < \lambda_z$	$\lambda_{xyz} = \lambda_y \left[1+0.25\left(\dfrac{\lambda_v}{\lambda_z}\right) \right]$ $\lambda_z = 4.21 \dfrac{b_1}{t}$

注：①无任何对称轴且又非极对称的截面(单面连接的不等边单角钢除外)不宜用作轴心受压构件。

②对单面连接的单角钢轴心受压构件，按附表 1.8 考虑折减系数后，可不考虑弯扭效应。

③当槽形截面用于格构式构件的分肢，计算分肢绕对称轴(y 轴)的稳定时，不必考虑扭转效应。

4.4　实腹式轴心受压构件的局部稳定

　　实腹式轴心受压构件是靠腹板和翼缘来承受轴向压力的。当腹板和翼缘较薄时，在轴向压力作用下，腹板和翼缘都有可能达到临界承载力而丧失稳定。这种失稳通常发生在构件的局部，因此称为局部失稳。图 4.16(a)、(b)分别表示在轴心压力作用下，腹板和翼缘发生侧向鼓出和翘曲的失稳现象。

　　与构件的整体失稳不同，构件丧失了局部稳定性后，还可以继续维持构件的整体平衡，但由于部分板件屈曲而退出工作，使构件有效承载截面减少，会降低构件的整体稳定性，影响构件的承载力。因此，在各种钢构件的设计中，必须考虑构件的局部稳定性。

　　钢构件的局部失稳大多属于矩形薄板失稳，而矩形薄板失稳的稳定性与其几何尺寸、受力情况、支承条件及材料性能等因素有关。下面先学习矩形薄板(thin plate)的稳定计算理论,再结合实际工程中轴心受压构件的特点,介绍轴心受压构件的局部稳定计算方法。

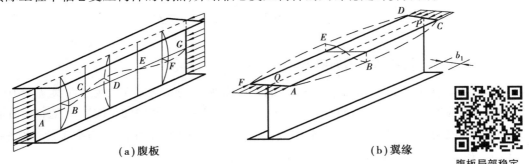

（a）腹板　　　　　　　　　　　　　　　（b）翼缘

图 4.16　轴心受压构件的局部失稳

4.4.1　单向均匀受压矩形板的稳定

1)四边简支的矩形板

图 4.17 所示四边简支矩形板,在纵向承受均匀压力 N。根据弹性理论,板在纵向均匀受压下屈曲的平衡微分方程为:

$$D\left(\frac{\partial^4 \omega}{\partial x^4} + 2\frac{\partial^4 \omega}{\partial x^2 \partial y^2} + \frac{\partial^4 \omega}{\partial y^4}\right) + N\frac{\partial^2 \omega}{\partial x^2} = 0 \tag{4.34}$$

式中　ω——板的挠度;

$\quad\quad N$——板单位宽度所受的均布力;

$\quad\quad D = \dfrac{Et^3}{12(1-\nu^2)}$——板单位宽度的抗弯刚度,其中 t 是板厚,ν 是钢材的泊松比。

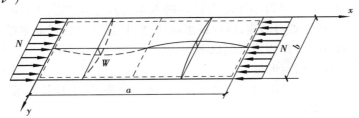

图 4.17　单向均匀受压简支矩形板

四边简支的矩形板屈曲时,挠度可用下列二重三角级数(series)表示:

$$\omega = \sum_{m=1}^{\infty}\sum_{n=1}^{\infty} A_{mn}\sin\frac{m\pi x}{a}\sin\frac{n\pi y}{b} \tag{4.35}$$

此式满足 4 个简支边上挠度和弯矩均为零的边界条件(boundary condition),式中 m 为 x 方向的半波数,n 为 y 方向的半波数。a 和 b 分别为板的长度和宽度。

将式(4.35)代入式(4.34)得

$$\sum_{m=1}^{\infty}\sum_{n=1}^{\infty} A_{mn}\left(\frac{m^4\pi^4}{a^4} + 2\frac{m^4 n^2\pi^4}{a^2 b^2} + \frac{m^4\pi^4}{b^4} - \frac{N}{D}\frac{m^2\pi^2}{a^2}\right)\sin\frac{m\pi x}{a}\sin\frac{n\pi y}{b} = 0$$

因为板处于微弯状态,无穷级数中的系数 A_{mn} 不能恒为零,只有括号中的多项式为零,即

$$N = \frac{\pi^2 D}{b^2}\left(\frac{mb}{a} + \frac{n^2 a}{mb}\right)^2 \tag{4.36}$$

临界力是板保持微弯状态的最小荷载,从上式可见,当 $n=1$ 时(沿 y 方向只有一个半波) N 为最小。故取 $n=1$,得临界压力为

$$N_{cr} = \frac{\pi^2 D}{b^2}\left(\frac{mb}{a} + \frac{a}{mb}\right)^2 = k\frac{\pi^2 D}{b^2} \tag{4.37}$$

式中 $k = \left(\frac{mb}{a} + \frac{a}{mb}\right)^2$ 称为板的屈曲系数。

取 x 方向半波数 $m=1,2,3,4,\cdots$,可得图 4.18 所示与 k 与 a/b 的关系曲线。图中的实线表示对于任意给定 a/b 的值,使 k 最小的曲线段。可以看出,屈曲的半波数 m 随 a/b 值增大而增加。当 $a/b \leqslant \sqrt{2}$ 时,板屈曲成一个半波;当 $\sqrt{2} < a/b < \sqrt{6}$ 时,板屈曲成两个半波;当 $\sqrt{6} < a/b < \sqrt{12}$ 时,板屈曲成 3 个半波,……。k 的最小值为 4。

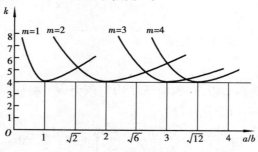

图 4.18　板的屈曲系数

由式(4.37)得临界应力:

$$\sigma_{cr} = \frac{N_{cr}}{t} = k\frac{\pi^2 E}{12(1-\nu^2)}\left(\frac{t}{b}\right)^2 \tag{4.38}$$

式(4.38)是四边简支矩形板临界应力计算的基本公式。此式虽然是由单向均匀受压的情况导出,但也适用于其他受力形式,后面将多次用到,只是其中的屈曲系数 k 将根据不同的受力形式及约束(restrain)等具体情况而取不同的值。

2)三边简支一边自由的矩形板

这种板的临界应力仍可用式(4.38)表示,根据理论分析,对于较长的板,其屈曲系数 k 可以足够精确地用下式计算:

$$k = 0.425 + \frac{b^2}{a^2}$$

对于很长的板 $a \gg b$,故 $k \approx 0.425$。工字形截面的受压翼缘可作为这种三边简支、一边自由的矩形板。

当板在弹塑性阶段屈曲时,可近似地假设板沿受力方向的弹性模量 E(elastic modulus)降为切线模量 E_t(tangent modulus),而在垂直受力方向的弹性模量不变,于是板成为正交异性板,其临界应力可用下面的近似公式计算

$$\sigma_{cr} = \frac{\sqrt{\eta}k\pi^2 E}{12(1-\nu^2)}\left(\frac{t}{b}\right)^2 \tag{4.39}$$

式中 $\eta = \frac{E_t}{E}$,弹性模量折减系数。

上述理论分析表明:板件厚度 t 和板件的受压宽度 b 是影响板件稳定性的重要因素,当其

他条件取定后,若厚度增大,则稳定性增强;若受压宽度增加,则稳定性减弱。因此,对于轴心受压构件的局部稳定性,可以通过对翼缘的宽厚比和腹板的高厚比的限制来进行有效的控制,以保证构件的局部稳定。

在一般的轴心受压构件设计中,对于板件宽厚比的控制原则是:不允许板件的失稳(即构件的局部失稳)发生在构件整体失稳之前。下面结合具体情况,讨论轴心受压构件各部分的宽(高)厚比的限值。

4.4.2　自由外伸翼缘宽厚比的限值

在常用的轴心受压构件截面形式中,有各种自由外伸翼缘和腹板(见表4.8),由于翼缘和腹板的相互支承,其边界都有一定的弹性嵌固作用,这种作用可以提高板件的临界应力。因此,计算单向均匀压力作用下板件屈曲的临界应力公式为:

$$\sigma_{cr} = \frac{\chi\sqrt{\eta}k\pi^2 E}{12(1-\nu^2)} \cdot \left(\frac{t}{b}\right)^2 \tag{4.40}$$

式中　χ——板边缘的弹性约束系数,对外伸翼缘,由于腹板较薄,不考虑嵌固作用,取 1.0;

k——屈曲系数,对外伸翼缘取 0.425;

η——弹性模量折减系数,根据试验,$\eta = 0.101\,3\lambda^2(1-0.024\,8\lambda^2 f_y/E) \cdot f_y/E$;

ν——材料泊松比,取 0.3;

b_1——翼缘外伸宽度。

根据翼缘板件的局部失稳临界力应不小于构件整体失稳临界应力的原则,可得

$$\frac{0.425\sqrt{\eta}\pi^2 E}{12(1-\nu^2)} \cdot \left(\frac{t}{b_1}\right)^2 \geqslant \varphi f_y$$

按偏安全的原则,上式中 φ 按 C 类取值,可得 t/b_1 与 λ 的关系式。为便于使用,《钢结构设计标准》(GB 50017—2017)中将其简化为如下直线关系式:

$$\frac{b_1}{t} \leqslant (10 + 0.1\lambda)\varepsilon_k \tag{4.41}$$

式中　λ——构件两方向长细比的较大值,当 $\lambda < 30$ 时,取 $\lambda = 30$,当 $\lambda > 100$ 时,取 $\lambda = 100$;

e_k——钢号修正系数,其值为 235 与钢材牌号中屈服点数值的比值的平方根。

式(4.41)即为实腹式轴心受压构件外伸翼缘宽厚比限值的验算式,适用于 T 形、H 形(或工字形)截面构件。宽厚比满足此式的实腹式轴心受压构件的外伸翼缘就不会在构件发生整体失稳之前出现局部失稳。

4.4.3　腹板高厚比的限制

轴心力作用时,腹板可视为两端简支,两边受翼缘弹性嵌固的约束形式。与四边简支板相比,腹板的稳定性有较大的提高,实验验证,可取 $\chi = 1.3, k = 4.0$;代入式(4.34)简化得

$$\frac{h_0}{t_w} \leqslant (25 + 0.5\lambda) \cdot \varepsilon_k \tag{4.42}$$

式中　h_0, t_w——腹板宽度和厚度;

λ——构件两方向长细比的最大值,当 $\lambda < 30$ 时,取 $\lambda = 30$,当 $\lambda > 100$ 时,取 $\lambda = 100$。

4.4.4 轴心受压钢管截面尺寸限值

对轴心受压钢管柱,也存在局部屈曲问题。在弹性范围内,管壁局部屈曲时临界应力理论公式为:

$$\sigma_{cr} = 1.21E\frac{t}{D} \tag{4.43}$$

由于钢管没有超屈曲强度可利用,因此,实际的局部稳定临界力应比按式(4.43)计算的理论计算值低。为此,《钢结构设计标准》(GB 50017—2017)中规定钢管外径 D 与壁厚 t 之比应满足下式:

$$\frac{D}{t} \leqslant 100 \cdot \varepsilon_k^2 \tag{4.44}$$

我国常用轴心受压构件截面局部稳定验算式见表4.8,表中 t_w 为腹板厚度,以下同。

表4.8 轴心受压构件板件宽(高)厚比限值

截面及板件尺寸	宽(高)厚比限值
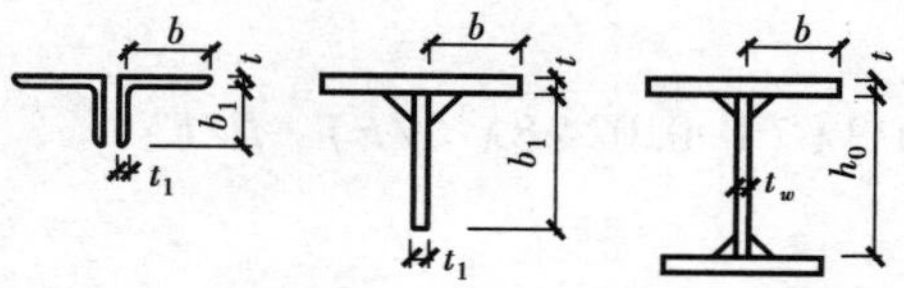	翼缘:$\dfrac{b}{t}\left(或\dfrac{b_1}{t_1},\dfrac{b_1}{t}\right) \leqslant (10+0.1\lambda)\varepsilon_k$ 腹板:$\dfrac{h_0}{t_w} \leqslant (25+0.5\lambda)\varepsilon_k$
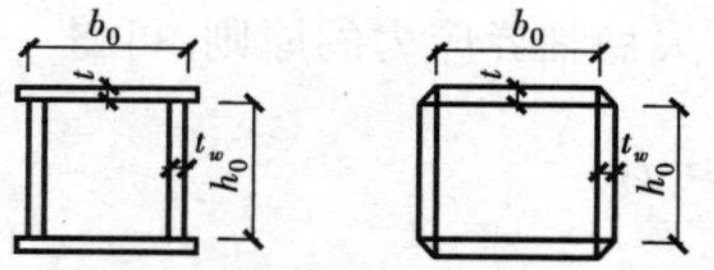	$\dfrac{b_0}{t}\left(或\dfrac{h_0}{t_w}\right) \leqslant 40\varepsilon_k$
	$\dfrac{d}{t} \leqslant 100\varepsilon_k^2$

注:对用两板焊接的 T 形截面,其腹板高厚比应满足 $b_1/t_1 \leqslant (13+0.17\lambda)\varepsilon_k$。

4.5 实腹式轴心受压构件设计

实腹式轴心受压构件设计

4.5.1 设计原则

实腹式轴心受压柱的截面形式,一般按图4.1中选用,设计时为取得安全、经济的效果,应遵循如下原则:

1)等稳定性原则

即杆件在两个主轴方向上的稳定承载力基本相同可充分发挥其承载能力。因此应尽可能使其两个方向上的稳定性系数或长细比相等,即 $\varphi_x \approx \varphi_y$,或 $\lambda_x \approx \lambda_y$。

2）宽肢薄壁

在满足板件宽厚比限值的条件下，使截面面积分布尽量远离形心轴，以增大截面惯性矩和回转半径，提高杆件整体稳定承载力和刚度。

3）制造省工

在现有型钢截面不能满足要求的情况下，充分利用工厂自动焊接等现代设备制作构件，尽量减少工地焊接，以节约成本，保证质量。

4）连接方便

杆件截面应便于与梁或柱间支撑连接和传力。一般情况下，应选用有双对称轴的、开放式的组合 H 形截面。对封闭的箱形或管形截面，虽能满足等稳定性要求，但制作费工，连接不便，只在特殊情况下采用。

4.5.2　截面设计

实腹式轴心受压柱的设计应包括以下主要步骤：

（1）计算所需的截面参数

首先根据截面设计原则和使用要求、轴心压力的大小、两主轴方向上杆件的计算长度 l_{0x} 和 l_{0y} 等条件确定截面形式和钢材标号。然后初定截面所需面积 A、回转半径 i_x 和 i_y 以及高度 h 和宽度 b，可按以下顺序：

①假定长细比 λ。假定长细比应小于杆件的容许长细比，根据经验，一般可在 $60 \sim 100$ 选用，当 N 较大 l_0 较小时取小值；当 N 较小 l_0 较大时取大值。

②根据所选压杆截面类型查 φ_x，φ_y；计算所需截面面积 $A = \dfrac{N}{\varphi_{\min} f}$（$\varphi_{\min}$ 为 φ_x，φ_y 的小值）。

③计算截面所需的回转半径 $i_x = l_{0x}/\lambda$ 和 $i_y = l_{0y}/\lambda$。

（2）选择型钢或初定组合截面各板的尺寸

若用型钢，可根据所需的 A，i_x，i_y 值，直接在型钢表中选择对应参数相近的、合适的型钢。

若用组合截面，应根据各种截面回转半径与截面轮廓尺寸的近似关系（附录4），计算所需的近似轮廓尺寸 $h = i_x/\alpha_1$ 和 $b = i_y/\alpha_2$；另外，初选择截面尺寸时，还应考虑到钢材规格和满足局部稳定的需要，制造、焊接工艺的需要以及宽肢薄壁、连接方便等原则。

例如，选用焊接 H 形钢截面，为便于自动焊接宜取 $h \approx b$；为用料合理，宜取 $t_w = (0.4 \sim 0.7)t$（t 为翼缘厚度），且不小于 6 mm；选择截面尺寸 h，b 时，宜按 10 mm 进级，而 t_w，t 宜按 2 mm 进级。

（3）验算

对初选截面，应进行如下验算：

1）强度验算

按式（4.4）计算。其中 A 为初选取截面面积，若有削弱，则应取构件的净截面积。

2）刚度验算

按式（4.5）计算。一般应按两个主轴方向进行，其中 i 为对应方向的初选截面回转半径。

3）整体稳定性验算

按式（4.33）计算。须同时考虑两个主轴方向，但一般可取其中长细比较大值进行，A 为毛截面面积。

4)局部稳定验算

对于各种焊接组合截面,分别按表4.6进行。而对于各种规格的型钢,均已满足局部稳定条件,不需再进行局部稳定验算。

如果构件满足以上验算条件,即可确定为设计截面尺寸。否则应修改尺寸后重复验算直到满足为止。

(4)有关构造要求

当 H 形或箱形截面柱的翼缘自由外伸宽厚比不满足表4.8时,可采用增大翼缘板厚的方法。但对腹板,当其高厚比不满足,常沿腹板腰部两侧对称设置沿轴向的加劲肋,称为纵向加劲肋,加劲肋的厚度 t 不小于 $0.75t_w$,外伸宽度 b 不小于 $10t_w$。设置纵向加劲肋后,应根据新的腹板高度重新验算腹板的高厚比。

当实腹式 H 形截面柱腹板高厚比大于或等于 80 时,在运输和安装过程中可能产生扭转变形。为此,常在腹板两侧上下翼缘间,垂直于腹板对称设置加劲肋,称为横向加劲肋。其构造形式与受弯构件的横向加劲肋相同,具体要求将在下一章介绍。

柱上若有集中水平荷载作用,在作用处及运输单元端部,应设置横隔,其间距不大于柱子较大宽度的 9 倍或 8 m。工字形截面实腹柱的横隔与横向加劲肋的区别是,横隔与翼缘同宽,而加劲肋比翼缘窄。箱形截面实腹柱的横隔有一边或两边不能预先焊接,可先焊一边或两边,装配后再在柱壁上钻孔用电渣焊焊接其他边。

实腹式轴心受压柱的纵向焊缝(腹板与翼缘之间的连接焊缝)主要起连接作用,受力很小,一般不作强度验算,可按构造要求确定焊缝尺寸。

例4.1 图 4.19 所示一管道支架,支架柱两端铰接,Q235 钢材,截面无削弱。设计轴心压力 $N=1\ 600$ kN,试按以下要求选择(设计)此柱截面。①采用普通热轧工字钢;②采用热轧 H 型钢;③焊接工字形截面,翼缘为焰切边。

解 如图 4.19 所示,由于支架柱间的杆件形成在支架平面内对支架柱中部的水平支撑,因而支架柱在支架平面和垂直支架平面两个方向上的计算长度不等,支架柱采用工字形或 H 截面时,应将其截面的强轴 x 放置在支架平面内,该方向的计算长度 $l_{0x}=6\ 000$ mm;弱轴 y 在垂直支架平面方向,计算长度 $l_{0y}=3\ 000$ mm。

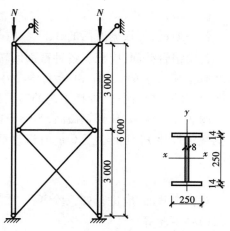

①热轧工字钢。

a.初选截面。

假定 $\lambda=90$,对热轧工字钢,当沿 x 轴失稳时,属 a 类截面,查得 $\varphi_x=0.714$。

当沿 y 轴失稳时,属 b 类截面,查得 $\varphi_y=0.621$,取小值 $\varphi=0.621$,所需截面几何参数为:

图 4.19 例 4.1 图

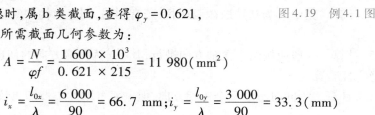

$$A=\frac{N}{\varphi f}=\frac{1\ 600\times10^3}{0.621\times215}=11\ 980(\text{mm}^2)$$

$$i_x=\frac{l_{0x}}{\lambda}=\frac{6\ 000}{90}=66.7\ \text{mm};i_y=\frac{l_{0y}}{\lambda}=\frac{3\ 000}{90}=33.3(\text{mm})$$

在查型钢表时,由于没有同时满足 A, i_x, i_y 三值的型钢,因此应以满足 A 和弱轴方向的 i_y 来进行选择。本例试选 I56a, $A=13\,500$ mm², $i_x=220$ mm, $i_y=31.8$ mm。

b. 验算。

因截面无削弱,故不需验算强度;又因型钢的翼缘和腹板均满足局部稳定条件,可不验算局部稳定;故只验算整体稳定性和刚度。

刚度验算

$$\lambda_x=\frac{l_{0x}}{i_x}=\frac{6\,000}{220}=27.3<[\lambda]=150;\lambda_y=\frac{l_{0y}}{i_y}=\frac{3\,000}{31.8}=94.3<[\lambda]=150$$

整体稳定性验算

由附表查得　$\varphi_x=0.968$, $\varphi_y=0.590$,取小值 $\varphi=0.590$

$$\sigma=\frac{N}{\varphi A}=\frac{1\,600\times10^3}{0.590\times13\,500}=201(\text{N/mm}^2)<215\ \text{N/mm}^2$$

②热轧 H 型钢。

a. 初选截面。

由于热轧 H 型钢可以选用宽翼缘的形式,截面宽度大,假设长细比时取小值。设 $\lambda=60$,对所有 H 型钢都有 $b/h>0.8$,所以不论对 x 轴或对 y 轴均属 b 类截面,由附表查得 $\varphi=0.856$,则截面所需几何参数为:

$$A=\frac{N}{\varphi\cdot f}=\frac{1\,600\times10^3}{0.856\times215}=8\,690(\text{mm}^2)$$

$$i_x=\frac{l_{0x}}{\lambda}=\frac{6\,000}{60}=100\ \text{mm};i_y=\frac{l_{0y}}{\lambda}=\frac{3\,000}{60}=50(\text{mm})$$

查附表选取 HW250×250×9×14, $A=9\,218$ mm², $i_x=108$ mm, $i_y=62.9$ mm。

b. 验算。

与热轧工字型钢相似,对热轧 H 型钢也只验算刚度和整体稳定性。

$$\lambda_x=\frac{l_{0x}}{i_x}=\frac{6\,000}{108}=55.6<[\lambda]=150;\lambda_y=\frac{l_{0y}}{i_y}=\frac{3\,000}{62.9}=47.7<[\lambda]=150$$

按较大值 $\lambda=55.6$ 查得 $\varphi=0.83$,则

$$\sigma=\frac{N}{\varphi\cdot A}=\frac{1\,600\times10^3}{0.83\times9\,218}=209(\text{N/mm}^2)>f=215\ \text{N/mm}^2$$

③焊接工字形截面。

a. 初选截面。

设 $\lambda=50$,则

$$i_x=\frac{l_{0x}}{\lambda}=\frac{6\,000}{50}=120(\text{mm});i_y=\frac{l_{0y}}{\lambda}=\frac{3\,000}{50}=60(\text{mm})$$

查附录 4,对焊接组合工字形截面　$i_x=0.43h$, $i_y=0.24b$,则

$$h=\frac{120}{0.43}=272(\text{mm}),b=\frac{60}{0.24}=250(\text{mm})$$

取翼缘板 2—250×14,腹板 1—250×8,其截面参数为

$$A=2\times250\times14+8\times250=9\,000(\text{mm}^2)$$

$$I_x=\frac{1}{12}(250\times278^3-242\times250^3)=1.325\times10^8(\text{mm}^4)$$

$$I_y = 2 \times \frac{1}{12} \times 14 \times 250^3 = 3.65 \times 10^7 (\text{mm}^4)$$

$$i_x = \sqrt{\frac{I_x}{A}} = \sqrt{\frac{1.325 \times 10^8}{9\,000}} = 121.3 (\text{mm})$$

$$i_y = \sqrt{\frac{I_y}{A}} = \sqrt{\frac{3.65 \times 10^7}{9\,000}} = 63.7 (\text{mm})$$

b. 整体稳定和刚度验算。

刚度验算

$$\lambda_x = \frac{l_{0x}}{i_x} = \frac{6\,000}{121.3} = 49.5 < [\lambda] = 150$$

$$\lambda_y = \frac{l_{0y}}{i_y} = \frac{3\,000}{63.7} = 47.1 < [\lambda] = 150$$

整体稳定性验算

按长细比较大值 $\lambda = 49.5$，查附表得 $\varphi = 0.859$

$$\sigma = \frac{N}{\varphi \cdot A} = \frac{1\,600 \times 10^3}{0.859 \times 9\,000} = 207 (\text{N/mm}^2) < f = 215 \text{ N/mm}^2$$

c. 局部稳定性验算。

自由外伸翼缘

$$\frac{b_1}{t} = \frac{121}{14} = 8.9 < (10 + 0.1\lambda)\sqrt{\frac{235}{235}} = 14.95 \quad 满足$$

腹板部分 $\quad \dfrac{h_0}{t_w} = \dfrac{250}{8} = 31.25 < (25 + 0.5\lambda)\sqrt{\dfrac{235}{235}} = 49.75 \quad 满足$

d. 强度验算。

因截面无削弱，不必验算。

e. 构造要求。

因腹板高厚比小于80，故不设置横向加劲肋，翼缘与腹板的连接焊缝按最小焊脚尺寸计算，$h_{fmin} = 1.5\sqrt{t} = 1.5\sqrt{14} = 5.6$ mm，取 $h_f = 6$ mm。

例4.2 选择 Q235 钢的热轧普通钢工字钢，截面 I25a。此工字钢用于上下端均为铰接的带支撑的支柱。支柱长度为 9 m，如图 4.20 所示的在两个三分点处均有侧向支撑，以阻止柱在弱轴方向过早失稳。构件承受的最大设计压力为 $N = 400$ kN，容许长细比取 $[\lambda] = 150$，验算该柱是否安全。

解 已知 $l_{0x} = 9$ m，已知 $l_{0y} = 3$ m，$f = 215$ N/mm²（假定板件厚度不超过 16 mm）。

①确定截面的计算参数

查附表可得，$A = 48.5$ cm²，$i_x = 10.2$ cm，$i_y = 2.4$ cm，$h = 250$ mm，$b = 116$ mm。

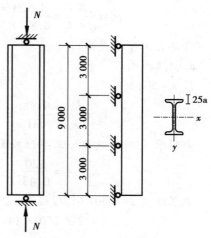

图 4.20　例 4.2 图

②强度验算。

$\sigma = \dfrac{N}{A_n} = \dfrac{400\times10^3}{4\,850} = 82.47(\,\mathrm{N/mm^2}) < f = 215\ \mathrm{N/mm^2}$，满足要求。

③验算支柱的刚度。

分别计算两个方向的长细比，得到 $\lambda_x = \dfrac{l_{0x}}{i_x} = \dfrac{900}{10.2} = 88.24, \lambda_y = \dfrac{l_{0y}}{i_y} = \dfrac{300}{2.4} = 125$

$\lambda_{\max} = 125 < [\lambda]$，满足要求。

④验算支柱的局部稳定。

轧制型钢都能满足局部稳定要求，不必验算。

⑤验算支柱的整体稳定。

$$\frac{b}{h} = \frac{116}{250} = 0.464 \ < \ 0.8$$

查表 4.5 得对 x 轴为 a 类截面，对 y 轴为 b 类截面

$$\varepsilon_k = \sqrt{\frac{235}{f_y}} = 1$$

查得：$\varphi_{\min} = 0.411$

$\dfrac{N}{\varphi Af} = \dfrac{400\times10^3}{0.411\times48.5\times100\times215} = 0.93 < 1$，满足要求。

例 4.3　如图 4.21 所示一上端铰接，下端固定的轴心受压柱，柱的长度为 5.25 m，钢材标号为 Q235，采用由焊接组合工字形截面，翼缘系轧制边，翼缘截面采用 10×250 的钢板，腹板采用 6×200 的钢板，当压力设计荷载为 900 kN 时，试验算此柱能否安全承受。

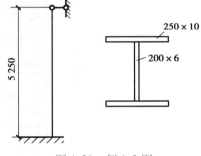

图 4.21　例 4.3 图

解　①确定截面的计算参数。

$A = 2\times25\times1 + 20\times0.6 = 62(\mathrm{cm^2})$

$I_x = 0.6\times20^3/12 + 50\times10.5^2 = 5\,913\ \mathrm{cm^4}, i_x = (I_x/A)^{1/2} = (5\,913/62)^{1/2} = 9.77(\mathrm{cm})$

$I_y = 2\times1\times25^3/12 = 2\,604(\mathrm{cm^4}), i_y = (I_y/A)^{1/2} = (2\,604/62)^{1/2} = 6.48(\mathrm{cm})$

$l_x = 420/9.77 = 43.0, l_y = 420/6.48 = 64.8$

②验算柱的强度。

$\sigma = \dfrac{N}{A_n} = \dfrac{900\times10^3}{6\,200} = 145.16(\mathrm{N/mm^2}) < f = 215\ \mathrm{N/mm^2}$，满足要求

③验算柱整体稳定。

因截面为焊接，翼缘为轧制，由表 4.5 得对 x 轴为 b 类截面，对 y 轴为 c 类截面。

分别查附表 2.2、附表 2.3 得 $\varphi_x = 0.887, \varphi_y = 0.677$

$$\frac{N}{\varphi Af} = \frac{900\times10^3}{0.677\times62\times100\times215} = 0.997 \ < \ 1$$

满足要求。

④验算柱刚度。

$\lambda_{\max} = \lambda_y < [\lambda]$，满足要求

⑤验算柱局部稳定

我国采用宽厚比限制验算轴心受压构件的局部稳定,见表4.8。

翼缘的宽厚比:$b_1/t = 122/10 = 12.2 < 10 + 0.1 \times 64.8 = 16.48$,

腹板的高厚比:$h_0/t_w = 200/6 = 33.3 < 25 + 0.5 \times 64.8 = 57.4$,满足要求。

格构式轴心受压
构件设计

4.6 格构式轴心受压构件设计

4.6.1 格构式轴心受压构件的组成

常用格构式轴心受压构件截面形式如图4.1(c)。肢件多用槽钢、工字钢,也可用角钢或钢管;肢间用缀条(lace bar)或缀板(图4.22)将肢件连成整体,分别称为缀条式格构柱和缀板式格构柱。缀条和缀板(stay plate)统称缀件。格构柱可通过调整肢间距,实现对两个主轴方向的等稳定性要求,因经济合理,在工程中被广泛应用。

在横截面上,穿过肢件腹板的轴称为实轴(图4.22中的x轴),穿过两肢间缀件的轴称为虚轴(图4.22中的y轴)。

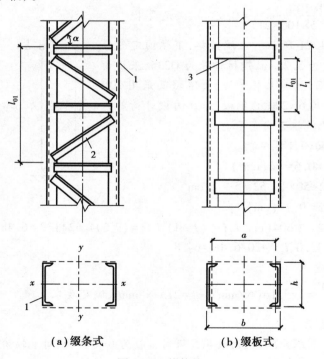

(a)缀条式   (b)缀板式

图4.22 格构柱

1—肢件(柱肢);2—斜缀条;3—缀板

用四根角钢组成的四肢柱,适用于长度较大而轴压力不大的柱,由于四面均以缀件相连,两个轴都是虚轴。对用3根钢管焊成的三肢柱,其截面是几何不变的三角形,受力性能较好,其缀件一般选用缀条。

缀条常采用单角钢,一般与构件纵轴成$\alpha = 40° \sim 70°$夹角斜放,称为斜缀条,分肢间距较大时也可增设与肢件纵轴线垂直的横缀条。缀板用钢板制成,且一律等距离垂直于肢件轴线布置。

4.6.2　格构式轴心受压构件的整体稳定

(1)对实轴的整体稳定性验算

格构式双肢柱有两个并列的实腹式杆件,故对其实轴的整体稳定承载力计算与实腹式相同,直接用对实轴的长细比 λ_x 查稳定性系数 φ ,按(4.33)式计算。

(2)对虚轴的整体稳定性计算

轴心受压构件整体弯曲后,沿轴向各截面将存在弯矩和剪力。对实腹式轴心受压构件,剪力引起的附加变形极小,对临界力的影响不大,在确定实腹式轴心受压构件的整体稳定临界力时,仅考虑弯矩作用所产生的变形,而忽略剪力所产生变形的影响。但对于格构式轴心受压柱,当绕虚轴失稳时,构件弯曲所产生的横向剪力作用在缀件上,由于缀件较细,缀件自身变形对构件弯曲变形的影响不能忽略。由式(4.7),可将考虑剪切变形的欧拉临界力计算公式写成如下形式:

$$N_{cr} = \frac{\pi^2 EA}{\lambda_y^2} \cdot \frac{1}{1 + \frac{\pi^2 EA}{\lambda_y^2}\gamma}$$

令

$$\lambda_{0y}^2 = \lambda_y^2 + \pi^2 EA\gamma$$

$$\lambda_{0y} = \sqrt{\lambda_y^2 + \pi^2 EA\gamma} \tag{4.45}$$

则

$$N_{cr} = \frac{\pi^2 EA}{\lambda_{0y}^2} \tag{4.46}$$

式中　λ_{0y}——格构式轴心受压构件绕虚轴失稳时的换算长细比;

γ——单位剪力作用下的轴线转角,也称为剪切角。

各种不同的格构柱,其 γ 值不同,换算长细比 λ_{0y} 也不同。下面介绍两种格构柱的 γ 值计算方法,并给出相应换算长细比 λ_{0y} 的实用计算公式。

1)双肢缀条式格构柱

现取缀条式格构柱的一段(图 4.23)计算在单位剪力作用下的 γ 值。

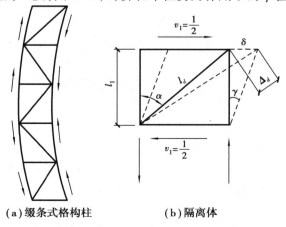

(a)缀条式格构柱　　　　(b)隔离体

图 4.23　双肢缀条式格构柱的剪切变形

121

在单位剪力作用下,一侧缀条所受剪力 $v_1=1/2$。设两斜缀条截面积之和为 A_1,其内力 $N_d=1/\sin\alpha$,斜缀条长 $l_d=l_1/\cos\alpha$。则斜缀条的轴向变形为:

$$\Delta_d = \frac{N_d \cdot l_d}{EA_1} = \frac{l_1}{EA_1 \sin\alpha \cos\alpha}$$

由于变形和剪切角 γ 是有限微量,因此,Δ_d 引起的水平变形 δ 为:

$$\delta = \frac{\Delta_d}{\sin\alpha} = \frac{l_1}{EA_1 \sin^2\alpha \cdot \cos\alpha}$$

故剪力角

$$\gamma = \frac{\delta}{l_1} = \frac{1}{EA_1 \sin^2\alpha \cdot \cos\alpha}$$

将上式代入(4.45)式得

$$\lambda_{0y} = \sqrt{\lambda_y^2 + \frac{\pi^2}{\sin^2\alpha \cdot \cos\alpha} \cdot \frac{A}{A_1}} \tag{4.47}$$

由于 $\alpha=40° \sim 70°$,在此范围内 $\pi^2/(\sin^2\alpha \cdot \cos\alpha)$ 的值变化不大,如图4.24所示。本着偏安全原则,《钢结构设计标准》(GB 50017—2017)将式(4.47)简化为:

$$\lambda_{0y} = \sqrt{\lambda_y^2 + 27\frac{A}{A_1}} \tag{4.48}$$

式中 λ_y——整个截面对虚轴 y 的长细比;

  A——整个构件截面的毛截面积;

  A_1——个节间内两侧斜缀条毛截面积之和。

注意:当夹角 α 不在 $40° \sim 70°$ 时,$\pi^2/(\sin^2\alpha \cdot \cos\alpha)$ 的值将大于27,如仍按式(4.48)计算 λ_{0y} 将不安全,此时应按式(4.47)计算 λ_{0y}。

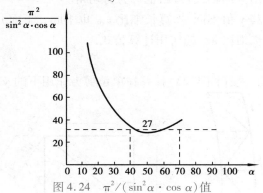

图4.24 $\pi^2/(\sin^2\alpha \cdot \cos\alpha)$值

2)双肢缀板式格构柱

缀板与肢件的连接可视为刚接,因而肢件与缀板组成一个多层框架。假定框架弯曲变形时反弯点在各单元的中点(反弯点处弯矩为零),可取图4.25所示的力学模型来分析肢件和缀板在单位横向力作用下的弯曲变形,并计算剪切角 γ。

设缀板弯曲引起肢件反弯点处的水平位移为 Δ_1,$\Delta_1 = \frac{l_1}{2}\theta_1 = \frac{l_1}{2} \cdot \frac{al_1}{12EI_b}$。

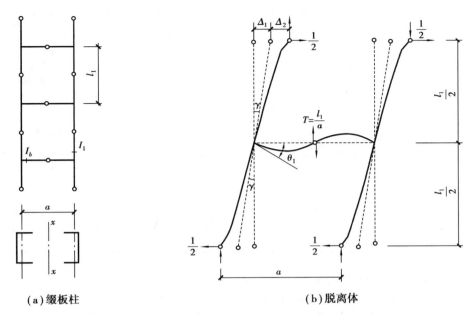

（a）缀板柱　　　　　　　　　　（b）脱离体

图 4.25　双肢缀板式格构柱剪切角 γ 的计算

肢件弯曲引起肢件反弯点处的水平位移为 Δ_2，$\Delta_2 = \dfrac{l_1^3}{48EI_1}$。

则　$\gamma = \dfrac{\Delta_1 + \Delta_2}{0.5l_1} = \dfrac{al_1}{12EI_b} + \dfrac{l_1^2}{24EI_1} = \dfrac{l_1^2}{24EI_1}\left(1 + 2\dfrac{I_1/l_1}{I_b/a}\right) = \dfrac{l_1^2}{24EI_1}\left(1 + 2\dfrac{K_1}{K_b}\right)$

将 γ 值代入式（4.45），得换算长细比 λ_{0y}

$$\lambda_{0y} = \sqrt{\lambda_y^2 + \dfrac{\pi^2 A l_1^2}{24 I_1}\left(1 + 2\dfrac{K_1}{K_b}\right)}$$

因为 $A = 2A_1$，$A_1 l_1^2 / I_1 = \lambda_1^2$，则

$$\lambda_{0y} = \sqrt{\lambda_y^2 + \dfrac{\pi^2}{12}\left(1 + 2\dfrac{K_1}{K_b}\right)\lambda_1^2} \tag{4.49}$$

式中　$\lambda_1 = l_{01}/i$——肢件的长细比，i 为分肢弱轴的回转半径，l_{01} 为缀板间的净距离；

　　　$K_1 = I_1/l_1$——一个分肢的线刚度，l_1 为缀板的中心距离，I_1 为分肢绕虚轴的惯性矩；

　　　$K_b = EI_b/a$——两侧缀板线刚度之和，I_b 为缀板的惯性矩，a 为分肢轴线间距。

根据《钢结构设计标准》（GB 50017—2017）规定，缀板线刚度之和要不小于 6 倍的分肢线刚度，即 $K_b \geq 6K_1$，此时式（4.45）中 $\dfrac{\pi^2}{12}\left(1 + 2\dfrac{K_1}{K_b}\right) \approx 1$。因此，双肢缀板柱的实用换算长细比计算式为

$$\lambda_{0y} = \sqrt{\lambda_y^2 + \lambda_1^2} \tag{4.50}$$

当格构柱无法满足 $K_b \geq 6K_1$ 时，则应按式（4.49）计算换算长细比 λ_{0y}。

三肢柱和四肢柱的换算长细比 λ_{0y} 计算公式列于表 4.9。

表 4.9　格构式轴心受压柱的换算长细比

柱型柱肢	缀条柱	缀板柱	图　例
双肢柱	$\lambda_{0y}=\sqrt{\lambda_y^2+27\dfrac{A}{A_1}}$	$\lambda_{0y}=\sqrt{\lambda_y^2+\lambda_1^2}$	
三肢柱	$\lambda_{0y}=\sqrt{\lambda_x^2+\dfrac{42A}{A_1(1.5-\cos^2\theta)}}$	$\lambda_{0y}=\sqrt{\lambda_y^2+\dfrac{42A}{A_1\cos^2\theta}}$	
四肢柱	$\lambda_{0y}=\sqrt{\lambda_y^2+40\dfrac{A}{A_{1y}}}$	$\lambda_{0y}=\sqrt{\lambda_x^2+\lambda_1^2}$	

注:①表中　A——整个构件的横截面积;

A_{1y}——垂直于虚轴 y 的斜缀条的横截面积之和;

A_1——构件横截面内的各斜缀条的毛横截面积之和;

λ_y——整个构件截面对虚轴的长细比;

λ_1——缀板间肢件对弱轴 1—1 的长细比;

②表中三肢柱的缀件为斜缀条。

由上可见,考虑了剪切变形的换算长细比 λ_{0y} 总是大于截面对虚轴的长细比 λ_y。在计算格构式轴心受压构件绕虚轴的稳定性时,用换算长细比 λ_{0y} 查稳定系数 φ,代入式(4.33)进行构件的整体稳定计算。

4.6.3　分肢肢件的整体稳定性

格构式轴心受压构件的分肢可看作单独的实腹式轴心受压构件,因此,应保证它不先于构件整体失去承载能力。计算时不能简单地采用 $\lambda_1<\lambda_{0y}$,(或 λ_y),这是因为初弯曲等缺陷的影响,可能使构件受力时呈弯曲状态,从而产生附加弯矩和剪力。附加弯矩使两分肢的内力不等,而附加剪力还在缀板构件的分肢产生弯矩。另外,分肢截面的分类还可能低于整体的分类(b 类)。这些都使分肢的稳定承载能力降低,所以《钢结构设计标准》(GB 50017—2017)规定:

缀条构件　　　　　　　　　　$\lambda_1<0.7\lambda_{max}$　　　　　　　　　　　　　　(4.51)

缀板构件　　　　　　　　　　$\lambda_1<0.5\lambda_{max}$ 且不应大于 40　　　　　　(4.52)

式中　λ_{max}——构件两方向长细比(含对虚轴的换算长细比)中的较大值,当 $\lambda_{max}<50$ 时,取 $\lambda_{max}=50$。

4.6.4　缀件的计算

(1)格构式轴心受压构件的横向剪力

格构式轴心受压柱绕虚轴发生弯曲失稳时,缀件要承受横向剪力的作用,如图 4.26 所示。

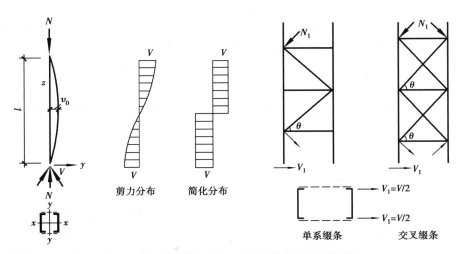

图 4.26　格构式轴心受压构件缀条布置形式及剪力

对两端铰支轴心受压柱,绕虚轴弯曲时,假定挠曲曲线为正弦曲线,跨中最大挠度(deflection)为 v_0,则沿杆长上任一点挠度为:

$$y = v_0 \sin \frac{\pi \cdot z}{l}$$

任一点弯矩为:$M = Ny = Nv_0 \sin \dfrac{\pi z}{l}$

任一点剪力为:$V = \dfrac{\mathrm{d}M}{\mathrm{d}y} = N \cdot \dfrac{\pi v_0}{l} \cdot \cos \dfrac{\pi z}{l}$

即剪力按余弦曲线分布,其最大值在两端:

$$V_{\max} = \frac{N\pi}{l} \cdot v_0 \qquad\qquad (4.53)$$

跨中点挠度 v_0 可由边缘纤维屈曲准则(criterion)导出,当截面边缘最大应力达到屈服强度时,有

$$\frac{N}{A} + \frac{N \cdot v_0}{I_y} \cdot \frac{b}{2} = f_y$$

即

$$\frac{N}{Af_y}\left(1 + \frac{v_0}{i_y^2} \cdot \frac{b}{2}\right) = 1$$

上式中令 $\dfrac{N}{Af_y} = \varphi$,由附录 4 取 $b = \dfrac{i_y}{0.44}$ 得

$$y_m = 0.88 i_y (1 - \varphi) \cdot \frac{1}{\varphi} \qquad\qquad (4.54)$$

将上式代入式(4.53)

$$V_{\max} = \frac{0.88\pi(1 - \varphi)}{\lambda_y} \cdot \frac{N}{\varphi} = \frac{1}{k} \cdot \frac{N}{\varphi}$$

式中　$k = \dfrac{\lambda_y}{0.88\pi(1 - \varphi)}$。

经计算分析,在常用长细比范围内,λ_y 值的变化对 k 值的影响不大,故 k 可取为常数(constant)。对 Q235 钢构件,取 $k=85$;对 Q355、Q390 和 Q420 钢,$k \approx 85\sqrt{235/f_y}$。则可将轴心受压格构柱平行于缀材面的最大剪力(在肢件两端)统一写为:

$$V_{max} = \frac{N}{85\varphi} = \frac{Af}{85} \cdot \sqrt{\frac{f_y}{235}} \tag{4.55}$$

剪力分布如图 4.24 所示。为方便使用,《钢结构设计标准》(GB 50017—2017)将截面剪力分布取简化形式,即

$$V = V_{max} = \frac{Af}{85}\sqrt{\frac{f_y}{235}} \tag{4.56}$$

(2)缀条设计

缀条的布置一般采用单系缀条,为减小分肢的计算长度,单系缀条中也可以加横缀条。当肢件间距较大或荷载较大以及有动荷载作用时,常采用交叉(cross)缀条(图 4.26)。

缀条可视为以肢件为弦杆的平行弦桁架的腹杆,其内力的计算方法也与桁架腹杆相同,在横向剪力作用下,一个斜缀条的轴心压力为:

$$N_1 = \frac{V_1}{n \cdot \cos\theta}$$

式中　V_1——分配到一个缀条面上的剪力;

n——承受剪力 V_1 的斜缀条数,单系缀条时 $n=1$;交叉缀条时,$n=2$;

θ——缀条的水平倾角。

随着剪力方向变化,缀条可能受拉也可能受压。由于对受压杆件设计的要求更高,故将缀条均视为轴心压杆。但工程中缀条一般采用单角钢与肢件单面焊接,缀条实际上是偏心受压。若不考虑扭转效应,按《钢结构设计标准》(GB 50017—2017)规定,应将钢材强度设计值乘以折减系数 γ(附表 1.8)后按轴心受压验算缀条强度和稳定性。

(3)缀板的设计

缀板柱可视为多层框架,当整体挠曲时,假定各层分肢中点和缀板中点为反弯点,从柱中取出如图 4.27 所示研究对象,可得缀板内力为:

剪力　　　　　　　　　　$$T = \frac{V_1 l_1}{a}$$

弯矩　　　　　　$$M = T \cdot \frac{a}{2} = \frac{V_1 l_1}{2}(与构件连接处)$$

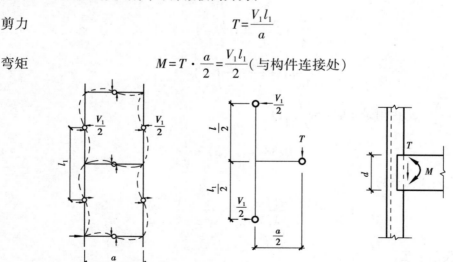

图 4.27　缀板计算简图

式中 a——肢件轴线间的距离；

　　　　l_1——缀板中心间距。

缀板与肢件间用角焊缝连接,角焊缝承受剪力和弯矩的共同作用,由于角焊缝的强度设计值小于钢材的强度设计值,故可只验算角焊缝在 M,T 共同作用下的强度。

缀板应有一定刚度要求,《钢结构设计标准》(GB 50017—2017)规定,同一截面处两侧缀板线刚度之和不得小于一个分肢线刚度的 6 倍。一般取宽度 $d \geqslant \dfrac{2}{3}a$(图 4.25),厚度 $t \geqslant \dfrac{a}{40}$ 且不小于 6 mm,构件端部第一缀板应适当加宽,一般 $d=a$。

(4)连接节点和构造要求

缀板与肢件的搭接长度一般取 20 ~ 30 mm,上、下缀条的轴线交点应在肢件纵轴线上。为缩短斜缀条两端的搭接长度,可采用三面围焊,同时有横缀条时还可加设节点板以便连接。

缀条不宜小于 ∟45×4 或 ∟56×36×4。缀板不宜小于 6 mm 厚。为了增加构件的抗扭刚度,格构式柱也要按图 4.28 设横隔,其有关要求与实腹式相同。

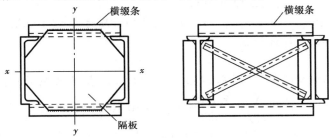

图 4.28   格构柱的横隔

4.6.5   格构式轴心受压柱的设计

首先应根据使用要求、轴力 N 的大小、两主轴方向的计算长度等条件确定格构形式和钢材牌号。一般中小型柱常用缀板柱,大型柱宜用缀条柱。以常用的双肢柱为例,按下述步骤进行:

(1)初选肢件(对实轴的计算)

①假定长细比 $\lambda \rightarrow$ 查 φ_x,计算 $A = \dfrac{N}{\varphi_x f \cdot n}$。

n 为分肢数。由 A 查型钢表可初步确定肢件型钢号和对应的回转半径 i_x 等参数。

②计算 $\lambda_x = l_{0x} / i_x$。

(2)确定分肢间距(对虚轴的计算)

由等稳定性要求,设

$$\lambda_{0y} = \lambda_x$$

代入式(4.48)或式(4.50),解出对虚轴的长细比

对缀条柱
$$\lambda_y = \sqrt{\lambda_x^2 - 27 \frac{A}{A_1}} \tag{4.57}$$

对缀板柱
$$\lambda_y = \sqrt{\lambda_x^2 + \lambda_1^2} \tag{4.58}$$

计算 $i_y = l_{0y} / \lambda_y$ 和 $b = i_y / \alpha$。

α 为附录 4 中相应格构截面的系数。由 b 即可确定两肢间距,一般按 10 mm 进级,且分肢间的净距宜大于 100 mm,以便内部刷漆(brush paint)。

在应用式(4.57)时,一般按 $A_1 = 0.1A$ 预选缀材角钢。在应用式(4.58)时,可按 $\lambda_1 \leqslant 0.5\lambda$ 且不大于 40 代入计算,以后按 $l_{01} = \lambda_1 i_1$ 布置缀材。

(3)截面验算

对初选截面应进行如下验算:

①强度验算,按式(4.4)进行,A 为肢件总截面积。

②刚度验算,按式(4.5)进行,其中对虚轴的验算应采用换算长细比。

③整体稳定验算,按式(4.33)进行,φ 由 λ_x,λ_{0y} 中大值确定,A 为肢件总毛截面积。

④分肢稳定验算,按式(4.51),式(4.52)计算。

(4)节点设计与构造

缀件与肢件一般采用三面围焊(也可用螺栓连接)。对缀条柱其连接焊缝按缀条轴心受拉验算;对缀板柱应验算在 M 和 T 共同作用下的强度。当有横缀条且肢件翼缘较小时,可采用节点板连接,节点板与肢件翼缘厚度相同。

例 4.4 某厂房柱 $l_{0y} = 10.2$ m,$l_{0x} = 5.1$ m,设计轴心压力 $N = 2\ 100$ kN,采用 Q355 钢,E50 系列,拟采用格构式柱,试设计此柱。

解 ①初选截面。

拟采用双肢槽钢单系缀条柱(图 4.27),设 $\lambda = 70$,查附表(b 类截面)得 $\varphi_x = 0.656$,则

$$A = \frac{N}{\varphi_x f} = \frac{2\ 100 \times 10^3}{0.656 \times 315} = 10\ 162.6(\text{mm}^2)$$

初选肢件 2[32b,$A = 2 \times 5\ 510 = 11\ 020$ mm²,$l_1 = 3.36 \times 10^6$ mm⁴,

$$i_x = 121 \text{ mm}, z_o = 21.6 \text{ mm}, i_1 = 24.7 \text{ mm}$$

$$\lambda_x = \frac{l_{0x}}{i_x} = \frac{5\ 100}{121} = 42.2 < [\lambda] = 150$$

②初定分肢间距(柱宽 b)。

由 $A_1 = 0.1A = 0.1 \times 11\ 020 = 1\ 102$ mm²。选∟63×5 角钢,$A_1 = 2 \times 614 = 1\ 228$ mm²,

$$\lambda_y = \sqrt{42.2^2 - 27 \times 11\ 020/1\ 228} = 39.2$$

$$i_y = \frac{l_{0y}}{\lambda_y} = \frac{10\ 200}{39.2} = 260.2(\text{mm})$$

查表得 $\alpha = 0.44$

$b = i_y/\alpha = 260.2/0.44 = 591.4$ mm,取 $b = 600$ mm,初选截面如图 4.29 所示。

③验算。

$$I_y = 2I_1 + A \cdot \Delta^2 = 2 \times 3.36 \times 10^6 + 11\ 020 \times (300 - 21.6)^2$$
$$= 8.608\ 2 \times 10^8(\text{mm}^4)$$

$$i_y = \sqrt{I_y/A} = \sqrt{8.608\ 2 \times 10^8/11\ 020} = 279.5(\text{mm})$$

刚度验算:

$$\lambda_y = 10\ 200/279.5 = 36.5 < [\lambda] = 150 \quad 满足;$$

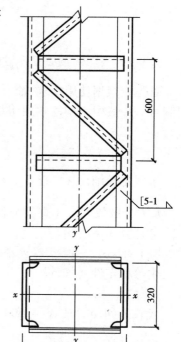

图 4.29 例 4.4 图

强度验算：

$N/A = 2\ 100 \times 10^3/11\ 020 = 190.6(\text{N/mm}^2) < f = 310\ \text{N/mm}^2$　满足；

整体稳定性验算：

由　$\lambda_{max} = 42.2$ 查得 $\varphi = 0.851$

$$\frac{N}{\varphi A} = \frac{2\ 100 \times 10^7}{0.851 \times 11\ 020} = 224(\text{N/mm}^2) < f = 310\ \text{N/mm}^2$$　满足。

④缀条设计。

由肢件稳定条件　$\lambda_1 < 0.7\lambda = 0.7 \times 42.2 = 29.54$；取 $\lambda_1 = 25$

查肢件槽钢[32b 对弱轴的回转半径 $i_1 = 2.47\ \text{cm}$；$z_o = 2.16\ \text{cm}$

所以　$l_{01} = \lambda_1 i_1 = 25 \times 24.7 = 617.5(\text{mm})$

偏安全取 $l_{01} = 600\ \text{mm}$，$\theta = \cot\dfrac{600}{600 - 2 \times 21.6} = 47.13°$；采用加横缀条的单系布置（图 4.27）。

计算横向剪力　$V = \dfrac{Af}{85}\sqrt{\dfrac{f_y}{235}} = \dfrac{11\ 020 \times 310}{85}\sqrt{\dfrac{345}{235}} = 49.51(\text{kN})$

每肢斜缀条的轴力

$$N_1 = \frac{V/2}{\cos\theta} = \frac{49.51}{2 \times \cos 47.13} = 36.4(\text{kN})$$

刚度验算：

$$l = \sqrt{600^2 + (600 - 2 \times 21.6)^2} = 818.6(\text{mm})$$

$$\lambda = \frac{l}{i_1} = \frac{818.6}{12.5} = 65.5 < [\lambda] = 150$$

强度验算：

$$N/A = 36.4 \times 10^3/614 = 59.3\ \text{N/mm}^2 < 0.85f = 0.85 \times 215 = 182.8(\text{N/mm}^2)$$

稳定性验算：

$\lambda = 25$，$\varphi = 0.953$，单角钢折减系数 $\gamma = 0.6 + 0.001\ 5\lambda = 0.64$

$$\frac{N}{\varphi A} = \frac{36.4 \times 10^3}{0.953 \times 614} = 62.2\ \text{N/mm}^2 < 0.64f = 0.64 \times 215 = 137.6(\text{N/mm}^2)$$

连接焊缝的计算

采用三围角焊缝，$h_f = 5\ \text{mm}$，$f_t^w = 160\ \text{N/mm}^2$，取两侧焊缝长度 $l_w = 25\ \text{mm}$，则焊缝的承载力为

$$0.7 \times 5 \times 160[2 \times (25 - 5) + 1.22 \times 63] = 65.44(\text{kN}) > 36.4\ \text{kN}$$

⑤横隔的设置。

横隔间距 $s < 9b = 9 \times 0.6 = 5.4\ \text{m}$，则于柱顶、底及中部处各设一横隔。

$t = b_s/15 = 160/15 = 10.6\ \text{mm}$，取 $t = 12\ \text{mm}$。

例 4.5　如图 4.30 所示一双肢槽钢格构式轴心受压缀板柱，截面为 2[18b，轴心压力设计值 $N = 1\ 450\ \text{kN}$（包括柱身等构造自重），所有钢材均选用 Q355，$f = 305\ \text{N/mm}^2$，计算长度 $l_{0x} = 6\ 000\ \text{mm}$，$l_{0y} = 3\ 000\ \text{mm}$，柱截面无削弱。

已知：2[18b 的截面面积 $A = 2 \times 29.3 = 5\ 860\ \text{mm}^2$，$i_y = 68.4\ \text{mm}$；满足同一截面缀板线刚度大于较大柱肢线刚度 6 倍的要求；分肢对自身 1—1 轴的惯性矩 $I_1 = 1\ 110\ 000\ \text{mm}^4$，回转半径 $i_1 = 19.5\ \text{mm}$；$h = 320\ \text{mm}$，$b = 180\ \text{mm}$，$c = 283.2\ \text{mm}$。

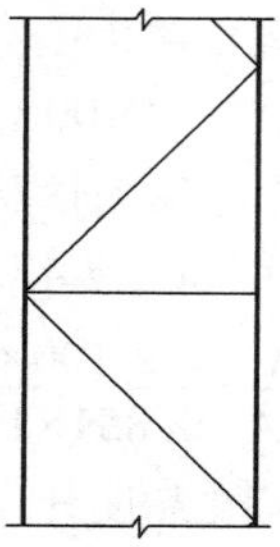

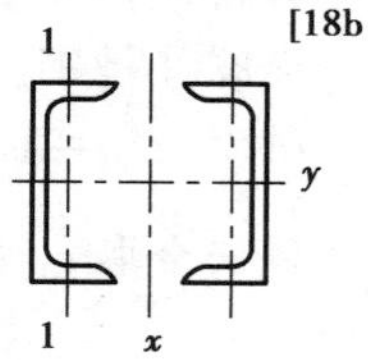

验算该柱的强度、刚度/整体稳定及分肢稳定是否满足要求(可不进行缀材验算)。

解 ①强度验算。

$$\sigma = \frac{N}{A_n} = \frac{1\ 450 \times 10^3}{5\ 860} = 247.44(\text{N/mm}^2) < f = 305\ \text{N/mm}^2,满足要求;$$

②绕实轴(y轴)的刚度和整体稳定验算。

$$\lambda_y = \frac{l_{0y}}{i_y} = \frac{3\ 000}{68.4} = 43.86, \varepsilon_k = \sqrt{\frac{235}{f_y}} = 0.814,查表2.2 得 \varphi = 0.844$$

$$\sigma = \frac{N}{\varphi A} = \frac{1\ 450 \times 10^3}{0.844 \times 5\ 860} = 293.18(\text{N/mm}^2) < f = 305\ \text{N/mm}^2$$

整体稳定满足要求;

$\lambda_y = 43.86 < [\lambda] = 150$,绕实轴($y$轴)的刚满足要求;

③绕虚轴(x轴)的刚度和整体稳定验算。

$$\lambda_1 = \frac{l_{01}}{i_1} = \frac{430}{19.5} = 22.05$$

$$I_x = 2 \times (1\ 110\ 000 + 2\ 930 \times 141.6^2) = 1.197\ 2 \times 10^8(\text{mm}^4)$$

$$i_x = \sqrt{\frac{I_x}{A}} = \sqrt{\frac{1.197\ 2 \times 10^8}{5\ 860}} = 142.9(\text{mm})$$

$$\lambda_x = \frac{l_{0x}}{i_x} = \frac{6\ 000}{142.9} = 41.99$$

$$\lambda_{0x} = \sqrt{\lambda_x^2 + \lambda_1^2} = \sqrt{41.99^2 + 22.05^2} = 47.43,查表得 \varphi = 0.823$$

$$\sigma = \frac{N}{\varphi A} = \frac{1\ 450 \times 10^3}{0.823 \times 5\ 860} = 300.66(\text{N/mm}^2) < f = 305\ \text{N/mm}^2$$

整体稳定满足要求;

$\lambda_{0x} = 47.43 < [\lambda] = 150$,绕虚轴($x$轴)的刚度满足要求;

④分肢稳定。

为保证分肢肢件不先于构件整体失去承载能力,《钢结构设计标准》(GB 50017—2017)7.2.5条规定:缀板柱的分肢长细比 λ_1 不应大于 $40\varepsilon_k$,并不应大于 λ_{max} 的 0.5 倍,当 $\lambda_{max} < 50$ 时,取 $\lambda_{max} = 50$。

$\lambda_{max} = 47.43 < 50$,取 $\lambda_{max} = 50$。

$\lambda_1 = 22.05 < 0.5\lambda_{max} = 25$ 和 $40\varepsilon_k$,满足规范要求。

图4.30 例4.5图

4.7 轴心受压柱头和柱脚的构造与计算

轴心受压柱柱头和
柱脚的构造与计算

4.7.1 轴心受压柱头

(1)设计原则

梁与柱必须通过在柱头处的相互连接才能形成可以承载荷载的结构整体。因此在结构

中,柱头起着连接和传力的作用,设计时应遵循如下基本原则:

1)传力准确可靠

柱头节点处传力构件多,受力复杂,各节点构件处于复杂应力状态之中,设计时应力求结构简单,传力明确,使结构的实际工作状况与计算简图相符,以确保计算结果安全可靠。

动画:柱头组装过程

2)便于制作与安装

柱头的制作与安装质量是其安全可靠的重要保证。设计时,一方面应力求减少节点类型和尽量采用工厂制作;另一方面应为工地安装创造条件,如设计安装螺栓、安装支托和预留安装调节尺寸等。

3)经济合理

经济合理是从用料、制作和安装等多方面综合考虑的,不是片面追求某一方面的经济性。设计时在结构安全得到充分保证的情况下,应尽量采用构造简单、便于施工的节点形式和施工精度。

(2)梁与柱的铰接连接

根据梁端传来的荷载情况,梁与柱的连接有铰接连接和刚接连接之分。轴心受压柱只承受梁端传来的轴心压力,因此其连接形式为铰接;同时根据梁与柱的不同位置,铰接连接又分为支承于柱侧和柱顶两种。柱头的连接方法较多,难以一一叙述,在此仅就常见的节点连接类型及其计算原则作介绍。

1)梁支承于柱顶的铰接连接

无论是实腹式还是格构式轴心受压柱,均须通过柱顶盖板来实现梁与柱的连接。

盖板位于柱顶,与柱用构造焊缝连接,盖板上设置普通螺栓与梁下翼缘连接,梁端剪力通过盖板传给柱子。盖板应有足够的刚度,一般厚度为 16 ～ 20 mm。根据荷载大小和腹板宽度(或格构式柱的肢间间距)情况,可在盖板下设置加劲肋,以支承盖板荷载并加强柱头刚度。

①实腹式柱的柱顶铰接连接。

图 4.31(a)中,梁纵轴穿过 H 型钢柱强轴时,梁端设置支承加劲肋,且支承加劲肋对准柱翼缘,使梁的支承反力直接传给柱翼缘。两梁端留 10 ～ 20 mm 的安装缝,以便梁的安装,待梁调整定位后在梁端的腹板处再用钢板和构造螺栓连接。此种连接传力明确,节点构造简单,对安装精度要求不高。但当两侧梁端荷载不等时,应考虑柱的偏心受压,同时,如两侧梁端反力相差悬殊时,可能引起荷载大侧柱翼缘的屈曲,此时宜采用图 4.31(b)形式。

图 4.31(b)的梁端反力通过突缘式支承加劲肋作用于柱,即使梁端反力不等时,柱的受力仍接近轴心受压,这与计算简图相符。当梁端反力较大或腹板较宽时,应在顶板下设置加劲肋,此加劲肋应正对突缘加劲肋下部,其厚度不应大于柱腹板厚度,高度按承受梁端反力所需焊缝长度来确定,施工时梁端突缘或支承加劲肋下部应刨平顶紧盖板。

当为角柱、边跨中间柱和中跨中间柱时,可采用角钢与梁腹板螺栓连接,角钢下部刨平顶紧柱顶盖板,并正对柱腹板和加劲肋。角钢应有足够强度以承受梁端传来荷载,角钢与梁腹板的连接螺栓由抗剪计算确定。

②格构式柱的柱顶铰接连接。

图 4.31(c)中,梁纵轴穿过格构柱实轴,此时盖板下应设横缀条或缀板连接两肢件并与盖板焊接;当肢件较高时,应设计肢间加劲肋,以加强柱头刚度;另外,还应将梁端支承加劲肋对准柱肢腹板。当两梁端传来荷载不等而引起柱偏心受压时,也可采用突缘式支承加劲肋来调整。

当梁穿过格构式柱的虚轴时,应采用梁端突缘式支承加劲肋,突缘下方应设计肢间加劲肋以承受梁端反力。

对格构式柱,当采用肢间加劲肋来承受压力时,其盖板下面的肢间统一采用加宽缀板,其宽度不应小于肢间加劲肋的高度,以加强柱头刚度。

对于角柱,边跨中间柱和中跨中间柱,与实腹式相同,仍采用角钢与梁腹板螺栓连接,角钢下部刨平顶紧盖板。

2)梁支承于柱侧的铰接连接

①实腹式柱的柱侧铰接连接。

图4.31(d)中,梁直接搁置于柱侧牛腿上,为防止梁的翻转,可于梁腹板上部柱侧焊小角钢用构造螺栓与梁腹板相连。由于牛腿承受梁端反力,其高度按竖焊缝的抗剪、抗弯强度确定。此种节点构造简单,施工方便,多用于梁端反力较小的情况。

图4.31(e)中,梁端设突缘式支承加劲肋,刨平顶紧于柱侧的承托上,承托一般采用40~60 mm 的厚钢板与柱翼缘焊接。

在计算承托与柱的焊缝时,考虑到梁端反力对焊缝的偏心作用,可将此反力乘以1.25 倍再按轴心受剪计算。同样,为防止梁的翻转,常设计安装螺栓将柱与梁腹板相连。

当梁穿过 H 型钢柱弱轴时,也可于柱腹板上设计牛腿或承托,其有关要求与梁穿过强轴相同,值得注意的是,当两侧梁的反力不等时,将对柱产生偏心弯矩,在设计柱断面时应考虑到偏心弯矩的影响。

②格构式柱的柱侧铰接连接。

当梁穿过实轴时,其节点构造与实腹式相同,当梁穿过柱虚轴时,可在肢件间焊接厚钢板或角钢作为支承梁的承托,其有关尺寸需由计算确定。

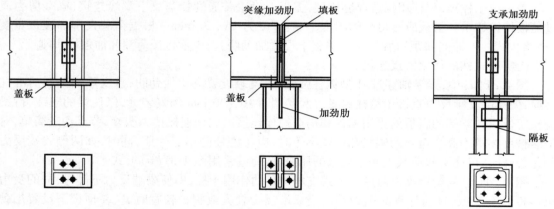

(a)实腹式柱的柱顶铰接连接形式一　　(b)实腹式柱的柱顶铰接连接形式二　　　(c)格构式柱的柱顶铰接连接

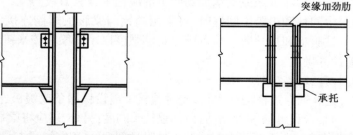

(d)实腹式柱的柱侧铰接连接形式一　　(e)实腹式柱的柱侧铰接连接形式二

图4.31　梁与柱的铰接连接

4.7.2 柱脚的形式、构造和计算

柱脚是将柱身荷载传给基础的部分,根据所需传递的荷载情况以及基础的连接形式,将其分为铰接柱脚和刚接柱脚两种,一般情况下,轴心受压柱多用铰接柱脚,而偏心受压柱(框梁柱)多用刚接柱脚。

(1)铰接柱脚

1)形式与构造

由于钢材的抗压强度远大于混凝土的抗压强度,因此必须将轴心受压柱的底部放大,使其与基础接触面的压力不大于混凝土抗压强度设计值。图 4.32 是几种常见的铰接柱脚形式,其中图(a)是最简单的一种,它利用柱端与底板的连接焊缝将轴力传给底板,再由底板分散传到基础上,其传递能力小,因此一般用于设计荷载不大的小型柱。图(b)、(c)、(d)在柱脚端增加了靴梁、隔板、肋板等传力零件,增强了柱脚刚度和传力焊缝的长度,同时将底板分成了多格,减小了底板的反力弯矩,从而可使底板更薄一些。

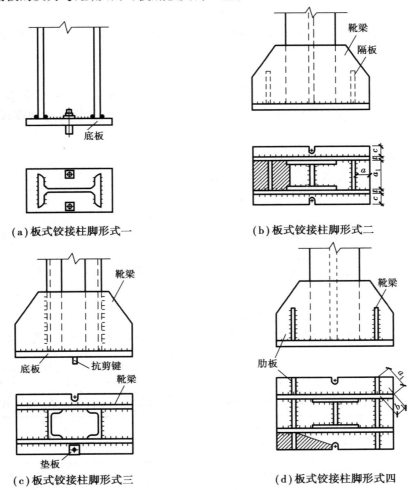

(a)板式铰接柱脚形式一 (b)板式铰接柱脚形式二

(c)板式铰接柱脚形式三 (d)板式铰接柱脚形式四

图 4.32 板式铰接柱脚

铰接柱脚利用埋于基础中的地锚栓来固定其位置,地锚栓位于一条轴线上,一般只设两

个。严格说来,地锚栓对柱脚变形有一定的约束,但因此约束较小,故可近似视为铰接柱脚。为便于柱的安装与调整,底板上的锚栓孔应比栓杆直径大 0.2 ~ 0.5 倍,或做成图中的开敞式 U 形缺口,待安装就位后,将螺帽下的垫板焊在底板上。

铰接柱脚虽不承受弯矩,但可承受轴力和剪力,其剪力由底板与基础的摩擦力提供,当此力不足时,可于底板下设抗剪键。应注意的是,一般不利用地锚栓杆来承受水平剪力。

2)底板的计算

①底板的面积。

计算底板面积时假设其压力均匀分布,其面积由下式确定

$$A = L \cdot B \geqslant \frac{N}{\beta_c f_c}$$

式中　L,B——底板的长和宽;

　　　N——轴心压力设计值;

　　　f_c——基础混凝土抗压强度设计值;

　　　β_c——基础混凝土局部承压时的强度提高系数。

在根据柱的截面尺寸调整底板长和板宽时,应尽量做成正方形或 $L/B \leqslant 2$ 的长方形,不宜做成狭长形。

②底板厚度。

底板的厚度由底板承受的反力弯矩确定。按倒梁法将底板净反力 P 作为作用于底板的外荷载,将柱端、靴梁、隔板和肋板作为底板的支承。根据底板划分情况分别按式(4.59)、式(4.60)、式(4.61)计算。

四边支承板:　　　　　　　$M_4 = \alpha \cdot p \cdot a^2$　　　　　　　　　　(4.59)

三边支承及两邻边支承:　$M_{2(3)} = \beta \cdot p \cdot a_1^2$　　　　　　　　　(4.60)

悬挑板:　　　　　　　　　$M = \frac{1}{2} p \cdot c^2$　　　　　　　　　　(4.61)

式中　$p = N/(A - A_0)$——作用于底板净反力;

　　　a——四边支承的短边长;

　　　a_1——三边支承时的自由边长或二邻边支承时的对角线长度;

　　　c——悬挑长度;

　　　α——四边支承系数,由 b/a 查表 4.10;

　　　β——三边或二邻边支承系数,由 b_1/a_1 查表 4.11,当 $b_1/a_1 < 0.3$ 时,按悬挑计算弯矩。

表 4.10　α 系数表

b/a	1.0	1.1	1.2	1.3	1.4	1.5	1.6	1.7	1.8	1.9	2.0	3.0	$\geqslant 4.0$
α	0.048	0.055	0.063	0.069	0.075	0.081	0.086	0.091	0.095	0.099	0.101	0.119	0.125

表 4.11　β 系数表

b_1/a_1	0.3	0.4	0.5	0.6	0.7	0.8	0.9	1.0	1.2	$\geqslant 1.4$
β	0.026	0.042	0.058	0.072	0.085	0.092	0.104	0.111	0.120	0.125

根据计算弯矩,取其大值 M_{max} 来确定底板厚度:

$$t \geqslant \sqrt{\frac{6M_{max}}{f}} \qquad\qquad (4.62)$$

为保证底板具有足够刚度,计算底板厚度不得小于 14 mm,一般厚度为 20 ~ 40 mm。

③焊缝的计算。

轴心压力经柱、靴梁、隔板、肋板间的竖直焊缝传给水平焊缝,最后传给底板。计算水平焊缝时,一般不考虑柱与底板间的水平焊缝,其原因是加工的误差或施工时要调整柱垂直度等因素的影响,使得柱与底板难以完全接触,其间的焊缝质量也难以保证。

(2)靴梁、隔板、肋板的设计

靴梁可视为支承于柱身的双悬臂梁,承受连接竖焊缝传来的反力作用,其高度由传递 N 力所需的竖焊缝高度确定,其厚度由其承受的弯矩和剪力计算确定,一般宜大于柱翼缘厚度。

隔板可视为两端简支于靴梁的简支梁。其承受荷载按图 4.29 中受荷面积(阴影面积)计算弯矩和剪力。由剪力可计算得隔板与靴梁间的连接竖焊缝高度,此即隔板的高度;由弯矩可计算所需隔板厚度。按构造要求,隔板(division plate)厚度一般不小于 $b/50$(b 为隔板高度)。

肋板可按支承于靴梁上的悬臂梁计算,其承受荷载如图 4.33 所示中阴影。

例 4.6　试设计例 4.5 中柱子的柱脚。基础用 C15 混凝土。

解　根据受荷情况和截面尺寸,设计采用整体式铰接柱脚,Q235 钢材,柱身自重按 100 kg/m 计算,则柱底轴力设计值为:

$$N = 2\,100 + 100 \times 10 \times 10^{-3} \times 10.2 \times 1.2 = 2\,112.24(\text{kN})$$

(1)底板计算

①计算底板尺寸。

拟采用 M30 地锚栓,底板开孔直径 $\phi = 40$ mm,开敞式,则

$$A_o = 2 \times \left(40 \times 20 + \frac{1}{2} \times \frac{1}{4} \times 3.14 \times 40^2\right) = 2\,856(\text{mm}^2)$$

底板面积

$$A = A_o + \frac{N}{f_c} = 2\,856 + \frac{2\,112.24 \times 10^3}{7.5} = 284\,488(\text{mm}^2)$$

取底板宽 $b = 320 + 2 \times (40 + 20) = 440$ mm,底板长 $l = 700$ mm,有关尺寸如图 4.33 所示。底板上的平均反力为:

$$p = \frac{2\,112.24 \times 10^3}{440 \times 700 - 2\,856} = 6.92(\text{N/mm}^2)$$

②计算各区格弯矩。

对①区格,四边支承,$b/a = 600/320 = 1.875$

查表 4.10 得,$\alpha = 0.098$

$$M_4 = \alpha p a^2 = 0.098 \times 6.92 \times 320^2 = 69\,444(\text{N} \cdot \text{mm})$$

对②区格,三边支承,$b_1/a_1 = 50/320 = 0.156 < 0.3$

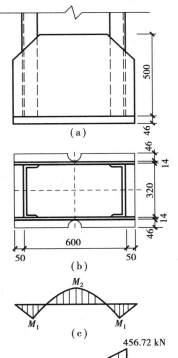

图 4.33　例 4.6 图

根据规定按悬臂板计算，$M_3 = \frac{1}{2} \times 6.92 \times 50^2 = 8\ 650(\text{N} \cdot \text{mm})$

对③区格，为悬臂板，$M_1 = \frac{1}{2} \times 6.92 \times 50^2 = 8\ 650(\text{N} \cdot \text{mm})$

③计算底板厚度。

$$t \geqslant \sqrt{\frac{6M_{\max}}{f}} = \sqrt{\frac{6 \times 69\ 444}{190}} = 45.64(\text{mm})$$

取 $t = 46$ mm。

（2）靴梁计算

靴梁与柱有4条侧面竖焊缝。肢件翼缘板厚14 mm，拟定靴梁板厚14 mm，焊脚尺寸 $h_f = 10$ mm，每条焊缝长度：

$$l_w = \frac{N}{4 \times 0.7 \times h_f \times f_f^w} = \frac{2\ 112.24 \times 10^3}{2.8 \times 10 \times 160} = 471.5(\text{mm})$$

取靴梁高度，$h = 500$ mm。设沿靴梁单位长度上的线荷载为 q'，则

$$q' = 6.92 \times \frac{440}{2} = 1\ 522.4(\text{N/mm})$$

$$M_1 = \frac{1}{2}q'l_1^2 = \frac{1}{2} \times 1\ 522.4 \times 50^2 = 1.903(\text{kN} \cdot \text{m})$$

$$M_2 = \frac{1}{8}q'l_2^2 - M_1 = \frac{1}{8} \times 1\ 522.4 \times 600^2 - 1.903 \times 10^6 = 66.597 \times 10^6(\text{N} \cdot \text{mm})$$

弯矩图如图4.33(c)所示。

$$V = \frac{1}{2}q'l_2 = \frac{1}{2} \times 1\ 522.4 \times 300 = 4.567\ 2 \times 10^5(\text{N})$$

剪力图如图4.33(d)所示。

$$\sigma = \frac{M}{W} = \frac{66.597 \times 10^6}{\frac{1}{6} \times 14 \times 500^2} = 114.2(\text{N/mm}^2) < f = 215\ \text{N/mm}^2$$

$$\tau = 1.5\frac{V}{A} = 1.5 \times \frac{456\ 720}{500 \times 14} = 97.9(\text{N/mm}^2) < f_v = 125\ \text{N/mm}^2$$

靴梁与底板间连接的正面水平焊缝的计算，取 $h_f = 12$ mm，则焊缝的承载力为：

$0.7h_f\beta_f l_w f_f^w = 0.7 \times 12 \times 1.22 \times 160 \times [2 \times (700 - 24) + 4 \times (50 - 24)]$

$= 0.7 \times 12 \times 1.22 \times 160 \times 1\ 456 = 2\ 387.4\ \text{kN} > N = 2\ 112.4\ \text{kN}$

柱腹板与底板间采用构造焊缝，$h_f = 10$ mm。

*4.8　钢索的分析方法

用高强钢丝组成的平行钢丝束、钢绞线或钢缆绳统称为钢索。钢索只能承受拉力，属于轴心受拉构件。以钢索为主要受力构件形成的结构称为索结构，如悬索桥(suspension bridge)、索网屋盖、索穹顶(cable dome)等。索结构通过索的轴向拉伸来抵抗外荷载作用，因而可以充分利用材料的强度，减轻结构自重，跨越很大的跨度，是目前大跨建筑的主要结构形式之一，具有广阔的发展前景。

4.8.1　单索计算理论

单索计算理论是索结构计算分析的基础,有许多简单的索结构也可以采用单索计算理论解决。

（1）索的平衡方程

基本假设:

- 索是理想柔性的,即不能受压,也不能抗弯。
- 在一定条件下,可认为钢索材料符合虎克定律。

上述基本假设很接近实际情况。因为索的截面尺寸与索长相比很小,计算中可不考虑索截面的抗弯刚度。但在某些连接点处,索可能有转折而产生较大的局部弯曲应力,此时应采取正确的节点构造措施,避免产生这种不利的情况。另外,钢索在初次加载时的拉伸图形如图 4.34 中的实线所示。曲线在开始时显出有一定的松弛变形,随后的主要部分基本上为直线,当接近极限强度时,才显示出明显的曲线性质。在实际工程中,钢索在使用前均需进行预张拉,可以消除初始阶段的非弹性变形。这样,钢索的变形曲线将如图4.34 中的虚线所示。因此,在实际工程应用中的钢索受载范围内,钢索的应力-应变曲线符合线性关系。

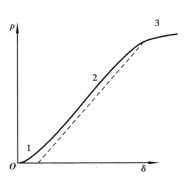

图 4.34　高强钢索的拉伸曲线

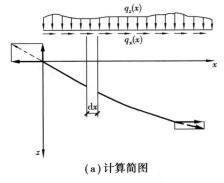

（a）计算简图

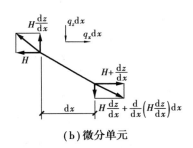

（b）微分单元

图 4.35　索微分单元及所作用的内力和外力

图 4.35 表示承受两个方向任意分布荷载 $q_z(x)$ 和 $q_x(x)$ 作用的一根悬索。索的曲线形状可由方程 $z=z(x)$ 代表。由于索是理想柔性的,索的张力 T 只能沿索的切线方向作用。设某点索张力的水平分量为 H,则它的竖直分量为 $V=H\tan\theta=H\dfrac{\mathrm{d}z}{\mathrm{d}x}$。由该索截出的水平投影长度为 $\mathrm{d}x$ 的任意微分单元及所作用的内力（internal force）和外力（external force）,如图 4.35（b）所示。根据微分单元的静力平衡条件,可导出单索问题的基本微分方程:

由 $x=0$,得 $\dfrac{\mathrm{d}H}{\mathrm{d}x}\mathrm{d}x+q_x\mathrm{d}x=0$,即

$$\frac{\mathrm{d}H}{\mathrm{d}x}+q_x=0 \tag{4.63}$$

由 $Z=0$，得 $\dfrac{\mathrm{d}}{\mathrm{d}x}\left(H\dfrac{\mathrm{d}z}{\mathrm{d}x}\right)\mathrm{d}x+q_z\mathrm{d}x=0$，即

$$\frac{\mathrm{d}}{\mathrm{d}x}\left(H\frac{\mathrm{d}z}{\mathrm{d}x}\right)+q_z=0 \qquad (4.64)$$

方程(4.63)和方程(4.64)就是单索问题的基本微分方程。在常见的工程问题中，悬索主要承受竖向荷载作用。当 $q_x=0$ 时，由方程(4.63)得：

$$H = 常量 \qquad (4.65)$$

而方程(4.64)可写成

$$H\frac{\mathrm{d}^2z}{\mathrm{d}x^2}+q_z=0 \qquad (4.66)$$

方程(4.66)的物理意义是：索曲线在某点的二阶导数(当索较平坦时即为其曲率)与作用在该点的竖向荷载集度成正比。应注意，在推导上述各方程时，荷载 q_z 和 q_x 的定义是沿跨度单位长度上的荷载，并且与坐标轴一致时为正。

下面讨论两种竖向荷载作用的情况。

1)竖向荷载沿跨度均布

计算简图如图4.36所示。此时，$q_z=$ 常量 $=q$，方程(4.66)为：

$$\frac{\mathrm{d}^2z}{\mathrm{d}x^2}=-\frac{q}{H}$$

积分两次得

$$z=-\frac{q}{2H}x^2+C_1x+C_2 \qquad (a)$$

这是一条抛物线。积分常数由边界条件确定。

$$x=0\ \text{时}，z=0；$$
$$x=l\ \text{时}，z=c；$$

由此可求得 $\quad C_1=\dfrac{c}{l}+\dfrac{ql}{2H}；C_2=0。$

代入(a)式并整理得

$$z=\frac{q}{2H}x(l-x)+\frac{c}{l}x \qquad (4.67)$$

此抛物线方程中，索张力的水平分量 H 还是未知数，所以方程(4.67)实际上代表一族抛物线。即通过 A、B 两点可以有许多不同长度的索，它们在均布荷载 q 作用下形成一族不同垂度的抛物线，其拉力的水平分量 H 也各不相同。所以还需补充一个条件才能完全确定抛物线(para-curve)的形状。例如，设给定曲线跨中的垂度 f(图4.36)。

即令 $x=\dfrac{l}{2}$ 时，$z=\dfrac{c}{2}+f$

将此条件代入式(4.67)，即可求出索内的水平张力 H

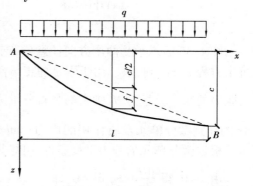

图4.36　荷载沿跨度均匀时单索计算简图

$$H = \frac{ql^2}{8f} \tag{4.68}$$

代回式(4.67)得

$$z = \frac{4fx(l-x)}{l^2} + \frac{c}{l}x \tag{4.69}$$

这是由几何参数 l, c, f 完全确定的一条抛物线。与其相应的水平张力 H 由式(4.68)确定。方程(4.69)右侧的第二项代表支座连线 AB 的座标。因此,第一项就代表以 AB 作为基线的索曲线座标。当两支座等高时,方程的第二项为零,于是

$$z = \frac{4fx(l-x)}{l^2} \tag{4.70}$$

当索曲线方程确定后,索上各点的张力即可按下式计算。

$$T = H\sqrt{1 + \left(\frac{dz}{dx}\right)^2} \tag{4.71}$$

当索较平坦时,$\left(\frac{dz}{dx}\right)^2$ 与 1 比较是微量,于是有

$$T \approx H \tag{4.72}$$

以方程(4.70)所示抛物线为例。曲线的斜率(rake ratio)为

$$\frac{dz}{dx} = \frac{4f}{l}\left(1 - \frac{2x}{l}\right)$$

比值 T/H 在支点处具有最大值

$$\left(\frac{T}{H}\right)_{max} = \sqrt{1 + 16\frac{f^2}{l^2}}$$

T/H 的平均值则可按下式求得

$$\left(\frac{T}{H}\right) = \frac{1}{l}\int_0^l \sqrt{1 + \left(\frac{dz}{dx}\right)^2}\,dx = \frac{1}{l}\int_0^l \sqrt{1 + \frac{16f^2}{l^2}\left(1 - \frac{2x}{l}\right)^2}\,dx$$

表 4.12 给出了按不同垂跨比 f/l 算得的比值 T/H 的最大值和平均值。

可以认为,当 $f/l \leq 0.1$ 时,采用简便的近似式(4.72),就能保证很好的计算精度。

表 4.12　T/H 最大值和平均值

f/l	T/H 的最大值	T/H 的平均值
0.05	1.018 9	1.006 6
0.10	1.077 0	1.026 0
0.15	1.166 2	1.057 1
0.20	1.280 6	1.098 3

2)荷载沿索长均布

设沿索长均布的荷载为 q,则 $q\,ds = q_z\,dx$,因此,

$$q_z = q\frac{ds}{dx} = q\sqrt{1 + \left(\frac{dz}{dx}\right)^2}$$

代入方程(4.66),得

$$H \frac{d^2 z}{dx^2} + q \sqrt{1 + \left(\frac{dz}{dx}\right)^2} = 0 \qquad (4.73)$$

求解可得到满足如图 4.37 所示边界条件的解为:

$$z = \frac{H}{q} \left[\cosh \alpha - \cosh\left(\frac{2\beta x}{l} - \alpha\right) \right] \qquad (4.74)$$

式中　$\alpha = \sin h^{-1} \left[\dfrac{\beta(c/l)}{\sinh \beta} \right] + \beta; \beta = \dfrac{ql}{2H}$。

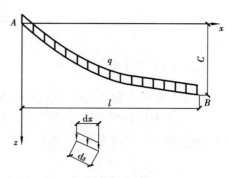

图 4.37　荷载均布时单索的计算简图

方程(4.74)所代表的曲线是一族悬链线。与抛物线的情形相同,如果给定曲线上任意点的坐标值(例如跨中垂度 f),这条曲线即可完全确定。

当两支座等高时,$c=0$,$\alpha = \beta = \dfrac{ql}{2H}$,则

$$z = \frac{H}{q} \left[\cosh \alpha - \cosh\left(\frac{qx}{H} - \alpha\right) \right] \qquad (4.75)$$

设跨中垂度为 f,即当 $x = \dfrac{l}{2}$ 时,$z=f$;由式(4.75)可得 f 与 H 之间的关系

$$f = \frac{H}{q} [\cosh \alpha - 1] \qquad (4.76)$$

当给定 f 时,由式(4.76)可算出 H(注意:α 中包含有 H),然后整条曲线即可由式(4.75)完全确定。

如果将悬链线的坐标与抛物线作一比较(图 4.38),当二者在跨中处的垂度 f 相同时,其坐标的最大差值 d(大约在 0.2 跨度处)见表 4.13。

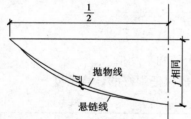

图 4.38　悬链线与抛物线的比较

表 4.13　悬链线与抛物线的比较

f/l	0.1	0.2	0.3
d/f	0.04%	0.11%	0.21%

可以看出,两条曲线的差异极其微小,且索的垂度越小,这种差异越小。由于悬链线的计算非常繁复,在实际应用中,一般均按抛物线计算,即可得到足够精确的结果。在实际悬索屋盖中,索都比较平坦。所以,把实际荷载分布看作沿水平均布,其计算结果的误差很小。

(2)索长度的计算

为进一步探讨悬索的静力分析问题,需先研究悬索长度的计算方法。

如图 4.39 所示,索微分单元的长度为:

$$ds = \sqrt{dx^2 + dz^2} = \sqrt{1 + \left(\frac{dz}{dx}\right)^2} dx$$

整根索的长度可由上式积分求得

$$s = \int_A^B dx = \int_0^1 \sqrt{1 + \left(\frac{dz}{dx}\right)^2}\, dx \tag{4.77}$$

只要索曲线的形状 $z(x)$ 已知,索的长度就可按式(4.77)算得。

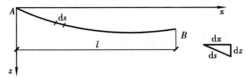

图 4.39　悬索长度计算简图

积分式中的函数 $\sqrt{1+\left(\frac{dz}{dx}\right)^2}$ 是无理式,积分较复杂。在一般实际问题中,索的垂度不大,$\left(\frac{dz}{dx}\right)^2$ 与 1 相比是小量。将 $\sqrt{1+\left(\frac{dz}{dx}\right)^2}$ 按级数展开,可得

$$\sqrt{1 + \left(\frac{dz}{dx}\right)^2} = 1 + \frac{1}{2}\left(\frac{dz}{dx}\right)^2 - \frac{1}{8}\left(\frac{dz}{dx}\right)^4 + \frac{1}{16}\left(\frac{dz}{dx}\right)^6 - \frac{5}{128}\left(\frac{dz}{dx}\right)^8 + \cdots$$

在实际计算中,根据索的垂度大小,可取两项或三项,即可达到所需的计算精度。这时索长的计算公式可简化成如下形式:

$$s = \int_0^1 \left[1 + \frac{1}{2}\left(\frac{dz}{dx}\right)^2\right] dx \tag{4.78}$$

或
$$s = \int_0^1 \left[1 + \frac{1}{2}\left(\frac{dz}{dx}\right)^2 - \frac{1}{8}\left(\frac{dz}{dz}\right)^4\right] dx \tag{4.79}$$

现在来研究抛物线索的例子。设索曲线的方程由式(4.69)表示:

$$z = \frac{4fx(l-x)}{l^2} + \frac{c}{l}x \tag{a}$$

因而
$$\frac{dz}{dx} = \frac{4f+c}{l} - \frac{8f}{l^2}x \tag{b}$$

代入式(4.78)或式(4.79),可导出索的长度计算式为:

$$s = l\left(1 + \frac{c^2}{2l^2} + \frac{8f^2}{3l^2}\right) \tag{c}$$

$$s = l\left(1 + \frac{c^2}{2l^2} + \frac{8f^2}{3l^2} - \frac{c^4}{8l^4} - \frac{32f^4}{5l^4} - \frac{4c^2f^2}{l^4}\right) \tag{d}$$

当两个支座等高时,上面二式分别变成

$$s = l\left(1 + \frac{8f^2}{3l^2}\right) \tag{e}$$

$$s = l\left(1 + \frac{8f^2}{3l^2} - \frac{32f^4}{5l^4}\right) \tag{f}$$

如果将斜率的表达式(b)代入式(4.77)进行积分,可导出计算抛物线悬索长度的精确公式,当两个支座等高时:

$$s = \frac{l}{2}\sqrt{1 + \frac{16f^2}{l^2}} + \frac{l^2}{8f}\ln\left[\frac{4f}{l} + \sqrt{1 + \frac{16f^2}{l^2}}\right] \tag{g}$$

分析表明：当$f/l \leqslant 0.1$时用二项式(e)，$f/l \leqslant 0.2$时用三项式(f)，可达到十分满意的精度。在实际悬挂屋盖中，多数情况能满足$f/l \leqslant 0.1$的条件，因此，最常采用的是计算简便的二项公式(4.78)。

最后可考察一下当索长变化时索垂度f的变化情况。

对式(e)微分，得$\mathrm{d}s = \dfrac{16f}{3l}\mathrm{d}f$，即$\mathrm{d}f = \dfrac{3l}{16f}\mathrm{d}s$，或写成

$$\Delta f = \frac{3l}{16f}\Delta s \tag{h}$$

索长的变化可能由各种因素引起，例如索的拉伸变形、索的温度变形、支座的位移或索在支座锚固处的滑移等。由式(h)可以看出，当垂跨比f/l不大时，索长的较小变化将引起索垂度的较大变化。例如，当$f/l = 0.1$时，$\Delta f = 1.875\Delta s$。

(3)索的变形协调方程

前面研究了悬索的平衡方程，讨论了不同荷载下的索曲线形状，但还不能解决索的实际问题。实际问题一般是具有这样的形式、设定索的一种"初始状态"，简称"始态"(initial state)。在初始状态下，索承受的初始荷载q_0、索的初始形状z_0、相应的初始拉力H_0均为已知。在此基础上，对索施加荷载增量Δq，即索所承受的荷载由q_0变到$q = q_0 + \Delta q$；此时索的内力由H_0变到$H = H_0 + \Delta H$，索产生相应的伸长(或缩短)，而索的座标由z_0变到$z = z_0 + \omega$(ω代表索的竖向变位)。简言之，索由初始状态转变到一个新的状态，可称为"最终状态"或"荷载状态"，简称"终态"(final state)。索在"终态"时的内力H和形状z(或者说，内力增量ΔH和位移ω)是未知的，需要求解。

应指出：根据式(4.67)—式(4.69)，由于$q = q_0 + \Delta q$是已知的，只要知道索曲线某一点的坐标(如跨中垂度f)，曲线$z(x)$即可确定。同样，索各点的内力也可由它们的水平分量H唯一确定。因此，解题时只要求解两个未知常数。

索的平衡方程只给出某一特定"状态"下q,z,H三者之间的关系(即平衡关系)，而不能考虑索"状态"的变化过程。所以，仅有平衡方程无法解决上面提出的实际问题。从数学角度来看，要求解z(或ω)和H(或ΔH)两个未知量，只有一个平衡方程也不够。因此，必须在索由始态过渡到终态的过程中，考虑索的变形和位移情况，建立索的变形协调方程(compatibility)。

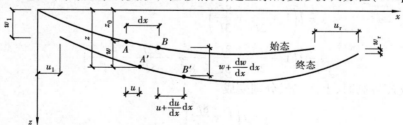

图4.40　索的始态与终态

由图4.40，设索由始态过渡到终态时，两端支座产生一定的水平位移(u_L, ω_L)和(u_R, ω_R)，脚标L表示左端，R表示右端。同时，假定索在此过程中温度变化为Δt。考察长为$\mathrm{d}s_0$的微分单元AB，它在变化后移到$A'B'$的位置，其长度变为$\mathrm{d}s$；由几何关系知：

$$\mathrm{d}s_0 = \sqrt{\mathrm{d}x^2 + \mathrm{d}z_0^2} = \sqrt{1 + \left(\frac{\mathrm{d}z_0}{\mathrm{d}x}\right)^2}\,\mathrm{d}x$$

$$ds = \sqrt{(dx + du)^2 + dz^2} = \sqrt{\left(1 + \frac{du}{dx}\right)^2 + \left(\frac{dz}{dx}\right)^2}\, dx$$

$$= \sqrt{1 + 2\frac{du}{dx} + \left(\frac{du}{dx}\right)^2 + \left(\frac{dz}{dx}\right)^2}\, dx$$

$$\approx \sqrt{1 + 2\frac{du}{dx} + \left(\frac{dz}{dx}\right)^2}\, dx$$

在上式中,由于 u 与 z 相比是高阶微量,因此略去了 $\frac{du}{dx}$ 的二次幂项。所考察微分单元的伸长为:

$$ds - ds_0 = \sqrt{1 + 2\frac{du}{dx} + \left(\frac{dz}{dx}\right)^2}\, dx - \sqrt{1 + \left(\frac{dz_0}{dx}\right)^2}\, dx$$

如前所述,在小垂度问题中,可将上式中的根号展开,并保留微量之第一项。于是得

$$ds - ds_0 = \left[\frac{du}{dx} + \frac{1}{2}\left(\frac{dz}{dx}\right)^2 - \frac{1}{2}\left(\frac{dz_0}{dx}\right)^2\right] dx$$

整根索之总伸长为:

$$\Delta s = \int_{s_0} (ds - ds_0) = \int_l \left[\frac{du}{dx} + \frac{1}{2}\left(\frac{dz}{dx}\right)^2 - \frac{1}{2}\left(\frac{dz_0}{dx}\right)^2\right] dx$$

$$= u_R - u_L + \frac{1}{2}\int_l \left[\left(\frac{dz}{dx}\right)^2 - \left(\frac{dz_0}{dx}\right)^2\right] dx \tag{a}$$

式中的积分号下标 l 表示沿索整个跨长积分。如果将 $z = z_0 + \omega$ 代入关系式(a)右侧之积分函数内,上式也可写成

$$\Delta s = u_R - u_L + \int_l \left[\frac{dz_0}{dx} \cdot \frac{d\omega}{dx} + \frac{1}{2}\left(\frac{d\omega}{dx}\right)^2\right] dx \tag{b}$$

由物理方面考虑,索的伸长系由索内力增量和温度变化所引起,即

$$\Delta s = \int_l \left(\frac{\Delta T}{EA} + \alpha\Delta t\right) ds_0 = \int_l \left(\frac{\Delta s}{EA} \cdot \frac{ds_0}{dx} + \alpha\Delta t\right) \frac{ds_0}{dx} dx$$

$$= \frac{\Delta H}{EA}\int_l \left(\frac{ds_0}{dx}\right)^2 dx + \alpha\Delta t\int_l \frac{ds_0}{dx} dx$$

$$= \frac{\Delta H}{EA}\int_l \left[1 + \left(\frac{dz_0}{dx}\right)^2\right] dx + \alpha\Delta t\int_l \sqrt{1 + \left(\frac{dz_0}{dx}\right)^2}\, dx \tag{c}$$

令

$$\left.\begin{aligned} \xi &= \frac{1}{l}\int_l \left[1 + \left(\frac{dz_0}{dx}\right)^2\right] dx \\ \eta &= \frac{1}{l}\int_l \sqrt{1 + \left(\frac{dx_0}{dx}\right)^2}\, dx \approx \frac{1}{l}\int_l \left[1 + \frac{1}{2}\left(\frac{dz_0}{dx}\right)^2\right] dx \end{aligned}\right\} \tag{d}$$

则

$$\Delta s = \frac{\Delta H}{EA}l\xi + \alpha\Delta t \cdot l\eta \tag{e}$$

若悬索为式(4.69)所表示的抛物线,可推得

$$\xi = 1 + \frac{16}{3}\frac{5^2}{l^2} + \frac{c^2}{l^2}$$

$$\eta = 1 + \frac{8}{3}\frac{5^2}{l^2} + \frac{c^2}{2l^2} \tag{f}$$

在小垂度问题中,式(d)中的$\left(\dfrac{dz_0}{dx}\right)^2$与1比较是微量,可以忽略,即令$\xi=1,\eta=1$,得

$$\Delta s = \frac{\Delta H}{EA}l + \alpha\Delta t \cdot l$$

或

$$\Delta s = \frac{H - H_0}{EA}l + \alpha\Delta t \cdot l \tag{g}$$

令式(a)或(b)与式(g)相等,得

$$\frac{H - H_0}{EA}l = u_R - u_L + \frac{1}{2}\int_l\left[\left(\frac{dz}{dx}\right)^2 - \left(\frac{dz_0}{dx}\right)^2\right]dx - \alpha\Delta t \cdot l \tag{4.80}$$

或

$$\frac{H - H_0}{EA}l = u_R - u_L + \frac{1}{2}\int_l\left[\frac{dz_0}{dx}\cdot\frac{d\omega}{dx} + \frac{1}{2}\left(\frac{d\omega}{dx}\right)^2\right]dx - \alpha\Delta t \cdot l \tag{4.81}$$

这就是索的变形协调方程。

计算分析表明:当$f/l\leq0.1$时,采用近似表达式(g),可达到满意的精度。

4.8.2 单索问题解法

推导抛物线悬索受均布荷载作用下求水平力H的方程式。设索在初始状态的均布荷载q_0、索曲线状态z_0和索初始内力H_0均为已知,且不考虑支座位移和温度变化。

当索受均布荷载时,由本节(2)中的(c)式,始态和终态下曲线的长度分别为:

$$s_0 = l\left(1 + \frac{c^2}{2l^2} + \frac{8f_0^2}{3l^2}\right)$$

$$s = l\left(1 + \frac{c^2}{2l^2} + \frac{8f^2}{3l^2}\right)$$

索的伸长量为:

$$\Delta s = s - s_0 = \frac{8}{3}\frac{f^2 - f_0^2}{l}$$

可见,Δs与两支座的高差无关。于是索的变形协调方程为:

$$\frac{H - H_0}{EA}l = \frac{8}{3}\frac{f^2 - f_0^2}{l} \tag{a}$$

而平衡方程为:

$$\left.\begin{array}{l} f = \dfrac{ql^2}{8H} \\[2mm] f_0 = \dfrac{ql^2}{8H_0} \end{array}\right\} \tag{b}$$

将式(b)代入方程(a),整理后得:

$$H - H_0 = \frac{EAl^2}{24}\left(\frac{q^2}{H^2} - \frac{q_0^2}{H_0^2}\right) \tag{4.82}$$

这就是均布荷载作用下求解 H 的三次方程。三次方程不易求解,在实际解题时常采用迭代法(iterative method)。

例4.7 设有承受均布荷载的抛物线索,已知:$A = 0.674$ cm^2,$E = 17\,000$ kN/cm^2,$EA = 11\,460$ kN;$l = 8$ m,$H_0 = 10$ kN,$q_0 = 0.2$ kN/m,$q = 0.5$ kN/m。求索内水平张力 H 及索在始态和终态的跨中垂度。

解 将已知数据代入式(4.82),整理后得:

$$H^3 + 2.224H^2 - 7640 = 0$$

将此方程改写为如下的迭代公式:

$$H = \sqrt{\frac{7\,640}{H + 2.224}}$$

先大致估计一初始值,按此式经数次迭代后,即可求得 $H = 18.98$ kN。索在始态和终态的垂度分别为:

$$f_0 = \frac{q_0 l^2}{8H_0} = \frac{0.2 \times 8^2}{8 \times 10} = 0.160(\text{m})$$

$$f = \frac{q l^2}{8H} = \frac{0.5 \times 8^2}{8 \times 10} = 0.211(\text{m})$$

例4.8 考虑始态为直线的悬索,即 $z_0 = 0$ 和 $q_0 = 0$,其他数据与上例相同。此时 H 的三次方程变为如下形式:

$$H^3 - 10H^2 - 7\,640 = 0$$

解 写成迭代式

$$H = \sqrt{\frac{7\,640}{H - 10}}$$

不难解得

$$H = 23.65 \text{ kN}$$

$$f = \frac{0.5 \times 8^2}{8 \times 23.65} = 0.169(\text{m})$$

以上为钢索计算的基础理论和简单应用,关于其他索结构的计算,可参阅有关专著。

复习思考题

1. 轴心受力构件应进行哪些方面的验算?
2. 轴心受力构件的强度计算公式是按它们的承载力极限状态确定的吗?为什么?
3. 轴心受压构件都有哪几种屈曲形式?如何判断构件发生何种形式的屈曲?
4. 轴心受压构件屈曲为什么要分为弹性屈曲和弹塑性屈曲?在理想轴心受压构件中这两种屈曲的范围可用什么来划分?
5. 初始缺陷(残余应力、初弯曲、初偏心)对轴心受压构件承载力有何影响?它们对 $\lambda < \lambda_p$ 或 $\lambda > \lambda_p$ 的柱以及柱的强、弱轴影响相同吗?

6.实腹式轴心受压构件设计的基本原则是什么?

7.实腹式轴心受压构件设计的主要步骤有哪些?

8.格构式轴心受压构件计算整体稳定性时,对虚轴采用的换算长细比表示什么样的意义?缀条柱和缀板柱的换算长细比计算公式有何不同?肢件的稳定性如何保证?

9.格构式轴心受压构件设计的主要步骤有哪些?

10.实腹式和格构式轴心受压构件有哪些主要构造规定?

11.轴心受压构件柱头构造及计算有哪些规定?

12.轴心受压铰接柱脚的计算和构造有哪些规定?

习 题

4.1 试验算图4.41所示焊接工字形截面柱(翼缘为焰切边),轴心压力设计值为 $N = 4\ 500$ kN,柱的计算长度 $l_{0x} = l_{0y} = 6.0$ m,材料为 Q235 钢材,截面无削弱。

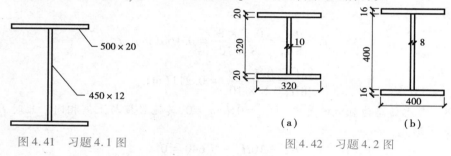

图 4.41 习题 4.1 图   图 4.42 习题 4.2 图

4.2 图4.42所示(a),(b)两截面组合柱,截面面积相同,且均为 Q235 钢材,翼缘为焰切边,两端简支,$l_{0x} = l_{0y} = 8.7$ m,试计算(a),(b)两柱所能承受的最大轴心压力设计值。

4.3 设某工业平台承受轴心压力设计值 $N = 5\ 000$ kN,柱高 8 m,两端铰接。要求设计焊接工字形截面组合柱及柱脚。基础混凝土强度等级为 C15。($f_c = 7.5$ N/mm²)

4.4 试设计一桁架的轴心压杆,拟采用两等肢角钢相拼的 T 形截面,角钢间距为 12 mm,轴心压力设计值为 380 kN,杆长 $l_{0x} = 3.0$ m,$l_{0y} = 2.47$ m,Q235 钢材。

4.5 某重型厂房柱的下柱截面如图4.43所示,斜缀条水平倾角45°,Q235 钢材,$l_{0x} = 18.5$ m,$l_{0y} = 29.7$ m,设计最大轴心压力 $N = 3\ 550$ kN,试验算此柱是否安全?

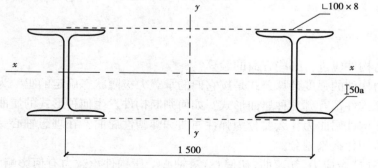

图 4.43 习题 4.5 图

第**5**章
受弯构件

受弯构件的
形式和应用

5.1　钢梁的类型和截面形式

梁在工业与民用建筑结构中是不可缺少的基本构件之一,主要用以承受横向荷载,故又称受弯构件。受弯构件也包括实腹式受弯构件(梁)和格构式受弯构件(桁架)两个系列。本课程仅介绍实腹式梁(beam)的设计方法。格构式受弯构件(桁架)用于屋架、托架、吊车桁架以及大跨结构中,其设计方法将在后续课程中介绍。

5.1.1　实腹式梁的类型和截面形式

实腹式钢梁常用于工作平台梁、楼盖梁、墙架梁和吊车梁等。实腹式钢梁按材料和制作方法可分为型钢梁和组合梁两大类(图5.1)。

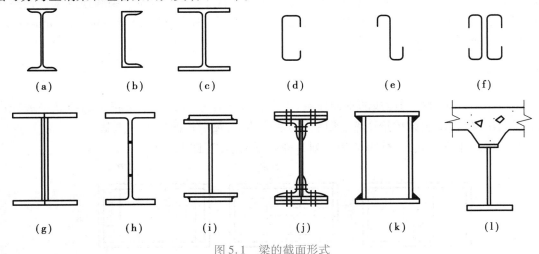

图5.1　梁的截面形式

型钢梁加工简单、制造方便、成本较低,因而广泛用于小型钢梁。型钢梁直接选用工字钢、H型钢或槽钢制成。工字钢、H型钢的截面材料分布比较符合平面弯曲的特点,用料比较经济,应用最广。槽钢的翼缘较小,材料在截面上的分布不如工字钢、H型钢合理,而且它的截面不对称,剪力中心在腹板的外侧,弯曲时常同时产生扭转,受力性能较差,应用不如工字钢广泛。用槽钢时应采取措施使荷载的作用线接近剪力中心,或采取构造措施使截面不会产生扭转。薄壁型钢可用作某些受力不大的受弯构件,如檩条(purline)和墙梁等,用料比较经济,但因是薄壁截面,防锈要求较高,需要防止杆件的扭转和屈曲。

由于工厂轧制条件的限制,型钢梁的规格、尺寸都有限,当荷载或跨度较大时,型钢梁难以满足构件的承载力、刚度和经济性的要求,此时,应该采用组合梁。

组合梁是由钢板、型钢用焊缝、螺栓或铆钉连接而成。它的截面组合比较灵活,可使材料在截面上的分布更为合理,节约用料,常用于荷载或跨度较大的梁。用三块钢板焊成的工字形组合梁,构造简单,制造方便,应用广泛。有时限于钢板厚度,也有采用双层翼缘板的组合梁。承受动力荷载的梁,如钢材质量不能满足焊接结构的要求,可采用铆接或高强度螺栓连接。用T型钢和钢板也可焊成工字形梁。当梁承受的荷载很大而其截面高度受到限制,或承受双向弯矩(M_1和M_2),或承受很大的扭矩时,可采用箱形截面梁。

在钢梁上放置钢筋混凝土楼板,并通过抗剪连接件(圆柱头焊钉、槽钢等)将钢梁与混凝土板连接成组合梁,可充分利用混凝土抗压、钢材抗拉的特性而使构件达到更为经济的效果。

在跨度很大而荷载不大时(弯矩很大而剪力较小),将H型钢(宽翼缘工字钢)的腹板按图5.2(a)的折线割开再错位焊成图5.2(b)所示蜂窝形梁,也是一种经济、合理的形式。

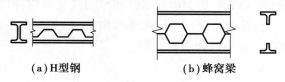

(a)H型钢   (b)蜂窝梁

图5.2　蜂窝型梁

根据梁的弯曲变形情况,梁可分为在一个主平面内弯曲的单向受弯梁和在两个主平面内弯曲的双向受弯梁(或称斜弯曲梁)。根据梁的支承情况,梁可分为简支梁和连续梁。钢梁一般都用简支梁。简支梁制造简单,安装方便,且可避免因支座不均匀沉降(unequal settlement)所产生的不利影响。

5.1.2　梁格布局

梁格是由许多梁排列而成的平面体系,如楼盖和工作平台梁等。梁格上的荷载一般先由铺板传给次梁,再由次梁传给主梁,然后传到柱或墙上,最后传给基础和地基。

根据梁的排列方式,梁格可分为下列3种典型的形式(图5.3)。

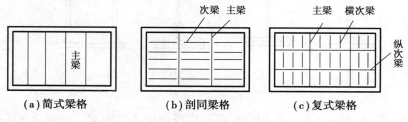

(a)简式梁格   (b)剖同梁格   (c)复式梁格

图5.3　梁格的形式

a. 简式梁格。只有主梁,适用于梁跨度较小的情况。

b. 普通梁格。有次梁和主梁,次梁支承于主梁上。

c. 复式梁格。除主梁和纵向次梁外,还有支承于纵向次梁上的横向次梁。

铺板可采用钢筋混凝土板或钢板,目前大多采用钢筋混凝土板。铺板宜与梁牢固连接使两者共同工作,分担梁的受力,节约钢材,并能增强梁的整体稳定性。布置梁格时,在满足使用要求的前提下,应考虑材料供应、制造和安装条件等因素,对几种可能的布置方案进行技术经济比较,最后选定合理、经济的方案。

梁的强度

5.2　梁的强度和刚度

5.2.1　梁的强度

对于普通钢梁,要保证强度安全,就是要保证在危险截面处(一般是弯矩最大处),梁净截面的抗弯强度及抗剪强度不超过其钢材的抗弯及抗剪强度极限。对于工字形、箱形截面的梁,在集中荷载处,腹板边缘(与翼缘相连处)受局部压力作用,需满足局部受压的强度条件;同时,该点还受弯曲应力、剪应力及局部压应力的共同作用,故还应对该点的折算应力进行强度验算。现在对这些问题分述如下。

(1)抗弯强度

梁截面的弯曲应力随弯矩增加而变化,可分为弹性、弹塑性及塑性 3 个工作阶段。下面以工字形截面梁弯曲为例来说明(图 5.4)。

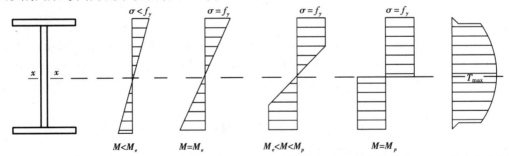

(a)工字形截面　(b)弹性阶段 (c)弹性极限状态　(d)弹塑性阶段　(e)全塑性阶段　　(f)剪应力分布图

图 5.4　梁截面各阶段的应力分布

1)弹性工作阶段

当弯矩 M 较小时,截面上的弯曲应力呈三角形直线分布。其外缘纤维最大应力为 $\sigma = M/W_n$。这个阶段可持续到 σ 达到屈服点 f_y。这时梁截面的弯矩达到弹性极限弯矩 M_e。

$$M_e = W_n f_y \tag{5.1}$$

式中　M_e——梁的弹性极限弯矩;

$\qquad$ W_n——梁的净截面(弹性)抵抗矩。

2)弹塑性工作阶段

超过弹性极限弯矩后,如果弯矩继续增加,截面外缘部分进入塑性状态,中央部分仍保持弹性。这时截面弯曲应力不再保持三角形直线分布,而是呈折线分布。随着弯矩增大,塑性区逐渐向截面中央扩展,中央弹性区相应逐渐缩小。

3)塑性工作阶段

在弹塑性工作阶段,如果弯矩不断增加,直到弹性区消失,截面全部进入塑性状态,就达到塑性工作阶段。这时梁截面应力呈上下两个矩形分布。弯矩达到最大极限,称为塑性弯矩 M_p,其值为:$M_p = W_{pn}f_y = (S_{1n} + S_{2n})f_y$,其中 W_{pn} 称为梁的净截面塑性抵抗矩。

当截面上的弯矩达到 M_p 时,荷载不能再增加,但变形仍可以继续增加,截面犹如一个铰可以转动,故称为塑性铰(plastic hinge)。截面形成塑性铰时,截面中和轴为净截面面积平分线,其塑性抵抗矩为截面中和轴以上或以下的净截面对中和轴的面积矩 S_{1n} 和 S_{2n} 之和。W_{pn} 与 W_n 之比 $F = W_{pn}/W_n$ 称为截面形状系数。实际上它是截面塑性极限弯矩与截面弹性极限弯矩之比。对于矩形截面 $F = 1.5$;对于通常尺寸的工形截面 $F_x = 1.1 \sim 1.2$(绕强轴弯曲),$F_y = 1.5$(绕弱轴弯曲);对于箱形截面 $F = 1.1 \sim 1.2$;对于格构式截面或腹板很小的截面,$F \approx 1$。

如果梁上的弯矩达到塑性弯矩而形成塑性铰时,梁的变形较大,同时梁内塑性区发展过大,对梁的承载不利。《钢结构设计标准》(GB 50017—2017)规定,对于承受静荷载或间接动荷载的梁,不是以达到塑性弯矩作为梁的承载力极限状态,而是取梁截面上塑性区发展到一定深度(即截面的部分区域进入塑性区)作为承载力极限状态;对于直接承受动荷载的梁,则以梁截面上达到弹性极限弯矩作为承载力极限状态。这样,梁的抗弯强度计算公式规定如下:

①承受静荷载或间接承受动荷载的梁。

单向弯曲时
$$\frac{M_x}{\gamma_x W_{nx}} \leqslant f \tag{5.2}$$

双向弯曲时
$$\frac{M_x}{\gamma_x W_{nx}} + \frac{M_y}{\gamma_y W_{ny}} \leqslant f \tag{5.3}$$

式中 M——弯矩;

γ_x,γ_y——对主轴 x,y 的截面塑性发展系数,应按下列规定取值:对工字形和箱形截面,当截面板件宽厚比等级为 S4 或 S5 级时,截面塑性发展系数应取为 1.0,当截面板件宽厚比等级为 S1 级、S2 级及 S3 级时,截面塑性发展系数应按下列规定取值:

a. 工字形截面(x 轴为强轴,y 轴为弱轴):$\gamma_x = 1.05$,$\gamma_y = 1.20$。

b. 箱形截面:$\gamma_x = \gamma_y = 1.05$。

c. 其他截面的塑性发展系数可按附录 5 采用。

d. 对需要计算疲劳的梁,宜取 $\gamma_x = \gamma_y = 1.0$。

W_{nx},W_{ny}——对 x 轴和 y 轴的净截面模量,当截面板件宽厚比等级为 S1 级、S2 级、S3 级或 S4 级时,应取全截面模量;当截面板件宽厚比等级为 S5 级时,应取有效截面模量;均匀受压翼缘有效外伸宽度可取 $15\varepsilon_k$;腹板有效截面可按本书 6.4.2 节的方法计算(mm^3)。

f——钢材抗弯强度设计值,见附表 1.1。

②直接承受动荷载的梁。

仍可按式(5.2)和式(5.3)计算,但取 $\gamma_x = \gamma_y = 1.0$。

受弯构件的截面板件宽厚比等级及限值见表 5.1。

表 5.1　受弯构件的截面板件宽厚比等级及限值

截面板件宽厚比等级		S1 级	S2 级	S3 级	S4 级	S5 级
工字形截面	翼缘 b/t	$9\varepsilon_k$	$11\varepsilon_k$	$13\varepsilon_k$	$15\varepsilon_k$	20
	腹板 h_0/t_w	$65\varepsilon_k$	$72\varepsilon_k$	$93\varepsilon_k$	$124\varepsilon_k$	250
箱形截面	壁板（腹板）间翼缘 b_0/t	$25\varepsilon_k$	$32\varepsilon_k$	$37\varepsilon_k$	$42\varepsilon_k$	—

注：①ε_k 为钢号修正系数，$\varepsilon_k=\sqrt{\dfrac{235}{f_y}}$。

②b 为工字形、H 形截面的翼缘外伸宽度，t、h_0、t_w 分别是翼缘厚度、腹板净高和腹板厚度，对轧制型截面，腹板净高不包括翼缘腹板过渡处圆弧段；对于箱形截面，b_0、t 分别为壁板间的距离和壁板厚度；D 为圆管截面外径。

③箱形截面梁及单向受弯的箱形截面柱，其腹板限值可根据 H 形截面腹板采用。

（2）抗剪强度

《钢结构设计标准》（GB 50017—2017）以截面最大剪应力达到所用钢材抗剪强度作为抗剪承载力极限状态。因此，对于绕强轴（x）受弯的梁，截面剪应力分布如图 5.4（f）所示，抗剪强度计算公式如下：

$$\tau = \frac{VS}{I_x t_w} \leqslant f_v \tag{5.4}$$

式中　V——计算截面的剪力；

　　　I_x——毛截面绕强轴（x）的惯性矩；

　　　S——中和轴以上或以下截面对中和轴的面积矩，按毛截面计算；

　　　t_w——腹板厚度；

　　　f_v——钢材抗剪强度设计值，见附表 1.1。

轧制工字钢和槽钢因受轧制条件限制，腹板厚度 t_w 相对较大，当无较大的截面削弱（如切割或开孔等）时，可不计算剪应力。

（3）腹板局部压应力

当工字形、箱形等截面梁上有集中荷载（包括支座反力）作用时，集中荷载由翼缘传至腹板。因而在集中荷载作用处的腹板边缘，会有很高的局部横向压应力。为保证这部分腹板不被受压破坏，必须对集中荷载引起的局部横向压应力进行计算。图 5.5 表示翼缘局部范围 a 段内有集中荷载 F 作用的局部受压的情形。这时翼缘像一个支承在腹板上的弹性地基梁，腹板计算高度 h_0 的边缘（图中 1—1 截面）处，局部横向压应力 σ_c 最大，沿梁高向下 σ_c 逐渐减小至零。沿跨度方向荷载作用点处 σ_c 最大，然后向两边逐渐减小，至远端甚至出现拉应力（图 5.5）。

实际计算时，偏安全地近似假定集中荷载 F 从作用点开始，按 45°角（即 1∶1 的斜率）均匀地向腹板内扩散，至 1—1 截面扩散长度为 l_z，假定在 l_z 长度范围内 σ_c 均匀分布。《钢结构设计标准》（GB 50017—2017）规定腹板计算高度 h_0 的边缘局部横向压应力 σ_c 应满足下式要求：

$$\sigma_c = \frac{\psi F}{t_w l_z} \leqslant f \tag{5.5-1}$$

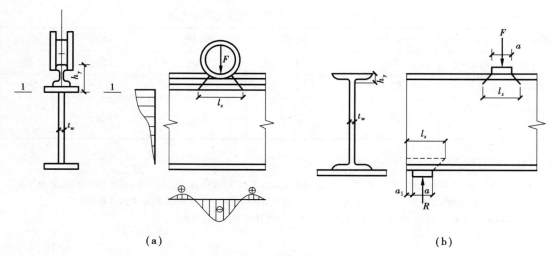

(a)   (b)

图 5.5　梁腹板局部压应力

$$l_z = 3.25 \sqrt[3]{\dfrac{I_R + I_f}{t_w}} \tag{5.5-2}$$

$$l_z = a + 5h_y + 2h_R \tag{5.5-3}$$

式中　F——集中荷载,对动荷载应考虑动力系数,N;

　　　ψ——集中荷载增大系数(考虑吊车轮压分配不均匀),对于重级工作制吊车的轮压荷载取 1.35,其他情况取 1.0;

　　　l_z——集中荷载在腹板计算高度上边缘的假定分布长度,宜按式(5.5-2)计算,也可采用简化式(5.5-3)计算,mm;

　　　I_R——轨道绕自身形心轴的惯性矩,mm^4;

　　　I_f——梁上翼缘绕翼缘中面的惯性矩,mm^4;

　　　a——集中荷载沿跨度方向的支承长度,mm,对钢轨上的轮压可取 50 mm;

　　　h_y——自梁顶面至腹板计算高度上边缘处的距离。腹板计算高度 h_0 的边缘处(即图 5.5 中的 1—1 截面)是指:①对于轧制型钢梁为腹板与翼缘相接处内圆弧起点处;②对于组合梁为腹板上边缘处;

　　　h_R——轨道的高度,对梁顶无轨道的梁取值为 0,mm。

对于固定集中荷载(包括支座反力),若 σ_c 不满足式(5.5)要求,则应在集中荷载处设置加劲肋。这时集中荷载考虑全部由加劲肋传递,腹板局部压应力可以不再计算。

对于移动集中荷载(如吊车轮压),若 σ_c 不满足式(5.5)要求,则应加厚腹板,或采取各种措施使 a 或 h_y 增加,从而加大荷载扩散长度减小 σ_c 值。

(4)折算应力

在组合梁的腹板计算高度边缘处,若同时受有较大的正应力、剪应力和局部压应力,或同时受有较大的正应力和剪应力(如连续梁支座处或梁的翼缘截面改变处等)应验算其折算应力。例如,图 5.6 中受集中荷载作用的梁,在图中 1—1 截面处,弯矩及剪力均为最大值,同时还有集中荷载引起的局部横向压应力,这时该梁 1—1 截面腹板(计算高度)边缘 A 点处,同时有正应力 σ_1、剪应力 τ_1 及横向压应力 σ_c 共同作用(图 5.7),为保证安全承载,应按下式验算其折算应力:

$$\sigma_{eq} = \sqrt{\sigma_1^2 + \sigma_c^2 - \sigma_1\sigma_c + 3\,\tau_1^2} \leqslant \beta_1 f \tag{5.6}$$

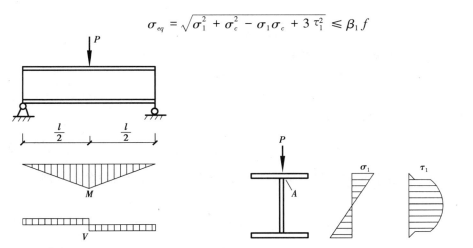

图 5.6　受集中荷载作用的简支梁　　　　图 5.7　折算应力的验算截面

式中　　$\sigma_1 = \dfrac{M}{I_{nx}} y_1$——验算点处正应力；

　　　　$\tau_1 = \dfrac{VS_1}{I_{nx}t_w}$——验算点处剪应力；

　　　　M, V——验算截面的弯矩及剪力；

　　　　I_{nx}——验算截面的净截面惯性矩；

　　　　y_1——验算点至中和轴的距离。对于图 5.7 中的 A 点，$y_1 = h_0/2$；

　　　　S_1——验算点以上或以下截面面积对中和轴的面积矩。对于图 5.7 中的 A 点，S_1 为翼
　　　　　　缘面积对中和轴的面积矩；

　　　　σ_c——验算点处局部压应力，按式(5.5)计算。当验算截面处设有加劲肋或无集中荷
　　　　　　载时，取 $\sigma_c = 0$；

　　　　β_1——折算应力的强度设计值增大系数；《钢结构设计标准》(GB 50017—2017)规定：
　　　　　　当 σ 与 σ_c 异号时，取 $\beta_1 = 1.2$；当 σ 与 σ_c 同号或 $\sigma_c = 0$，取 $\beta_1 = 1.1$。

　　式(5.6)中将强度设计值乘以增大系数 β_1，是考虑到折算应力最大值只在局部区域，同时
几种应力在同一处都达到最大值且材料强度又同时为最低值的概率最小，故将设计强度适当
提高。当 σ 与 σ_c 异号时比同号时要提早进入屈服，而此时塑性变形能力高，危险性相对较
小，故取 $\beta_1 = 1.2$。当 σ 与 σ_c 同号时屈服延迟，脆性倾向增加，故取 $\beta_1 = 1.1$。当 $\sigma_c = 0$ 时则偏
安全，取 $\beta_1 = 1.1$。

5.2.2　梁的刚度

梁的刚度按正常使用极限状态下，荷载标准值引起的最大挠度来计算。

梁的刚度

简支梁在各种常见荷载作用下跨中最大挠度计算公式如下：

均布荷载

$$w = \dfrac{5q_k l^4}{384EI} \tag{5.7}$$

跨中一个集中荷载

$$w = \frac{P_k l^3}{48EI} \quad\quad (5.8)$$

跨间等距离布置两个相等的集中荷载

$$w = \frac{6.81}{384} \times \frac{P_k l^3}{EI} \quad\quad (5.9)$$

跨间等距离布置 3 个相等的集中荷载

$$w = \frac{6.33}{384} \times \frac{P_k l^3}{EI} \quad\quad (5.10)$$

悬臂梁受均布荷载及自由端受集中荷载作用时,自由端最大挠度计算公式分别为:

受均布荷载

$$w = \frac{q_k l^4}{8EI} \quad\quad (5.11)$$

自由端受集中荷载作用

$$w = \frac{P_k l^3}{3EI} \quad\quad (5.12)$$

式中　w——梁的最大挠度;

　　　q_k——均布荷载标准值;

　　　P_k——各个集中荷载标准值之和;

　　　l——梁的跨度;

　　　E——钢材的弹性模量($E = 2.06 \times 10^5$ N/mm²);

　　　I——梁的毛截面惯性矩。

《钢结构设计标准》(GB 50017—2017)要求结构构件或体系变形不得损害结构正常使用功能。例如,如果楼盖梁或屋盖梁挠度太大,会引起居住者不适,或板面开裂;支承吊顶的梁挠度太大,会引起吊顶抹灰开裂脱落;吊车梁挠度太大,会影响吊车正常运行。因此设计钢梁除应保证各项强度要求之外,还应限制梁的最大挠度 w 或相对挠度 w/l 不超过规定容许值,即梁的刚度条件是:

$$\left.\begin{array}{l} w \leqslant [w] \\ w/l \leqslant [w]/l \end{array}\right\} \quad\quad (5.13)$$

式中　$[w]$——梁的容许挠度。表 5.2 列出《钢结构设计标准》(GB 50017—2017)规定的 $[w]$ 值;

　　　l——梁的跨度。

表 5.2　受弯构件挠度容许值

项次	构件类别	挠度容许值	
		$[w_T]$	$[w_Q]$
1	吊车梁和吊车桁架(按自重和起重量最大的一台吊车计算挠度) (1)手动起重机和单梁起重机(含悬挂起重机) (2)轻级工作制桥式起重机 (3)中级工作制桥式起重机 (4)重级工作制桥式起重机	$l/500$ $l/750$ $l/900$ $l/1\ 000$	

续表

项次	构件类别	挠度容许值	
		$[w_T]$	$[w_Q]$
2	手动或电动葫芦的轨道梁	$l/400$	
3	有重轨(重量等于或大于 38 kg/m)轨道的工作平台梁	$l/600$	
	有重轨(重量等于或小于 24 kg/m)轨道的工作平台梁	$l/400$	
4	楼(屋)盖梁或桁架、工作平台梁(第 3 项除外)和平台板		
	(1)主梁和桁架(包括设有悬挂起重设备的梁和桁架)	$l/400$	
	(2)仅支承压型金属板屋面和冷弯型钢檩条	$l/180$	$l/150$
	(3)除支承压型金属板屋面和冷弯型钢檩条外,尚有吊顶	$l/240$	$l/350$
	(4)抹灰顶棚的梁	$l/250$	$l/300$
	(5)除(1)—(4)款外的其他梁(包括楼梯梁)		
	(6)屋盖檩条		
	支承压型板金属屋面者	$l/150$	
	支撑其他屋面材料者	$l/200$	
	有吊顶	$l/240$	
	(7)平台板	$l/150$	
5	墙架构件(风荷载不考虑阵风系数)		
	(1)支柱(水平方向)		$l/400$
	(2)抗风桁架(作为连续支柱的支承时,水平位移)		$l/1\,000$
	(3)砌体墙的横梁(水平方向)		$l/300$
	(4)支承压型金属板的横梁(水平方向)		$l/100$
	(5)支承其他墙面材料的横梁(水平方向)		$l/200$
	(6)带有玻璃窗的横梁(竖直和水平方向)	$l/200$	$l/200$

注:①l 为受弯构件的跨度(对悬臂梁和伸臂梁为悬伸长度的 2 倍)。
　②$[w_T]$ 为永久和可变荷载标准值产生的挠度(如有起拱应减去拱度)容许值;$[w_Q]$ 为可变荷载标准值产生的挠度的容许值。
　③当吊车梁或吊车桁架跨度大于 12 m 时,其挠度容许值应乘以 0.9 的系数。
　④当墙面采用延性材料或与结构采用柔性连接时,墙架构件的支柱水平位移容许值可采用 $l/300$,抗风桁架(作为连续支柱的支承时)水平位移容许值可采用 $l/800$。

5.3　梁的整体稳定计算

梁的整体稳定

5.3.1　梁整体失稳的概念

在一个主平面内受横向荷载或弯矩作用的简支梁(称"单向受弯梁")。为提高钢梁的抗弯承载能力,通常设计成高而窄的工字形截面,在其最大主平面 yz(即腹板平面)承受横向荷载或弯矩,当荷载不大时,梁只在 yz 平面内产生弯曲变形;当荷载增大到某一数值时,梁有可

155

能突然产生在 xz 平面外的弯曲变形(侧弯)和绕 z 轴向的扭转变形,如图5.8模型所示。如果荷载继续增加,梁的侧向变形和扭转将急剧增加,使梁完全丧失承载能力。梁从平面弯曲状态转变为弯扭状态的现象称为梁的整体失稳。梁的整体失稳属于弯扭失稳,能保持整体稳定的最大荷载或弯矩称临界荷载或临界弯矩。

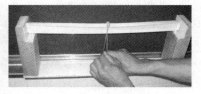

图5.8 受集中荷载作用的梁发生弯扭失稳

梁为什么会突然发生侧弯和扭转呢?我们可以把工字形截面梁的受压翼缘视为压杆,它很容易沿腹板方向弯曲失稳,但由于腹板提供了连续的支承作用使其抗弯刚度提高而不会失稳。由于翼缘较窄,于是,受压翼缘就可能在翼缘平面内发生弯曲屈曲。一旦受压翼缘在翼缘平面内发生弯曲屈曲,梁就会发生侧倾,此时,梁另一侧的受拉部分则以张拉力的形式抵抗这种侧倾,故表现出受压翼缘侧倾大而受拉翼缘侧倾小,形成主惯性轴 y 的转动。另外,侧向弯曲时梁上的横向荷载也随之偏离原来的位置,产生附加扭矩,这也是梁产生弯扭变形的因素之一。

5.3.2 梁的临界弯矩

(1)双轴对称工字形截面梁纯弯曲时的临界弯矩

如图5.9所示为两端受相等弯矩 M_x 作用的双轴对称工字形截面简支梁,侧向支承距离 l。其简支条件是:梁的两端可绕 x 轴和 y 轴转动,但不能绕 z 轴转动。假定梁无初弯曲,不考虑残余应力,处于弹性阶段,可按弹性理论建立梁在微小弯扭变形情况下的平衡微分方程。

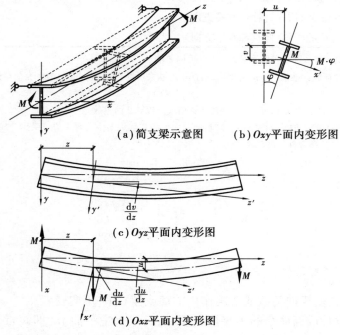

(a)简支梁示意图　　(b)Oxy平面内变形图

(c)Oyz平面内变形图

(d)Oxz平面内变形图

图5.9 单向受弯梁的弯扭失稳变形

　　设固定坐标系为 $Oxyz$,随截面移动的坐标系为 $O'x'y'z'$。当梁发生微小的弯扭屈曲变形时,考察离左端点为 z 的截面,其形心在 x,y 方向的位移为 u,v;截面绕 z 轴的扭转角为 φ(右手螺旋方向旋转为正);在 xz 平面上,$\theta = \mathrm{d}u/\mathrm{d}z$。由于是小变形,$xz$ 和 yz 平面内的曲率分别为:$\mathrm{d}^2 u/\mathrm{d}z^2$ 和 $\mathrm{d}^2 v/\mathrm{d}z^2$,可认为在 $x'z'$ 和 $y'z'$ 平面内的曲率分别与之相等;另外,$\sin \theta \approx \theta = \mathrm{d}u/\mathrm{d}z$,$\sin \varphi \approx \varphi$,$\cos \theta = \cos \varphi \approx 1$。根据上述近似关系可得:

　　绕 x' 轴的弯矩　　$M_{x'} = M_x \cos \theta \cos \varphi \approx M_x$

　　绕 y' 轴的弯矩　　$M_{y'} = M_x \cos \theta \sin \varphi \approx M_x \varphi$

　　绕 z' 轴的弯矩　　$M_{z'} = M_x \sin \theta \approx M_x \mathrm{d}u/\mathrm{d}z$

　　由材料力学中弯矩与曲率的关系和内、外扭矩间的平衡关系,可建立 3 个微分方程:

$$\left. \begin{aligned} EI_x v'' &= -M_x \\ EI_y u'' &= -M_x \\ GI_t \varphi' - EI_w \varphi''' &= M_x u' \end{aligned} \right\} \tag{5.14}$$

式中　　I_x, I_y ——对截面主轴的惯性矩;

　　　　I_t, I_ω ——抗扭惯性矩、扇形惯性矩。

　　式(5.14)中第一式只是 v 的函数,可独立求解;第二、第三式都是 u 和 φ 的函数,需联立求解;将第三式对 z 求导,并把第二式代入得到关于扭角 φ 的四阶线性齐次常微分方程:

$$EI_\omega \varphi'''' - GI_t \varphi'' - \frac{M_x^2}{EI_y} \varphi = 0 \tag{5.15}$$

　　引入符号 $\lambda_1 = GI_t/EI_w$,$\lambda_2 = M_x^2/E^2 I_y I_\omega$

　　得　　　　　　　　　　$\varphi'''' - \lambda_1 \varphi'' - \lambda_2 \varphi = 0 \tag{5.16}$

　　式(5.16)的通解为:

$$\varphi = C_1 \cosh a_1 z + C_2 \sinh a_1 z + C_3 \sin a_2 z + C_4 \cos a_2 z \tag{5.17}$$

其中

$$a_1 = \sqrt{\frac{\lambda_1 + \sqrt{\lambda_1^2 + 4\lambda_2}}{2}}$$

$$a_2 = \sqrt{\frac{-\lambda_1 + \sqrt{\lambda_1^2 + 4\lambda_2}}{2}}$$

　　梁端的扭转角 $\varphi = 0$,但可自由翘曲(即 $\varphi'' = 0$),故边界条件是:

　　当 $z = 0$ 和 $z = l$ 时,$\varphi = 0$,$\varphi'' = 0$;代入式(5.17)可得下列齐次方程组:

$$\begin{bmatrix} 1 & 0 & 0 & 1 \\ a_1^2 & 0 & 0 & -a_2^2 \\ \cos ha_1 l & \sin ha_1 l & \sin a_2 l & \cos a_2 l \\ a_1^2 \cos ha_1 l & a_1^2 \sin ha_1 l & -a_2^2 \sin a_2 l & -a_2^2 \cos a_2 l \end{bmatrix} \begin{bmatrix} C_1 \\ C_2 \\ C_3 \\ C_4 \end{bmatrix} = \begin{bmatrix} 0 \\ 0 \\ 0 \\ 0 \end{bmatrix} \tag{5.18}$$

　　为求得 $C_1 \sim C_2$ 的非零解,系数行列式应等于零,即:

$$\begin{vmatrix} 1 & 0 & 0 & 1 \\ a_1^2 & 0 & 0 & -a_2^2 \\ \cos ha_1 l & \sin ha_1 l & \sin a_2 l & \cos a_2 l \\ a_1^2 \cos ha_1 l & a_1^2 \sin ha_1 l & -a_2^2 \sin a_2 l & -a_2^2 \cos a_2 l \end{vmatrix} = 0 \tag{5.19}$$

展开后得

$$(a_1^2 + a_2^2)^2 \sin ha_1 l \sin a_2 l = 0 \tag{5.20}$$

欲使上式得到满足,必须有:

$$\sin a_2 l = 0 \quad 或 \quad a_2 = n\pi/l \tag{5.21}$$

将 a_2 代入式(5.18)可解得:

$$C_1 = C_2 = C_4 = 0$$

最后得通解(general solution)为: $\varphi = C_3 \sin \dfrac{n\pi z}{l}$

将 φ 代入式(5.15)可得:

$$\left[\frac{EI_\omega n^4 \pi^4}{l^4} + \frac{GI_t n^2 \pi^2}{l^2} - \frac{M_x^2}{EI_y} \right] C_3 \sin \frac{n\pi z}{l} = 0 \tag{5.22}$$

由于梁处于弯扭屈曲的平衡状态,$C_3 \neq 0$,若对于任意 z 上式要成立,必有:

$$\frac{EI_\omega n^4 \pi^4}{l^4} + \frac{GI_t n^2 \pi^2}{l^2} - \frac{M_x^2}{EI_y} = 0 \tag{5.23}$$

$$M_x = \frac{n^2 \pi^2 EI_y}{l^2} \sqrt{\frac{I_\omega}{I_y} \left(1 + \frac{GI_t l^2}{n^2 \pi^2 EI_\omega} \right)}$$

当 $n = 1$ 时,就得到双轴对称工字形截面简支梁受纯弯曲时的临界弯矩:

$$M_{x,cr} = \frac{\pi^2 EI_y}{l^2} \sqrt{\frac{I_\omega}{I_y} \left(1 + \frac{GI_t l^2}{\pi^2 EI_\omega} \right)} \tag{5.24}$$

当然,双轴对称工字形截面受纯弯曲作用的简支梁还只是一个特例,工程中还有其他截面形式的梁和不同的荷载形式,他们的临界弯矩计算也有所不同。

(2)单轴对称工字形截面梁受一般荷载的临界弯矩

单轴对称工字形截面梁(图5.10)在受一般荷载作用时,如两端弯矩不同,受集中荷载、分布荷载作用以及荷载作用位置不同等。此时,梁的弯扭屈曲微分方程与式(5.14)有所不同,由弹性稳定理论可得临界弯矩的一般表达式:

$$M_{cr} = \beta_1 \frac{\pi^2 EI_y}{l^2} \sqrt{(\beta_2 a + \beta_3 B_y)^2 + \frac{I_\omega}{I_y} \left(1 + \frac{GI_t l^2}{\pi^2 EI_\omega} \right)} \tag{5.25}$$

式中 $\beta_1, \beta_2, \beta_3$ —— 与荷载类型有关的系数,见表5.3。

   a —— 横向荷载作用点至截面剪力中心的距离(荷载作用在剪力中心以下时取正号,反之取负号);

   B_y —— 截面不对称几何特性,$B_y = \dfrac{1}{2I_x} \displaystyle\int_A y(x^2 + y^2) \mathrm{d}A - y_0$;双轴对称截面,$B_y = 0$;

   y_0 —— 剪力中心 S 至截面形心 C 的距离;$y_0 = (I_2 h_2 - I_1 h_1)/I_y$;

   I_1, I_2 —— 受压翼缘和受拉翼缘对 y 轴的惯性矩;

   h_1, h_2 —— 受压翼缘和受拉翼缘形心至整个截面形心的距离。

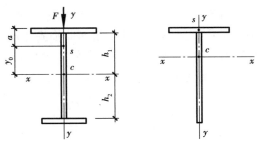

(a) 单轴对称工字形截面梁　　　**(b) 单轴对称T形截面梁**

图 5.10　单轴对称截面梁示意图

表 5.3　公式中系数 β_1，β_2，β_3 的值

荷载类型	β_1	β_2	β_3
跨度中点集中荷载	1.35	0.55	0.40
满跨均布荷载	1.13	0.46	0.53
纯弯曲	1	0	1

（3）影响梁弯扭屈曲临界弯矩的因素

从临界弯矩的表达式可以看出，影响梁弯扭屈曲临界弯矩的因素很多，下面对几个主要因素进行分析。

①梁的侧向抗弯刚度 EI_y、抗扭刚度 GI_t 和抗翘曲刚度 EI_ω 越大，则临界弯矩越大。

②侧向支承点的间距 l（或跨度）越小，则临界弯矩越大。

③B_y 值越大则临界弯矩越大。例如，受压翼缘加强的工字形截面（或翼缘受压的 T 形截面）的 B_y 值比受拉翼缘加强的工字形截面（或翼缘受拉的 T 形截面）的 B_y 值大，因此前者的临界弯矩比后者的大。

④集中荷载作用于跨中时，弯矩图为三角形，只有跨中截面弯矩最大，其他截面按直线关系降低，其临界弯矩最大（β_1 值最大）。梁受纯弯曲时，弯矩图为矩形，弯矩沿梁长相等，均为最大值，临界弯矩最小（β_1 值最小）。

⑤a 值代表了荷载作用位置对临界弯矩的影响。横向荷载作用在工字形截面上翼缘时（a 为负），梁一旦有侧弯变形，荷载将产生绕剪力中心的附加扭矩，加速梁的弯扭变形，促使梁丧失整体稳定。而荷载作用在下翼缘时（a 为正），却产生反方向的附加扭矩，有利于阻止（restraint）梁整体失稳。

⑥支承对梁的位移约束程度越大，则临界弯矩越大。

（4）弹塑性阶段的梁弯扭屈曲的临界弯矩

上面推导出的临界弯矩均假定材料处于弹性阶段，因此它们仅当临界应力 $\sigma_{cr}=M_{cr}/W_x$ 不超过比例极限时才适用。较长的梁往往属于这种情况，易产生弹性弯扭屈曲。而较短的梁则通常会产生非弹性（弹塑性）弯扭屈曲，这时截面中一部分进入塑性阶段，而塑性区的变形模量较弹性区的小，因此截面的各种有效刚度较小，临界弯矩较按弹性计算时小。梁的非弹性弯扭屈曲的计算相当复杂。首先，截面分成弹性区和塑性区两部分，有效刚度的计算较麻烦。其次,残余应力的影响较大,它的存在使截面提早出现塑性区,因而降低了临界弯矩。

对于受纯弯曲且截面对称的简支梁的非弹性弯扭屈曲临界弯矩,可采用切线模量理论,将弹性阶段的刚度 EI_y,GI_t 和 EI_ω 改为考虑塑性影响的有效刚度 $(EI_y)_t$,$(GI_t)_t$ 和 $(EI_\omega)_t$。经理论分析,这种梁在弹塑性阶段的临界弯矩为:

$$M_{cr} = \frac{\pi^2 (EI_y)_t}{l^2} \sqrt{\frac{(EI_\omega)_t}{(EI_y)_t}\left\{1 + \frac{\left[(GI_t)_t + \overline{K}\right]l^2}{\pi^2 (EI_\omega)_t}\right\}} \tag{5.26}$$

$$\overline{K} = \int_A \sigma \left[(x_0 - x)^2 + (y_0 - y)^2\right] \mathrm{d}A$$

式中 x_0, y_0——剪力中心在以截面形心为原点的坐标轴上的坐标;

  σ——截面各点上由内力引起的正应力和残余应力之和。

计算有效刚度 $(EI_y)_t$,$(GI_t)_t$ 和 $(EI_\omega)_t$ 时,对于非弹性区,取该区域平均应力对应的切线模量,对弹性区,取弹性模量。

对于一般荷载作用的梁,由于各截面中弹性区和塑性区的分布不同,成为变刚度的梁,计算更为复杂,这里不再赘述。

5.3.3　梁的整体稳定验算

(1)梁不发生整体失稳的措施

根据影响梁临界弯矩的因素,工程中可采取相应的措施,提高梁的临界弯矩,控制梁不发生整体失稳。对此,《钢结构设计标准》(GB 50017—2017)列出梁不会发生整体失稳的两种情况,符合两个条件之一时,可不验算梁的整体稳定性。

①当铺板(各种钢筋混凝土板或钢板)密铺在梁的受压翼缘上并与其牢固相连,能阻止梁受压翼缘的侧向位移时。

②对于箱形截面(图5.11)简支梁,其截面尺寸满足 $h/b_0 \leqslant 6$,且 $l_1/b_0 \leqslant 95\varepsilon_k^2$ 时。

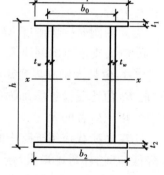

图5.11　箱形截面

(2)梁的整体稳定验算

除上述情况以外的梁,都需进行整体稳定验算。稳定计算属于承载力极限状态,因此,梁不发生整体失稳的条件可写成:

$$\sigma = \frac{M_x}{W_x} \leqslant \frac{\sigma_{cr}}{\gamma_d} = \frac{\sigma_{cr}}{f_y} \cdot \frac{f_y}{\gamma_d} = \varphi_b f \tag{5.27}$$

《钢结构设计标准》(GB 50017—2017)将此条件写成以下形式:

单向受弯梁:

$$\frac{M_x}{\varphi_b W_x f} \leqslant 1 \tag{5.28}$$

双向受弯梁:

$$\frac{M_x}{\varphi_b W_x f} + \frac{M_y}{\gamma_y W_y f} \leqslant 1 \tag{5.29}$$

式中 M_x, M_y——绕 x, y 轴的弯矩;

W_x——按受压纤维确定的对 x 轴毛截面抵抗矩。按受压最大纤维确定的梁毛截面模量,当截面板件宽厚比等级为 S1 级、S2 级、S3 级或 S4 级时,应取全截面模量;当截面板件宽厚比等级为 S5 级时,应取有效截面模量,均匀受压翼缘有效外伸宽度可取 $15\varepsilon_k$,腹板有效截面可按本书 6.4.2 节的方法计算,mm^3;

W_y——按受压纤维确定的对 y 轴毛截面抵抗矩;

φ_b——梁的整体稳定系数;$\varphi_b = \sigma_{cr}/f_y = M_{cr}/(W_x f)$;

γ_y——截面塑性发展系数。

应用中,M_x,W_x,f,γ_y 等参数或已知,或查表,或根据所给荷载条件和梁截面几何尺寸算出。而 φ_b 的计算与梁的临界弯矩有关,计算较复杂。《钢结构设计标准》(GB 50017—2017)对常用截面和约束情况下梁的整体稳定系数计算作了适当的简化和相关规定,介绍如下:

1)两端均匀受弯的工字形截面简支梁

将工字形截面简支梁受纯弯曲时的临界弯矩 M_{cr} 的计算公式代入 φ_b 的计算式得:

$$\varphi_b = \frac{\pi^2 E I_y}{l^2 W_x f_y}\left[B_y + \sqrt{B_y^2 + \frac{I_\omega}{I_y}\left(1 + \frac{G I_t l^2}{\pi^2 E I_\omega}\right)}\right] \qquad (5.30)$$

$$B_y = \frac{1}{2I_x}\int_A y(x^2 + y^2)\,dA - y_0$$

B_y 计算比较繁琐,作如下简化:

对于常用截面,上式等号右端第一项的值比第二项的值小得多,因此可略去第一项,取 $B_y \approx -y_0$,而 $-y_0 = \dfrac{I_1 h_1 - I_2 h_2}{I_y}$。

近似取 h_1 和 h_2 均等于梁全高的一半,即 $h/2$,取 I_y 等于 (I_1+I_2),则

$$B_y = \frac{h}{2}\cdot\frac{I_1 - I_2}{I_y} = \frac{h}{2}(2\alpha_b - 1) \qquad (5.31)$$

式中,$\alpha_b = \dfrac{I_1}{I_1+I_2} = \dfrac{I_1}{I_y}$。

根据数值分析,对加强受压翼缘的单轴对称工字形截面,B_y 接近于 $0.4h(2\alpha_b-1)$。

令　　　　　　　　　　　　$B_y = \dfrac{h}{2}\eta_b$

η_b 为截面的不对称影响系数:

对双轴对称工字形截面　　　　　$(\alpha_b = 0.5)$,$\eta_b = 0$;

对单轴对称工字形截面:

加强受压翼缘　　　　　　　　$\eta_b = 0.8(2\alpha_b - 1)$;

加强受拉翼缘　　　　　　　　$\eta_b = 2\alpha_b - 1$。

取 $E = 2.06\times10^5$ N/mm^2,$f_y = 235$ N/mm^2,$G = 0.79\times10^5$ N/mm^2,$I_t \approx A t_1^2/3$,$\lambda_y = l\sqrt{I_y/A}$,$I_\omega = I_1 I_2 h^2/I_y = \alpha_b(1-\alpha_b)I_y h^2$($A$ 为梁的截面积,t_1 为受压翼缘的厚度)。将以上公式及数值代入式(5.31),可得 φ_b 的简化公式为:

$$\varphi_b = \frac{4\,320}{\lambda_y^2}\cdot\frac{Ah}{W_x}\left[\sqrt{1 + \left(\frac{\lambda_y t_1}{4.4h}\right)^2} + \eta_b\right]\varepsilon_k \qquad (5.32)$$

2)等截面焊接工字形和轧制 H 型钢简支梁

对非纯弯曲的梁,代入其临界弯矩的计算公式,则等截面焊接工字形和轧制 H 型钢简支梁的整体稳定系数 φ_b 的计算公式为:

$$\varphi_b = \beta_b \frac{4\,320}{\lambda_y^2} \cdot \frac{Ah}{W_x} \left[\sqrt{1 + \left(\frac{\lambda_y t_1}{4.4h}\right)^2} + \eta_b \right] \varepsilon_k \tag{5.33}$$

式中　$\lambda_y = l_1/i_y$,l_1 为梁受压翼缘侧向支承点之间的距离,mm;

　　i_y——梁毛截面对 y 轴的回转半径。

通过对多种常用的双轴对称工字形截面梁和加强受压翼缘工字形截面梁进行计算,求出梁整体稳定的等效弯矩系数 β_b,列成表5.4。

表5.4　工字形截面简支梁的系数 β_b

项次	侧向支承	荷　载		$\xi = \dfrac{l_1 t_1}{b_1 h}$	$\xi \leqslant 2$	$\xi > 2$	适用范围
1	跨中无侧向支承	均布荷载作用在	上翼缘		$0.69 + 0.13\xi$	0.95	双轴对称及加强受压翼缘的单轴对称工字形截面
2			下翼缘		$1.73 - 0.20\xi$	1.33	
3		集中荷载作用在	上翼缘		$0.73 + 0.18\xi$	1.09	
4			下翼缘		$2.23 - 0.28\xi$	1.67	
5	跨中有一个侧向支承	均布荷载作用在	上翼缘		1.15		除上栏截面形式外,还含轧制 H 型钢截面
6			下翼缘		1.40		
7		集中荷载作用在截面高度上任意位置			1.75		
8	跨中有不少于两个侧向支承	任意荷载	上翼缘		1.20		
9			下翼缘		1.40		
10	侧向支承点间无横向荷载			$1.75 - 1.05\left(\dfrac{M_2}{M_1}\right) + 0.3\left(\dfrac{M_2}{M_1}\right)^2$,且 $\leqslant 2.3$			

注:①$M_1\ M_2$ 为梁的端弯矩,使梁产生同向曲率时取同号,产生反向曲率时取异号,$|M_1| \geqslant |M_2|$;

②表中项次 3,4,7 的集中荷载是指一个或少数几个集中荷载位于跨中央附近的情况,对其他情况的集中荷载应按表中项次 1,2,5,6 内的数值采用;

③表中项次 8,9 的系数当集中荷载作用在侧向支承点处时取 $\beta_b = 1.20$;

④荷载作用在上翼缘系指荷载作用点在翼缘表面,方向指向截面形心;荷载作用在下翼缘系指荷载作用点在翼缘表面,方向背向截面形心;

⑤对 $\alpha_b > 0.8$ 的加强受压翼缘工字形截面下列情况时 β_b 值应乘以相应的系数:

　　项次 1　$\xi \leqslant 1.0,0.95$;　　项次 3　$\xi \leqslant 0.5,0.90$　　$0.5 < \xi \leqslant 1.0,0.95$

在满跨均布荷载和跨度中点有一集中荷载的两种荷载形式分别作用在上翼缘和下翼缘时的 β_b 值,经整理后发现 β_b 的变化有规律性,当 $\xi = \dfrac{l_1 t_1}{b_1 h} \leqslant 2$ 时,β_b 与 ξ 之间有线性关系,当 $\xi > 2$ 时,β_b 值变化不大,可近似地取为常数。对跨中有侧向支承的梁,通过计算几种有不同的等间距侧向支承点数目时 β_b 的值,近似地取 β_b 为定值。

3)弹塑性阶段工字形梁 φ_b

上述公式都是假定梁处于弹性阶段,而大量中等跨度的梁整体失稳时往往处于弹塑性阶段。在焊接梁中,由于焊接残余应力很大,一开始加荷,梁实际上就进入弹塑性工作阶段,梁在弹塑性阶段的整体稳定临界应力有明显降低。对承受纯弯曲的双轴对称工字形截面简支梁进行了弹塑性阶段的理论和实验研究(研究中考虑了初弯曲、加载初偏心和残余应力等的影响),当求得的 φ_b 大于 0.6 时,应以 φ_b' 代替 φ_b,φ_b' 的计算公式为:

$$\varphi_b' = 1.07 - \frac{0.282}{\varphi_b} \leqslant 1.0 \tag{5.34}$$

4)轧制普通工字钢简支梁和轧制槽钢简支梁 φ_b

对轧制普通工字钢简支梁,可按表 5.5 查稳定系数 φ_b。当所得的 $\varphi_b > 0.6$ 时,应按式(5.34)算得的 φ_b' 代替 φ_b 值。

表 5.5 轧制普通工字钢简支梁 φ_b

项次	荷载情况		工字钢型号	自由长度 l_1/m								
				2	3	4	5	6	7	8	9	10
1	跨中无侧向支承点的梁	集中荷载作用于 上翼缘	10~20	2.0	1.30	0.99	0.80	0.68	0.58	0.53	0.48	0.43
			22~32	2.4	1.48	1.09	0.86	0.72	0.62	0.54	0.49	0.45
			36~63	2.8	1.60	1.07	0.83	0.68	0.56	0.50	0.50	0.40
2		下翼缘	10~20	3.1	1.95	1.34	1.01	0.82	0.69	0.63	0.57	0.52
			22~40	5.5	2.80	1.84	1.37	1.07	0.86	0.73	0.64	0.56
			45~63	7.3	3.60	2.30	1.62	1.20	0.96	0.80	0.69	0.60
3		均布荷载作用于 上翼缘	10~20	1.7	1.12	0.84	0.68	0.57	0.50	0.45	0.41	0.37
			22~40	2.1	1.30	0.93	0.73	0.60	0.51	0.45	0.40	0.36
			45~63	2.6	1.45	0.97	0.73	0.59	0.50	0.44	0.38	0.35
4		下翼缘	10~20	2.5	1.55	1.08	0.83	0.68	0.56	0.52	0.47	0.42
			22~40	4.0	2.20	1.45	1.10	0.85	0.70	0.60	0.52	0.46
			45~63	5.6	2.80	1.80	1.25	0.95	0.78	0.65	0.55	0.49
5	跨中有侧向支承点的梁(荷载作用在任意位置)		10~20	2.2	1.39	1.01	0.79	0.66	0.57	0.52	0.47	0.42
			22~40	3.0	1.80	1.24	0.96	0.76	0.65	0.56	0.49	0.43
			45~63	4.0	2.20	1.38	1.01	0.80	0.66	0.56	0.49	0.43

注:表中数值适用于 Q235 钢。对其他钢号,表中系数乘以 ε_k^2。

对轧制槽钢简支梁,不论荷载形式和荷载作用点在截面高度上的位置如何,均按下面给出的近似公式计算稳定系数 φ_b。

$$\varphi_b = \frac{570bt}{l_1 h} \cdot \varepsilon_k \tag{5.35}$$

式中 h,b,t——槽钢截面的高度、翼缘宽度和平均厚度;

l_1——受压翼缘的自由长度。当所得的 $\varphi_b > 0.6$ 时,应按式(5.34)算得的 φ_b' 代替 φ_b 值。

5)双轴对称工字形等截面悬臂梁 φ_b

对双轴对称工字形等截面悬臂梁,规范规定 φ_b 仍按式(5.33)计算,但式中系数 β_b 按表 5.6 查得。当所得的 $\varphi_b > 0.6$ 时,应按式(5.34)算得的 φ_b' 代替 φ_b 值。

表 5.6　双轴对称工字形等截面悬臂梁 β_b

项次	荷载形式	$\xi = \dfrac{l_1 t_1}{2 b_1 h}$	$0.60 \leq \xi \leq 1.24$	$1.24 < \xi \leq 1.96$	$1.96 < \xi \leq 3.10$
1	自由端一个集中	上翼缘	$0.21 + 0.67\xi$	$0.72 + 0.26\xi$	$1.17 + 0.03\xi$
2	荷载作用在	下翼缘	$2.94 - 0.65\xi$	$2.64 - 0.40\xi$	$2.25 - 0.15\xi$
3	均布荷载作用在	上翼缘	$0.62 + 0.82\xi$	$1.25 + 0.31\xi$	$1.66 + 0.10\xi$

6）φ_b 的近似计算公式

φ_b 的近似计算公式见表 5.7，仅适用于侧向长细比 $\lambda_y \leq 120\varepsilon_k$ 的受均匀弯曲的梁。但在一般情况下，梁的侧向长细比 λ_y 都大于 $120\varepsilon_k$，因此近似公式将主要用于压弯构件的平面外稳定验算中，使压弯构件的验算可简单些。

表 5.7　φ_b 的近似计算公式

（含 H 型钢）工字形截面		双轴对称	$\varphi_b = 1.07 - \dfrac{\lambda_y^2}{44\,000\varepsilon_k^2}$，不大于 1.0
		单轴对称	$\varphi_b = 1.07 - \dfrac{W_{1x}}{(2\alpha_b + 0.1)Ah} \cdot \dfrac{\lambda_y^2}{14\,000\varepsilon_k^2}$，不大于 1.0
T 形截面	翼缘受压	双角钢 T 形	$\varphi_b = 1 - 0.001\,7\lambda_y/\varepsilon_k$
		剖分 T 形钢两板组合 T 形	$\varphi_b = 1 - 0.002\,2\lambda_y/\varepsilon_k$
	翼缘受拉		$\varphi_b = 1 - 0.000\,5\lambda_y/\varepsilon_k$
箱形截面			$\varphi_b = 1$

注：①上述公式一般用于受均匀弯曲作用的梁，且 $\lambda_y \leq 120\varepsilon_k$ 时；

②$\alpha_b = I_1 / (I_1 + I_2)$，$I_1$ 和 I_2 分别为受压和受拉翼缘对 y 轴的惯性矩；

③上述公式已考虑了非弹性屈曲，因此，当 $\varphi_b > 0.6$ 时不需要换算；

④上述公式主要用于压弯构件在弯矩作用平面外的稳定性计算。

例 5.1　焊接工字形等截面简支梁（图 5.12），跨度 15 mm，在距两端支座 5 m 处分别支承一根次梁，由次梁传来的集中荷载（设计值）$F = 200$ kN，钢材 Q235，试验算其整体稳定性。

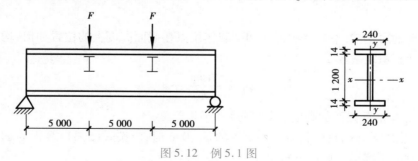

图 5.12　例 5.1 图

解　次梁可作为本例梁的侧向支承，故梁受压翼缘的自由长度 l_1 为 5 m。l_1 与梁翼缘宽度 b 之比为：$l_1/b = 500/24 = 20.8 > 16$，因此应验算梁的整体稳定。

梁自重的设计值为 2.4 kN/m,梁跨中最大弯矩为:

$$M_x = 200 \times 5 + \frac{1}{8} \times 2.4 \times 15^2 = 1\,068(\text{kN} \cdot \text{m})$$

梁的截面特性:

$$A = 2 \times 24 \times 1.4 + 1.0 \times 120 = 187.2(\text{cm}^2)$$

$$I_y = 2 \times \frac{1.4 \times 24^3}{12} = 3\,226(\text{cm}^2)$$

$$I_x = 2 \times 24 \times 1.4 \times 60.7^2 + \frac{1.0 \times 120^3}{12} = 391\,600(\text{cm}^4)$$

$$W_x = \frac{391\,600}{61.4} = 6\,378(\text{cm}^3)$$

$$i_y = \sqrt{\frac{3\,226}{187.2}} = 4.15(\text{cm})$$

$$\lambda_y = \frac{l_1}{i_y} = \frac{500}{4.15} = 120.5$$

按表 5.4 计算 β_b 时,按项次 8 和注得系数 $\beta_b = 1.2$。

因梁截面为双轴对称工字形截面,$\eta_b = 0$,按公式得:

$$\varphi_b = \beta_b \frac{4\,320}{\lambda_y^2} \cdot \frac{Ah}{W_x} \left[\sqrt{1 + \left(\frac{\lambda_y t_1}{4.4h} \right)^2} + \eta_b \right] \varepsilon_k$$

$$= 1.2 \times \frac{4\,320}{120.5^2} \times \frac{187.2 \times 122.8}{6\,378} \left[\sqrt{1 + \left(\frac{120.5 \times 1.4}{4.4 \times 122.8} \right)^2} + 0 \right] = 1.348 > 0.6$$

$$\varphi_b' = 1.07 - \frac{0.282}{1.348} = 0.861$$

验算梁的整体稳定性:

$$\frac{M_x}{\varphi_b' W_x f} = \frac{1\,068 \times 10^6}{0.861 \times 6\,378 \times 10^3 \times 215} = 0.902 < 1$$

满足整体稳定条件。

5.4 焊接组合梁的局部稳定

梁的局部稳定性 Ⅰ   梁的局部稳定性 Ⅱ

焊接组合梁一般由翼缘和腹板组成,从强度、刚度、整体稳定和经济性等方面考虑,腹板宜高而薄,翼缘宜宽。但是如果把腹板不适当地加高减薄,把翼缘不适当地放宽,则可能在梁整体失稳之前,梁的腹板或受压翼缘首先失稳,发生波形屈曲。这种发生在部分板件上的屈曲,称为梁的局部失稳。部分板件屈曲后即退出工作,因而会影响梁的承载能力,降低梁的刚度。

热轧型钢截面都满足局部稳定条件,故热轧型钢梁不需验算局部稳定。对冷弯薄壁型钢制作的受压和受弯构件,当宽厚比不超过规定的限值时,认为板件全部有效;若超过限值,则只考虑部分宽度有效(称为有效宽度),应按《冷弯薄壁型钢结构技术规范》(GB 50018—2002)计算。

下面介绍焊接组合梁的翼缘、腹板的局部稳定计算以及腹板的加劲肋设计。

5.4.1 受压翼缘的局部稳定

梁的受压翼缘板主要受均布压应力作用,可视为单向均匀受压板(图5.13),其局部稳定也由宽厚比限值来控制,控制条件是:翼缘板的临界应力 σ_{cr} 大于材料的屈服应力 f_y,即:

$$\sigma_{cr} \geqslant f_y \tag{a}$$

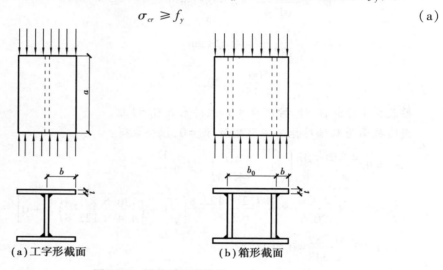

（a）工字形截面　　　（b）箱形截面

图5.13　梁的受压翼缘板

第4章已导出单向均匀受压板临界应力的计算公式为:

$$\sigma_{cr} = k \frac{\chi\sqrt{\eta}\pi^2 E}{12(1-\nu^2)} \cdot \left(\frac{t}{b}\right)^2 \tag{b}$$

受压翼缘板的外伸部分为三边简支板,而板长 a 趋于无穷大(infinite),这种情况可取 $k = 0.425$, $\chi = 1.0$, $E = 206 \times 10^3 \ \text{N/mm}^2$, $\mu = 0.3$, $\eta = 0.25$。将各参数代入(b)式和条件(a)可得:

$$\sigma_{cr} = 18.6 \times 0.425 \times 1.0\sqrt{0.25} \cdot \left(\frac{100t}{b}\right)^2 \geqslant f_y \tag{5.36}$$

整理得翼缘的宽厚比限值为:

$$\frac{b}{t} \leqslant 13\varepsilon_k \tag{5.37}$$

当梁在绕强轴的弯矩 M_x 作用下的强度按弹性设计(取 $\gamma_x = 1.0$)时,宽厚比可放宽为:

$$\frac{b}{t} \leqslant 15\varepsilon_k \tag{5.38}$$

对箱形截面梁翼缘板在两腹板之间的部分[图5.13(b)],相当于四边简支单向受压板,

取 $k=4$；同理可得其宽厚比限值为：

$$\frac{b_0}{t} \leqslant 40\varepsilon_k \tag{5.39}$$

5.4.2　腹板的加劲肋及局部稳定计算

为了提高梁腹板的局部稳定性，可以采取两种措施：

①增加腹板的厚度 t_w。

②设置合适的加劲肋。

加劲肋的设置有图 5.14 所示的几种形式。图中加劲肋 1 称横向加劲肋；加劲肋 2 称纵向加劲肋；加劲肋 3 称短加劲肋。图 5.14(a)仅设置横向加劲肋；图 5.14(b)中同时设置横向加劲肋和纵向加劲肋；图 5.14(c)中同时设置横向加劲肋、纵向加劲肋和短加劲肋。加劲肋可作为腹板的支承，同时将腹板分成尺寸较小的区段，从而提高其临界应力。分析表明，设置加劲肋比增加腹板的厚度能取得更好的经济效益，因此，在工程中都采用设置加劲肋的措施。

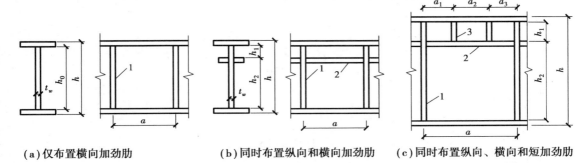

(a)仅布置横向加劲肋　　　(b)同时布置纵向和横向加劲肋　　　(c)同时布置纵向、横向和短加劲肋

图 5.14　加劲肋的布置

设置加劲肋后，梁上的腹板可视为四边简支板，在一般情况下，腹板上有弯曲正应力、剪应力及局部压应力作用，各种应力都可能使腹板屈曲。例如，在弯曲正应力单独作用下，腹板的失稳形式如图 5.15(a)，凸凹波形的中心靠近压应力合力的作用线；剪应力单独作用时，腹板的主压应力在 45°方向，其作用使腹板的失稳形式呈现大致沿 45°方向倾斜的凸凹波形 [图 5.15(b)]；而在局部压应力单独作用下，腹板的失稳形式如图 5.15(c)，在靠近横向压应力作用的边缘出现鼓曲。

动画：加劲肋的布置

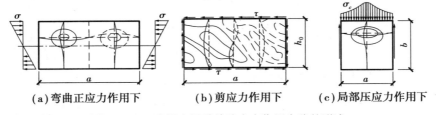

(a)弯曲正应力作用下　　　(b)剪应力作用下　　　(c)局部压应力作用下

图 5.15　四边简支板受单独应力作用失稳的形式

由上述基本的屈曲形式可以看出：

①设置横向加劲肋能提高腹板的剪切临界应力，并作为纵向加劲肋的支承。

②设置纵向加劲肋对提高腹板的弯曲临界应力特别有效，设置时应靠近受压翼缘。

③短加劲肋常用于局部压应力较大的情况。

如何设置加劲肋才能保证腹板的局部稳定呢？由于设置加劲肋后，梁上的腹板可视为四边简支板，因此，必须先了解四边简支板受各种应力单独作用时的稳定计算。

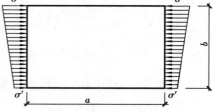

图 5.16　不均匀受压下简支板

(1)各种应力单独作用时四边简支板的稳定计算

1)四边简支板非均匀受压

如图 5.16 所示四边简支板受非均匀压力作用，在这种受力情况下，弹性薄板的临界应力公式为：

$$\sigma_{cr} = k \frac{\chi \pi^2 E}{12(1-\nu^2)} \cdot \left(\frac{t}{b}\right)^2 \qquad (5.40)$$

注意，此时式中的屈曲系数 k 不仅与板四边的支承条件有关，而且与板的长宽比 a/b 及应力梯度 $\alpha = (\sigma_1 - \sigma_2)/\sigma_1$ 的值有关（σ_1，σ_2 分别为最大应力和最小应力，压应力为正，拉应力为负）。

当板四边简支时，屈曲系数 k 按下列公式计算：

当 $0 \leqslant \alpha \leqslant \dfrac{2}{3}$

$$k = \frac{4}{1-0.5\alpha}$$

当 $\dfrac{2}{3} < \alpha \leqslant 1.4$

$$k = \frac{4.1}{1-0.474\alpha}$$

当 $1.4 < \alpha \leqslant 4$

$$k \approx 6\alpha^2$$

当梁受纯弯曲作用时，如图 5.15(a)所示，$\alpha = 2$。此时，四边简支板 k 的精确值为 $=23.9$。均匀受压时，$\alpha = 0$，$k = 4$。

2)四边简支板均匀受剪

四边简支均匀受剪板，如图 5.15(b)所示，在均匀分布剪应力作用下的临界剪应力为：

$$\tau_{cr} = k \frac{\chi \pi^2 E}{12(1-\nu^2)} \cdot \left(\frac{t}{l_2}\right)^2 \qquad (5.41)$$

$$k = 5.34 + \frac{4}{\left(\dfrac{l_1}{l_2}\right)^2}$$

式中　l_1，l_2——板的较大和较小边的长度。

3)四边简支板一边受压

如图 5.15(c)所示，梁的腹板在上边缘受横向压应力作用，其临界应力计算式为：

$$\sigma_{c,cr} = k \frac{\chi \pi^2 E}{12(1-\nu^2)} \cdot \left(\frac{t}{b}\right)^2 \qquad (5.42)$$

式中屈曲系数 k 值有两种近似取值法：

①当压应力为非均匀分布时，k 值按下式近似计算：

$$1.5 < \frac{a}{b} \leqslant 2.0 \text{ 时}, \quad k = \frac{7.4}{\frac{a}{b}} + \frac{4.5}{\left(\frac{a}{b}\right)^2} \left.\right\}$$

$$0.5 \leqslant \frac{a}{b} \leqslant 1.5 \text{ 时}, \quad k = \frac{11.0}{\frac{a}{b}} - \frac{0.9}{\left(\frac{a}{b}\right)^2} \left.\right\} \tag{5.43}$$

②当压应力为均匀分布时，k 值的近似计算公式为：

$$k = 2 + \frac{4}{\left(\frac{a}{b}\right)^2} \tag{5.44}$$

如果是吊车梁的腹板，则均布压应力 σ_c 取轮压 F 除以 $a \cdot t$ 和 $b \cdot t$ 中的较小者，k 的取值为：

$$k = 5.5 + \frac{4}{\left(\frac{a}{b}\right)^2} \tag{5.45}$$

（2）腹板的稳定计算方法

梁的腹板通常受几种应力（σ,τ,σ_c）同时作用，当这些应力达到某一组合值时，腹板将由平板稳定状态变为微曲的临界平衡状态。此时的稳定条件是：

$$\left(\frac{\sigma}{\sigma_{cr}}\right)^2 + \frac{\sigma_c}{\sigma_{c,cr}} + \left(\frac{\tau}{\tau_{cr}}\right)^2 \leqslant 1 \tag{5.46}$$

式中 σ——所计算的腹板区格内，由平均弯矩产生的在腹板计算高度边缘处的弯曲压应力；

τ——所计算的腹板区格内，由平均剪力产生的腹板平均剪应力，$\tau = V/(h_w t_w)$；

σ_c——腹板边缘局部压应力，按式（5.6）计算，取系数 $\psi = 1.0$。

$\sigma_{cr},\tau_{cr},\sigma_{c,cr}$——在 σ,τ,σ_c 单独作用下板的临界应力。

1）仅设有横向加劲肋的腹板

如图 5.17 所示两个横向加劲肋之间的腹板段，受弯曲应力、均布剪应力和局部压应力作用，可按式（5.46）计算。计算各临界应力时要考虑不同腹板尺寸对屈曲系数的影响，考虑翼缘对腹板的弹性嵌固作用，并将薄板尺寸 b 用腹板高 h_0 代替。取弹性模量 $E = 2.06 \times 10^5$ N/mm^2，$\nu = 0.3$，得到各临界应力的弹性表达式列于表 5.8，表中还列出了相应的屈曲系数和约束系数。

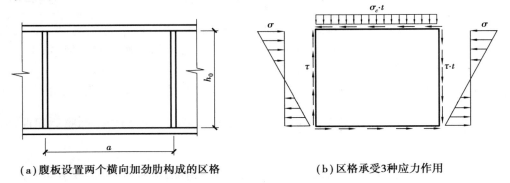

（a）腹板设置两个横向加劲肋构成的区格   （b）区格承受3种应力作用

图 5.17   设置横向加劲板的腹板

表 5.8 四边简支腹板的临界应力弹性表达式

	四边简支腹板的 k	翼缘对腹板的弹性约束系数 χ	弹性表达式
σ_{cr}	$k=23.9$	受压翼缘的扭转被完全约束 $\chi=1.66$	$\sigma_{cr}=7.4\times10^6(t/h_0)^2$
		其他情况 $\chi=1.23$	$\sigma_{cr}=5.5\times10^6(t/h_0)^2$
τ_{cr}	当 $a/h_0\leqslant1.0$ $k=4+5.34(h_0/a)^2$ 当 $a/h_0>1.0$ $k=5.34+4(h_0/a)^2$	$\chi=1.25$	$\tau_{cr}=233\times10^3\left[4+5.34(h_0/a)^2\right](t/h_0)^2$
			$\tau_{cr}=233\times10^3\left[5.34+4(h_0/a)^2\right](t/h_0)^2$
$\sigma_{c,cr}$	当 $0.5\leqslant a/h_0\leqslant1.5$ $k=7.4h_0/a+4.5(h_0/a)^2$ 当 $1.5<a/h_0<2.0$ $k=11.0h_0/a-0.9(h_0/a)^2$	$\chi=1.81-0.255h_0/a$	$\sigma_{c,cr}=186\times10^3k\chi(t/h_0)^2$

表 5.8 虽给出了各临界应力的弹性计算表达式,但在实际工程中还应考虑残余应力、几何缺陷及弹塑性的影响。因此,《钢结构设计标准》(GB 50017—2017)采用国际通用的表达方法,采用通用高厚比为参数来计算各临界应力,现分述如下:

① σ_{cr} 的计算公式。

以通用高厚比 $\lambda_{n,b}=\sqrt{\dfrac{f_y}{\sigma_{cr}}}$ 作为参数。即临界应力 $\sigma_{cr}=f_y/\lambda_b^2$,在弹性范围内,可取 $\sigma_{cr}=1.1f/\lambda_b^2$。由表 5.8 可得:

当受压翼缘受到完全约束时,$\sigma_{cr}=7.4\times10^6(t_w/h_0)^2$,故有

$$\lambda_{n,b}=\sqrt{\frac{f_y}{\sigma_{cr}}}=\frac{2h_c/t_w}{177}\frac{1}{\varepsilon_k} \qquad [5.47(\text{a})]$$

对于其他情况,$\sigma_{cr}=5.5\times10^6(t_w/h_0)^2$,则

$$\lambda_{n,b}=\sqrt{\frac{f_y}{\sigma_{cr}}}=\frac{2h_c/t_w}{138}\frac{1}{\varepsilon_k} \qquad [5.47(\text{b})]$$

式中 h_c——梁腹板弯曲受压区高度,对双轴对称截面,$2h_c=h_0$。

对没有缺陷的板,当 $\lambda_{n,b}=1$ 时,$\sigma_{cr}=f_y$。考虑残余应力和几何缺陷的影响,令 $\lambda_{n,b}=0.85$ 为弹塑性修正的上起始点 A,实际应用中,取 $\lambda_{n,b}=0.85$ 时,$\sigma_{cr}=f_y$(图 5.18)。

弹塑性的下起始点 B 为弹性与弹塑性的焦点,参照梁的整体稳定,弹性界限取为 $0.6f_y$,相应的 $\lambda_{n,b}=\sqrt{\dfrac{f_y}{0.6f_y}}=1.29$。再考虑到腹板局部屈曲受焊接应力的影响不如整体屈曲的影响大,取 $\lambda_{n,b}=1.25$。

上下起始点间的过渡段采用直线式。归纳以上各种情况,最后得 σ_{cr} 的取值如下:

当 $\lambda_{n,b}\leqslant0.85$ 时, $\qquad\qquad\qquad\sigma_{cr}=f \qquad\qquad\qquad\qquad [5.48(\text{a})]$

当 $0.85<\lambda_{n,b}\leqslant1.25$ 时, $\qquad\sigma_{cr}=\left[1-0.75(\lambda_{n,b}-0.85)\right]f \qquad [5.48(\text{b})]$

当 $\lambda_b > 1.25$ 时，　　　　　　　$\sigma_{cr} = 1.1 \dfrac{f}{\lambda_{n,b}^2}$　　　　　　　[5.48(c)]

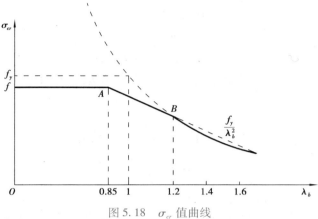

图 5.18　σ_{cr} 值曲线

②τ_{cr} 的计算公式。

以通用高厚比 $\lambda_{n,s} = \sqrt{\dfrac{f_{vy}}{\tau_{cr}}}$ 作为参数，$f_{vy} = \dfrac{f_y}{\sqrt{3}}$。由表 5.8 得：

当 $a/h_0 \leqslant 1.0$ 时，$\tau_{cr} = 233 \times 10^3 [4 + 5.34(h_0/a)^2](t/h_0)^2$，则

$$\lambda_{n,s} = \dfrac{h_0/t_w}{37\eta\sqrt{4 + 5.34(h_0/a)^2}} \cdot \dfrac{1}{\varepsilon_k}$$　　　　　　[5.49(a)]

当 $a/h_0 > 1.0$ 时，$\tau_{cr} = 233 \times 10^3 [5.34 + 4(h_0/a)^2](t/h_0)^2$，则

$$\lambda_{n,s} = \dfrac{h_0/t_w}{37\eta\sqrt{5.34 + 4(h_0/a)^2}} \cdot \dfrac{1}{\varepsilon_k}$$　　　　　　[5.49(b)]

式中　η——系数，简支梁取 1.11，框架梁梁端最大应力取 1。

取 $\lambda_{n,s} = 0.8$ 为 $\tau_{cr} = f_{vy}$ 的上起始点，$\lambda_{n,s} = 1.2$ 为弹塑性与弹性相交的下起始点，过渡段仍用直线表示，则 τ_{cr} 的取值如下：

当 $\lambda_{n,s} \leqslant 0.8$ 时，　　　　　　　$\tau_{cr} = f_v$　　　　　　　　　[5.50(a)]

当 $0.8 < \lambda_{n,s} \leqslant 1.2$ 时，　　　$\tau_{cr} = [1 - 0.59(\lambda_{n,s} - 0.8)]f_v$　　　[5.50(b)]

当 $\lambda_{n,s} > 1.2$ 时，　　　　　　　$\tau_{cr} = \dfrac{f_{vy}}{\lambda_{n,s}^2} = \dfrac{1.1f_v}{\lambda_{n,s}^2}$　　　　　[5.50(c)]

③$\sigma_{c,cr}$ 的计算公式。

以 $\lambda_c = \sqrt{\dfrac{f_y}{\sigma_{c,cr}}}$ 作为参数。由表 5.4 得：

$\sigma_{c,cr} = 186 \times 10^3 k\chi(t/h_0)^2$，故 $\lambda_c = \dfrac{h_0/t_w}{28\sqrt{k\chi}} \cdot \dfrac{1}{\varepsilon_k}$，将表 5.4 中的 $k\chi$ 值用式子表示，

当 $0.5 \leqslant a/h_0 \leqslant 1.5$ 时，

$k\chi = [7.4h_0/a + 4.5(h_0/a)^2](1.81 - 0.255h_0/a) \approx 10.9 + 13.4(1.83 - a/h_0)^3$

当 $1.5 < a/h_0 < 2.0$ 时，

$k\chi = [11h_0/a - 0.9(h_0/a)^2](1.81 - 0.255h_0/a) \approx (18.9 - 5a/h_0)^3$

由此可得 λ_c 的计算式如下：

当 $0.5 \leqslant a/h_0 \leqslant 1.5$ 时，$\lambda_{n,c} = \dfrac{h_0/t_w}{28\sqrt{10.9+13.4(1.83-a/h_0)^3}} \cdot \dfrac{1}{\varepsilon_k}$ [5.51(a)]

当 $1.5 < a/h_0 < 2.0$ 时，$\qquad \lambda_c = \dfrac{h_0/t_w}{28\sqrt{18.9-5a/h_0}} \cdot \dfrac{1}{\varepsilon_k}$ [5.51(b)]

取 $\lambda_{n,c}=0.9$ 为 $\sigma_{c,cr}$ 的全塑性上起点；$\lambda_{n,c}=1.2$ 为弹塑性与弹性的下起点，过渡段仍用直线表示，则可得 $\sigma_{c,cr}$ 的取值如下：

当 $\lambda_{n,c} \leqslant 0.9$ 时，$\qquad\qquad\qquad \sigma_{c,cr}=f$ [5.52(a)]

当 $0.9 < \lambda_{n,c} \leqslant 1.2$ 时，$\qquad \sigma_{c,cr}=[1-0.79(\lambda_{n,c}-0.9)]f$ [5.52(b)]

当 $\lambda_{n,c} > 1.2$ 时，$\qquad\qquad\quad \sigma_{c,cr}=\dfrac{1.1f}{\lambda_{n,c}^2}$ [5.52(c)]

2）同时设置横向加劲肋和纵向加劲肋的腹板

如图 5.19（a）所示，纵向加劲肋布置在靠近受压翼缘的上部。在两横向加劲肋之间，纵向加劲肋将梁腹板分为板段Ⅰ和板段Ⅱ。分别计算区格Ⅰ和区格Ⅱ的局部稳定性。

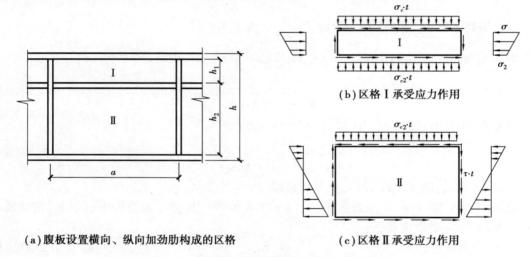

（a）腹板设置横向、纵向加劲肋构成的区格   （b）区格Ⅰ承受应力作用

（c）区格Ⅱ承受应力作用

图 5.19　设置横向加劲肋和纵向加劲肋的腹板

①受压翼缘与纵向加劲肋之间的区格（区格Ⅰ）。

这一区格的受力情况见图 5.19（b），其局部稳定计算公式为：

$$\frac{\sigma}{\sigma_{cr1}} + \left(\frac{\sigma_c}{\sigma_{c,cr1}}\right)^2 + \left(\frac{\tau}{\tau_{cr1}}\right)^2 \leqslant 1 \tag{5.53}$$

式中 σ_{cr1}，$\sigma_{c,cr1}$ 和 τ_{cr1} 的计算方法如下：

σ_{cr1} 按式（5.48）计算，但用 $\lambda_{n,b1}$ 代替式中的 $\lambda_{n,b}$。

当受压翼缘受到完全约束时 $\qquad \lambda_{n,b1} = \dfrac{h_1/t_w}{75} \cdot \dfrac{1}{\varepsilon_k}$ [5.54(a)]

其他情况时 $\qquad\qquad\qquad \lambda_{n,b1} = \dfrac{h_1/t_w}{64} \cdot \dfrac{1}{\varepsilon_k}$ [5.54(b)]

τ_{cr1} 按式（5.49）、式（5.50）计算，式中的 h_0 改为 h_1。

$\sigma_{c,cr1}$ 可借用式（5.48）计算，但用 $\lambda_{n,c1}$ 代替式中的 $\lambda_{n,b}$，

当受压翼缘受到完全约束时

$$\lambda_{n,c1} = \frac{h_1/t_w}{56} \cdot \frac{1}{\varepsilon_k}$$　　　　　　[5.55(a)]

其他情况时

$$\lambda_{n,c1} = \frac{h_1/t_w}{40} \cdot \frac{1}{\varepsilon_k}$$　　　　　　[5.55(b)]

②受拉翼缘与纵向加劲肋之间的区格(区格Ⅱ)。

其局部稳定性按下式计算：

$$\left(\frac{\sigma_2}{\sigma_{cr2}}\right)^2 + \frac{\sigma_{c2}}{\sigma_{c,cr2}} + \left(\frac{\tau}{\tau_{cr2}}\right)^2 \leqslant 1$$　　　　(5.56)

式中　σ_2——所计算区格内,由平均弯矩产生的在纵向肋边缘处的弯曲压应力；

　　　σ_{c2}——腹板在纵向肋处的横向压应力,取 $\sigma_{c2}=0.3\sigma_c$；

　　　τ——与式(5.46)中的取值相同。

σ_{cr2} 按式(5.53)计算,但用 $\lambda_{n,b2}$ 代替式中的 $\lambda_{n,b}$,

$$\lambda_{n,b2} = \frac{h_2/t_w}{194} \cdot \frac{1}{\varepsilon_k}$$

τ_{cr2} 按式(5.49)、式(5.50)计算,式中的 h_0 改为 h_2。

$\sigma_{c,cr2}$ 可借用式(5.51)、(5.52)计算,将式中的 h_0 改为 h_2。当 $a/h_2>2$ 时,取 $a/h_2=2$。

③在受压翼缘与纵向加劲肋之间设有短加劲肋的区格。

该区格的局部稳定性应按式(5.53)计算,式中的 σ_{cr1} 按无短加劲肋的情况取值；τ_{cr1} 仍按式(5.49)和式(5.50)计算,只需将 h_0 和 a 分别改为 h_1 和 a_1(a_1 是短加劲肋间距)；$\sigma_{c,cr1}$ 也按式(5.49)计算,但用 $\lambda_{n,c1}$ 代替式中的 $\lambda_{n,b}$。

对 $a_1/h_1 \leqslant 1.2$ 的区格：

当梁的受压翼缘的扭转受到约束时 $\lambda_{n,c1} = \dfrac{a_1/t_w}{87} \cdot \dfrac{1}{\varepsilon_k}$　　　　[5.57(a)]

当梁的受压翼缘的扭转未受约束时 $\lambda_{n,c1} = \dfrac{a_1/t_w}{73} \cdot \dfrac{1}{\varepsilon_k}$　　　　[5.57(b)]

对 $a_1/h_1 > 1.2$ 的区格,式(5.57)右侧应乘以 $1/\sqrt{0.4+0.5a_1/h_1}$。

对受拉翼缘与纵向加劲肋之间的区格Ⅱ,仍按式(5.56)计算。

5.4.3　加劲肋的构造、验算和设置规定

加劲肋按其作用可分为两种：一种是为了把腹板分隔成几个区格,以提高腹板的局部稳定性,称为间隔加劲肋；另一种除了上述的作用外,还有传递固定集中荷载或支座反力的作用,称为支承加劲肋。

(1)加劲肋的构造要求

加劲肋宜在腹板两侧成对配置,也允许单侧配置,但支承加劲肋和重级工作制吊车梁的加劲肋不应单侧配置。加劲肋可采用钢板或其他型钢。

横向加劲肋的最小间距为 $0.5h_0$,最大间距为 $2h_0$(对无局部压应力的梁,当 $h_0/t_w \leqslant 100$ 时,可采用 $2.5h_0$)。

加劲肋应有足够的刚度,使其成为腹板的不动支承。

在腹板两侧成对配置的横向加劲肋,其截面尺寸应按下列公式确定：

外伸宽度　　　　　　　　　$b_s \geqslant \dfrac{h_0}{30}+40$ mm　　　　(5.58)

厚度
$$t_s \geqslant \frac{b_s}{15} \qquad (5.59)$$

在腹板一侧配置的钢板横向加劲肋,其外伸宽度应大于按式(5.58)算得的 1.2 倍,厚度应不小于其外伸宽度的 1/15。

在同时用横向加劲肋和纵向加劲肋加强的腹板中,横向加劲肋的截面尺寸除应符合上述规定外,其截面惯性矩 I_z 应满足下式的要求:

$$I_z \geqslant 3h_0 t_w^3 \qquad (5.60)$$

纵向加劲肋的惯性矩 I_y 应满足下式的要求:

当 $\dfrac{a}{h_0} \leqslant 0.85$ 时
$$I_y \geqslant 1.5 h_0 t_w^3 \qquad (5.61)$$

当 $\dfrac{a}{h_0} > 0.85$ 时
$$I_y \geqslant \left(2.5 - 0.45\frac{a}{h_0}\right)\left(\frac{a}{h_0}\right)^2 h_0 t_w^3 \qquad (5.62)$$

上面所用的 z 轴和 y 轴,当加劲肋在两侧成对配置时,取腹板的轴线[图 5.20(b)、(d)、(e)]。当加劲肋在腹板一侧配置时,取与加劲肋相连的腹板边缘线[图 5.20(c)、(f)、(g)]。

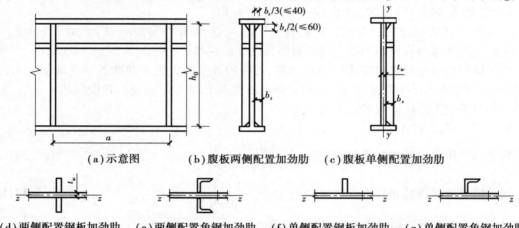

（a）示意图　　（b）腹板两侧配置加劲肋　　（c）腹板单侧配置加劲肋

（d）两侧配置钢板加劲肋　　（e）两侧配置角钢加劲肋　　（f）单侧配置钢板加劲肋　　（g）单侧配置角钢加劲肋

图 5.20　加劲肋的构造

短加劲肋的最小间距为 $0.75h_1$,钢板短加劲肋的外伸宽度应取为横向加劲肋外伸宽度的 $0.7 \sim 1.0$ 倍,厚度应不小于短加劲肋外伸宽度的 1/15。用型钢做成的加劲肋,其截面惯性矩不得小于相应钢板加劲肋的惯性矩。

横向加劲肋与上、下翼缘焊牢能增加梁的抗扭刚度,但会降低疲劳强度,吊车梁横向加劲肋的上端应与上翼缘刨平顶紧(当为焊接吊车梁,并应焊牢)。中间横向加劲肋的下端不应与受拉翼缘焊牢,一般在距受拉翼缘 $50 \sim 100$ mm 处断开[图 5.21(a)],为了提高梁的抗扭刚度,也可另加短角钢与加劲肋下端焊牢,但抵紧于受拉翼缘而不焊[图 5.21(b)]。

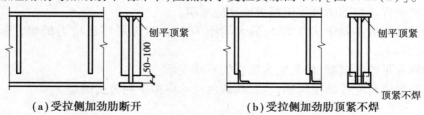

（a）受拉侧加劲肋断开　　　　　　（b）受拉侧加劲肋顶紧不焊

图 5.21　吊车梁加劲肋构造

为了避免焊缝的集中和交叉以及减小焊接应力,焊接梁的横向加劲肋与翼缘连接处,应做成切角,当切成斜角时,其宽度约为 $b_s/3$(但不大与 40 mm),高约为 $b_s/2$(但不大于 60 mm)[图 5.21(b)],b_s 为加劲肋的宽度。

（2）支承加劲肋设计

支承加劲肋除满足上述刚度要求外,还应按所承受的支座反力或集中荷载计算其稳定性、端面承压强度和焊缝强度。

1）稳定性计算

在支座反力或集中荷载作用下,支承加劲肋连同其附近腹板可能在腹板平面外(图 5.22 中绕 z-z 轴)失稳。为了保证其稳定性,应作为轴心受压构件按下式验算:

$$\frac{N}{\varphi A f} \le 1 \tag{5.63}$$

式中　N——支承加劲肋所承受的支座反力或集中荷载;

　　　A——加劲肋和加劲肋每侧 $15t_w\varepsilon_k$(t_w 为腹板厚度)范围内的腹板面积,即图 5.22 中用斜线表示的面积;

　　　φ——轴心受压稳定系数,由 $\lambda = l_0/i_z$ 查附录 2 中的附表[对图 5.22(a)构造,属 b 类截面;对图 5.22(b)构造,属 c 类截面]。其中计算长度 l_0 可取为腹板计算高度 h_0,i_z 为绕 z-z 轴的回转半径。

2）端面承压计算

当支承加劲肋端部刨平顶紧于梁翼缘或柱顶时,其端面承压按下式验算:

$$\frac{N}{A_{ce}} \le f_{ce} \tag{5.64}$$

式中　A_{ce}——端面承压面积,即支承加劲肋与翼缘板或柱顶板接触处的面积;

　　　f_{ce}——钢材的端面承压(刨平抵紧)强度设计值。

突端加劲肋[图 5.22(b)]的伸出长度不得大于其厚度的 2 倍;如端部为焊接时,应计算其焊缝应力。

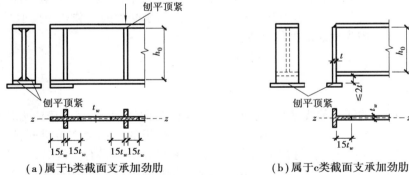

（a）属于b类截面支承加劲肋　　　（b）属于c类截面支承加劲肋

图 5.22　支承加劲肋的构造

支承加劲肋与腹板的连接焊缝,应按承受全部支座反力或集中荷载计算,计算时可假定应力沿焊缝全长均匀分布。

（3）加劲肋的设置规定

①当 $h_0/t_w \le 80\varepsilon_k$ 时,对于有局部压应力的梁,宜按构造设置横向加劲肋($0.5h_0 < a < 2h_0$);当局部压应力较小时,可不配置加劲肋。

②直接承受动力荷载的吊车梁及类似构件,《钢结构设计标准》(GB 50017—2017)对梁腹板加劲肋的设置做了如下规定,并要求按前述方法计算各板段的稳定性。

a. 当 $h_0/t_w > 80\varepsilon_k$ 时,应按计算设置横向加劲肋。

b. 当 $h_0/t_w > 170\varepsilon_k$,且受压翼缘受到约束(如连有刚性铺板、制动板和焊有钢轨)时,或 $h_0/t_w > 150\varepsilon_k$(其他情况)或按计算需要时,应在弯矩较大区格的受压区增加设置纵向加劲肋。局部压应力很大的梁,必要时宜在受压区配置短加劲肋。对于单轴对称梁,当确定是否要配置纵向加劲肋时,h_0 应取腹板受压区高度 h_c 的 2 倍。

③不考虑腹板屈曲后强度时,当 $h_0/t_w > 80\varepsilon_k$ 时,宜配置横向加劲肋。

④h_0/t_w 不宜超过 $250\varepsilon_k$。

⑤梁的支座处和上翼缘受有较大固定集中荷载处,宜设置支承加劲肋,并计算支承加劲肋的稳定性。

⑥腹板的计算高度 h_0 应按下列规定采用:对于轧制型钢梁,为腹板与上、下翼缘相接处两内弧起点间的距离;对于焊接截面梁,为腹板高度;对于高强度螺栓连接(或铆接)梁,为上、下翼缘与腹板连接的高强度螺栓(或铆钉)线间最近距离。

为避免焊接后的不对称残余变形并减少制造工作量,焊接吊车梁应尽量避免设置纵向加劲肋,尤其要避免设置短加劲肋。

保证梁腹板的局部稳定,一般是先按规定布置加劲肋,再计算各区格所受的平均应力和相应的临界应力,计算是否满足相应的稳定条件。若不满足或太富裕,则调整加劲肋间距,重新计算,直到满意为止。

5.5　考虑腹板屈曲后强度的梁设计

上述方法适合于直接承受动力荷载的吊车梁及类似构件设置加劲肋后的腹板局部稳定计算。进一步的分析表明,梁腹板受压屈曲或受剪屈曲后,还有继续承受荷载的能力,称为屈曲后强度。《钢结构设计标准》(GB 50017—2017)规定,对承受静力荷载和间接承受动力荷载的组合梁,设计时要考虑腹板屈曲后的强度。

5.5.1　受压薄板的屈曲后强度

(1)薄板屈曲分析

如图 5.23 所示的四边简支薄板,受有均匀分布的竖向压力,当竖向压应力达到弹性临界应力 σ_{cr} 时板开始屈曲。此时,由于板的四边有约束,在板的中部会产生纵向拉力,该拉力牵制(restrain)屈曲变形的发展。这种牵制作用对提高板的承载力是有利的。

在《冷弯薄壁型钢结构技术规范》(GB 50018—2002)中,对受压构件中的薄板,就利用了板的这种能继续承载的潜力(potentiality)。

当板上的压力逐步增大时,薄板的两侧部分会超过 σ_{cr},直至板的侧边应力达到材料的屈服强度,而板的中部应力基本保持为 σ_{cr},板边的应力分布为如图 5.23(b)所示的马鞍形(saddle-shaped)。为了便于计算,将受压薄板达到极限状态时的马鞍形应力分布按合力不变的原则简化为矩形分布(图 5.24)。这个矩形的宽度之和称为有效宽度,用 b_e 表示。当板受非均匀压力作用时(图 5.25),板件两侧的有效宽度不等,但两宽度之和仍等于 b_e。

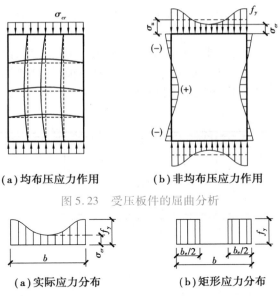

（a）均布压应力作用　　（b）非均布压应力作用

图 5.23　受压板件的屈曲分析

（a）实际应力分布　　（b）矩形应力分布

图 5.24　应力图简化

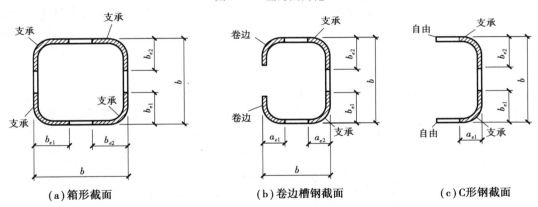

（a）箱形截面　　　　　（b）卷边槽钢截面　　　　（c）C形钢截面

图 5.25　受压板件的有效宽厚比

根据板件两边的支承情况,可将板件分为加劲板件、部分加劲板件和非加劲板件。

加劲板件为两纵边与其他板件相连接的板件,如箱形截面的翼缘和腹板,槽形截面的腹板;部分加劲板件即为一纵边与其他板件相连,另一纵边为卷边加劲的板件,如卷边槽钢的翼缘板;非加劲板件即一纵边与其他板件相连,另一纵边为自由的板件,如图 5.25 所示。

受压板件有效宽度的计算,与板件的实际宽厚比、所受应力大小和分布情况、板件纵边的支承类型以及相邻板件对它的约束程度等因素有关。具体的计算参见《冷弯薄壁型钢构件技术规范》。

（2）受压腹板的屈曲后强度

梁腹板若用小挠度临界状态理论来计算,其高厚比不可能太大,但考虑了屈曲后强度,仅需设置横向加劲肋,其高厚比可达到 300 左右,这对大型梁的设计有很重要的经济意义。

考虑梁腹板屈曲后强度的理论分析和计算方法很多,这里介绍一种适用于建筑结构钢梁的板张力场(tension field)理论。

基本假定:

①屈曲后腹板中的剪力,一部分由小挠度理论算出的抗剪力承担,另一部分由斜张力场作用(薄膜效应)承担;

②翼缘的弯曲刚度小,假定不能承担腹板斜张力场产生的垂直分力的作用。

根据以上假定,腹板屈曲后的实腹梁犹如一桁架分析模型(图5.26),翼缘为桁架弦杆,加劲肋相当于竖腹杆,张力带则好似桁架的斜腹杆。

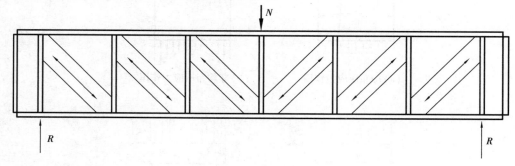

图 5.26 腹板的张力场作用

1)腹板受剪屈曲后的极限剪力

根据基本假定①,腹板能够承担的极限剪力 V_u 为屈曲剪力 V_{cr} 与张力场剪力 V_t 之和,即:

$$V_u = V_{cr} + V_t \tag{5.65}$$

屈曲剪力 V_{cr} 容易确定,即 $V_{cr} = h_0 t_w \tau_{cr}$。

式中 h_0, t_w——腹板高度和厚度;

τ_{cr}——由式(5.41)确定的临界应力。

下面讨论如何计算张力场剪力 V_t。

首先确定薄膜(thin film)张力在水平方向的最优倾角 θ。

根据基本假定②,可认为张力场仅为传力到加劲肋的带形场,其宽度为 s[图5.27(a)]。

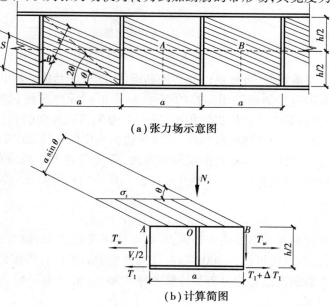

(a)张力场示意图

(b)计算简图

图 5.27 张力场作用下的剪切计算图

$$s = h_0 \cos \theta - a \sin \theta$$

带形场的拉应力 σ_t 所提供的剪力为：

$$V_{t1} = \sigma_t \cdot t_w s \cdot \sin \theta = \sigma_t \cdot t_w (h_0 \cos \theta - a \sin \theta) \sin \theta$$

$$= \sigma_t \cdot t_w (0.5 h_0 \cdot \sin 2\theta - a \sin^2 \theta)$$

而最优 θ 角应能使张力场作用提供的剪切抗力最大。因此,由

$$\frac{\mathrm{d}V_{t1}}{\mathrm{d}\theta} = 0$$

可得 $\cot 2\theta = a/h$

或

$$\sin 2\theta = \frac{1}{\sqrt{1 + (a/h)^2}} \qquad (5.66)$$

实际上带形场以外部分也有少量薄膜应力。为了求得符合实际的张力场剪力 V_t,最好按图 5.27(b) 的计算简图进行计算。根据该图的受力简图,由水平方向的平衡条件,可求出翼缘的水平力增量 ΔT_1(包括腹板水平力增量的影响)为：

$$\Delta T_1 = \sigma_t \cdot t_w a \cdot \sin \theta \cdot \cos \theta = \frac{1}{2} \sigma_t \cdot t_w a \sin 2\theta$$

再由对 O 点的力矩平衡条件 $\sum M_o = 0$ 得

$$\frac{V_t}{2} \cdot a = \Delta T_1 \cdot \frac{h}{2}$$

则有

$$V_t = \frac{h}{a} \cdot \Delta T_1 = \frac{1}{2} \sigma_t \cdot t_w h_0 \cdot \sin 2\theta \qquad (5.67)$$

将式(5.66)中的 $\sin 2\theta$ 代入式(5.67)得

$$V_t = \frac{1}{2} \sigma_t \cdot t_w h_0 \frac{1}{\sqrt{1 + (a/h_0)^2}} \qquad (5.68)$$

式中 σ_t 的限值尚待确定。

因腹板的实际受力情况 σ_t 和 τ_{cr} 有关,所以必须考虑二者共同作用的破坏条件。假定从屈曲到极限状态,τ_{cr} 保持常量,并假定 τ_{cr} 引起的主拉应力与 σ_t 方向相同,根据剪应力作用下的屈曲条件,与拉应力 σ_t 对应的剪应力等于 $\sigma_t / \sqrt{3}$。由于总剪应力达到屈服值 f_{vy} 就不能再增大,所以又

$$\frac{\sigma_t}{\sqrt{3}} + \tau_{cr} = f_{vy} \qquad (5.69)$$

将上式确定的 σ_t 代入式(5.68)得

$$V_t = \frac{\sqrt{3}}{2} h_0 t_w \frac{f_{vy} - \tau_{cr}}{\sqrt{1 + (a/h_0)^2}} \qquad (5.70)$$

由式(5.65)即得到考虑腹板张力场后的极限剪力,引进抗力分项系数 γ_R 后得

$$V_u = h_0 t_w \left[\tau_{cr} + \frac{f_{vy} - \tau_{cr}}{1.15 \sqrt{1 + (a/h_0)^2}} \right] \qquad (5.71)$$

由于加劲肋在腹板张力场中起到了桁架竖杆的作用,由图 5.27 受力简图中竖向力的平衡条件,可得加劲肋所受压力为：

$$N_s = (\sigma_t a t_w \cdot \sin \theta) \sin \theta = \frac{1}{2} \sigma_t a t_w (1 - \cos 2\theta)$$

将 $\cos 2\theta = \dfrac{\theta}{\sqrt{h_0^2+a^2}}$ 和 $\sigma_t = \sqrt{3}\,(f_{vy}-\tau_{cr})$ 代入,得

$$N_s = \frac{at_w}{1.15}(f_{vy}-\tau_{cr})\left(1-\frac{a/h_0}{\sqrt{1+(a/h_0)^2}}\right) \tag{5.72}$$

梁中部的横向加劲肋,必须能承受上式计算出的压力。

2)腹板受弯屈曲后梁的极限弯矩 M_{eu}

腹板宽厚比较大而不设纵向加劲肋时,在弯矩作用下腹板的受压区可能屈曲。屈曲后的弯矩还可继续增大,但受压区的应力分布不再是线性的(图5.28),其边缘应力达到 f_y 时可认为达到肋承载力的极限。此时梁的中和轴略有下降,腹板受拉区全部有效;受压区可引入有效宽度的概念,假定有效宽度位于受压区的上下部位。梁所能承受的极限弯矩即取这一有效截面,如图5.28(b)所示,应力按线性分布来简化计算。

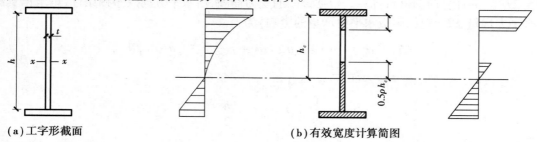

(a)工字形截面　　　　　　　　　　　(b)有效宽度计算简图

图5.28　受弯矩作用时腹板的有效宽度

3)同时受弯和受剪的腹板强度

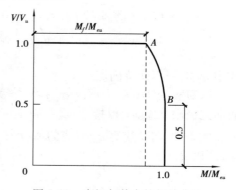

图5.29　弯矩与剪力的相关曲线

梁腹板常在大范围内同时承受弯矩 M 和剪力 V。这时腹板屈曲后对梁承载力的影响比较复杂,一般用 M 和 V 的无量纲化相关曲线来表示腹板的强度关系(图5.29)。图中假定当弯矩不超过翼缘所提供的最大弯矩 $M_f = A_f h_1 f$ 时(A_f 为一个翼缘截面面积,h_1 为上下翼缘轴线间的距离),腹板不参与承担弯矩作用,即假定在 $M \leqslant M_f$ 的范围内为一水平线,$V/V_u = 1.0$。

当截面全部有效而腹板边缘屈服时,腹板可以承受的剪应力平均值约为 $0.65f_{vy}$。对于薄腹板梁,即使腹板屈曲而非全部有效,其有效截面仍可承担剪力,可偏安全地取为仅承受剪力时最大值 V_u 的 0.5 倍。因此,当 $V/V_u \leqslant 0.5$ 时,相关曲线为竖直线,即 $M/M_{eu} = 1.0$。

如图5.29所示相关曲线 A 点(M/M_{eu},1)和 B 点(1,0.5)之间的曲线可用抛物线来表示,由抛物线确定的验算式为:

$$\left(\frac{V}{0.5V_u}-1\right)^2 + \frac{M-M_f}{M_{eu}-M_f} \leqslant 1 \tag{5.73}$$

式中　M,V——所计算区格内同一截面处的弯矩和剪力设计值。

当 $V<0.5V_u$ 时,取 $V=0.5V_u$ 即得计算式 $M<M_{eu}$;当 $M<M_f$ 时,取 $M=M_f$,即得计算式 $V=V_u$。

5.5.2　考虑腹板屈曲后的梁设计

（1）腹板屈曲后的抗剪承载力

腹板屈曲后的抗剪承载力仍用 V_u 表示，根据上述理论和试验研究，采用下列公式计算：

当 $\lambda_s \leqslant 0.8$ 时，
$$V_u = h_0 t_w f_v \qquad [5.74(a)]$$

当 $0.8 < \lambda_s \leqslant 1.2$ 时，
$$V_u = h_0 t_w f_v [1 - 0.5(\lambda_s - 0.8)] \qquad [5.74(b)]$$

当 $\lambda_s > 1.2$ 时，
$$V_u = \frac{h_0 t_w f_v}{\lambda_s^{1.2}} \qquad [5.74(c)]$$

式中　λ_s——用于抗剪计算的腹板通用高厚比。

$$\lambda_s = \sqrt{\frac{f_y}{\tau_{cr}}} = \frac{h_0/t_w}{41\sqrt{\beta}} \cdot \frac{1}{\varepsilon_k} \qquad (5.75)$$

当 $a/h_0 \leqslant 1.0$ 时，$\beta = 4 + 5.34(h_0/a)^2$，当 $a/h_0 > 1.0$ 时，$\beta = 5.34 + 4(h_0/a)^2$。如果只设置支承加劲肋而使 a/h_0 很大时，可取 $\beta = 5.34$。

（2）腹板屈曲后的抗弯承载力

腹板屈曲后的抗弯承载力由于腹板屈曲后梁的抗弯承载力下降不大，在计算梁腹板屈曲后的抗弯承载力时，《钢结构设计标准》（GB 50017—2017）采用下面介绍的近似公式来计算抗弯承载力。

根据有效截面的概念，假定腹板受压区有效宽度为 ρh_c，等分在 h_c 的两端，中部则扣去 $(1-\rho)h_c$ 的高度，梁的中和轴也因此下降。现假定腹板受拉区与受压区同样扣去此高度[图 5.30(b)]，这样中和轴可不变动，计算较为简便。

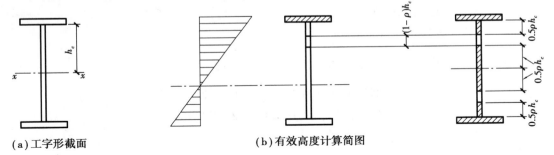

(a)工字形截面　　　　　　　　**(b)有效高度计算简图**

图 5.30　腹板截面示意图

腹板截面如图 5.30 所示，梁截面惯性矩为（忽略孔洞绕自身轴的惯性矩）：

$$I_{xe} = I_x - 2(1-\rho)h_c t_w \left(\frac{h_c}{2}\right)^2 = I_x - \frac{1}{2}(1-\rho)h_c^3 t_w$$

梁截面模量折减系数为：

$$\alpha_e = \frac{W_{xe}}{W_x} = \frac{I_{xe}}{I_x} = \frac{(1-\rho)h_c^3 t_w}{2I_x} \qquad (5.76)$$

上式是按双轴对称截面塑性发展系数 $\gamma_x = 1.0$ 得出的偏安全的近似公式，也可用于 $\gamma_x = 1.05$ 和单轴对称截面。

梁的抗弯承载力设计值为：

$$M_{eu} = \gamma_x \alpha_e W_x f \qquad (5.77)$$

式中的有效高度系数 ρ 与计算局部稳定中的临界应力 σ_{cr} 一样，以通用宽厚比 $\lambda_b = \sqrt{f_y/\sigma_{cr}}$ 作为参数,也分为 3 个阶段,分界点与 σ_{cr} 计算相同。

当 $\lambda_b \leq 0.85$ 时, $\qquad\qquad\qquad \rho = 1.0$ $\qquad\qquad\qquad$ [5.78(a)]

当 $0.8 < \lambda_b \leq 1.2$ 时, $\qquad\qquad\qquad \rho = 1 - 0.82(\lambda_b - 0.85)$ $\qquad$ [5.78(b)]

当 $\lambda_s > 1.25$ 时, $\qquad\qquad\qquad \rho = \dfrac{(1 - 0.2/\lambda_b)}{\lambda_b}$ $\qquad\qquad$ [5.78(c)]

通用宽厚比仍按局部稳定计算式(5.47)计算。

当 $\rho = 1$ 时,$\alpha_e = 1$,截面全部有效。

任何情况下,以上公式中的截面数据 W_x,I_x 以及 h_c 均按截面全部有效计算。

(3)考虑腹板屈曲后强度的梁的计算式

在横向加劲肋之间的腹板各区段,通常承受弯矩和剪力的共同作用。《规范》采用的剪力和弯矩的无量纲化的相关关系(图5.29),写成计算式为:

当 $M/M_f \leq 1.0$ 时, $\qquad\qquad\qquad\qquad V \leq V_u$

当 $V/V_u \leq 0.5$ 时, $\qquad\qquad\qquad\qquad M \leq M_{eu}$

其他情况 $\qquad\qquad\qquad \left(\dfrac{V}{0.5V_u} - 1\right)^2 + \dfrac{M - M_f}{M_{eu} - M_f} \leq 1$

式中 M,V——所计算区格内同一截面处梁的弯矩和剪力设计值,不能取平均弯矩和平均剪力;

$\qquad$ M_{eu},V_u——M 或 V 单独作用时的承载力设计值;

$\qquad$ M_f——梁两翼缘所承担的弯矩设计值;

对双轴对称截面 $\qquad\qquad\qquad M_f = A_f \cdot h_f \cdot f$

式中 A_f——一个翼缘的截面积;

$\qquad$ h_f——上下翼缘轴线间的距离。

对单轴对称截面 $\qquad\qquad\qquad M_f = \left(A_{f1} \cdot \dfrac{h_1^2}{h_2} + A_{f2} h_2\right) f$

式中 A_{f1},h_1——一个翼缘的截面面积及其形心至梁中和轴的距离;

$\qquad$ A_{f2},h_2——另一个翼缘的截面面积及其形心至梁中和轴的距离。

(4)考虑腹板屈曲后强度的加劲肋设计特点

①横向加劲肋不允许单侧设置,其截面尺寸应满足式(5.58)的要求。

②考虑腹板屈曲后强度的中间横向加劲肋,受到斜向张力场的竖向分量的作用,此竖向分力 N_s 可用式(5.73)来计算。在钢结构设计标准中,考虑张力场的水平分力的影响,将中间横向加劲肋所受轴心压力加大为:

$$N_s = V_u - h_0 t_w \tau_{cr} \qquad\qquad (5.79)$$

式中,V_u 按式(5.74)计算;τ_{cr} 按式(5.50)计算。

若中间横向加劲肋还承受集中荷载 F,则应按 $N = N_s + F$ 计算其在腹板平面外的稳定。

③当 $\lambda_s > 0.8$ 时,梁支座加劲肋除承受支座反力 R 外,还承受张力场斜拉力的水平分力 H_t。

$$H_t = (V_u - h_0 t_w \tau_{cr}) \sqrt{1 + (a/h_0)^2} \qquad\qquad (5.80)$$

H_t 的作用点可取距上翼缘 $h_0/4$ 处[图5.31(a)]。

为了增加抗弯能力,还应在梁外延的端部加设封头加劲板,并采用下列方法之一进行

计算:

a.方法一:

将封头板与支座加劲肋之间视为竖向压弯构件,简支于梁的上下翼缘,计算其强度和稳定;将支座加劲肋按支座反力 R 的轴心受压杆,用5.4.2节的方法计算。封头板截面积按下式验算:

$$A_c \geqslant \frac{3h_0 H_t}{(16ef)} \qquad (5.81)$$

式中　e——支座加劲肋与封板的距离;

　　　f——钢材的强度设计值。

b.方法二:

缩小支座加劲肋和第一道中间加劲肋的距离 a_1[图5.31(b)],使 a_1 范围内的 $\tau_{cr} \geqslant f_v$,这时的支座加劲肋就不会受到 H_t 的作用。

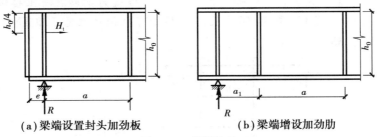

(a)梁端设置封头加劲板　　　　(b)梁端增设加劲肋

图5.31　梁端构造

型钢梁设计

5.6　型钢梁设计

型钢梁中应用最多的是热轧普通工字钢和 H 型钢。热轧型钢梁只需满足强度、刚度和整体稳定的要求,而不需计算局部稳定。其设计方法是:首先根据建筑要求的跨度及预先假定的结构构造,算出梁的最大弯矩设计值,按此选择型钢截面,然后进行各种验算。

5.6.1　单向受弯型钢梁

(1)选择截面

先计算梁的最大弯矩 M_x,由 $\sigma = \dfrac{M_x}{\gamma_x W_{nx}} \leqslant f$ 从型钢表中取用与 W_{nx} 值相近的型钢号。此时可预先估算一个自重求出 M_x,求出截面后按实际自重进行验算,也可先不考虑自重算出 W_{nx},选出截面后按实际自重进行验算。

(2)截面验算

1)强度验算

①根据所选型钢的实际截面参数 W_{nx},按 $\sigma = \dfrac{M_x}{\gamma_x W_{nx}} \leqslant f$ 验算抗弯强度;

②有集中力作用时,按 $\sigma_c = \dfrac{\psi F}{t_w l_z} \leqslant f$ 进行局部压应力验算;

③按 $\tau = \dfrac{VS}{I_x t_w} \leqslant f_v$ 验算抗剪强度,通常情况下可略去;

④验算弯矩及剪力较大的截面上的折算应力,通常情况下可略去。

2)整体稳定验算

$$\frac{M_x}{\varphi_b W_x f} \leqslant 1$$

采用工字钢时,φ_b 可直接查表取用。

(3)刚度验算

按材料力学公式根据荷载标准值算出最大挠度 w,应小于容许挠度值 $[w]$(按表 5.1 选取)。也可采用相对挠度计算,例如均布荷载下的简支梁:

$$\frac{w}{l} = \frac{5}{48}\frac{M_x l}{EI_x} \leqslant \frac{[w]}{l}$$

例 5.2 楼盖钢梁布置局部平面如图 5.32 所示。楼盖为钢筋混凝土楼板。试设计工字形截面型钢梁 B_1;楼板、装修、吊顶、隔墙及防火层等标准恒载共重 5.8 kN/m²,标准活荷载 4 kN/m²。钢材为 Q235。

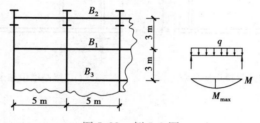

图 5.32 例 5.2 图

解 ①荷载计算。

作用在次梁 B_1 上的荷载设计值由可变荷载(活荷载)效应控制的组合,荷载标准值
$q_k = 3 \times 5.8 + 3 \times 4 = 29.4 (\text{kN/m})$

荷载设计值 $q_d = 3 \times 5.8 \times 1.3 + 3 \times 4 \times 1.5 = 40.62 (\text{kN/m})$

②内力计算。

跨中最大弯矩 $M_{max} = \dfrac{1}{8}q_d l^2 = \dfrac{1}{8} \times 37.68 \times 5^2 = 126.94 (\text{kN} \cdot \text{m})$

支座最大剪力 $V_{max} = \dfrac{1}{2} \times 37.68 \times 5 = 101.55 (\text{kN})$

③截面选择。

梁所需截面参数为:$W_{nx} = \dfrac{M_x}{\gamma_x f} = \dfrac{126\,940 \times 10^2}{1.05 \times 215 \times 10^2} = 562.3 (\text{cm}^2)$

按型钢表选用 I32a,$W_x = 692.2 \text{ cm}^3$,自重 $g = 52.7 \times 9.8 = 516.46 (\text{N/m})$,

$I_x = 11\,076 \text{ cm}^4$,$\dfrac{I_x}{S_x} = 27.5 \text{ cm}$,$t_w = 9.5 (\text{mm})$

④截面验算。

a.抗弯强度验算。

梁自重产生的弯矩 $M = \dfrac{1}{8} \times 516.46 \times 1.3 \times 5^2 = 2\,098.1 (\text{N} \cdot \text{m})$

总弯矩　　　　　　　　$M_x = 126\,940 + 2\,098.\,1 = 129\,038.\,1(\text{N}\cdot\text{m})$

代入弯曲正应力验算公式

$$\sigma = \frac{M_x}{\gamma_x f} = \frac{129\,038.\,1 \times 10^3}{1.\,05 \times 692.\,2 \times 10^3} = 177.\,54(\text{N}/\text{mm}^2) \quad < f = 215\ \text{N}/\text{mm}^2$$

b. 最大剪应力验算。

$$\tau = \frac{VS}{I_x t_w} = \frac{101\,550 + 516.\,46 \times 1.\,3 \times 2.\,5}{27.\,5 \times 10 \times 9.\,5} = 39.\,51(\text{N}/\text{mm}^2) \quad < f_v = 125\ \text{N}/\text{mm}^2$$

c. 刚度验算。

$$q = 29\,400 + 516.\,46 = 29\,916.\,46(\text{N}/\text{m}) = 29.\,916(\text{N}/\text{mm})$$

$$w = \frac{5}{384} \cdot \frac{q l^4}{EI} = \frac{5 \times 29.\,916 \times 5^4 \times 10^{12}}{384 \times 206 \times 10^3 \times 11\,076 \times 10^4} = 10.\,67(\text{mm}) \quad < \frac{l}{250} = \frac{5\,000}{250} = 20\ \text{mm}$$

5.6.2　双向弯曲型钢梁

(1)檩条的形式

铺放在屋架上的檩条属于受双向弯曲的梁,斜放的檩条由于荷载不与截面形心主轴平行,从而使檩条产生双向弯曲,或称斜弯曲。檩条有型钢檩条和桁架式檩条两种。一般重量不大的屋面构造,如压型钢板屋面、瓦楞铁皮屋面、石棉水泥瓦屋面、木质纤维波形瓦屋面等,大多采用型钢檩条。屋面重量较大且屋架间距较大时可采用桁架式檩条。

型钢檩条大多采用热压槽钢、角钢以及冷弯薄壁 Z 形钢等,如图 5.33 所示。桁架檩条,一般由小角钢和小圆钢等组成,有平面桁架式、T 形桁架式和空间桁架式等,如图 5.34 所示。

| (a)热压槽钢 | (b)角钢 | (c)冷弯薄壁Z形钢 |

图 5.33　型钢檩条截面形式

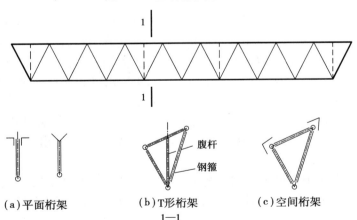

图 5.34　桁架檩条截面形式

目前,一般以槽钢檩条应用较多,但因其壁厚,强度不能充分利用。角钢檩条只能用于受力较小的情况。薄壁型钢檩条取材不易。空间桁架式檩条虽然受力较好,但制作比较麻烦。下面只着重介绍型钢檩条的设计计算。

(2)型钢檩条和拉条的布置

型钢檩条一般与事先焊于屋架的短角钢相连,安装时可采用两个普通螺栓连接或焊接将檩条与角钢贴紧连牢,保证有足够的约束,阻止檩条端截面的扭转。槽钢檩条的槽口,一般朝上放置。角钢和 Z 形钢檩条大多以一水平肢平行于屋面朝上放置。

槽钢及 Z 形钢等侧面刚度均较小。为了防止檩条沿屋面坡度方向弯曲变形及产生扭转,并减少檩条在该方向上的弯矩,当檩条跨度在 4~6 m 时,宜设置拉条一道;超过 6 m 时,宜设两道。屋面有天窗时,应在天窗两侧檩条间设置斜拉条,原来的拉条改为撑杆(brace strut)。若檩距较小,斜拉条角度较小时,可做成桁架的形式,如图 5.35(c)所示。为使拉条的拉力在屋脊处平衡,屋脊檩条在拉条连接处应互相联系;或在两边各设斜拉条和撑杆,使靠近屋脊处第一、二根檩条组成一刚性较强的体系。对于 Z 形檩条,在檐口处,还需设斜拉条和撑杆,但有承重天沟(gutte)或圈梁(ring beam)时可只设垂直于檐口的拉条。

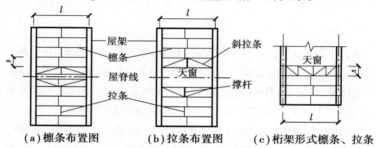

图 5.35　檩条和拉条的布置

拉条用圆钢,截面由计算决定,直径不得小于 12 mm;撑杆用角钢,按压杆设计,容许长细比为 200。拉条应固定牢靠,固定位置应靠近檩条的上方。

5.6.3　型钢檩条的设计与计算

(1)檩条的受力

斜放檩条受竖向荷载作用,荷载作用线不与檩条截面形心主轴平行且不通过剪力中心 S 时,檩条除产生双向弯曲外还产生扭转。但由于荷载作用线与剪力中心 S 的垂直距离较小,扭矩的影响可忽略不计,一般只按双向弯曲考虑。于是檩条在屋面荷载作用下,截面两个主轴方向,分别受到两个分力,即 $q_x = q\sin\varphi$ 及 $q_y = q\cos\varphi$ 的作用,使檩条在两个主平面内发生弯曲,q_y 引起截面对 x 轴的弯矩 M_x,q_x 引起截面对 y 轴的弯矩 M_y。其中 q 为檩条承受的竖向力,φ 为竖向力与截面主轴的夹角(图 5.36)。对于槽钢檩条 $\varphi = \alpha$;对于角钢和 Z 形钢 $\varphi = \alpha - \theta$,$\alpha$ 为屋面倾角,θ 为截面主轴 x 与平行于屋面轴 x_1 的夹角,可由型钢表查出。

(2)檩条的计算

型钢檩条的设计,一般是根据设计经验先假定采用截面的型号,然后进行验算。

对于型钢檩条,一般只验算弯曲正应力,而不必验算剪应力及局部压应力。

1)弯曲正应力验算

$$\sigma = \frac{M_x}{\gamma_x W_{nx}} + \frac{M_y}{\gamma_y W_{nx}} \leqslant f \tag{5.82}$$

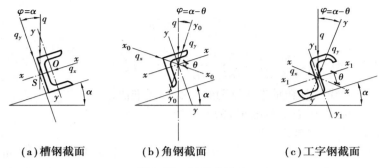

| (a) 槽钢截面 | (b) 角钢截面 | (c) 工字钢截面 |

图 5.36 檩条的受力

式中 M_x, M_y ——q_x, q_y 对檩条主轴 $x\text{-}x$ 轴及 $y\text{-}y$ 轴产生的最大弯矩;

γ_x, γ_y ——截面塑性发展系数;

W_{nx}, W_{ny} ——对主轴 x 轴及 y 轴得净截面抵抗矩。

关于 M_x, M_y 的计算,当檩条按简支梁计算时,q_y 对 $x\text{-}x$ 轴引起的最大弯矩和 q_x 对 $y\text{-}y$ 轴引起的最大弯矩分别为:

$$M_{x\max} = \frac{1}{8}q_y l^2 = \frac{1}{8}q l^2 \cos\varphi$$

$$M_{y\max} = \frac{1}{8}q_x l^2 = \frac{1}{8}q l^2 \sin\varphi \tag{5.83}$$

当檩条中点设置一根拉条时,因拉条可作为檩条的侧向支承点,檩条在侧向成为两跨连续梁,其支座最大负弯矩为:

$$M_y = -\frac{q_x l^2}{32} \tag{5.84}$$

当设置两根拉条分别位于 $l/3$ 处时,$l/3$ 处的支座负弯矩为:

$$M_y = -\frac{q_x l^2}{90} \tag{5.85}$$

跨中弯矩为:

$$M_y = -\frac{q_x l^2}{360} \tag{5.86}$$

式中 l ——屋架间距。檩条计算时无拉条及有一根拉条时采用檩条跨中弯矩;有两根拉条时,若 $q_y < q_x/3.5$,采用檩条跨中弯矩;若 $q_y > q_x/3.5$,采用跨度 $l/3$ 处的弯矩。

2)稳定验算

当屋面板对檩条不能起可靠的侧向支承作用时,如采用瓦楞铁(corrugated iron)、石棉瓦(asbestos shingle)等轻屋面时,应对檩条进行稳定验算,验算公式为:

$$\sigma = \frac{M_x}{\varphi_b W_x f} + \frac{M_y}{\gamma_y W_y f} \leq 1 \tag{5.87}$$

式中 φ_b ——绕强轴的梁整体稳定系数;

一般设有拉条或跨度 $l < 5$ m 的梁,可不进行整体稳定计算。

3)刚度计算

为使屋面平整,一般只验算垂直于屋面方向的简支梁挠度,使其不超过容许挠度。

对槽形截面檩条

$$w = \frac{5}{384} \frac{q_{ky} l^4}{EI_{x_1}} \leqslant [w] \tag{5.88}$$

对单角钢和 Z 形钢

$$w = \frac{5}{384} \frac{q_k \cos \varphi l^4}{EI_{x_1}} \leqslant [w] \tag{5.89}$$

式中 q_k, q_{ky}——竖向线荷载和垂直于屋面线荷载的标准值;

I_{x_1}——对 x_1 轴(与屋面平行的轴)的惯性矩。

檩条的容许挠度 $[w]$ 按表 5.1 取。

例 5.3   设计一简支角钢檩条。屋架坡度 $\alpha = 21.8°$。屋架间距(檩跨)3 m,檩距 0.75 m。屋面恒荷载 0.4 kN/m^2;屋面活荷载 0.5 kN/m^2,荷载 0.3 kN/m^2,$\alpha < 25°$,不计积灰荷载,检修集中荷载 0.8 kN。屋架檩条如图 5.37 所示。

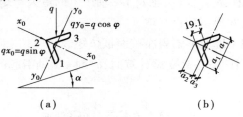

图 5.37   例 5.3 图

解   ①按经验试用 ∟70×5。

按型钢表查得:钢重 5.4 kg/m,即每米自重荷载 $5.4 \times 9.81 = 52.97 \approx 53 \text{ N/m}$,$A = 6.88 \text{ cm}^3$,$I_{x_0} = 51.08 \text{ cm}^4$,$I_{y_0} = 13.34 \text{ cm}^4$,$z_0 = 19.1 \text{ mm}$。

按图形计算:

$a_1 = 7 \times \sin 45° = 4.95(\text{cm})$;

$a_2 = \dfrac{1.91}{\sin 45°} = 2.7(\text{cm})$;

$a_3 = 4.95 - 2.7 = 2.25(\text{cm})$;

$W_{x_{0,1}} = W_{x_{0,3}} = \dfrac{51.08}{4.95} = 10.32(\text{cm}^3)$;

$W_{y_{0,1}} = W_{y_{0,3}} = \dfrac{13.34}{2.25} \approx 5.93(\text{cm}^3)$;

$W_{y_{0,2}} = \dfrac{13.34}{2.7} = 4.94(\text{cm}^3)$。

②荷载计算与组合。

竖向荷载 q 与主轴 y_0 的夹角 $\varphi = 45° - \alpha = 45° - 21.8° = 23.2°$。

永久荷载:檩条自重加屋面重量

$$q_1 = 53 + 0.4 \times 0.75 \times 10^3 / \cos \alpha = 376.1(\text{N/m}) = 3.76 \text{ N/cm}$$

可变荷载:因檩条受荷面积很小,故可变荷载取屋面活荷载 0.5 kN/m^2,不考虑雪荷载

$$q_2 = 0.5 \times 0.75 = 0.375(\text{kN/m})$$

考虑由可变荷载效应控制的组合。荷载组合分两种情况:

a. 永久荷载+屋面活载

荷载标准值 $q_k = 0.376 + 0.375 = 0.751(\text{kN/m})$

荷载设计值 $q = 1.3 \times 0.376 + 1.5 \times 0.375 = 1.051(\text{kN/m})$

$$M_{x_0} = \frac{(q \cos \varphi) l^2}{8} = \frac{1.051 \times 0.919 \times 3^2}{8} = 1.087 (\text{kN} \cdot \text{m})$$

$$M_{y_0} = \frac{(q \sin \varphi) l^2}{8} = \frac{1.051 \times 0.394 \times 3^2}{8} = 0.466 (\text{kN} \cdot \text{m})$$

b. 永久荷载+集中荷载

按荷载计算值　$q' = 1.3 \times 0.376 = 0.489 (\text{kN/m})$

$$p = 1.5 \times 0.8 = 1.20 (\text{kN})$$

$$M'_{x_0} = \frac{(q' \cos \varphi) l^2}{8} + \frac{(p \cos \varphi) l}{4} = \frac{0.489 \times 0.919 \times 3^2}{8} + \frac{1.2 \times 0.919 \times 3}{4}$$

$$= 1.33 (\text{kN} \cdot \text{m})$$

$$M'_{y_0} = \frac{(q' \sin \varphi) l^2}{8} + \frac{(p \sin \varphi) l}{4} = \frac{0.489 \times 0.394 \times 3^2}{8} + \frac{1.2 \times 0.394 \times 3}{4}$$

$$= 0.57 (\text{kN} \cdot \text{m})$$

③强度验算(按第二种组合)。

按公式 $\sigma = \dfrac{M_{x_0}}{\gamma_x W_{nx_0}} + \dfrac{M_{y_0}}{\gamma_y W_{ny_0}} \leqslant f$ 分别验算角钢截面上 1,2,3 点的抗弯强度。不考虑塑性发展,取 $\gamma_x = \gamma_y = 1.0$。

$$\sigma_{(1)} = \frac{1.33 \times 10^6}{10.32 \times 10^3} + \frac{0.57 \times 10^6}{5.93 \times 10^3} = 216 (\text{N/mm}^2) \approx f = 215 \text{ N/mm}^2$$

$$\sigma_{(2)} = \frac{0.57 \times 10^6}{4.94 \times 10^3} = 115 (\text{N/mm}^2) < f = 215 \text{ N/mm}^2$$

$$\sigma_{(3)} = -\frac{1.33 \times 10^6}{10.32 \times 10^3} + \frac{0.57 \times 10^6}{5.93 \times 10^3} = -39.50 (\text{N/mm}^2) < f = 215 \text{ N/mm}^2$$

④刚度验算。

按标准值 $q_k = 0.751 \text{ kN/m}$ 计算。

$$w_x = \frac{5}{384} \frac{q_k \cos \varphi l^4}{EI_{x_0}} = \frac{5 \times 0.751 \times 0.919 \times 3\,000^4}{384 \times 2.06 \times 10^5 \times 51.08 \times 10^4} = 6.9 (\text{mm})$$

$$w_y = \frac{5}{384} \frac{q_k \sin \varphi l^4}{EI_{y_0}} = \frac{5 \times 0.751 \times 0.394 \times 3\,000^4}{384 \times 2.06 \times 10^5 \times 13.34 \times 10^4} = 11.4 (\text{mm})$$

$$w = \sqrt{w_x^2 + w_y^2} = \sqrt{6.9^2 + 11.4^2} = 13.3 \text{ mm} < l/200 = 3\,000/200 = 15 (\text{mm})$$

满足要求。

5.7　焊接组合梁设计

焊接组合梁设计

5.7.1　截面设计

焊接组合梁截面设计所需确定的截面尺寸为截面高度 h(腹板高度 h_0)、腹板厚度 t_w、翼缘宽度 b 及厚度 t。焊接组合梁截面设计的任务是:合理地确定 h_0, t_w, b, t,以满足梁的强度、刚度、整体稳定及局部稳定等要求,并能节省钢材,经济合理。设计的顺序是首先定出 h_0,然后选定 t_w,最后定出 b 和 t。

（1）截面高度 h（腹板高度 h_0）

梁的截面高度应根据建筑高度、刚度要求及经济要求确定。

建筑高度是指使用要求所允许的梁的最大高度 h_{max}。例如，当建筑楼层层高确定后，为保证室内净高不低于规定值，就要求楼层梁高不得超过某一数值。又如跨越河流的桥梁，当桥面标高确定以后，为保证桥下有一定通航净空（head room），也要限制梁的高度不得过高，设计梁截面时要求 $h \leqslant h_{max}$。

刚度要求是指为保证结构在正常使用条件下，梁的挠度不超过容许挠度（tolerate deflection），即限制梁高 h 不能小于最小梁高 h_{min}。现以受均布荷载的简支梁为例，介绍求最小梁高 h_{min} 的方法。

对于受均布荷载 q_k 作用的简支梁　$w = \dfrac{5}{384} \dfrac{q_k l^4}{EI} \leqslant [w]$

若取荷载分项系数的平均值为 1.4，则设计弯矩

$$M = \frac{1}{8} \times 1.4 q_k l^2$$

$\sigma = M/W = \dfrac{Mh}{2I}$，代入上式，得

$$w = \frac{5}{1.4 \times 24} \times \frac{Ml^2}{EI} = \frac{5}{1.3 \times 24} \times \frac{\sigma l^2}{Eh} \leqslant [w]$$

若材料强度得到充分利用，上式中 σ 可达 f，若考虑塑性发展系数可达 $1.05f$，将 $\sigma = 1.05f$ 代入后可得

$$h \geqslant \frac{5}{1.4 \times 24} \times \frac{1.05 f l^2}{206\,000 [w]} = \frac{f l^2}{1.32 \times 10^6} \times \frac{1}{[w]} = h_{min}$$

令上式右边值为最小梁高 h_{min}，则 h_{min} 的意义为：当所选梁截面高度 h 大于 h_{min} 时，只要梁的抗弯强度满足，要求则梁的刚度条件也同时满足。

对于非简支梁、非均布荷载，不考虑截面塑性发展（即取 $\sigma = f$），以及活荷载比重较大，只是荷载平均分项系数高于 1.4 等情况，按同样方式可以导出 h_{min} 算式，其值与上式相近。

经济高度 h_e 考虑用钢量为最小来决定，如图 5.38 所示，设钢梁单位长度的用钢量为 G，其中翼缘用钢量 G_f，腹板用钢量 G_w，则

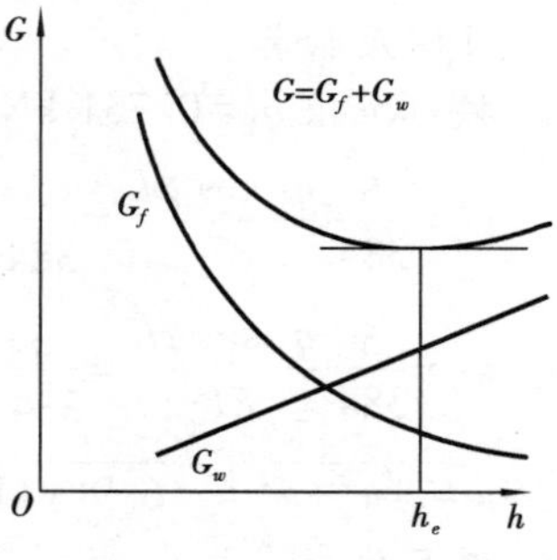

$$G = G_f + G_w = \gamma(2A_f + k_w t_w h_w) \tag{5.90}$$

图 5.38　工形截面梁的 G-h 关系

式中　A_f——单个翼缘的截面面积；

　　　γ——钢材的密度（density），等于 7 850 kN/m³；

　　　$h_w(h_0)$——腹板高度；

　　　t_w——腹板厚度；

　　　k_w——考虑腹板有横向加劲肋的构造系数 1.2（若考虑同时采用纵向加劲肋时可取 1.3）。

由于　$I_x = I_f + I_w = \dfrac{1}{12} t_w h_w^3 + 2A_f \left(\dfrac{h_f}{2} \right)^2$

$$W_{nx} = \frac{2I_x}{h} = \frac{1}{6} \frac{t_w h_w^3}{h} + A_f \frac{h_f^2}{h} \tag{5.91}$$

式中　h_f——两翼缘中心之间的高度；

　　　h——梁截面高度；

　　　h_w——腹板高度。

近似地取 $h \approx h_f \approx h_w$，则式(5.91)变为

$$A_f = \frac{W_{nx}}{h} - \frac{1}{6}t_w h$$

代入式(5.90)得

$$G = \gamma\left(\frac{2W_{nx}}{h} - \frac{1}{3}t_w h + 1.2t_w h\right) = \gamma\left(\frac{2W_{nx}}{h} + 0.87t_w h\right)$$

因为 $W_{nx} = M/f$，故在一定的弯矩情况下 W_{nx} 自然为定值。这样，通过求导数的方法即可求得梁的最小用钢量。于是由

$$\frac{\mathrm{d}G}{\mathrm{d}h} = \gamma\left(-\frac{2W_{nx}}{h^2} + 0.87t_w\right) = 0 \tag{5.92}$$

解得　　　　　$h_e = \sqrt{\frac{2}{0.87}}\sqrt{\frac{W_{nx}}{t_w}}$　或　$h_e = 1.52\sqrt{\frac{W_{nx}}{t_w}}$ $\tag{5.93}$

其中 1.52 系数适用于无纵向肋的梁，若考虑有纵向肋时可算出为 1.44。

根据经验，腹板厚度与高度关系约为 $t_w \approx \sqrt{h_w}/11$，再考虑 $h_w = h$，代入式(5.93)得

$$h_e = 2\sqrt[5]{W_x^2} = 2W_x^{0.4} \tag{5.94}$$

h_e 还可根据下述公式计算

$$h_e = 7\sqrt[3]{W_x} - 300 \tag{5.95}$$

式中　W_x——梁所需要的截面抵抗矩。

根据上述 3 个条件，实际所取梁高 h 应满足 $h_{min} \leq h \leq h_{max}$ 且 $h \approx h_e$，腹板高度 h_0 与梁高接近(因为与梁高相比，翼缘厚度很小)，因此 h_0 可按 h 取稍小数值，同时应考虑钢板规格尺寸，并宜取 50 mm 的整数。

(2)腹板厚度 t_w

腹板主要承担梁的剪力，其厚度 t_w 要满足抗剪强度要求。计算时近似假定最大剪应力为腹板平均剪应力的 1.2 倍，即

$$\tau_{max} = \frac{VS}{I_x t_w} \approx 1.2\frac{V}{h_0 t_w} \leq f_v$$

$$t_w \geq 1.2\frac{V}{h_0 f_v} \tag{5.96(a)}$$

考虑腹板局部稳定及构造要求，腹板不宜太薄，可用下列经验公式估算

$$t_w = \frac{\sqrt{h_0}}{3.5} \tag{5.96(b)}$$

式中，t_w，h_0 均以 mm 计。

选用腹板厚度时还应符合钢板现有规格，一般不宜小于 8 mm，跨度较小时，不宜小于 6 mm，轻钢结构可适当减小。

(3)翼缘宽度 b 及厚度 t

腹板尺寸确定之后，可按强度条件(即所需截面抵抗矩 W_x)确定翼缘面积 $A_f = bt$。对于工形截面

$$W = \frac{2I}{h} = \frac{2}{h}\left[\frac{1}{12}t_w h_0^3 + 2A_f\left(\frac{h_0+t}{2}\right)^2\right] \geq W_x \tag{5.97}$$

初选截面时取 $h_0 \approx h_0+t \approx h$，经整理后上式可写为

$$A_f \geq \frac{W_x}{h_0} - \frac{h_0 t_w}{6} \tag{5.98}$$

由式(5.98)算出 A_f 之后，再选定 b,t 中一个数值，即可确定另一个数值。选定 b,t 时应注意下列要求：

翼缘宽度 b 不宜过大，否则翼缘上应力分布不均匀。b 值过小，不利于整体稳定，与其他构件连接也不方便。b 值一般在 $(1/5 \sim 1/3)h$ 范围内选取，同时要求 $b \geq 180$ mm（对于吊车梁要求 $b \geq 300$ mm）。另外考虑局部稳定，要求 $b/t \leq 26\varepsilon_k$（不考虑塑性发展即 $\gamma_x = 1$ 时，可取 $b/t \leq 30\varepsilon_k$），翼缘厚度 t 不应小于 8 mm，同时应符合钢板规格。

5.7.2 截面验算

截面尺寸确定后，按实际选定尺寸计算各项截面的几何特性，然后验算抗弯强度、抗剪强度、局部压应力、折算应力、整体稳定、刚度及翼缘局部稳定。腹板局部稳定由设置加劲肋来保证，或计算腹板屈曲后的强度。

如果梁截面尺寸沿跨长有变化，应将截面改变设计之后进行抗剪强度、刚度、折算应力验算。

5.7.3 梁截面沿长度的改变

对处于均布荷载作用下的简支梁，前节按跨中最大弯矩选定了截面尺寸。但是考虑到弯矩沿跨度按抛物线分布，当梁跨度较大时，如在跨间随弯矩减小将截面改小，做成变截面梁，则可节约钢材减轻自重。当跨度较小时，改变截面节省钢材不多，制造工作量却增加较多，因此，跨度较小的梁多做成等截面梁。

焊接工字形梁的截面改变一般是改变翼缘宽度。通常做法是在半跨内改变一次截面（图5.39）。改变截面设计方法可以先确定截面改变的地方，即截面改变处距支座距离 x，然后根据 x 计算变窄翼缘的宽度 b'。也可以先确定变窄翼缘宽 b'，然后由 b' 计算 x。

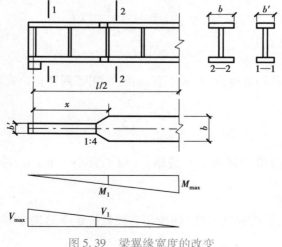

图 5.39　梁翼缘宽度的改变

确定截面改变地方时,取 $x = 6/l$ 较为经济,节省钢材可达 $10\% \sim 20\%$,选定 x 后,算出 x 处梁的弯矩 M_1,再算出该截面所需抵抗矩 $W_{1T} = M_1/(\gamma_x f)$,然后由 W_{1T} 算出所需翼缘面积 $A_{1f} = W_{1T}/h_0 - h_0 t_w/6$,翼缘厚度保持不变,则 $b' = A_{1f}/t$。同时 b' 的选定也要考虑梁与其他构件连接方便等构造要求。

如果按上述方法选定 b' 太小,或不满足构造要求时,也可事先选定 b' 值,然后按变窄的截面(即尺寸为 h_0、t_w、b'、t 的截面)算出惯性矩 I_1 及抵抗矩 W_1,以及变窄截面所能承担的弯矩 $M_1 = \gamma_x f W_1$,然后根据梁的荷载弯矩图算出梁上弯矩等于 M_1 处距支座的距离 x,这就是截面改变点的位置。

确定 b' 及 x 后,为了减小应力集中,应将梁跨中央宽翼缘板从 x 处以 $\le 1 : 4$ 的斜度向弯矩较小的一方延伸至与窄翼缘板等宽处才切断,并用对接直焊缝与窄翼缘板相连。但是当焊缝为三级焊缝时,受拉翼缘处应采用斜对接焊缝。

梁截面改变处的强度验算,尚包括腹板高度边缘处折算应力验算。验算时取 x 处的弯矩及剪力,按窄翼缘截面验算。

变截面梁的挠度计算比较复杂,对于翼缘改变的简支梁,受均布荷载或多个集中荷载作用时,刚度验算可按下列近似公式计算:

$$w = \frac{M_K l^2}{10 EI}\left(1 + \frac{3}{25}\frac{I - I_1}{I}\right) \le [w] \tag{5.99}$$

式中　M_K——最大弯矩标准值;

$\quad\quad I$——跨中毛截面惯性矩;

$\quad\quad I_1$——端部毛截面惯性矩。

5.7.4　翼缘焊缝的计算

图 5.40 示出由两块翼缘及一块腹板组成的工形梁,其中图 5.40(a)翼缘腹板自由搁置不加焊接,图 5.40(b)则用角焊缝连牢,称为翼缘焊缝。如果不考虑整体稳定和局部稳定,图 5.40(a)中的梁受荷弯曲时,翼缘与腹板将以各自的形心轴为中和轴弯曲,翼缘与腹板之间将产生相对滑移。图 5.40(b)中的梁受荷弯曲时,由于翼缘焊缝作用,翼缘腹板将以工形截面的形心轴为中和轴整体弯曲,翼缘与腹板之间不产生相对滑移,比较这两个梁的变形可以看出,梁弯曲时翼缘焊缝的作用是阻止腹板和翼缘之间产生滑移,因而承受与焊缝平行方向的剪力。

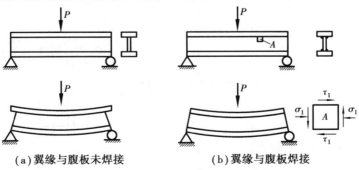

(a)翼缘与腹板未焊接　　　　　(b)翼缘与腹板焊接

图 5.40　翼缘焊缝的受力情况

实际上,由材料力学可知,若在工字形梁腹板边缘处取出单元体 A,单元体的垂直及水平面上将有成对互等的剪应力 $\tau_1 = (VS_1)/(It_w)$ 存在。其中顶部水平面上的 τ_1 将由腹板两侧的翼缘焊缝承担。其单位梁长上的剪力为

$$T_1 = \tau_1 t_w = \frac{VS_1}{I} \qquad (5.100)$$

则翼缘焊缝应满足强度条件

$$\tau_f = \frac{T_1}{2 \times 0.7 \times h_f \times l} \leqslant f_f^w$$

$$h_f \geqslant \frac{T_1}{1.4 f_f^w} = \frac{VS_1}{1.4 f_f^w I} \qquad (5.101)$$

式中 V——所计算截面处的剪力;

S_1——一个翼缘对中和轴的面积矩;

I——所计算截面的惯性矩。

按式(5.101)所选 h_f 同时应满足构造要求。

当梁的翼缘上承受有固定集中荷载并且未设置加劲肋时,或者当梁翼缘上有移动集中荷载时,翼缘焊缝不仅承受水平剪力 T_1 的作用,还要承受由集中力 F 产生垂直剪力的作用,单位长度的垂直剪力 V_1 为

$$V_1 = \sigma_c t_w = \frac{\psi F}{I_z t_w} \cdot t_w = \frac{\psi F}{I_z} \qquad (5.102)$$

在 T_1 和 V_1 的共同作用下,翼缘焊缝强度应满足下式要求:

$$\sqrt{\left(\frac{T_1}{2 \times 0.7 h_f}\right)^2 + \left(\frac{V_1}{2\beta_f \times 0.7 h_f}\right)^2} \leqslant f_f^w$$

$$h_f \geqslant \frac{1}{1.4f} \sqrt{T_1^2 + \left(\frac{V_1}{\beta_f}\right)^2} \qquad (5.103)$$

设计时一般先按构造要求设定 h_f 值,然后进行验算和调整(checking and trimming)。

例 5.4 某三层三跨钢框架结构如图 5.41(a)所示,混凝土刚性楼板密铺在梁上,并与梁上翼缘牢固连接。钢梁与牛腿钢材为 Q235B,钢柱钢材为 Q355B。如钢梁①采用如图 5.41(b)所示的焊接组合工字形截面,$b = 200$ mm,$t = 14$ mm,$h_0 = 500$ mm,$t_w = 10$ mm,截面无削弱,翼缘

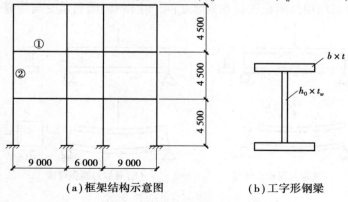

(a)框架结构示意图 (b)工字形钢梁

图 5.41 例 5.4 图

和腹板宽厚比均满足 S3 级的要求。梁上某截面由恒载标准值产生的正弯矩 $M_{Gk}=130$ kN·m，剪力 $V_{Gk}=160$ kN，由活载标准值产生的正弯矩 $M_{Qk}=130$ kN·m，剪力 $V_{Qk}=200$ kN，试验算梁在该截面处的强度和整体稳定性。

解　刚性楼板密铺在梁上，并与梁上翼缘牢固连接，故不用验算整体稳定性。

内力设计值：

$$M = 1.3 \times 130 + 1.5 \times 130 = 364 (\text{kN·m})$$

$$V = 1.3 \times 160 + 1.5 \times 200 = 508 (\text{kN})$$

查表得：$f = 215$ N/mm^2，$f_v = 125$ N/mm^2。

$$I_{nx} = \frac{1}{12} \times (200 \times 528^3 - 190 \times 500^3) = 4.74 \times 10^8 (\text{mm}^4)$$

$$W_{nx} = \frac{I_{nx}}{\dfrac{h}{2}} = \frac{4.74 \times 10^8}{264} = 1.795 \times 10^6 (\text{mm}^3)$$

$$S = 200 \times 14 \times 257 + 250 \times 10 \times 125 = 1\,032\,100 (\text{mm}^3)$$

翼缘和腹板相交处：$S_1 = 200 \times 14 \times 257 = 719\,600 (\text{mm}^3)$

$$\sigma_{\max} = \frac{M}{\gamma_x W_{nx}} = \frac{364 \times 10^6}{1.05 \times 1.795 \times 10^6} = 193.1 (\text{N/mm}^2) < f = 215 \text{ N/mm}^2$$

$$\tau_{\max} = \frac{VS}{It_w} = \frac{508 \times 10^3 \times 1\,032\,100}{4.74 \times 10^8 \times 10} = 110.6 (\text{N/mm}^2) < f_v = 125 \text{ N/mm}^2$$

翼缘和腹板相交处：

$$\sigma_1 = \frac{M}{I_{nx}}y_1 = \frac{364 \times 10^6}{4.74 \times 10^8} \times 250 = 192.0 (\text{N/mm}^2)$$

$$\tau_1 = \frac{VS_1}{It_w} = \frac{508 \times 10^3 \times 719\,600}{4.74 \times 10^8 \times 10} = 77.1 (\text{N/mm}^2)$$

$$\sqrt{\sigma_1^2 + 3\tau_1^2} = \sqrt{192^2 + 3 \times 77.1^2} = 233.9 (\text{N/mm}^2) < 1.1f = 236.5 \text{ N/mm}^2$$

因此，截面强度满足要求。

5.8　钢梁的连接构造

钢梁的连接构造

5.8.1　梁的拼接

拼接梁(joggle beam)分为工厂拼接和工地拼接两种。

(1)工厂拼接

如果梁的长度、高度大于钢材的尺寸，常需要先将腹板和翼缘用几段钢材拼接起来，然后再焊接成梁。这些工作一般在工厂进行，因此称为工厂拼接(图 5.42)。

工厂拼接的位置由钢材尺寸和梁的受力来确定。腹板和翼缘的拼接位置最好错开，同时也要与加劲肋和次梁连接位置错开，错开距离不小于 $10t_w$，以便各种焊缝布置分散，减小焊接应力及变形。

翼缘、腹板拼接一般用对接直焊缝,施焊时使用引弧板。这样当用一、二级焊缝时,拼接处与钢材截面强度可以达到相等,因此拼接可以设在梁的任何位置。但是当用三级焊缝时,由于焊缝抗拉强度比钢材抗拉强度低(约低15%),应将拼接布置在梁弯矩较小的位置,或者采用斜焊缝。

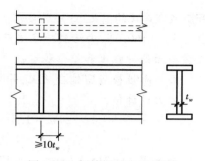

图 5.42 焊接梁的工厂拼接

(2)工地拼接

跨度大的梁,可能由于运输(carriage)或吊装(hoisting)条件限制,需将梁分成几段运至工地或吊至高空就位后再拼接起来。由于这种拼接是在工地(construction site)进行,因此称为工地拼接。

工地拼接一般布置在梁弯矩较小的地方,并且常常将腹板和翼缘在同一截面断开(图5.43),以便于运输和吊装。拼接处,一般采用对接焊缝,上、下翼缘做成向上的 V 形坡口,为方便工地施焊。同时为了减小焊接应力,应将工厂焊的翼缘端部留出 500 mm 左右不焊,留到工地拼接时按图中施焊顺序最后焊接,这样可以使焊接时有较多的自由收缩余地,从而减小焊接应力。

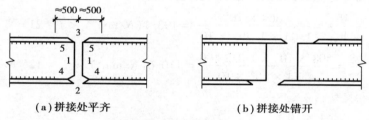

(a)拼接处平齐   (b)拼接处错开

图 5.43 焊接梁的工地拼接

为了改善拼接处的受力情况,工地拼接的梁也可以将翼缘和腹板拼接位置略微错开,但这种方式在运输、吊装时需要对端部凸出部分加以保护,以免碰损。

对于需要在高空拼接的梁,考虑高空焊接操作困难,常采用摩擦型高强度螺栓连接。对于较重要的或承受动荷载的大型组合梁,考虑到工地焊接条件差,焊接质量不易保证,也可采用摩擦型高强度螺栓做梁的拼接。这时梁的腹板和翼缘在同一截面断开,分别用拼接板和螺栓连接(图5.44)。拼接处的剪力 V 全部由腹板承担,弯矩 M 则由腹板和翼缘共同承担,并按各自刚度成比例分配。

这样腹板的拼接板及螺栓承受的内力有剪力 V 和弯矩 M_w

$$M_w = M\frac{I_w}{I} = M\frac{\frac{t_w h_0^3}{12}}{I}$$

设计时,先确定拼接板的尺寸,布置好螺栓位置,然后进行验算。

翼缘的拼接板及螺栓承受由翼缘分担的弯矩 M_f 所产生的轴力 N。

$$N = \frac{M_f}{h_0 + t} = M\frac{I_f}{I(h_0 + t)} = M\frac{2bt(h_0/2 + t)^2}{I(h_0 + t)}$$

上列各式中 $I = I_f + I_w$ 为梁毛截面惯性矩。

实际设计时,翼缘拼接常常偏安全地按等强度条件设计(design),即按翼缘面积所能承受的轴力 $N = A_f f = bt f$ 计算。

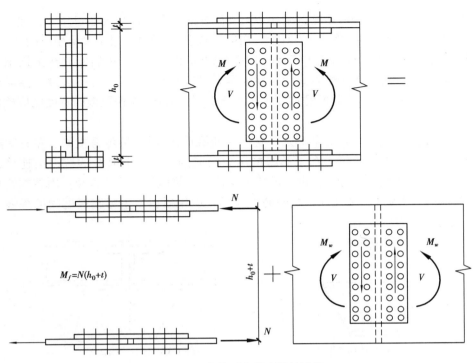

图 5.44　摩擦型高强度螺栓连接

5.8.2　次梁与主梁的连接

（1）简支次梁与主梁的连接

这种连接的特点是次梁只有支座反力传给主梁。其形式有叠接和侧面连接两种，叠接（图 5.45）时，次梁直接搁置在主梁上，用螺栓和焊缝固定，这种构造简单，但占用建筑高度大，连接刚性差一些。

侧面连接（图 5.46）是将次梁端部上翼缘切去，端部下翼缘则切去一边，然后将次梁端部与主梁加劲肋用螺栓相连。如果次梁反力较大，螺栓承载力不够时，可用围焊缝（角焊缝）将次梁端部腹板与加劲肋焊牢以传递反力，这时螺栓只作安装定位用。实际设计时，考虑连接偏心，通常将反力增大 20% ~ 30% 来计算焊缝或螺栓。

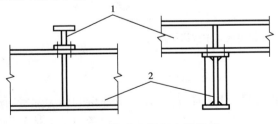

图 5.45　简支次梁与主梁叠接

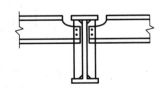

图 5.46　简支次梁与主梁侧面连接

（2）连续次梁与主梁连接

这种连接也分叠接和侧面连接两种形式。叠接时，次梁在主梁处不断开，直接搁置于主梁并用螺栓或焊缝固定。次梁只有支座反力传给主梁。侧面连接时，次梁要断开，分别连于主梁两侧,除支座反力传给主梁外,连续次梁在主梁支座处的左右弯矩也要通过主梁传递。因此构造稍复杂一些,常用的形式如图5.47所示。按图中构造,先在主梁上(次梁相应位置处)焊上承托,承托由竖板及水平顶板组成。安装时先将次梁端部上翼缘切去后安放在主梁承托水平板上,用安装螺栓定位,再将次梁下翼缘与顶板焊牢,最后用连接盖板将主次梁上翼缘用焊缝连接起来。为避免仰焊,连接盖板的宽度应比次梁上翼缘稍窄,承托顶板的宽度则应比次梁下翼缘稍宽。

在图5.47的连接中,次梁支座反力 R 直接传递给承托顶板,再传至主梁。左右次梁的支座负弯矩则分解为上翼缘的拉力和下翼缘的压力组成的力偶。上翼缘的拉力由连接盖板传递,下翼缘的压力传给承托顶板后,再由承托顶板传给主梁腹板。这样次梁上翼缘与连接盖板之间的焊缝、次梁下翼缘与承托顶板之间的焊缝以及承托顶板与主梁腹板之间的焊缝应按各自传递的拉力或压力设计。

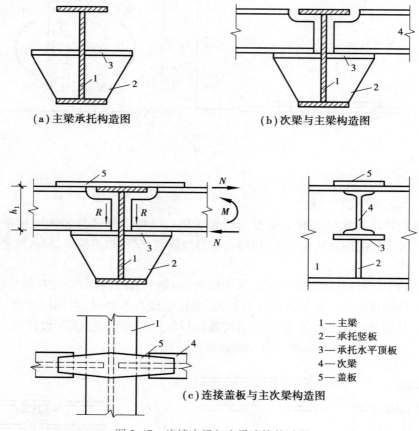

(a) 主梁承托构造图　　　　　　(b) 次梁与主梁构造图

1——主梁
2——承托竖板
3——承托水平顶板
4——次梁
5——盖板

(c) 连接盖板与主次梁构造图

图5.47　连续次梁与主梁连接的过程

钢结构各种构件连接形式种类很多,形式各异,设计时,首先要分析连接的传力途径,研究传力是否安全,同时也要注意构造布置是否合理,施工是否方便,只有综合考虑了上述问题,才能做好钢结构设计工作。

5.9　其他梁设计

5.9.1　蜂窝梁设计

将 H 型钢沿腹板的折线[图 5.48(a)]切割成的两部分,然后齿尖对齿尖地焊合后,形成腹板有孔洞的工字形梁[图 5.48(b)],这就是蜂窝梁。与原 H 型钢相比,蜂窝梁的承载力及刚度均显著增大,是一种经济、合理的截面形式,而且便于管线穿越。

蜂窝梁腹板上的孔洞可以做成几种不同的形状,尤以正六边形为佳。梁高 h_2 一般为原 H 型钢高度 h_1 的 $1.3\sim1.6$ 倍,相应的正六边形孔洞的边长或外接圆半径为 h_1 的 $0.35\sim0.7$ 倍。

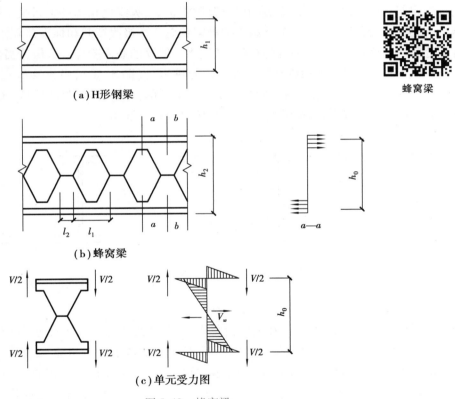

(a) H 形钢梁

蜂窝梁

(b) 蜂窝梁

(c) 单元受力图

图 5.48　蜂窝梁

蜂窝梁的抗弯强度、局部承压强度、刚度和整体稳定的计算公式同实腹梁。但在计算梁的抗弯强度和整体稳定时,截面模量 W_{nx}、W_x 均按孔洞处的 $a—a$ 截面计算;由于腹板的抗剪刚度较弱,在计算梁的挠度时,剪切变形的影响不可忽视。因此,在刚度验算时,截面的惯性矩取孔洞截面 $a—a$ 的惯性矩并乘以折减系数 0.9。

剪力 V 在孔洞部分的截面上,可视为由上下两个 T 形截面各承担一半。因此,梁的抗剪强度可按此 T 形截面承受剪力 $V/2$ 计算。

在孔洞之间,腹板拼接处的水平截面承担的剪力[图 5.48(c)]为

$$V_w = \frac{(l_1 + l_2)V}{h_0} \tag{5.104}$$

式中 h_0 近似为 T 形截面形心之间的距离。由此剪力可验算腹板主体金属及焊缝水平截面的强度。

5.9.2　异种钢组合梁

对于荷载和跨度较大的钢梁,当梁的截面由抗弯强度控制时,选强度较高的钢材用于主要承受弯矩的翼缘板,选强度较低的钢材用于主要承受剪力且常有富余的腹板,从而降低构件的成本。这种由不同种类的钢材制成的梁称为异种钢组合梁。

对于 3 块钢板组成的异种钢梁,受弯时截面正应力如图 5.49 所示。当荷载较小时,梁全截面均处于弹性工作阶段,截面上的应力为三角形分布。随着荷载的增大翼缘附近的腹板可能首先屈服。荷载继续增大,腹板的屈服范围将扩大,翼缘也相继产生屈服。设计这样的异种钢梁,取翼缘板开始屈服时作为承载力的极限状态。在极限荷载和标准荷载作用下,腹板可能有部分区域发生屈服,进行强度验算时,必须将一般梁的截面验算公式做适当修改。

T 形高强度钢材与普通钢材腹板焊成的异种钢梁(图 5.50),当 $h_1 \leqslant h_2 f_{y1}/f_{y2}$ 时,腹板不会先于翼缘发生屈服。梁的截面验算可采用一般梁的公式。但钢材的抗拉、抗压、抗弯强度设计值 f 按翼缘钢材取用,抗剪强度设计值 f_v 按腹板钢材取用。

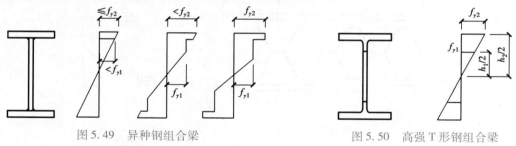

图 5.49　异种钢组合梁　　　　　　　图 5.50　高强 T 形钢组合梁

5.9.3　预应力钢梁

如图 5.51(a)所示的钢梁,在竖向荷载作用下,其跨中弯矩和挠曲变形随跨度增大而急剧增加。解决此问题的一种办法是增大梁截面,这样做既增加了用钢量,又加大了自重。另一种办法是在梁的下部用高强钢索(钢绞线)施加预拉力,由于预拉力的偏心作用,对梁截面产生反向弯矩,抵消部分竖向荷载的作用,改善构件的受力方式,提高结构的承载力或增加结构的刚度。在大跨度钢结构中,常常采用施加预应力的方法,以达到节省钢材、降低造价的目的。

预应力钢索可放在梁内,也可放在梁下,可做成直线形和折线形,如图 5.51(b)所示。放在梁下效果好一些,但梁的高度较大。

施加预应力后,梁成为偏心受力构件,因而梁的合理截面是不对称截面,上下翼缘的面积之比一般为 1.5 ~ 1.7。预应力梁的常用截面形式如图 5.52 所示,选用时,应尽可能使上下翼缘及预应力钢索都充分发挥作用。为了保护预应力钢索免受损伤且易于防锈,宜把下翼缘做成封闭形,将预应力钢索置于密封的截面中。设计时需按预张状态和工作状态分别验算构件的强度、刚度及稳定性。

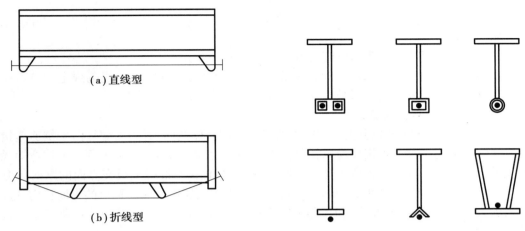

图 5.51　预应力梁钢索布置　　　　　图 5.52　预应力梁截面形式

5.9.4　钢-混凝土组合梁

钢-混凝土组合梁是只通过抗剪连接件将钢梁与混凝土板连成整体而共同工作的抗弯构件。这种结构形式能够充分发挥混凝土材料抗压和钢材抗拉性能好的优势,两种材料组合后的整体工作性能明显优于二者性能的简单叠加。同钢筋混凝土相比,钢-混凝土组合结构可以大大减轻自重,减小构件截面尺寸,增加有效使用空间,降低基础造价,减弱地震作用,节省支模工序及模板,缩短施工周期,增加构件和结构的延性等。同钢结构相比,可以减少用钢量,降低造价,提高刚度,增加稳定性和整体性,增加结构的抗火性和耐久性。

(1)抗剪连接件设计

抗剪连接件是钢-混凝土组合梁设计的关键元件之一,常用的抗剪连接件是圆柱头栓钉。影响栓钉连接件承载力的因素很多,如焊接方法、栓钉尺寸、混凝土受力状态等。大量试验结果表明,栓钉连接件主要有两种破坏模式,即栓钉周围混凝土破坏或栓钉被剪断。因此,规范规定栓钉的承载力需根据两种情况分别计算并取二者中的较小者

$$N_v^c = 0.43A_s\sqrt{E_c f_c} \leqslant 0.7A_s f_{at} \tag{5.105}$$

式中　A_s——栓钉杆的截面面积;

　　　E_c——混凝土的弹性模量;

　　　f_{at}——圆柱头栓钉极限抗拉强度设计值,其值取为 360 N/mm²。

若采用压型钢板时,需要通过折减系数 β 对由式(5.105)计算得到的栓钉承载力进行调整。

当压型钢板板肋平行于钢梁时,栓钉承载力折减系数为

$$\beta_v = 0.6\frac{b_w}{h_e}\left(\frac{h_d - h_e}{h_e}\right) \leqslant 1 \tag{5.106}$$

式中　b_w——混凝土肋的平均宽度;

　　　h_e——混凝土肋的高度;

　　　h_d——栓钉高度。

当压型钢板板肋垂直于钢梁时,栓钉承载力折减系数为

$$\beta_v = \frac{0.85}{\sqrt{n_0}} \frac{b_w}{h_e}\left(\frac{h_d - h_e}{h_e}\right) \leqslant 1 \tag{5.107}$$

式中　n_0——一个板肋中布置的栓钉数目。

考虑混凝土开裂可能引起的不利影响及避免构件产生过大的滑移,规范规定对负弯矩区的栓钉承载力进行折减。折减系数为 0.9(中间支座)或 0.8(悬臂梁支座)。

（2）部分抗剪连接组合梁设计

钢-混凝土组合梁的混凝土板与钢梁之所以能形成整体共同工作,关键是由于抗剪连接件传递二者间的剪力。抗剪连接件应以控制截面间的区段进行布置。控制截面一般取弯矩最大截面及零弯矩截面。在每个正弯矩计算区段（剪跨）内,钢梁与混凝土板交界面的纵向剪力 V_s 取 (Af) 和 $(b_e h_{c1} f_c)$ 中的较小值;在负弯矩区段 V_s 等于钢筋屈服时所能提供的纵向拉力 $A_{st} f_{st}$。

当剪力 V_s 完全由抗剪件传递时,称为完全抗剪连接。因此,完全抗剪连接所需要的抗剪连接件数为:

$$n_f = \frac{V_s}{N_v^c} \tag{5.108}$$

当剪跨内的实际抗剪连接件数 $n_r < n_f$ 时,则称为部分抗剪连接组合梁。

在承载力和变形允许的情况下,采用部分抗剪连接可以减少连接件用量。当采用以压形钢板混凝土组合板为翼缘的组合梁时,由于受板肋几何尺寸的限制,布置栓钉数量有限,也需采用部分抗剪连接的设计方法。随着连接件数量的减少,钢梁和混凝土翼缘协同工作能力下降,导致二者交界面产生相对滑移,使极限抗弯承载力随抗剪连接程度的降低而减小。试验结果和理论分析给出了部分抗剪连接组合梁的极限抗弯承载力与抗剪连接程度之间的关系曲线（图 5.53）。图中 M_{uf} 为完全抗剪连接时的抗弯承载力,M_u 为部分抗剪连接时的抗弯承载力,M_s 为无栓钉时的抗弯承载力。由曲线可见,在一定的剪力连接程度范围内（$n_r/n_f > 0.7$）,组合梁的抗弯承载力并没有明显降低,而栓钉数量则可大大减少。规范根据极限平衡法给出了部分抗剪连接组合梁的抗弯承载力计算公式,计算简图如图 5.54 所示。

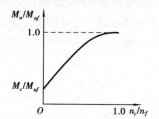

图 5.53　部分抗剪连接组合梁抗弯
承载力与抗剪连接程度关系图

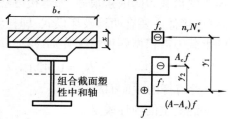

图 5.54　部分抗剪连接时的计算
截面和应力分布图

部分抗剪连接时,混凝土板受压区高度由抗剪连接件所能提供的最大剪力所确定:

$$x = \frac{n_r N_v^c}{b_e f_c} \tag{5.109}$$

式中　n_r——部分抗剪连接时剪跨内的抗剪连接件数量;

　　　N_v^c——每个抗剪连接件的纵向抗剪承载力;

钢梁受压区面积为

$$A_c = \frac{Af - n_r N_v^c}{2f} \tag{5.110}$$

式中 A——钢梁的截面面积。

设计抗弯承载力为

$$M_{u,r} = n_r N_v^c y_1 + 0.5(Af - n_r N_v^c)y_2 \tag{5.111}$$

式中 y_1——钢梁受拉区截面形心至混凝土板受压区形心的距离;

y_2——钢梁受拉区形心至钢梁受压区形心的距离。

随着抗剪连接件数量的减少,钢梁与混凝土板的共同工作能力不断降低,导致二者交界面产生过大的滑移,从而影响钢梁塑性性能的充分发挥,并使构件在承载力极限状态时延性降低。因此,采用部分抗剪连接的组合梁,规范规定其抗剪连接件的数目 n_r 不得少于 $50\%\ n_f$。同时抗剪连接件必须具备足够的柔性。

部分抗剪连接组合梁在负弯矩作用区段的抗弯强度按 $n_r N_v^c$ 和 $A_{st} f_{st}$ 两者中较小值计算。

(3)钢-混凝土叠合板组合梁

通过抗剪连接件把钢筋混凝土叠合板与钢梁相连接,就形成了钢-混凝土叠合板组合梁。其典型结构如图 5.55 所示。钢-混凝土叠合板组合梁由钢梁、预制板和现浇混凝土层所构成,焊在钢梁上翼缘的栓钉连接件传递钢与混凝土交界面上的水平剪力并保证钢梁与混凝土翼板形成整体而共同工作,预制板中的"胡子筋"用来抵抗沿梁长方向的纵向剪力。同现浇组合梁相比,叠合板组合梁可以节省高空支模工序和模板,减少现场混凝土湿作业量,便于立体施工,缩短施工工期。同压型钢板混凝土相比,可以大大降低造价,减少栓钉焊接难度,且耐久性增强。

叠合板组合梁是将预制钢筋混凝土板支承在焊有栓钉抗剪连接件(或型钢连接件)的钢梁翼缘上,预制板既能承受施工荷载,又作为楼板或桥面板的一部分,承受竖向荷载。在预制板铺设完之后即可在其上面浇筑混凝土现浇层。预制板按照设计荷载配置承受正弯矩的钢筋并伸出板端,在现浇层中,垂直于梁轴线方向配置负弯矩钢筋。当现浇混凝土达到一定强度时,下端焊在钢梁翼缘上,上端埋入现浇混凝土中的栓钉,通过槽口混凝土使叠合板和钢梁连成整体而共同工作,形成钢-混凝土叠合板组合梁。负弯矩筋和伸出板端的"胡子筋"还同时兼作组合梁的横向钢筋以抵抗纵向剪力。如图 5.55 中所示的组合梁构造简单,施工方便,已在我国许多建筑结构和桥梁工程中得到了成功运用。

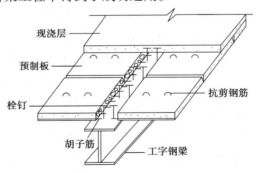

图 5.55 钢-混凝土叠合板组合梁构造图

叠合板组合梁中槽口混凝土和预制板端的摩擦力、咬合力及叠合面的抗剪强度,对于栓钉连接件保证叠合板翼板和钢梁共同工作是十分重要的。试验表明,在预制板上表面保持自然粗糙面并附设构造抗剪钢筋时,叠合板组合梁在整体弯曲破坏之前不会发生预制板和现浇混凝土叠合面的剪切破坏。同时,在地震作用下,叠合板组合梁也具有良好的工作性能。因此,叠合板组合梁具有一般组合梁(即现浇混凝土翼板组合梁)的良好受力性能,其抗弯强度和刚度可以按照一般组合梁的方法计算。此外,需要注意验算预制板及钢梁在施工阶段是否需要增设临时支承。对于不设支承的情况,应注意验算施工阶段和实用阶段的强度和挠度,并进行叠加。对于设支承的情况,一般当现浇混凝土达到其设计强度的70%时即可拆除临时支承。

(4)组合梁挠度计算

当组合梁的跨高比较大时,挠度可能成为设计中的控制因素。全部荷载及可变荷载产生的挠度应分别符合相关《组合结构设计规范》(JGJ 138—2016)对受弯构件的挠度容许值要求。

当采用无临时支承的施工方法或临时支承数目较少时,需要按两个阶段分别计算构件挠度。施工阶段的荷载完全由钢梁承担。拆除临时支承引起的附加挠度及使用阶段的荷载则由组合截面承担。当临时支承的数目较多(一般多于2个)时,可以认为全部荷载都由组合截面承担。但对于不同的荷载组合,需要根据混凝土徐变的影响程度而取用相应的截面刚度。

由于栓钉等柔性抗剪连接件在传递混凝土板与钢梁之间的水平剪力时会不可避免地产生变形,从而引起交界面上出现滑移应变,使截面曲率增大。当采用部分抗剪连接设计时,抗剪连接件变形所引起的附加挠度更加明显。因此,《钢结构设计标准》(GB 50017—2017)规定按照考虑滑移效应的折减刚度法来计算组合梁的挠度。

折减刚度 B 按下式确定

$$B = \frac{EI_{eq}}{1 + \zeta} \tag{5.112}$$

式中　E——钢梁的弹性模量;

I_{eq}——组合梁的换算截面惯性矩;

ζ——刚度折减系数。

刚度折减系数 ζ 与梁截面的几何特征、抗剪连接件的刚度及布置方式等有关,应用时按《钢结构设计标准》(GB 50017—2017)给出的相关公式计算。

(5)连续组合梁的设计计算

在相同的楼板构造和荷载条件下,连续组合梁相对于简支组合梁具有如下优势:

①在一定的挠度限制下,能够采用更大的跨高比;

②可以有效控制内支座附近楼板上表面的裂缝,获得更好的使用性能;

③楼板体系具有较强的整体性,抗震及承受动荷载的能力较强。

但是,在连续梁和框架梁的负弯矩区,会出现混凝土板受拉、钢梁受压的不利情况,并导致钢梁受压时的局部屈曲、混凝土翼板的裂缝控制、弯矩及剪力共同作用下的相互影响等问题。当负弯矩区组合梁能够通过构造或其他措施保证截面不会发生侧扭屈曲及局部屈曲时现规范规定,可以采用塑性理论计算抗弯承载力。

组合梁在负弯矩作用下极限状态时的一般特征是:混凝土翼板受拉开裂而退出工作,同时混凝土板中的纵向钢筋受拉达到或超过其屈服应变,钢梁的拉区及压区大部分也达到或超过其屈服应变。

《钢结构设计标准》(GB 50017—2017)将上述极限状态下钢梁的应力分布简化为矩形应力图,并提出以下假定:

①钢筋与钢筋混凝土翼板之间有可靠的连接,能够保证钢筋应力的充分发挥;

②忽略混凝土抗拉强度的贡献;

③如果采用压型钢板混凝土组合楼板时,不考虑压型钢板的抗拉作用。

当组合梁截面塑性中和轴位于钢梁腹板内时,截面应力分布如图 5.56 所示。此时需满足以下条件:

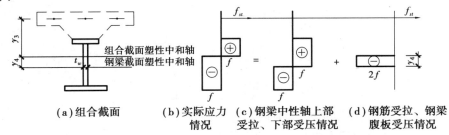

（a）组合截面　　（b）实际应力　（c）钢梁中性轴上部　（d）钢筋受拉、钢梁
　　　　　　　　　　　情况　　　　受拉、下部受压情况　　腹板受压情况

图 5.56　负弯矩作用时组合梁计算截面及应力分布图

$$A_{st} f_{st} \leq (A_w + A_b - A_t) f \tag{5.113}$$

式中　A_{st}——负弯矩区混凝土翼板有效宽度范围内的纵向钢筋截面面积;

　　　f_{st}——钢筋抗拉强度设计值;

　　　A_w, A_b, A_t——分别为钢梁腹板、下翼缘和上翼缘的净截面面积;

　　　f——钢材的抗拉强度设计值。

在图 5.56 中,图 5.56(b)=图 5.56(c)+图 5.56(d),$A_{st} f_{st} = y_4 t_w (2f)$,则有

$$y_4 = \frac{A_{st} f_{st}}{2 t_w f} \tag{5.114}$$

式中　y_4——组合梁截面塑性中和轴以上和以下截面对该轴的面积矩;

　　　t_w——钢梁腹板厚度。

连续组合梁的极限抗弯承载力为:

$$M \leq M_s + A_{st} f_{st} (y_3 + y_4 / 2) \tag{5.115}$$

$$M_s = (S_1 + S_2) f \tag{5.116}$$

式中　M——负弯矩设计值;

　　　S_1, S_2——钢梁塑性中和轴以上和以下截面对该轴的面积矩;

　　　y_3——纵向钢筋截面形心至组合梁截面塑性中和轴的距离。

当塑性中和轴位于钢梁上翼缘内时,则可取 y_4 等于钢梁塑性中和轴至腹板上边缘的距离。在实际运用中,钢筋截面面积均小于钢梁截面面积,所以组合梁塑性中和轴不可能位于钢梁截面之外。为保证截面塑性能够充分发展,《钢结构设计标准》(GB 50017—2017)规定钢梁板件的宽厚比应满足"塑性设计"的要求。其中,钢梁截面轴心压力 N 可取混凝土有效翼板宽度范围内钢筋的设计拉力 $A_{st} f_{st}$。由于连续梁内力分配时对负弯矩区转动能力及控制裂缝宽度等的要求,一般限制纵向钢筋配筋数量不能过多,要求 $A_{st} f_{st}/Af \leq 0.37$。此时,钢梁腹板高厚比应满足条件:

$$\frac{h_0}{t_w} = \left(72 - 100 \frac{N}{Af}\right) \varepsilon_k \tag{5.117}$$

《钢结构设计标准》(GB 50017—2017)还规定,要对连续组合梁负弯矩区混凝土表面最大裂缝 ω_{max} 进行验算,其值不得超过《混凝土结构设计规范》的相关限值。裂缝宽度的计算可参考《混凝土结构设计规范》中轴心受拉构件的裂缝计算公式。连续组合梁由于混凝土开裂的影响,正、负弯矩区抗弯刚度有较大差异,相对于较大部分单一材料的梁或钢筋混凝土连续梁其弯矩重分布的程度较高,并且在正常使用极限状态,弯矩重分布就有很大发展。因此,计算混凝土板中纵向钢筋应力时应当考虑弯矩重分布的影响。钢筋应力可以按下式计算:

$$\sigma_r = \frac{M_k y_r}{I} \tag{5.118}$$

$$M_k = M_{se}(1 - \alpha_a) \tag{5.119}$$

$$\alpha_a = 0.13\left(1 + \frac{1}{8y_f}\right)^2\left(\frac{M_{se}}{M}\right)^{0.8} \tag{5.120}$$

式中　σ_r——由荷载效应标准组合计算的负弯矩钢筋拉应力;

　　　M_k——由荷载效应标准组合计算的下截面负弯矩;

　　　I——由纵向钢筋与钢梁形成的钢截面的惯性矩;

　　　y_r——钢筋截面重心至钢筋和钢梁形成的组合截面塑性中和轴的距离;

　　　M_{se}——由荷载效应标准组合按照弹性方法并且按等截面梁得到的连续组合梁中支座负弯矩;

　　　M——负弯矩作用下的塑性抗弯承载力;

　　　α_a——连续组合梁中支座负弯矩调幅系数;

　　　γ_f——力比,$\gamma_f = A_{st}f_{st}/Af$,其中,$A$,$A_{st}$分别表示钢梁截面积和有效宽度内钢筋截面积。

　　　　对于悬臂组合梁,其弯矩由平衡条件决定,因此计算时不考虑弯矩调幅的影响。

复习思考题

1. 在梁的强度计算中,塑性发展系数有什么意义? 塑性发展系数与截面形状系数有无联系?
2. 梁的失稳形式有什么特点? 如何提高梁的整体稳定性?
3. 什么条件下可以不作梁的整体稳定计算?
4. 梁的刚度条件与轴心受力构件的刚度条件有何不同?
5. 为什么型钢梁不需考虑局部稳定性?
6. 为什么梁腹板的局部稳定采用设置加劲肋的方法处理?
7. 什么情况下需考虑梁腹板的屈曲后强度?
8. 对钢梁施加预应力,为什么可以提高结构的承载力和刚度?
9. 钢-混凝土组合梁有哪些优越性? 什么是完全抗剪连接? 什么是部分抗剪连接?
10. 钢梁的拼接及主、次梁的连接构造有什么特点?

习　题

5.1　一平台梁格如图5.57所示。平台无动力荷载,平台板刚性连接于次梁上,永久标准值为4.5 kN/m²,可变荷载标准值为15 kN/m²,钢材为Q235,选用工字钢次梁截面,若铺板为刚性连接时情况如何?

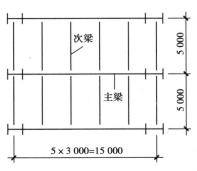

图 5.57　习题 5.1 图

5.2　按上题资料,选用主梁截面,并进行全面设计。

5.3　一石棉瓦屋面,坡度 1:2.5,檩跨 6 m,檩距 0.77 m。设计槽钢檩条和角钢檩条进行比较。石棉瓦自重(标准值)0.2 kN/m^3,屋面活荷载标准值取 0.3 kN/m^3,施工和检修荷载标准值取 0.8 kN。

5.4　如图 5.58 所示:简支梁,不计自重,Q235-B 钢,不考虑塑性发展,密铺板牢固连接上翼缘,均布线荷载;恒荷标准值为 12 kN/m,活荷标准值 15 kN/m,恒荷与活荷的分项系数分别为 1.3、1.5,请验算强度、刚度及整体稳定。

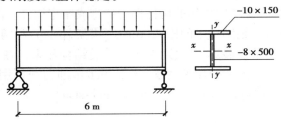

图 5.58　习题 5.4 图

5.5　试验算如图 5.59 所示 6 m 跨简支梁,跨中无侧向支承点,采用热轧普通工字形截面 I40a,梁的上翼缘承受如图所示均布荷载作用,$q = 44$ kN/m(设计值),支座处设有支承加劲肋。钢材为 Q355B。(可忽略自重,不考虑刚度要求,不用验算折算应力。)

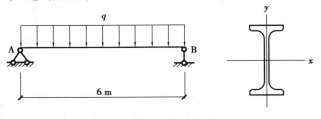

图 5.59　习题 5.5 图

第 **6** 章
拉弯和压弯构件

6.1　拉弯、压弯构件的应用及截面形式

受轴心拉力或压力与弯矩共同作用的构件称为拉弯或压弯构件。图 6.1 所示 3 种较为常见的拉弯、压弯构件的形式。钢结构中的桁架(truss)、塔架(pylon)和网架(grid structure)等由杆件组成的结构,一般都将节点假定为铰接,对于这一类结构如果存在着非节点荷载,就会出现拉弯、压弯构件。以图 6.2 所示的屋架为例,当受图示节间荷载作用时,下弦 AB 就是拉弯构件,上弦 CD 则为压弯构件(member in bending-compression)。

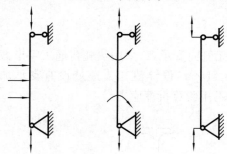

图 6.1　拉弯、压弯构件

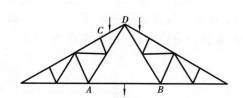

图 6.2　屋架结构中的拉、压弯构件

相比而言,钢结构中的压弯构件要比拉弯构件的应用更广泛,除上面说的屋架弦杆外,还有厂房的框架柱,高层建筑的框架柱以及某些工作平台结构的支柱(pillar)等构件。

拉弯、压弯构件的设计和其他构件的设计一样,要同时满足承载能力极限状态和正常使用极限状态两方面的要求。拉弯构件需要计算强度和刚度,压弯构件则需要计算强度、刚度、整体稳定(弯矩作用平面内的整体稳定和弯矩作用平面外的整体稳定)和局部稳定。

弯矩作用在截面的一个主轴平面内时的拉弯、压弯构件称为单向拉弯、压弯构件,否则称为双向(bidirectional)拉弯、压弯构件。

拉弯、压弯构件的截面形式甚多,一般可分型钢截面和组合截面两类,而组合截面又分实腹式和格构式两种截面。如承受的弯矩很小而轴力很大时,其截面一般与轴心受力构件相似;

但是当构件承受弯矩相对来说很大时,除采用截面高度较大的双轴对称截面外,还可以采用如图 6.3 所示的单轴对称(symmetrical)截面以获得较好的经济效果。

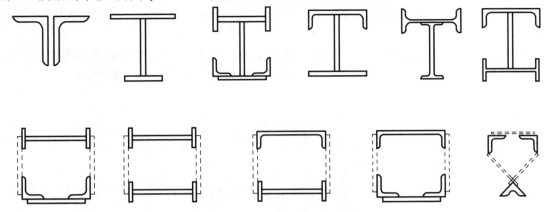

图 6.3　拉弯、压弯构件的截面形式

前面已说明,对于压弯构件的承载能力同时要考虑强度和稳定性两方面的因素,其中整体失稳破坏又可能有弯曲失稳破坏和弯扭失稳破坏两种。同时应注意,由于组成压弯构件的板件有一部分受压,则和轴心受压构件与受弯构件一样也存在着局部屈曲的问题。对于格构式压弯构件还有分肢失稳的问题。若板件发生局部屈曲或分肢发生失稳都会导致压弯构件提前发生整体失稳破坏。

6.2　拉弯、压弯构件的强度和刚度

拉压弯构件的
强度和刚度

6.2.1　拉弯、压弯构件的强度

拉弯构件和没有发生整体和局部失稳的压弯构件,其最不利截面(最大弯矩截面或有严重削弱的截面)最终将形成塑性铰而达到承载能力的强度极限。

以简单的矩形截面构件来讨论这一问题。图 6.4 所示一受轴力 N 和弯矩 M 共同作用的矩形截面构件。设 N 为定值而逐渐增加 M。当截面边缘纤维最大应力 $|N/A_n \pm M/W_n| = f_y$ 时,截面达到边缘屈服状态。当 M 继续增加,最大应力一侧的塑性区将向截面内部发展,随后另

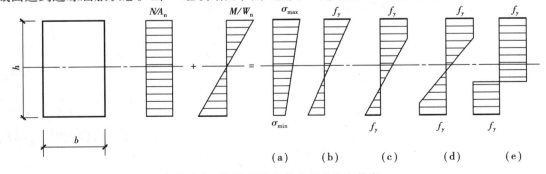

图 6.4　拉弯、压弯构件截面的应力状态

一侧边缘达到屈服并向截面内部发展,最终以整个截面屈服形成塑性铰而达到承载力的强度极限。

由于拉弯、压弯构件的截面形式和工作条件不同,其强度计算方法所依据的应力状态亦分为如下两种:

①对承受静力荷载或间接动力荷载的实腹式拉弯、压弯构件以及弯矩绕实轴作用(图 6.5 中的 M_y)的格构式拉弯、压弯构件,应以截面形成塑性铰为其承载能力的强度极限。

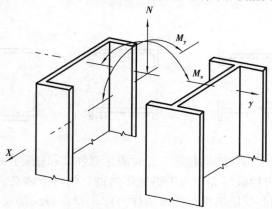

图 6.5　格构式拉弯、压弯构件

对图 6.6 所示的矩形截面的应力分布,可得

$$N = \int_A \sigma \mathrm{d}A_n = b\eta h f_y \tag{6.1}$$

$$M = \int_A \sigma y \mathrm{d}A_n = \frac{b(h - \eta h)}{2} \cdot \frac{h + \eta h}{2} \cdot f_y = \frac{bh^2}{4}(1 - \eta^2)f_y \tag{6.2}$$

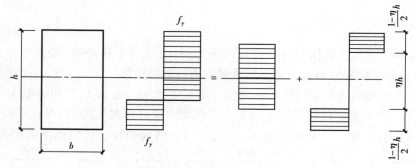

图 6.6　截面形成塑性铰时的应力状态

在上面两式中

若 $\eta = 1$,则 $M = 0$,$N = bhf_y = A_n f_y = N_p$

若 $\eta = 0$,则 $N = 0$,$M = \frac{bh^2 f_y}{4} = W_{np} f_y = M_p$

明显看出 N_p 是无弯矩作用时,全净截面屈服的极限承载力;M_p 是无轴力作用时,全净截面屈服的塑性铰弯矩。由两式中消去 η 就得 M 和 N 的相关公式

$$\left(\frac{N}{N_p}\right)^2 + \frac{M}{M_p} = 1 \tag{6.3}$$

　　上式可以绘成图6.7所示中的曲线1。对于其他形式的截面也可以用上述类似的方法得到净截面形成塑性铰时的相关公式,截面形式不同,相应的相关公式不尽相同,且同一截面(如工字形)绕强轴和弱轴弯曲的相关公式亦将有差别,并且各自的数值还因翼缘与腹板的面积比不同而在一定范围内变动,图6.7中的阴影区2,3分别表示工字形截面对强轴和弱轴的相关曲线的区域。

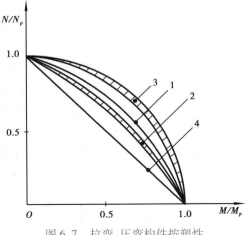

图 6.7　拉弯、压弯构件按塑性铰计算强度的相关曲线

　　由于图6.7中各曲线均为凸(bulge)曲线,其承载力的极限值均大于下式所示的线性(linear)公式(对应于图中直线4)的计算结果。

$$\frac{N}{N_p} + \frac{M}{M_p} = 1 \qquad (6.4)$$

　　实际应用当中,构件将因截面形成塑性铰而使变形过大,不能正常使用,故亦像梁一样采用塑性发展系数 γ_x,以控制其截面塑性区的发展深度。现用 $\gamma_x W_{nx} f_y$ 代替 M_p 并将其和 $N_p = A_n f_y$ 代入式(6.4),并且引入抗力分项系数,可得《钢结构设计标准》(GB 50017—2017)计算公式

$$\frac{N}{A_n} \pm \frac{M_x}{\gamma_x W_{nx}} \leqslant f \qquad (6.5)$$

　　②对于需要验算疲劳的实腹式拉弯、压弯构件,截面塑性发展后的性能研究还不够成熟,因此《钢结构设计标准》(GB 50017—2017)规定以截面边缘屈服状态[图6.4(c)]作为强度极限状态。对于格构式拉弯、压弯构件,当弯矩绕虚轴作用时(图6.5中的 M_x),由于截面腹部空虚,塑性发展的潜力不大,故也以边缘屈服作为它的计算准则。

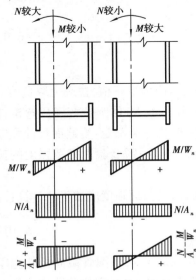

图 6.8　单轴对称截面拉弯、压弯构件的应力状态

　　在 N 和 M_x 共同作用下,如果按边缘屈服准则计算两端铰接的拉弯、压弯构件,其截面边缘应力应满足

$$\frac{N}{A_n} \pm \frac{M_x}{W_{nx}} \leqslant f_y \qquad (6.6)$$

　　将上式引入抗力分项系数后,可得《钢结构设计标准》(GB 50017—2017)的计算公式

$$\frac{N}{A_n} \pm \frac{M_x}{W_{nx}} \leqslant f \qquad (6.7)$$

式中　　A_n,W_{nx}——构件净截面的面积和抵抗矩。

　　需要说明,式(6.5)和式(6.7)也适用于单轴对称截面,因此在弯曲正应力项前带有正、负号。如图6.8所示,轴力引起的应力和弯矩引起的应力相加或相减都可能产生最大应力,也就是说要以截面的最大应力作为计算依据。

对于双向拉弯、压弯构件,采用与式(6.5)相衔接的类似公式

$$\frac{N}{A_n} \pm \frac{M_x}{\gamma_x W_{nx}} \pm \frac{M_y}{\gamma_y W_{ny}} \leqslant f \qquad (6.8)$$

式中　M_x、M_y——作用在两个主平面内(绕 x,y 轴)的计算弯矩;

　　　γ_x、γ_y——截面在两个主平面内的塑性发展系数。

压弯构件板件宽厚比大小决定了构件的承载力和塑性转动变形能力,因此,工程设计中将压弯构件的截面按其板件宽厚比划分成不同的类型。《钢结构设计标准》(GB 50017—2017)依据截面承载力和塑性转动变形能力的不同,将压弯构件截面依据其宽厚比分为 5 个等级,如表 6.1 所示。

表 6.1　压弯构件的截面板件宽厚比等级及限值

截面板件宽厚比等级		S1 级	S2 级	S3 级	S4 级	S5 级
H 形截面	翼缘 b/t	$9\varepsilon_k$	$11\varepsilon_k$	$13\varepsilon_k$	$15\varepsilon_k$	20
	腹板 h_0/t_w	$(33+13\alpha_0^{1.3})\varepsilon_k$	$(38+13\alpha_0^{1.39})\varepsilon_k$	$(40+18\alpha_0^{1.5})\varepsilon_k$	$(45+25\alpha_0^{1.66})\varepsilon_k$	250
箱形截面	壁板(腹板)间翼缘 b_0/t	$30\varepsilon_k$	$35\varepsilon_k$	$40\varepsilon_k$	$45\varepsilon_k$	—
圆钢管截面	径厚比 D/t	$50\varepsilon_k^2$	$70\varepsilon_k^2$	$90\varepsilon_k^2$	$100\varepsilon_k^2$	—

注:①ε_k 为钢号修正系数,$\varepsilon_k = \sqrt{\dfrac{235}{f_y}}$。

②b 为工字形、H 形截面的翼缘外伸宽度,t、h_0、t_w 分别是翼缘厚度、腹板净高和腹板厚度,对轧制型截面,腹板净高不包括翼缘腹板过渡处圆弧段;对于箱形截面,b_0、t 分别为壁板间的距离和壁板厚度;D 为圆管截面外径。

③箱形截面梁及单向受弯的箱形截面柱,其腹板限值可根据 H 形截面腹板采用。

表 6.1 中参数 α_0 按下式计算:

$$\alpha_0 = \frac{\sigma_{max} - \sigma_{min}}{\sigma_{max}} \qquad (6.9)$$

式中　σ_{max}——腹板计算高度边缘的最大压应力,N/mm^2;

　　　σ_{min}——腹板计算高度另一边缘的相应的应力,N/mm^2,压应力取正值,拉应力取负值。

除圆管截面外,《钢结构设计标准》(GB 50017—2017)采用式(6.8)作为拉弯和压弯构件强度计算的一般公式,其中截面塑性发展系数根据截面板件宽厚比等级确定,当截面板件宽厚比等级不满足 S3 级要求时,取 1.0,满足 S3 级要求时,按附录 5 确定;需要验算疲劳强度的拉弯、压弯构件,宜取 1.0。

弯矩作用在两个主平面内的圆形截面拉弯构件和压弯构件,其截面强度应按下式计算:

$$\frac{N}{A_n} + \frac{\sqrt{M_x^2 + M_y^2}}{\gamma_m W_n} \leqslant f \qquad (6.10)$$

式中　γ_m——圆形构件的截面塑性发展系数,对于实腹圆形截面取 1.2,当圆管截面板件宽厚比等级不满足 S3 级要求时取 1.0,满足 S3 级要求时取 1.15;需要验算疲劳强度的拉弯、压弯构件,宜取 1.0。

6.2.2 拉弯、压弯构件的刚度

拉弯、压弯构件的刚度除个别情况（如作为墙架构件的支柱、厂房柱等）需做变形验算外，一般情况用容许长细比的限值来控制。拉弯构件的容许长细比与轴心拉杆相同（表4.2），压弯构件的容许长细比与轴心压杆相同（表4.1）。

例6.1 验算如图6.9所示拉弯构件的强度和刚度。轴心拉力 $N=210$ kN，杆中点横向集中荷载 $F=30$ kN，均为静力荷载（设计值）；材料 Q235 钢。杆中点螺栓孔直径 $d_0=21.5$ mm。

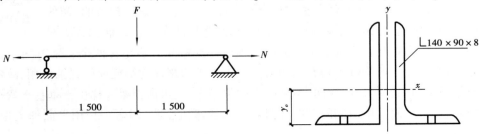

图6.9 例6.1图

解 查附表，一个角钢∟140×90×8 的截面特征和质量为：

$A_1=18.0$ cm$^2=1\,800$ mm^2，$q=14.2$ kg/m $=0.139$ N/mm，$i_x=4.5$ cm $=45$ mm，$y_0=45$ mm，$I_x=366$ cm$^4=3.66\times10^6$ mm^4

（1）强度验算

① 内力计算（杆中点为最不利截面）。

轴力 $N=2.1\times10^5$ N

最大弯矩（计入杆自重）

$$M_{max}=\frac{Fl}{4}+\frac{ql^2}{8}=\frac{30\,000\times3\,000}{4}+\frac{1.2\times0.139\times3000^2\times2}{8}=2.29\times10^7(\text{N}\cdot\text{mm})$$

② 截面几何特性。

净截面面积 $A_n=2(1\,800-21.5\times8)=3.26\times10^3(\text{mm}^2)$

净截面抵抗矩（假定中和轴位置与毛截面相同）

肢背处 $W_{n1}=\dfrac{I_{nx}}{y_0}=\dfrac{2[3.66\times10^6-21.5\times8\times(45-4)^2]}{45}=1.5\times10^5(\text{mm}^3)$

肢尖处 $W_{n2}=\dfrac{I_{nx}}{140-y_0}=\dfrac{2[3.66\times10^6-21.5\times8\times(45-4)^2]}{140-45}=7.1\times10^4(\text{mm}^3)$

③ 截面强度。

查附录5，$\gamma_{x1}=1.05$，$\gamma_{x2}=1.20$

肢背处 $\dfrac{N}{A_n}+\dfrac{M_{max}}{\gamma_{x1}W_{n1}}=\dfrac{2.1\times105}{3.26\times10^3}+\dfrac{2.29\times10^7}{1.05\times1.5\times10^5}$

$=64.4+145.4=209.8(\text{N/mm}^2)<215$ N/mm^2

肢尖处 $\left|\dfrac{N}{A_n}-\dfrac{M_{max}}{\gamma_{x2}W_{n2}}\right|=\left|\dfrac{2.1\times10^5}{3.26\times10^3}-\dfrac{2.29\times10^7}{1.2\times7.1\times10^4}\right|=204.4(\text{N/mm}^2)<f=215$ N/mm^2

（2）刚度验算

承受静力荷载，仅需计算 x 方向的长细比，$\lambda_x = \dfrac{l}{i_x} = \dfrac{3\ 000}{45} = 66.7 < [\lambda] = 350$

实腹式压弯构件的整体稳定

6.3　实腹式压弯构件的整体稳定

在第 4 章确定轴心受压构件的整体稳定承载能力时，也考虑过初弯曲、初偏心等初始缺陷的影响，但是主要还是承受轴心压力，弯矩的存在带有偶然性。对于压弯构件来说，弯矩和轴力都是主要荷载。轴压杆的弯曲失稳是在两个主轴方向中长细比较大的方向发生，而压弯构件失稳有两种可能。①由于弯矩通常绕截面的强轴作用，故构件可能在弯矩作用平面内发生弯曲屈曲，简称平面内失稳；②也可能像梁一样由于垂直于弯矩作用平面内的刚度不足，而发生由侧向弯曲和扭转引起的弯扭屈曲，即弯矩作用平面外失稳，简称平面外失稳。

6.3.1　实腹式压弯构件在弯矩作用平面内的稳定性

图 6.10 所示一实腹式压弯构件，构件的初始缺陷（初弯曲、初偏心）用等效（equivalent）初弯曲 v_{0m} 代表。图 6.10（b）表示当 N 与 M 成比例增加时，轴压力 N 和杆中点侧向挠度 v_m 的关系曲线。其中 A 点表示截面边缘最大应力达到屈服极限，此时荷载可继续增加到 B 点杆件失稳。在 B 点之前（$O'AB$ 段）杆件处于稳定平衡状态，在 B 点之后由于截面的塑性区在不断扩展（extension），弹性区随之减少，且挠曲变形快速增加，不需增加外力（甚至减小），跨中截面的弯矩也会增大，所以变形曲线下降，至 C 点出现"塑性铰"而破坏，BC 段为不稳定平衡状态。B 点是构件的稳定极限状态，其对应的荷载 N_u 称为压溃荷载，显然这一问题是第二类稳

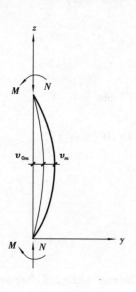

（a）压弯杆的受力情况

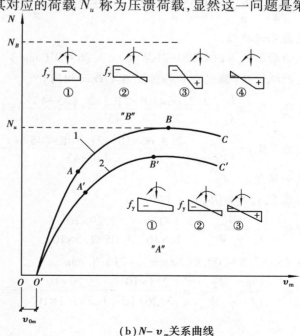

（b）$N\text{-}v_m$ 关系曲线

图 6.10　压弯杆的 $N\text{-}v_m$ 关系曲线

定问题。从曲线上可以看出,压溃荷载比边缘屈服荷载(A点)大一些,比轴心压杆的欧拉力要小且随偏心率 ε(ε 在此表示偏心矩 $e=\dfrac{(M+N\upsilon_{0m})}{N}$ 和核心距 $\rho=\dfrac{W_1}{A}$ 之比,即 $\varepsilon=(M+N\upsilon_{0m})A/(NW_1)$,$W_1$ 为受压最大纤维的毛截面抵抗矩)增大而减小。图6.10中曲线2的 ε 要比曲线1的 ε 大一些。

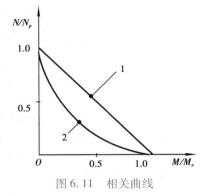

　　压弯构件的 N_u 值除与构件的长细比 λ 和偏心率 ε 的大小以及支承情况等因素有关外,还与截面的形式和尺寸、材料的性质、荷载的形式等因素有关,这样压溃时可能形成图6.10(b)中"B"所示的四种塑性区形式。可见,压弯构件的稳定性分析比较复杂,实际应用当中一般采用半理论半经验的近似(approximate)方法,可近似地借用压弯杆在弹性工作状态截面受压边缘纤维屈服时 N 与 M 的相关公式,然后考虑初始缺陷的影响和适当的塑性发展得到计算公式。

图6.11　相关曲线

　　假定 N,M 为独立变量,它们联合作用使杆件受压边缘纤维屈服,故有直线相关公式(图6.11中直线1)。

$$\frac{N}{N_p}+\frac{M}{M_e}=1 \tag{6.11}$$

式中　$N_p=Af_y$——无弯矩时,全截面屈服的极限承载力;

　　　　$M_e=W_{1x}f_y$——无轴心力时,边缘屈服的最大弯矩;

　　　　W_{1x}——弯矩作用平面内较大受压纤维的毛截面抵抗矩。

　　实际上 N 与 M 并非是独立变量,由于 N 的存在而会以 $1/\left(1-\dfrac{N}{N_{Ex}}\right)$ 的倍数放大原始弯矩 M_x,考虑到这一点并加入初始缺陷 υ_{0m} 的影响可得曲线相关公式(图6.11中的曲线2)。

$$\frac{N}{N_p}+\frac{M_x+N\upsilon_{0m}}{M_e\left(1-\dfrac{N}{N_{Ex}}\right)}=1 \tag{6.12}$$

式中　N_{Ex}——欧拉临界力。

　　当上式中 $M_x=0$,则式中的 N 即为有初始等效缺陷 υ_{0m} 的轴心受压构件的临界力 N_{cr}。

$$\frac{N_{cr}}{N_p}+\frac{N_{cr}\upsilon_{0m}}{M_e\left(1-\dfrac{N_{cr}}{N_{Ex}}\right)}=1 \tag{6.13}$$

　　由式(6.13)和式(6.12)消去 υ_{0m},并用 $N_{cr}=\varphi_x N_p$ 关系,可得

$$\frac{N}{\varphi_x N_p}+\frac{M_x}{M_e\left(1-\varphi_x\dfrac{N}{N_{Ex}}\right)}=1 \tag{6.14}$$

　　上式是根据两端铰接实腹式压弯杆(弯矩沿杆长均匀分布)在弹性工作状态受压边缘纤维屈服时导出的,它相当图6.10中 N-υ_m 关系曲线的 A 点,显然它比按最大强度理论和当弯矩沿杆长非均匀分布时的 N_u 值(图6.10中 N-υ_m 曲线 B 点)保守。现根据弯矩等效原理,把各种非均匀分布弯矩考虑等效弯矩系数 β_{mx} 换算成两端弯矩相等的等效弯矩,上式即为

$$\frac{N}{\varphi_x A} + \frac{\beta_{mx} M_x}{W_{1x}\left(1 - \frac{\varphi_x N}{N_{Ex}}\right)} \leqslant f_y \tag{6.15}$$

式中　M_x——构件中最大的弯矩值。

上式是由弹性阶段的边缘屈服准则导出的,必然与实腹式压弯构件考虑塑性发展计算结果有差别。为了使上式中 N 的计算结果和实际的 N_u 能很好地吻合,对 11 种常用截面进行了计算比较,结果表明如将上式引入塑性发展系数后将第二项分母中的 φ_x 修正为 0.8 为最优,再引入抗力分项系数,故上式写为

$$\frac{N}{\varphi_x A} + \frac{\beta_{mx} M_x}{\gamma_x W_{1x}\left(1 - \frac{0.8N}{N'_{Ex}}\right)} \leqslant f \tag{6.16}$$

式中　N——所计算构件段范围内的轴心压力;

　　　M_x——所计算构件段范围内的最大弯矩;

　　　φ_x——弯矩作用平面内的轴心受压构件稳定系数;

　　　W_{1x}——在弯矩作用平面内对较大受压纤维的毛截面模量;

　　　N'_{Ex}——参数,$N'_{Ex} = \pi^2 EA/(1.1\lambda_x^2)$;

　　　β_{mx}——等效弯矩系数,按规定采用;

　　　E——钢材的弹性模量。

对于单轴对称截面的压弯构件[图6.12(a)],若两翼缘的面积相差很大,当弯矩作用在对称平面内且使较大翼缘受压时,构件达到临界状态时截面的应力分布,有可能在受拉区首先出现塑性,或受拉区继受压屈服后也出现塑性,如图 6.12(b),(c)所示,对于后一种情况[图6.12(b)]仍采用式(6.16)验算整体稳定。而对于前一种情况[图6.12(c)],可能会因受拉区先出现塑性并发展而使构件失稳,对于这一种情况近似的相关公式应为

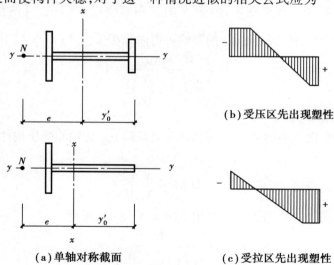

(b)受压区先出现塑性

(a)单轴对称截面　　　　　　(c)受拉区先出现塑性

图 6.12　单轴对称截面压弯构件

$$\frac{M + N\upsilon_{0m}}{M_p\left(1 - \frac{N}{N_{Ex}}\right)} - \frac{N}{N_p} = 1$$

类似于前面的方法,最后可得

$$\left| \frac{N}{A} - \frac{\beta_{mx} M_x}{\gamma_x W_{2x} \left(1 - \frac{1.25N}{N'_{Ex}} \right)} \right| \leqslant f \qquad (6.17)$$

式中　W_{2x}——受拉侧的毛截面模量;

　　　　γ_x——相应于 W_{2x} 的塑性发展系数。

其他符号的意义和规定同前。

上式中,第二项分母内的 1.25 也是经过与理论计算结果比较后而引入的修正系数。因此,对于单轴对称截面的压弯构件应同时按式(6.16)和式(6.17)验算弯矩作用平面内的整体稳定性。

等效弯矩系数 β_{mx} 按下列规定采用:

1)无侧移框架柱和两端支承的构件

①无横向荷载作用时,β_{mx} 应按下式计算:

$$\beta_{mx} = 0.6 - 0.4 M_2 / M_1 \qquad (6.18)$$

式中　M_1、M_2——端弯矩,使构件产生同向曲率(无反弯点)时取同号,使构件产生反向曲率时(有反弯点)取异号,$|M_1| \geqslant |M_2|$;

②无端弯矩但有横向荷载作用时,β_{mx} 应按下列公式计算:

跨中单个集中荷载:　　　　　$\beta_{mx} = 1 - 0.36 N / N_{cr}$ $\qquad (6.19)$

全跨均布荷载:　　　　　　　$\beta_{mx} = 1 - 0.18 N / N_{cr}$ $\qquad (6.20)$

式中　N_{cr}——弹性临界力,$N_{cr} = \dfrac{\pi^2 EI}{(\mu l)^2}$;

　　　　μ——构件的计算长度系数。

③有端弯矩和横向荷载同时作用时,$\beta_{mx} M_x$ 应按下式计算:

$$\beta_{mx} M_x = \beta_{mqx} M_{qx} + \beta_{m1x} M_1 \qquad (6.21)$$

式中　M_{qx}——横向荷载产生的弯矩最大值;

　　　　M_1——端弯矩中绝对值最大一端的弯矩;

　　　　β_{m1x}——按式(6.18)计算的等效弯矩系数;

　　　　β_{mqx}——按式(6.19)或式(6.20)计算的等效弯矩系数。

2)有侧移框架柱和悬臂构件

①有横向荷载的柱脚铰接的单层框架柱和多层框架的底层柱:$\beta_{mx} = 1.0$。

②除第①项规定之外的框架柱:$\beta_{mx} = 1 - 0.36 N / N_{cr}$。

③自由端作用有弯矩的悬臂柱:

$$\beta_{mx} = 1 - 0.36(1 - m) N / N_{cr} \qquad (6.22)$$

式中　m——自由端弯矩与固端弯矩之比,无反弯点时取正号,有反弯点时取负号。

6.3.2　实腹式压弯构件在弯矩作用平面外的稳定性

当压弯构件的弯矩作用于截面最大刚度的平面内时,如前所述,构件将可能在弯矩作用平面内发生弯曲屈曲破坏,这便是前面讨论的平面内失稳问题。但是,当构件在弯矩作用平面外的刚度较小时,就有可能在平面外发生侧向弯扭屈曲而破坏,如图 6.13 所示。

当偏心压力达到临界值 N 时,截面在 xoz 平面内产生侧弯,挠度为 u,因而形成平面外方向的弯矩 $M_y = Nu$ 及剪力 $V = \dfrac{\mathrm{d}M_y}{\mathrm{d}z} = Nu'$。由于此剪力 V 不通过截面的弯曲中心,故对截面形成扭矩:

$$M_z = Ve = Neu'$$

构件在弯矩作用平面外的屈曲属于弯扭屈曲,它产生的机理是弯矩作用平面内由 N 造成的弯曲和由 N 造成的绕杆轴(z 轴)的扭转以及由 M 造成的弯矩作用平面外的侧向弯曲的综合效应。由于 N 造成的平面内弯曲屈曲问题是前面讨论的平面内稳定问题,故我们在讨论平面外屈曲问题时,认为平面内的挠曲已发生并将这时作为平面外弯扭屈曲的开始,即在发生弯扭屈曲时只有扭转和平面外侧向弯曲两种因素(这一假定等价于忽略平面内的挠曲变形),并假定杆件两端铰接,但不能绕纵轴转动,材料处于弹性工作状态。

如图 6.13 所示,可以列出绕 z 轴的扭转平衡方程和平面外绕 y 轴的弯曲平衡方程:

$$EI_\omega \varphi''' - (GI_t - Ni_0)\varphi' + Neu' = 0 \tag{6.23}$$

$$EI_y u'' = -Nu - Ne\varphi \tag{6.24}$$

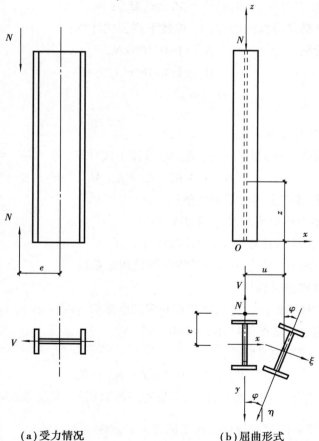

(a)受力情况　　　　(b)屈曲形式

图 6.13　平面外弯扭屈曲

式(6.23)和式(6.24)是两相关式,联立二式求解,可以得到

$$(N_{Ey} - N)(N_z - N) - (Ne/i_0^2) = 0 \tag{6.25}$$

式中 $i_0 = \sqrt{\dfrac{I_x + I_y}{A}}$ ——极回转半径;

$N_{Ey} = \dfrac{\pi^2 EI_y}{l_{oy}^2}$ ——平面外弯曲失稳的欧拉临界力;

$N_z = \dfrac{\dfrac{\pi^2 EI_\omega}{l_\omega^2} + GI_t}{i_0^2}$ ——绕杆轴扭转屈曲临界力。

如果设想端弯矩 $M_x = Ne$ 保持定值,在 e 无限增加大同时 N 趋近于零,由式(6.18)可得到双轴对称纯弯曲梁的临界弯矩:

$$M_{crx} = i_0 \sqrt{M_{Ey} N_z}$$

式(6.25)可以写成相关方程:

$$\left(1 - \frac{N}{N_{Ey}}\right)\left(1 - \frac{N}{N_z}\right) - \left(\frac{M_x}{M_{crx}}\right)^2 = 0 \tag{6.26}$$

由于 N_{Ey},N_z 在构件形式一定时是常数(与外载无关),且经计算可得对于一般工字形截面和一些非开口薄壁构件截面,N_z 恒大于 N_{Ey},如图 6.14 所示,可以偏于安全地取 $N_z = N_{Ey}$ 时的线性相关方程:

$$\frac{N}{N_{Ey}} + \frac{M_x}{M_{crx}} = 1 \tag{6.27}$$

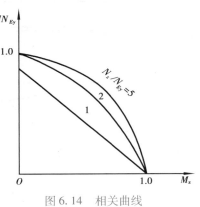

图 6.14 相关曲线

令 $N_{Ey} = \varphi_y A f$,$M_{crx} = \varphi_b W_{1x} f$,并引入等效弯矩系数 β_{tx}、箱形截面的调整系数 η 和抗力分项系数 γ_R 后,即得到压弯构件在弯矩作用平面外稳定计算的相关公式:

$$\frac{N}{\varphi_y A} + \eta \frac{\beta_{tx} M_x}{\varphi_b W_{1x}} \leqslant f \tag{6.28}$$

式中 φ_b——均匀弯曲梁的整体稳定系数,对压弯构件,可按第 5 章表 5.7 的近似公式计算,公式中已考虑了构件的弹塑性问题,当 φ_b 大于 0.6 时不需再换算;

φ_y——弯矩作用平面外的轴心受压构件稳定系数;

η——截面影响系数,闭口截面 $\eta = 0.7$,其他截面 $\eta = 1.0$;

M_x——所计算构件段范围内(侧向支承之间)弯矩的最大值;

β_{tx}——弯矩等效系数,按下列规定采用:

①在弯矩作用平面外有支承的构件,应根据两相邻支承点间构件段内荷载和内力情况确定:

a. 所考虑构件段无横向荷载作用时:

$$\beta_{tx} = 0.65 + 0.35 M_2/M_1 \tag{6.29}$$

式中 M_1、M_2——所考虑构件段弯矩作用平面内的端弯矩,使构件段产生同向曲率时取同号,产生反向曲率时取异号,$|M_1| \geqslant |M_2|$。

b. 所考虑构件段内有端弯矩和横向荷载同时作用时:使构件段产生同向曲率时,$\beta_{tx} = 1.0$,使构件段产生反向曲率时,$\beta_{tx} = 0.85$;

c. 所考虑构件段内无端弯矩但有横向荷载作用时,$\beta_{tx} = 1.0$。

②弯矩作用平面外为悬臂的构件:$\beta_{tx} = 1.0$。

式(6.28)是根据双轴对称工字形截面压弯构件在弹性工作阶段弯曲屈曲的临界状态导出的;对于单轴对称截面压弯构件以及这些构件在弹塑性工作范围内时,采用上式验算平面外的稳定,多偏于安全,实验也证明了这一点,因而可近似采用。

例 6.2 图 6.15 表示一焊接工字形截面压弯构件。轴力设计值 $N = 800$ kN,杆中横向集中力的设计值 $F = 160$ kN,火焰切割边,Q235 钢,跨度 10 m,两端铰接并在中央有一侧向支承点。验算其整体稳定性。(静态荷载)

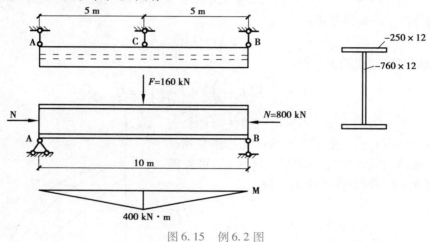

图 6.15　例 6.2 图

解　①截面几何特性:

$$A = 2 \times 250 \times 12 + 760 \times 12 = 15\ 120(\text{mm}^2)$$

$$I_x = 2 \times 250 \times 12 \times 386^2 + \frac{12 \times 760^3}{12} = 133\ 296 \times 10^4(\text{mm}^4)$$

$$I_y = 2 \times 12 \times 250^3/12 = 3\ 125 \times 10^4(\text{mm}^4)$$

$$i_x = \sqrt{\frac{133\ 296 \times 10^4}{15\ 120}} = 297(\text{mm})$$

$$i_y = \sqrt{\frac{3\ 125 \times 10^4}{15\ 120}} = 46(\text{mm})$$

$$W_{1x} = \frac{133\ 296 \times 10^4}{392} = 3\ 400\ 000(\text{mm}^3)$$

②验算整体稳定:

$$\lambda_x = \frac{10\ 000}{297} = 33.7$$

$$\lambda_y = \frac{5\ 000}{46} = 108.7$$

截面对两轴都属于 b 类,查附表得:

$$\varphi_x = 0.923\,; \varphi_y = 0.501$$

$$N_{cr} = \frac{\pi^2 EI}{(\mu l)^2} = \frac{\pi^2 \times 2.06 \times 10^5 \times 133\,296 \times 10^4}{10\,000^2} = 2.71 \times 10^7 (\text{N})$$

$$N'_{Ex} = \frac{\pi^2 EA}{1.1 \lambda_x^2} = \frac{3.14^2 \times 2.06 \times 10^5 \times 15\,120}{1.1 \times 33.7^2} = 2.46 \times 10^7 (\text{N})$$

$$\beta_{mx} = 1 - 0.36 \times N/N_{cr} = 1 - 0.36 \times 800 \times 10^3 / 2.71 \times 10^7 = 0.989$$

$$\beta_{tx} = 0.65 + \frac{0.35 M_2}{M_1} = 0.65 + \frac{0.35 \times 0}{400} \times 10^6 = 0.65$$

工字形截面的　$\gamma_x = 1.05$。

a. 弯矩作用平面内的整体稳定：

$$\frac{N}{\varphi_x A} + \frac{\beta_{mx} M_x}{\gamma_x W_{1x}\left(1 - \frac{0.8N}{N'_{Ex}}\right)}$$

$$= \frac{800 \times 10^3}{0.923 \times 15\,120} + \frac{0.989 \times 400 \times 10^6}{1.05 \times 3\,400 \times 10^3 \times \left(1 - \frac{0.8 \times 800 \times 10^3}{2.46 \times 10^7}\right)}$$

$$= 171.1(\text{N/mm}^2) \ < 215\ \text{N/mm}^2$$

b. 弯矩作用平面外的稳定性：

对于双轴对称工字形截面，φ_b 可按下式近似计算，当 $\varphi_b > 1.0$ 取 $\varphi_b = 1.0$：

$$\varphi_b = 1.07 - \frac{\lambda_y^2}{44\,000} \cdot \frac{f_y}{235} = 1.07 - \frac{108.7^2}{44\,000} \times \frac{235}{235} = 0.801$$

$$\frac{N}{\varphi_y A} + \eta \frac{\beta_{tx} M_x}{\varphi_b W_x} = \frac{800 \times 10^3}{0.501 \times 15\,120} + 1.0 \times \frac{0.65 \times 400 \times 10^6}{0.801 \times 3\,400 \times 10^3}$$

$$= 105.7 + 95.5 = 201.2(\text{N/mm}^2) \ < 215\ \text{N/mm}^2$$

杆件的整体稳定性满足。

6.4　实腹式压弯构件的局部稳定

实腹式压弯构
件的局部稳定

压弯构件的翼缘受力情况与轴压或受弯构件的翼缘受力情况基本相同，但腹板的受力情况较复杂，除受到非均匀压力作用外，还有剪力存在。规范对压弯构件的局部稳定计算仍以板件的屈曲为准则，用限制板件宽（高）厚比来保证板件的稳定性。

下面分别介绍表中各项宽（高）厚比限值的确定方法。

6.4.1　压弯构件的板件宽厚比要求

(1) 翼缘的宽厚比

工字形、箱形和 T 形截面压弯构件（图 6.16），其受压翼缘的应力状态与梁受压翼缘类似，当截面设计均由强度控制时就更加相似，因此，其受压翼缘的自由外伸宽度与厚度之比与受弯构件受压翼缘的宽厚比限值相同。当不允许翼缘发生局部屈曲时，其宽厚比应满足表 6.1 中

S4 级截面的要求。若考虑截面有限发展塑性,其宽厚比应满足表 6.1 中 S3 级截面的要求。

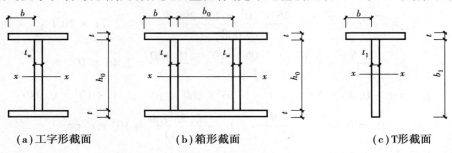

(a)工字形截面 (b)箱形截面 (c)T形截面

图 6.16　压弯构件的截面尺寸

(2)腹板的高厚比

压弯构件的腹板的应力状态比较复杂,它除了存在非均匀的压应力外,还有剪应力存在,实际上它处于轴心受压构件[图 6.17(c)]与受弯构件腹板[图 6.17(a)]的应力状态之间[如图 6.17(b)],即四边简支,两对边受偏心压力,同时四边受均布剪力作用,与前面薄板弹性稳定理论分析类似,腹板在这种应力状态下弹性屈曲的临界压应力为:

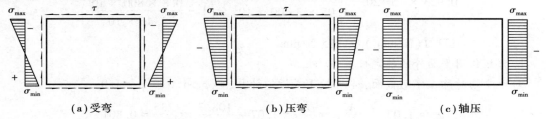

(a)受弯 (b)压弯 (c)轴压

图 6.17　压弯杆腹板弹性状态受力情况

$$\sigma_{cr} = k_e \frac{\pi^2 E}{12(1 - \nu^2)} \left(\frac{t_w}{h_0}\right)^2 \tag{6.30}$$

式中　k_e——弹性屈曲系数,其值与应力梯度 $\alpha_0 = \dfrac{\sigma_{max} - \sigma_{min}}{\sigma_{max}}$ 和应力比 $\dfrac{\tau}{\sigma}$ 有关;

ν——钢材的泊松比。

由上式得到的临界应力只适用于弹性屈曲状态下的板,压弯构件失稳时,截面将不同程度地发展塑性,腹板的塑性发展深度与其应力梯度有关。腹板的弹塑性临界应力为:

$$\sigma_{cr} = k_p \frac{\pi^2 E}{12(1 - \nu^2)} \left(\frac{t_w}{h_0}\right)^2 \tag{6.31}$$

式中　k_p——塑性屈曲系数。其值与应力梯度 $\alpha_0 = \dfrac{\sigma_{max} - \sigma_{min}}{\sigma_{max}}$ 和应力比 $\dfrac{\tau}{\sigma}$ 有关。

对压弯构件,腹板中剪应力 τ 的影响不大,经分析,平均剪应力可取腹板弯曲正应力 σ_M 的 0.3 倍,即 $\tau = 0.3\sigma_M$,此时由式(6.31)可得:

$$\frac{h_0}{t_w} = (40 + 18\alpha_0^{1.5})\varepsilon_k \tag{6.32}$$

上式即为《钢结构设计标准》(GB 50017—2017)对 S3 级截面的宽厚比限值要求。

由式(6.30)可得:

$$\frac{h_0}{t_w} = (45 + 25\alpha_0^{1.66})\varepsilon_k \tag{6.33}$$

上式即为《钢结构设计标准》(GB 50017—2017)中对 S4 级截面的宽厚比限值要求。

《钢结构设计标准》(GB 50017—2017)规定,工字形、箱形和圆管截面,当不允许腹板发生局部屈曲时,其宽厚比应满足表 6.1 中 S4 级截面的要求。若考虑截面有限发展塑性,其宽厚比应满足表 6.1 中 S3 级截面的要求。

6.4.2 压弯构件的屈曲后强度

当压弯构件的腹板不满足 S4 级截面的要求时,应采用有效截面计算构件的承载力。

(1)腹板的有效宽度

1)工字形截面腹板受压区的有效宽度应按下式计算:

$$h_e = \rho h_c \tag{6.34}$$

当 $\lambda_{n,p} \leq 0.75$ 时

$$\rho = 1.0 \tag{6.35}$$

当 $\lambda_{n,p} > 0.75$ 时

$$\rho = \frac{1}{\lambda_{n,p}}\left(1 - \frac{0.19}{\lambda_{n,p}}\right) \tag{6.36}$$

$$\lambda_{n,p} = \frac{\frac{h_w}{t_w}}{28.1\sqrt{k_\sigma}} \cdot \frac{1}{\varepsilon_k} \tag{6.37}$$

$$k_\sigma = \frac{16}{2 - \alpha_0 + \sqrt{(2 - \alpha_0)^2 + 0.112\alpha_0^2}} \tag{6.38}$$

式中　h_c——腹板受压区宽度,当腹板全部受压时,$h_c = h_w$;

　　　h_e——腹板受压区有效宽度;

　　　α_0——参数,按式(6.9)计算。

2)工字形截面腹板有效宽度的分布

当截面全部受压,即 $\alpha_0 \leq 1$ 时[图 6.18(a)]:

$$h_{e1} = \frac{2h_e}{4 + \alpha_0} \tag{6.39}$$

$$h_{e2} = h_e - h_{e1} \tag{6.40}$$

当截面部分受拉,即 $\alpha_0 > 1$ 时[图 6.18(b)]:

$$h_{e1} = 0.4h_e \tag{6.41}$$

$$h_{e2} = 0.6h_e \tag{6.42}$$

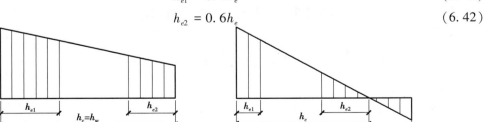

(a)截面全部受压　　　　　　　(b)截面部分受拉

图 6.18　腹板有效宽度的分布

3)箱形截面压弯构件翼缘宽厚比超限时也应按式(6.34)计算其有效宽度
计算时取 $k_\sigma = 4.0$,有效宽度在两侧均等分布。

（2）腹板屈曲后的构件承载力计算

强度计算:

$$\frac{N}{A_{ne}} + \frac{M_x + Ne}{\gamma_x W_{nex}} \leqslant f \tag{6.43}$$

弯矩作用平面内整体稳定计算:

$$\frac{N}{\varphi_x A_e} + \frac{\beta_{mx} M_x + Ne}{\gamma_x W_{e1x}\left(1 - 0.8\dfrac{N}{N'_{Ex}}\right)} \leqslant f \tag{6.44}$$

弯矩作用平面外整体稳定计算:

$$\frac{N}{\varphi_x A_e} + \eta\frac{\beta_{tx} M_x + Ne}{\varphi_b W_{e1x}} \leqslant f \tag{6.45}$$

式中 A_{ne}——有效净截面面积;

A_e——有效毛截面面积;

W_{nex}——有效截面的净截面模量;

W_{e1x}——有效截面对较大受压纤维的毛截面模量;

e——有效截面形心至原截面形心的距离。

例6.3   确定例6.2中压弯构件板件宽厚比等级(图6.19)。

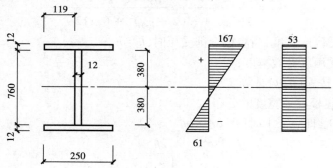

图 6.19   例 6.3 图

解   由例 6.2 已求得:

$A = 15\ 120\ \text{mm}^2$;$I_x = 133\ 296 \times 10^4\ \text{mm}^4$;$\lambda_x = 33.7$。轴心压力的设计值 $N = 800\ \text{kN}$;杆中央截面的最大弯矩设计值 $M = 400\ \text{kN}\cdot\text{m}$;杆端截面弯矩为零。

翼缘的宽厚比:

$$\frac{b}{t} = \frac{119}{12} = 9.9 < 11\varepsilon_k = 11 \qquad 满足 S2 级的要求$$

腹板的宽厚比:

①对杆中央截面。

$$\sigma_{max} = \frac{N}{A} + \frac{My_1}{I_x} = \frac{800 \times 10^3}{15\ 120} + \frac{400 \times 10^6 \times 380}{133\ 296 \times 10^4} = 53 + 114 = 167(\text{N/mm}^2)$$

$$\sigma_{min} = 53 - 114 = -61(\text{N/m}^2)$$

$$\alpha_0 = \frac{\sigma_{max} - \sigma_{min}}{\sigma_{max}} = \frac{167 + 61}{167} = 1.365$$

$$\frac{h_0}{t_w} = \frac{760}{12} = 63.3 \quad \begin{matrix} > (38 + 13\alpha_0^{1.39})\varepsilon_k = 58.03 \\ < (40 + 18\alpha_0^{1.5})\varepsilon_k = 68.71 \end{matrix}$$

满足 S3 级的要求。

②对杆端截面。

$$\sigma_{max} = \sigma_{min} = 53(N/mm^2)$$

$$\frac{h_0}{t_w} = \frac{760}{12} = 63.3 \quad \begin{matrix} > 45 \\ < 250 \end{matrix}$$

满足 S5 级的要求。

6.5 压弯构件的设计

6.5.1 框架柱的计算长度

压弯构件和受压构件一样,其构件的计算长度是稳定计算中的基本参数。对于端部约束条件比较简单的单根受压构件,利用计算长度系数 μ(第 4 章表 4.3)即可算出计算长度。框架柱属于压弯构件,对于两端并非简单约束的框架柱(column),确定其计算长度要比单根受压构件复杂,而且需要分别计算框架平面内和平面外的稳定性。框架平面内的计算长度通过对框架的整体稳定分析得到;框架平面外的计算长度则根据支承点的布置情况确定。

(1)单层等截面框架柱在框架平面内的计算长度

在进行框架的整体稳定分析时,一般取平面框架作为计算模型,不考虑空间作用。框架的失稳形式分为无侧移和有侧移两种。对有支承框架,其失稳形式为无侧移[图 6.20(a)、(b)];对无支承的纯框架,其失稳形式为有侧移[图 6.20(c)、(d)]。有侧移失稳的框架,其临界力比无侧移失稳的框架低得多。因此,除非有支承体系(包括支承框架、剪力墙等)阻止框架侧移,否则,一般框架按有侧移失稳确定其临界力。

框架柱的计算长度与柱两端的约束情况有关,框架柱的上端与横梁刚性连接,横梁对柱的约束作用取决于横梁的线刚度 I_1/l 与柱的线刚度 I/H 的比值 K_1,即:

$$K_1 = \frac{I_1/l}{I/H} \tag{6.46}$$

对于单层多跨框架,K_1 值为与柱相邻的两根横梁的线刚度之和 $I_1/l_1 + I_2/l_2$ 与柱线刚度 I/H 之比:

$$K_1 = \frac{\dfrac{I_1}{l_1} + \dfrac{I_2}{l_2}}{I/H} \tag{6.47}$$

确定框架柱的计算长度时,通常根据弹性稳定理论,并对框架作了如下近似假定:

①框架柱只承受作用于节点的竖向荷载,忽略(ignore)横梁荷载和水平荷载产生的梁端弯矩对柱的影响。分析表明,在弹性范围内,这一假定带来的误差不大,可以满足工程设计要

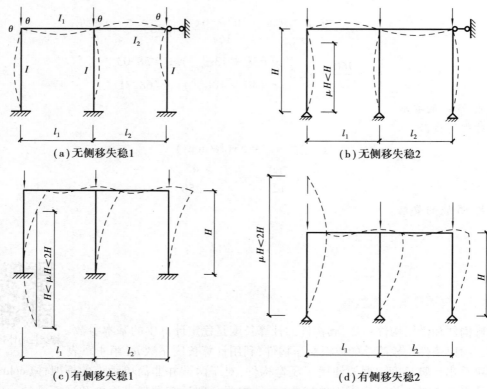

图 6.20　单层框架的失稳形式

求。但需注意,此假定只能用于确定计算长度,在设计柱的截面尺寸时必须同时考虑弯矩和轴心力。

②所有框架柱同时丧失稳定,即所有框架同时达到临界荷载。

③失稳时横梁两端的转角相等。

框架柱在框架平面内的计算长度 H_0 可用下式表达:

$$H_0 = \mu H$$

式中　H——柱的几何长度;

　　　μ——计算长度系数。

μ 值与框架柱脚与基础的连接形式及 K_1 值有关。表 6.2 为当采用一阶弹性分析计算内力时单层等截面框架柱的计算长度系数 μ 值,它是在上述近似假定的基础上用弹性稳定理论求得的。

表 6.2　有侧移单层等截面无支撑纯框架柱的计算长度系数 μ

柱与基础的连接	相交于上端的横梁线刚度之和与柱线刚度之比										
	0	0.05	0.1	0.2	0.3	0.4	0.5	1.0	2.0	5.0	≥10
铰接	—	6.02	4.46	3.42	3.01	2.78	2.64	2.33	2.17	2.07	2.03
刚性固定	2.03	1.83	1.70	1.52	1.42	1.35	1.30	1.17	1.10	1.05	1.03

注:①线刚度为截面惯性矩与构件长度之比。

　　②与柱铰接的横梁取其线刚度为零。

　　③计算框架的等截面格构式柱和桁架式横梁的线刚度时,应考虑缀件(或腹杆)变形的影响,将其惯性矩乘以 0.9。当桁架式横梁高度有变化时,其惯性矩宜按平均高度计算。

从表 6.2 可以看出,有侧移的无支撑纯框架失稳时,框架的计算长度系数都大于 1.0。柱脚刚接的有侧移无支撑纯框架柱,μ 值为 1.0 ~ 2.0[如图 6.20(c)]。柱脚铰接的有侧移无支撑纯框架柱,μ 值总是大于 2.0,其实际意义可通过图 6.20(d)所示的变形情况来理解。

对于无侧移单层有支撑框架柱,柱子的计算长度系数 μ 小于 1.0[图 6.20(a),(b)]。

(2)多层等截面框架柱在框架平面内的计算长度

多层多跨框架的失稳形式也分为有侧移失稳[图 6.21(b)]和无侧移失稳[图 6.21(a)]两种情况,计算时的基本假定与单层框架相同。对于未设置支撑结构(支撑架、剪力墙、抗剪筒体等)的纯框架结构,属于有侧移反对称失稳。对于有支撑框架,根据抗侧移刚度的大小,又可分为强支撑框架和弱支撑框架。

①当支撑结构的侧移刚度(产生单位侧倾角的水平力)S_b 满足式(6.48)的要求时,为强支撑框架,属于无侧移失稳。

$$S_b \geqslant 4.4\left[\left(1 + \frac{100}{f_y}\right) \sum N_{bi} - \sum N_{0i}\right] \tag{6.48}$$

式中　$\sum N_{bi}, \sum N_{0i}$——第 i 层层间所有框架柱用无侧移框架和有侧移框架柱计算长度系数
算得的轴压杆稳定承载力之和。

②当支撑结构的侧移刚度 S_b 不满足式(6.48)的要求时,为弱支撑框架。

有支撑框架在一般情况下均能满足式(6.48)的要求,因而可按无侧移失稳计算。

多层框架无论在哪一种形式下失稳,每一根柱都要受到柱端构件以及远端构件的影响。而多层多跨框架的未知节点位移数较多,计算时需要展开高阶行列式和求解复杂的超越方程,计算工作量很大。故在实用工程设计中,引入了简化杆端约束条件的假定,即将框架简化为图 6.21(c),(d)所示的计算单元,只考虑与柱端直接相连构件的约束作用。在确定柱的计算长度时,假设柱子开始失稳时,相交于上下两端节点的横梁对于柱子提供的约束弯矩,按其与上下两端节点柱的线刚度之和的比值 K_1 和 K_2 分配给柱子。这里 K_1 为相交于柱上端节点的横

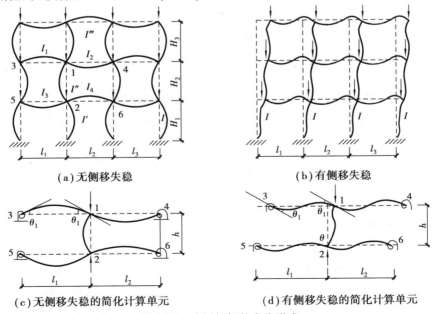

(a)无侧移失稳　　　　　　　　　　　(b)有侧移失稳

(c)无侧移失稳的简化计算单元　　　　(d)有侧移失稳的简化计算单元

图 6.21　多层框架的失稳形式

梁线刚度之和与柱线刚度之和的比值；K_2 为相交于柱下端节点的横梁线刚度之和与柱线刚度之和的比值。以图 6.21(a)中的 1、2 杆为例。

$$K_1 = \frac{I_1/l_1 + I_2/l_2}{I'''/H_3 + I''/H_2}$$

$$K_2 = \frac{I_3/l_1 + I_4/l_2}{I''/H_2 + I'/H_1}$$

多层框架的计算长度系数 μ 见附录 7 附表 7.1(有侧移框架)和附表 7.2(无侧移框架)。实际上表 6.2 中单层框架柱的 μ 值已包括在附表 7.1 中，令附表 7.1 中的 $K_2 = 0$，即表 6.2 中与基础铰接的 μ 值。柱与基础(foundation)刚接时，从理论上来说 $K_2 = \infty$，但考虑到实际工程情况，取 $K_2 \geq 10$ 时的 μ 值。

μ 值亦可采用下列近似公式计算：

无侧移失稳

$$\mu = \sqrt{\frac{(1 + 0.41K_1) + (1 + 0.41K_2)}{(1 + 0.82K_1) + (1 + 0.82K_2)}}$$

对无侧移单层框架柱或多层框架的底层柱则上式变为：

柱脚刚性嵌固时　$K_2 = 10$；　$\mu = \dfrac{0.6 + 0.04K_1}{1 + 0.08K_1}$

柱脚铰支时　$K_2 = 0$；　$\mu = \dfrac{1 + 0.21K_1}{1 + 0.41K_1}$

有侧移失稳

$$\mu = \sqrt{\frac{7.5K_1K_2 + 4(K_1 + K_2) + 1.52}{7.5K_1K_2 + K_1 + K_2}}$$

对单层有侧移框架柱或多层框架的底层柱则上式成为：

柱脚刚性嵌固时　$K_2 = 10$；$\mu = \sqrt{\dfrac{7.9k_1 + 4.15}{7.6K_1 + 1}}$

柱脚铰支时　$K_2 = 0$；$\mu = \sqrt{4 + \dfrac{1.52}{K_1}}$

如将理论式和近似式的计算结果进行比较，可以看出误差很小。

对于支撑结构的侧移刚度 S_b 不满足式(6.48)的要求时的弱支撑框架，框架柱的轴压杆稳定系数 φ 按式(6.49)计算：

$$\varphi = \varphi_0 + (\varphi_1 - \varphi_0)\frac{S_b}{3(1.2\sum N_{bi} - \sum N_{0i})} \tag{6.49}$$

式中　φ_1、φ_0——框架柱按无侧移框架柱和有侧移框架柱计算长度系数算得的轴心压杆稳定系数。

(3)框架柱在框架平面外的计算长度

框架柱在框架平面外的计算长度一般由支撑构件的布置情况确定。支撑体系提供柱在平面外的支撑点，柱在平面外的计算长度即取决于支撑点间的距离。这些支撑点应能阻止柱沿厂房的纵向发生侧移，如单层厂房框架柱，柱下段的支撑点常常是基础的表面和吊车梁的下翼缘处,柱上段的支撑点是吊车梁上翼缘的制动梁和屋架下弦纵向水平支撑或者托架的弦杆。

例 6.4 图 6.22 为一有侧移双层框架,图中圆圈内数字为横梁或柱的线刚度。试求出各柱在框架平面内的计算长度系数 μ 值。

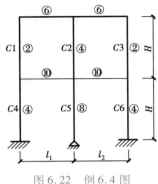

图 6.22 例 6.4 图

解 根据附表 7.1,得各柱的计算长度系数如下:

柱 $C1, C3$: $K_1 = \dfrac{6}{2} = 3$, $K_2 = \dfrac{10}{2+4} = 1.67$, 得 $\mu = 1.16$

柱 $C2$: $K_1 = \dfrac{6+6}{4} = 3$, $K_2 = \dfrac{10+10}{4+8} = 1.67$, 得 $\mu = 1.16$

柱 $C4, C6$: $K_1 = \dfrac{10}{2+4} = 1.67$, $K_2 = 10$, 得 $\mu = 1.13$

柱 $C5$: $K_1 = \dfrac{10+10}{4+8} = 1.67$, $K_2 = 0$, 得 $\mu = 2.22$

实腹式压弯
构件的设计

6.5.2 实腹式压弯构件设计

(1)选择截面形式

压弯构件的截面形式一般可根据弯矩的大小和方向来确定,当弯矩较小时,可和一般轴心压杆相同;当两方向弯矩都比较大时,采用高度较大的双轴对称截面较为合理[图 6.23(a)];如果只有一个方向弯矩较大时,可采用图 6.23(b),(c)所示的单轴对称截面,并使较大翼缘位于压应力较大一侧。

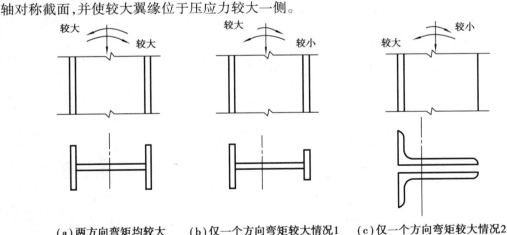

(a)两方向弯矩均较大 **(b)仅一个方向弯矩较大情况1** **(c)仅一个方向弯矩较大情况2**

图 6.23 弯矩较大时的实腹式压弯构件截面

(2)初选截面

在选定截面形式后,下一步是设定截面尺寸。压弯构件的截面尺寸大小一般取决于整体稳定性,包括弯矩作用平面内和平面外两个方向的稳定性,一般需根据经验或参照已有资料初选截面尺寸,然后进行验算,不满足时再行调整。

(3)验算

对初选的截面需作如下几方面验算:

1)强度

按式(6.5)计算。

2）刚度

按 $\lambda \leqslant [\lambda]$ 计算。

3）整体稳定性

在弯矩作用平面内按式（6.16），对单轴对称截面还要按式（6.17）计算，在弯矩作用平面外按式（6.28）计算。

4）局部稳定性

按6.4节的具体规定，采用相应公式进行验算。

若初选截面不满足以上要求，或过于保守都要重新调整截面，再行验算。

（4）构造要求

和轴心受压构件一样，当实腹式压弯构件的腹板计算高度 h_0 与厚度 t_w 之比大于80时，应采用横向加劲肋加强，其间距不得大于 $3h_0$。横向加劲肋的尺寸和构造应按梁的有关规定采用。对于宽大的实腹式压弯构件，在受有较大水平力处和运送单元的端部应设置横隔，横隔的间距不得大于柱截面较大宽度的9倍或8 m。当用纵向加劲肋加强腹板提高其局部稳定承载力时：纵向加劲肋应在腹板两侧成对配置，其一侧外伸宽度不应小于 $10t_w$，厚度不应小于 $0.75t_w$。其他一些构造要求也都同轴心受压构件，当然，对于不同结构中的压弯构件可能还有一些不同的构造要求，具体设计时参照相应的规定。

例6.5 图6.24所示的天窗架侧腿 AB 高3.25 m，按两端铰接考虑，承受轴向压力的设计值 $N=50$ kN（忽略不同风向引起 N 的差别）和风荷载的设计值 $q_1=6$ kN/m（迎风时）或 $q_2=-3.8$ kN/m（背风时）。要求设计边柱 AB 的截面。

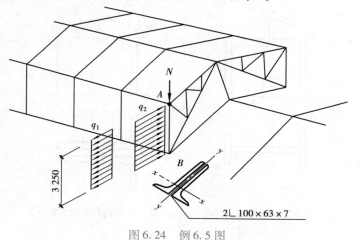

图6.24　例6.5图

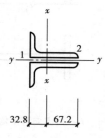

图6.25　AB 杆选用截面

解　在屋架、天窗架结构中，选择双角钢截面杆件可使杆件之间能十分方便地通过节点板相连接。从杆 AB 的受力来看，在天窗架平面内有风荷载引起的弯矩作用，弯矩较大。故采用长肢相并的双角钢比较合适，如图6.25所示。根据以往类似的设计资料，初步选用 $2 \llcorner 100 \times 63 \times 7$ 双角钢，并取节点板厚12 mm。材料选用Q235钢。

由附表查得该截面的几何特性如下：

$r=10$ mm，$A=2\,222$ mm²，$I_x=226\times10^4$ mm⁴，$i_x=32$ mm，$i_y=27.3$ mm，$y_1=32.8$，$y_2=100-32.8=67.2$（mm）。

根据图 6.24 可确定出杆 AB 两主轴方向的计算长度为:$l_{ox} = 3\,250$ mm, $l_{oy} = 3\,250$ mm。

$\lambda_x = l_{ox}/i_x = 3\,250/32 = 102, \varphi_x = 0.542$(b 类)

$\lambda_y = l_{oy}/i_y = 3\,250/27.3 = 119$

$$\lambda_z = 5.1\frac{b_2}{t} = 5.1 \times \frac{63}{7} = 45.9 < \lambda_y$$

$$\lambda_{yz} = \lambda_y\left[1 + 0.25\left(\frac{\lambda_z}{\lambda_y}\right)^2\right] = 119 \times \left[1 + 0.25 \times \left(\frac{45.9}{119}\right)^2\right] = 123.4$$

$\varphi_y = 0.419$(b 类)

(1)刚度验算

$\lambda_{max} = \lambda_{yz} = 123.4 < [\lambda] = 150$　　　满足。

(2)迎风受力时的稳定验算

①局部稳定验算。

翼缘:$\dfrac{b_1}{t} = \dfrac{63-7}{7} = 8 < 9\varepsilon_k$　　　满足 S1 级的要求。

腹板:$\dfrac{b}{t} = \dfrac{100-10-7}{7} = 11.9 < 13\varepsilon_k$　　　满足 S3 级的要求。

②弯矩作用平面内的稳定。

最大弯矩 $M_{(+)} = \dfrac{1}{8} \times 6 \times 3.25^2 = 7.92$(kN·m)

截面的较大翼缘受压,有可能因受拉区的塑性发展而失稳,因而应按式(6.16)和式(6.17)验算两次。

$$\frac{N}{\varphi_x A} + \frac{\beta_{mx} M_x}{\gamma_{x1} W_{1x}\left(1 - \dfrac{0.8N}{N'_{Ex}}\right)} \leq f$$

$$\left|\frac{N}{A} - \frac{\beta_{mx} M_x}{\gamma_{x2} W_{2x}\left(1 - \dfrac{1.25N}{N'_{Ex}}\right)}\right| \leq f$$

式中　$N_{cr} = \dfrac{\pi^2 EI}{(\mu l)^2} = \dfrac{\pi^2 \times 206\,000 \times 226 \times 10^4}{3\,250^2} = 435.0$(kN)

$\beta_{mx} = 1 - 0.18N/N_{cr} = 1 - 0.18 \times 50/435.0 = 0.979$

$N'_{Ex} = \dfrac{\pi^2 EA}{1.1\lambda_x^2} = \dfrac{\pi^2}{1.1} \times \dfrac{2.06 \times 10^5 \times 2\,222}{102^2} = 394.5 \times 10^3$(N)

$W_{1x} = \dfrac{I_x}{y_1} = \dfrac{226 \times 10^4}{32.8} = 68.9 \times 10^3$(mm³)

$W_{2x} = \dfrac{I_x}{y_2} = \dfrac{226 \times 10^4}{67.2} = 33.6 \times 10^3$(mm³)

板件宽厚比等级满足 S3 级要求,且风载引起的加速度不大,属静态荷载,可考虑塑性变形发展,由附录查得 $\gamma_{x1} = 1.05, \gamma_{x2} = 1.20$。

将上面的数据代入式(6.16)和式(6.17)得

$$\frac{50 \times 10^3}{0.542 \times 2\,222} + \frac{0.979 \times 7.92 \times 10^6}{1.05 \times 68.9 \times 10^3 \times [1 - 0.8 \times 50 \times 10^3/(394.5 \times 10^3)]}$$

$= 160.8(\text{N/mm}^2) < f = 215 \text{ N/mm}^2$ 　　满足

$$\left| \frac{50 \times 10^3}{2\ 222} - \frac{0.979 \times 7.92 \times 10^6}{1.2 \times 33.6 \times 10^3 \times [1 - 1.25 \times 50 \times 10^3 / 394.5 \times 10^3]} \right|$$

$= 206(\text{N/mm}^2) < f = 215 \text{ N/mm}^2$ 　　满足

③弯矩作用平面外的稳定。

按式(6.28)验算,即

$$\frac{N}{\varphi_y A} + \eta \frac{\beta_{tx} M_x}{\varphi_b W_{1x}} \le f$$

式中　$\beta_{tx} = 1.0, \eta = 1.0$

当 $\lambda_y \le 120 \sqrt{\dfrac{235}{f_y}}$ 时,可用下面近似公式计算 φ_b(适于双角钢截面)

$$\varphi_b = 1 - 0.001\ 7 \lambda_y \sqrt{\frac{f_y}{235}} = 1 - 0.001\ 7 \times 119 \sqrt{\frac{235}{235}} = 0.967\ 7$$

将有关数据代入式(6.28)

$$\frac{50 \times 10^3}{0.422 \times 2\ 222} + \frac{1.0 \times 6.6 \times 10^6}{0.967\ 7 \times 68.9 \times 10^3} = 152.3(\text{N/mm}^2) < f = 215 \text{ N/mm}^2 \quad 满足$$

(3)在背风受力时的稳定验算

①局部稳定验算　与在迎风受力的情况相同,满足。

最大弯矩 $M_{(-)} = \dfrac{1}{8} \times 3.8 \times 3.25^2 = 5.02 \text{ kN} \cdot \text{m}$

②弯矩作用平面内的稳定　仅按式(6.16)验算即可。有关数据已在前面算过,但须注意在这种情况下,截面上的点"2"是压应力最大的部位。将有关数据代入式(6.16)得:

$$\frac{50 \times 10^3}{0.542 \times 2\ 222} + \frac{0.979 \times 5.02 \times 10^6}{1.2 \times 33.6 \times 10^3 \times \left[1 - \dfrac{0.8 \times 50 \times 10^3}{394.5 \times 10^3} \right]}$$

$$= 177.2(\text{N/mm}^2) < f = 215 \text{ N/mm}^2 \quad 满足$$

③弯矩作用平面外的稳定。

$$\varphi_b = 1 - 0.000\ 5 \lambda_y / \varepsilon_k = 1 - 0.000\ 5 \times 119 / 1 = 0.940\ 5$$

有关数据代入式(6.28)得:

$$\frac{50 \times 10^3}{0.422 \times 2\ 222} + 1.0 \times \frac{1.0 \times 5.02 \times 10^6}{0.940\ 5 \times 33.6 \times 10^3} = 212.2(\text{N/mm}^2) < f = 215 \text{ N/mm}^2 \quad 满足$$

(4)强度验算

①迎风时。

肢背

$$\frac{N}{A_n} + \frac{M_x}{\gamma_{x1} W_{n1x}} = \frac{50 \times 10^3}{2\ 222} + \frac{7.92 \times 10^6}{1.05 \times 68.9 \times 10^3} = 132.0(\text{N/mm}^2) < f = 215 \text{ N/mm}^2$$

肢尖

$$\left| \frac{N}{A_n} - \frac{M_x}{\gamma_{x2} W_{n2x}} \right| = \left| \frac{50 \times 10^3}{2\ 222} - \frac{7.92 \times 10^6}{1.2 \times 33.6 \times 10^3} \right| = 173.9(\text{N/mm}^2) < f = 215 \text{ N/mm}^2$$

②背风时。

仅需验算肢尖

$$\frac{N}{A_n} + \frac{M_x}{\gamma_{x2} W_{n2x}} = \frac{50 \times 10^3}{2\ 222} + \frac{5.02 \times 10^6}{1.2 \times 33.6 \times 10^3} = 147(\text{N/m}^2)\ < f = 215\ \text{N/mm}^2$$

例 6.6　图 6.26 所示的一实腹式压弯构件,截面选用热轧普通工字钢 I 36a,已知承受的荷载设计值为:轴心压力 $N = 340$ kN,构件 A 端弯矩 $M_x = 100$ kN·m。忽略构件自重。构件长度 $L = 6$ m,两端铰接,两端及跨度中点各设一侧向支撑点(x 轴方向)。材料为 Q235-B 钢,$[\lambda] = 150$。试验算该构件。

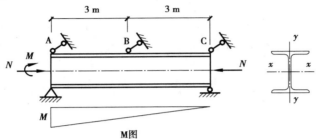

图 6.26　例 6.6 图

解　查型钢表得:$A = 76.4$ cm², $I_x = 15\ 796$ cm⁴, $W_x = 878$ cm³, $i_x = 14.4$ cm, $i_y = 2.69$ cm, $h = 360$ mm, $b = 136$ mm, $t_w = 10.0$ mm, $t = 15.8$ mm, $r = 12$ mm。

(1)局部稳定验算

$$\frac{\sigma_{\max}}{\sigma_{\min}} = \frac{N}{A} \pm \frac{M}{I_x}\left(\frac{h}{2} - t - r\right) = \frac{340 \times 10^3}{76.4 \times 10^2} \pm \frac{100 \times 10^6}{15\ 796 \times 10^4}(180 - 15.8 - 12) = \frac{140.86}{-51.86}(\text{N/mm}^2)$$

$$\alpha_0 = \frac{\sigma_{\max} - \sigma_{\min}}{\sigma_{\max}} = 1.368$$

翼缘 $\dfrac{b_1}{t} = \dfrac{(136-10)/2-12}{15.8} = 3.23 < 9\varepsilon_k$,S1 级。

腹板 $\dfrac{h_0}{t_w} = \dfrac{(360-15.8\times2-12\times2)}{10} = 30.44 < (33+13\alpha_0^{1.3})\varepsilon_k = 52.54$,S1 级。

(2)强度验算

截面翼缘和腹板均满足 S1 级的要求,故可考虑塑性发展。查表得:$\gamma_x = 1.05$

$$\frac{N}{A} + \frac{M}{\gamma_x W_x} = \frac{340 \times 10^3}{76.4 \times 10^2} + \frac{100 \times 10^6}{1.05 \times 878 \times 10^3} = 153.0(\text{N/mm}^2)\ < f = 215\ \text{N/mm}^2$$

(3)刚度验算

$$l_{0x} = 6\ \text{m}, l_{0y} = 3\ \text{m}, \lambda_x = \frac{l_{0x}}{i_x} = \frac{600}{14.4} = 41.7, \lambda_y = \frac{l_{0y}}{i_y} = \frac{300}{2.69} = 111.5$$

$\lambda_{\max} = \lambda_x = 111.5 < [\lambda] = 150$ 满足。

(4)整体稳定验算

①弯矩作用平面内稳定验算。

$$\frac{b}{h} = \frac{136}{360} = 0.38\ < 0.8$$

所以截面对 x 轴属于 a 类,对于 y 轴 b 类

由 $\lambda_x = 41.7$ 查 $\varphi_x = 0.938$

$$N'_{EX} = \frac{\pi^2 EA}{1.1\lambda_x^2} = \frac{\pi^2 \times 2.06 \times 10^5 \times 76.4 \times 10^2}{1.1 \times 41.7^2} = 8\ 110\ kN$$

$$\beta_{mx} = 0.6 + 0.4\frac{0}{M} = 0.6$$

$$\frac{N}{\varphi_x A} + \frac{\beta_{mx}M_x}{\gamma_x W_{1x}\left(1 - 0.8\frac{N}{N'_{Ex}}\right)}$$

$$= \frac{340 \times 10^3}{0.938 \times 76.4 \times 10^2} + \frac{0.6 \times 100 \times 10^6}{1.05 \times 878 \times 10^3\left(1 - 0.8 \times \frac{340}{8\ 110}\right)}$$

$$= 114.8(N/mm^2) < 215\ N/mm^2$$

满足。

②弯矩作用平面外稳定验算。

由 $\lambda_y = 111.5$ 查 $\varphi_y = 0.484$(b 类截面)

$$\varphi_b = 1.07 - \frac{\lambda_y^2}{44\ 000} \cdot \frac{f_y}{235} = 1.07 - \frac{111.5^2}{44\ 000} = 0.787$$

将 AB 段作为计算段,$M_1 = M, M_2 = \frac{M}{2}$

$$\beta_{tx} = 0.65 + 0.35\frac{0.5M}{M} = 0.825$$

$$\eta = 1.0$$

$$\frac{N}{\varphi_y A} + \eta\frac{\beta_{tx}M_x}{\varphi_b W_{1x}} = \frac{340 \times 10^3}{0.484 \times 76.4 \times 10^2} + 1.0 \times \frac{0.825 \times 100 \times 10^6}{0.787 \times 878 \times 10^3}$$

$$= 211.34(N/mm^2) < 215\ N/mm^2$$

满足。

例 6.7 如图 6.27 为一焊接工字形截面的压弯构件,翼缘为火焰切割边。两端铰接,长 9 m,在构件中间 1/3 长度处设有侧向支承(x 方向),$L_{0x} = 9$ m,$L_{0y} = 3$ m,截面无削弱,承受横向荷载设计值 45 kN/m(含自重),轴压力设计值 $N = 850$ kN,静载,材料为 Q235 钢。试验算该构件。

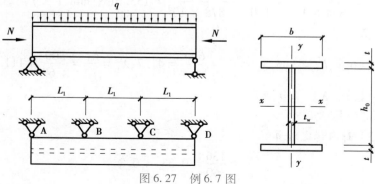

图 6.27　例 6.7 图

已知:翼缘尺寸为:$b \times t = 300$ mm $\times 14$ mm, 腹板尺寸为:$h_0 \times t_w = 700$ mm $\times 10$ mm, $L_1 = 3\ 000$ mm, $A = 15\ 400$ mm^2, $I_x = 1.2 \times 10^9$ mm^4, $I_y = 6.3 \times 10^7$ mm^4, $[\lambda] = 150$。

解　①求截面几何特性。

$$i_x = \sqrt{\frac{I_x}{A}} = 279(\text{mm})$$

$$i_y = \sqrt{\frac{I_y}{A}} = 63.96(\text{mm})$$

$$W_x = \frac{I_x}{y_1} = \frac{1.2 \times 10^9}{364} = 3.3 \times 10^6(\text{mm}^3)$$

②局部稳定验算。

$$M_x = \frac{1}{8}ql^2 = \frac{1}{8} \times 45 \times 9^2 = 455.6(\text{kN} \cdot \text{m})$$

$$\begin{matrix}\sigma_{\max} \\ \sigma_{\min}\end{matrix} = \frac{N}{A} \pm \frac{M}{I_x} \times \frac{h_0}{2} = \frac{850 \times 10^3}{15\ 400} \pm \frac{455.6 \times 10^6}{1.2 \times 10^9} \times 350 = \begin{matrix}188.08 \\ -77.69\end{matrix}(\text{N/mm}^2)$$

$$\alpha_0 = \frac{\sigma_{\max} - \sigma_{\min}}{\sigma_{\max}} = \frac{188.08 + 77.69}{188.08} = 1.413$$

翼缘: $\dfrac{b_1}{t} = \dfrac{(300-10)/2}{14} = 10.4 < 11\varepsilon_k = 11$, S2 级。

腹板: $\dfrac{h_0}{t_w} = \dfrac{700}{10} = 70 < (40+18\alpha_0^{1.5})\varepsilon_k = 70.2$, S3 级。

③强度验算(弯矩最大截面处)。

截面翼缘满足 S1 级的要求,腹板均满足 S3 级的要求,故可考虑塑性发展。查表得: $\gamma_x = 1.05$

截面无削弱,净截面同毛截面。

$$\frac{N}{A_n} + \frac{M_x}{\gamma_x W_{nx}} = \frac{850 \times 10^3}{15\ 400} + \frac{455.6 \times 10^6}{1.05 \times 3.3 \times 10^6} = 186.68(\text{N/mm}^2) \leqslant f = 215\ \text{N/mm}^2$$

强度满足。

④刚度及整体稳定验算:

a. 弯矩作用平面内

$l_{ox} = 9\ 000$ mm, $l_{oy} = 3\ 000$ mm

翼缘为焰切边,截面对 x、y 轴均属 b 类

$$\lambda_x = \frac{l_{ox}}{i_x} = \frac{9\ 000}{279} = 32.26 < [\lambda] = 150$$

$$\varphi_x = 0.928$$

$$N_{cr} = \frac{\pi^2 EI}{(\mu l)^2} = \frac{\pi^2 \times 206\ 000 \times 1.2 \times 10^9}{9\ 000^2} = 3.0 \times 10^7(\text{N})$$

$$\beta_{mx} = 1 - 0.18N/N_{cr} = 1 - 0.18 \times \frac{850 \times 10^3}{3.0 \times 10^7} = 0.995$$

$$N'_{Ex} = \frac{N_{cr}}{1.1} = 2.7 \times 10^7 (\text{N})$$

$$\frac{N}{\varphi_x A} + \frac{\beta_{mx} M_x}{\gamma_x W_{1x} \left(1 - 0.8 \dfrac{N}{N'_{Ex}}\right)}$$

$$= \frac{850 \times 10^3}{0.928 \times 15\,400} + \frac{0.995 \times 455.6 \times 10^6}{1.05 \times 3.3 \times 10^6 \times \left(1 - 0.8 \times \dfrac{850 \times 10^3}{2.7 \times 10^7}\right)}$$

$$= 193.4(\text{N/mm}^2) < 215\ \text{N/mm}^2$$

满足。

b. 弯矩作用平面外：

$$\lambda_y = \frac{l_{oy}}{i_y} = \frac{3\,000}{63.96} = 46.9 < [\lambda] = 150, \varphi_y = 0.87$$

$$\varphi_b = 1.07 - \frac{\lambda_y^2}{44\,000} \times \frac{f_y}{235} = 1.02 > 1.0$$

取 $\varphi_b = 1.0$

$\beta_{tx} = 1.0$，$\eta = 1.0$

$$\frac{N}{\varphi_y A} + \eta \frac{\beta_{tx} M_x}{\varphi_b W_{1x}} = \frac{850 \times 10^3}{0.87 \times 15\,400} + \frac{455.6 \times 10^6}{3.3 \times 10^6} = 201.5(\text{N/mm}^2) < f = 215\ \text{N/mm}^2$$

刚度及整体稳定满足。

6.5.3　格构式压弯构件设计

(1)选择截面形式

第一节中已介绍了格构式压弯构件的常用截面形式,当弯矩不大时,可以用双轴对称的格构截面形式[图6.28(a)、(b)];如果弯矩较大时,可以用单轴对称的格构截面形式[图6.28(c)、(d)],并将较大的肢件放在压力较大的一侧。格构式压弯构件的缀材多采用缀条,缀条常采用单角钢。

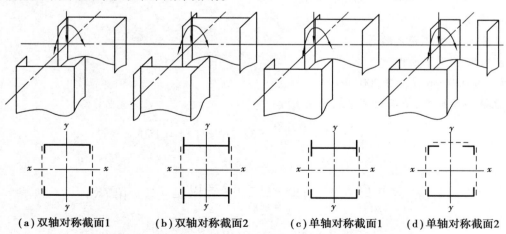

(a)双轴对称截面1　　(b)双轴对称截面2　　(c)单轴对称截面1　　(d)单轴对称截面2

图6.28　格构式压弯构件的常用截面

（2）初选截面

压弯构件的截面尺寸也根据经验初选，然后进行验算。经验算截面不满足或过于保守（conservative），重新调整截面再作验算。

（3）验算

1）强度

当弯矩绕实轴作用时按式（6.5）验算，当弯矩绕虚轴（virtual axle）作用时按式（6.7）验算。

2）整体稳定

若弯矩作用在虚轴平面内（绕实轴屈曲）。如图 6.29 所示的压弯构件，如只有弯矩 M_y，由于弯矩 M_y 作用在虚轴平面内绕实轴弯曲，故压弯构件的受力性能和实腹式压弯构件完全相同。因此，弯矩作用平面内的整体稳定按式（6.16）计算；平面外的整体稳定按式（6.28）计算，但是 φ_x 应按换算长细比 λ_{ox} 确定，φ_b 取 1.0。

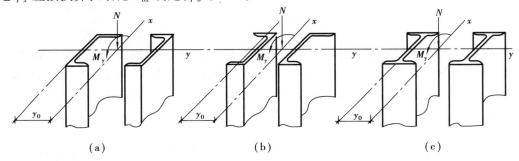

图 6.29　弯矩绕实轴作用的格构式压弯构件截面

若弯矩作用在实轴平面内（绕虚轴屈曲），如图 6.30 所示的压弯构件，设有弯矩 M_x 和轴力 N 作用。

①弯矩作用平面内的稳定性。

由于格构式截面中部空虚，没有塑性发展的潜力，只能以最大受压纤维达到屈服极限时为其临界状态，由边缘屈服准则导出的式（6.15）得到的是构件承载力的上限，《钢结构设计标准》（GB 50017—2017）在式（6.15）的基础上做了修正，并考虑抗力分项系数，得到弯矩绕虚轴作用的格构式压弯构件弯矩作用平面内的整体稳定计算公式，即

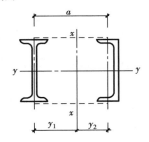

$$\frac{N}{\varphi_x A} + \frac{\beta_{mx} M_x}{W_{1x}\left(1 - \dfrac{N}{N'_{Ex}}\right)} \leq f \qquad (6.50)$$

需注意：φ_x 及 N'_{Ex} 皆应按构件绕虚轴的换算长细比（equivalent slenderness ratio）λ_{ox} 确定；$W_{1x} = \dfrac{I_x}{y_0}$，$y_0$ 的取值为 x 轴到较大受压分肢自身轴线的距离或者到压力较大分肢腹板外边缘的距离，二者取较大值，如图 6.29 所示。

②弯矩作用平面外的稳定性。

在这种情况下，可不计算平面外的整体稳定性，但要求计

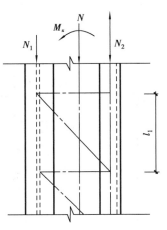

图 6.30　压弯构件单肢受力情况

算分肢的稳定性。这是因为受力最大的分肢平均应力大于整个构件的平均应力,只要分肢在两个方向的稳定性得到保证,整个构件在弯矩作用平面外的稳定性也就可以得到保证。

3)分肢稳定性

分肢的轴心力应按平行弦桁架的弦杆计算。计算时把压力 N 和弯矩 M_x 分配到两分肢(对于缀板柱的分肢尚应考虑由于剪力引起的局部弯矩即如第四章所述的由缀板传给肢件的弯矩),如图 6.29 计算简图所示。可得:

$$\left.\begin{array}{ll}单肢 1: & N_1 = \dfrac{M_x}{a} + \dfrac{Ny_2}{a} \\[3mm] 单肢 2: & N_2 = N - N_1\end{array}\right\} \tag{6.51}$$

按着两单肢的轴心压力(N_1,N_2)的数值,对相应单肢分别验算其绕 y 轴和自身轴线 1-1 的稳定性(对缀板柱应考虑局部弯矩按压弯构件计算),以单肢 1 为例:

$$\sigma = \frac{N_1}{\varphi_{\min} A} \leqslant f \tag{6.52}$$

在确定 $\varphi_{\min}$ 时,桁架平面(实轴平面)内的计算长度 $l_{ox} = l_1$,桁架平面外(虚轴平面)的计算长度 l_{0y} 取决于侧向支撑布置情况,即取平面外支撑点之间的距离,如无支撑,l_{0y} 为全柱高。

显而易见,对于等肢柱,实际上只需对受压较大的分肢进行上述验算。需要强调一点,分肢为实腹式轴心压杆,故它也需满足实腹式轴心压杆局部稳定的要求。

4)刚度验算

如前所述一般也只按 $\lambda \leqslant [\lambda]$ 验算。注意当弯矩绕虚轴作用时,应按换算长细比验算。

(4)缀材设计

格构式压弯构件缀材,应取构件的实际剪力和按公式 $V_{\max} = \dfrac{Af}{85}\sqrt{\dfrac{f_y}{235}}$ 计算的剪力两者中的较大值进行计算;计算方法与格构式轴心受压构件相同。

(5)构造要求

格构式压弯构件的构造要求与格构式轴心受压构件相同。

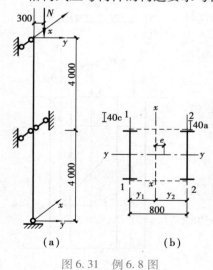

图 6.31　例 6.8 图

例 6.8　试设计图 6.31 所示缀条式格构柱的截面。已知轴向偏心压力设计值 $N = 1\,990$ kN,偏心矩 $e = 300$ mm;在弯矩作用平面内,该柱为悬臂柱,柱长 8 m;在弯矩作用平面外为两端铰接柱,且柱中点设有侧向支撑。

解　根据经验和其他类似的设计资料,初选图 6.31(b)所示截面,材料选用 Q235 钢。

(1)截面的几何性质

肢件 1　截面为 $\boxed{}$40c,面积 $A_1 = 10\,200$ mm^2;强轴惯性矩 $I_{1y} = 23\,850 \times 10^4$ mm^4,回转半径 $i_{1y} = 152$ mm;弱轴惯性矩 $I_1 = 727 \times 10^4$ mm^4,回转半径 $i_1 = 26.5$ mm。

肢件 2　截面为 $\boxed{}$40a,面积 $A_2 = 8\,610$ mm^2;强轴惯性矩 $I_{2y} = 21\,720 \times 10^4$ mm^4,回转半径 $i_{2y} = 159$ mm;弱轴惯性矩 $I_2 = 660 \times 10^4$ mm^4,回转半径 $i_2 = 27.7$ mm。

两肢件轴线间的距离取 $c=800$ mm。缀条采用∟56×6，按45°方向布置斜缀条，设横缀条。角钢面积 $A=836$ mm^2，最小回转半径 $i_{min}=10.9$ mm。全截面面积 $A=10\ 200+8\ 610=18\ 810$（mm^2）。

全截面形心：

$$y_1=\frac{8\ 610\times800}{18\ 810}=366（mm）;y_2=800-366=434（mm）$$

全截面对虚轴的惯性矩及抵抗矩：

$$I_x=727\times10^4+10\ 200\times366^2+660\times10^4+8\ 610\times434^2=300\ 196\times10^4（mm^4）$$

$$W_{1x}=\frac{I_x}{y_1}=\frac{300\ 196\times10^4}{366}=8\ 202\times10^3（mm^2）$$

全截面对 x 轴的回转半径及长细比：

$$i_x=\sqrt{\frac{I_x}{A_1}}=\sqrt{\frac{300\ 196\times10^4}{18\ 810}}=399（mm）;$$

$$\lambda_x=\frac{l_{0x}}{i_x}=\frac{2\times8\ 000}{399}=40.1$$

换算长细比 $\lambda_{0x}=\sqrt{\lambda_x^2+27\frac{A}{A_1}}=\sqrt{40.1^2+27\frac{18\ 810}{2\times836}}=43.7$

由附表查得 $\varphi_x=0.886$（b 类）。

全截面对 y 轴的回转半径及长细比：

由 $i_y=\sqrt{\frac{I_y}{A}}=\sqrt{\frac{23\ 850\times10^4+21\ 720\times10^4}{18\ 810}}=155.6$；所以，$\lambda_y=\frac{l_{0y}}{i_y}=\frac{4\ 000}{155.6}=26.7$

（2）截面验算

①弯矩作用平面内的整体稳定验算（绕虚轴）。

$$m=1$$

$$\beta_{mx}=1-0.36(1-m)N/N_{cr}=1$$

$$N'_{Ex}=\frac{\pi^2EA}{1.1\lambda_{0x}^2}=\frac{\pi^2\times2.06\times10^5\times18\ 810}{1.1\times43.7^2}=18\ 205.4\times10^3（N）$$

$$M=1\ 990\times10^3\times300=597\times10^6\ N\cdot mm$$

$$\frac{N}{\varphi_xA}+\frac{\beta_{mx}M}{W_{1x}\left(1-\varphi_x\frac{N}{N'_{Ex}}\right)}=\frac{1\ 990\times10^3}{0.886\times18\ 810}+\frac{1.0\times597\times10^6}{8\ 202\times10^3\left(1-0.886\times\frac{1\ 990\times10^3}{18\ 205.4\times10^3}\right)}=$$

$119.4+80.4=199.8$（N/mm）$<f=215$ N/mm^2

②分肢稳定验算。

当弯矩绕虚轴作用时，格构式压弯构件在弯矩作用平面外的稳定性是靠分肢在该方向的稳定性来保证的。故对分肢说，除了要验算它的弱轴（即弯矩作用平面内）的稳定性外，还要验算它的强轴（即弯矩作用平面外）的稳定性。对于热轧工字钢或槽钢截面，由于板件较厚，一般都可满足局部稳定的要求，对于其他截面的分肢，则还要验算其局部稳定性。两分肢所受的轴向力

$$N_1 = \frac{N(y_2+e)}{c} = \frac{1\,990 \times (434+300)}{800} = 1\,825.8\,(\text{kN})$$

$$N_2 = N - N_1 = 1\,990 - 1\,825.8 = 164.2\,(\text{kN})$$

肢件 1：宽高比 $b/h = 146/400 = 0.365 < 0.8$

对弱轴的长细比：$\lambda_1 = \dfrac{l_1}{i_1} = \dfrac{800}{26.5} = 30.2$，由附表查得：$\varphi_1 = 0.935$（b 类）

对强轴的长细比：$\lambda_{1y} = \dfrac{l_{1y}}{i_{1y}} = \dfrac{4\,000}{152} = 26.3$

对强轴属 a 类截面，其长细比又较弱轴小，故可以肯定强轴不起控制作用。

$$\frac{N_1}{\varphi_1 A_1} = \frac{1\,825.8 \times 10^3}{0.935 \times 10\,200} = 191.4\,(\text{N/mm}^2) < f = 215\ \text{N/mm}^2 \qquad 满足$$

肢件 2：

对弱轴的长细比：$\lambda_2 = \dfrac{l_2}{i_2} = \dfrac{800}{27.7} = 28.9$，由附表查得：$\varphi_2 = 0.939$（b 类）

对强轴的长细比：$\lambda_{2y} = \dfrac{l_{2y}}{i_{2y}} = \dfrac{4\,000}{159} = 25.2$，由附表查得：$\varphi_{2y} = 0.972$（a 类）

$$\frac{N_2}{\varphi_2 A_2} = \frac{164.2 \times 10^3}{0.939 \times 8\,610} = 20.3\,(\text{N/mm}^2) < f = 215\ \text{N/mm}^2 \qquad 满足$$

③刚度验算。

$$\lambda_{\max} = \lambda_{0x} = 43.7 < [\lambda] = 150 \qquad 满足$$

④强度验算。

本题因截面无削弱，而且稳定验算时的弯矩取值与强度验算时取值相同（因为 $\beta_{mx} = 1.0$），故稳定要求能满足时强度就肯定满足，不必验算。

⑤缀条验算。

因斜缀条长于横缀条，且前者的计算内力大于后者，故只需验算斜缀条。由于柱段的弯矩为均布弯矩，实际剪力为零，故应按式 $V = \dfrac{Af}{85}\sqrt{\dfrac{f_y}{235}}$ 确定计算剪力。

$$V = \frac{Af}{85}\sqrt{\frac{f_y}{235}} = \frac{18\,810 \times 215}{85}\sqrt{\frac{235}{235}} = 47\,578\,(\text{N})$$

一根斜缀条受力

$$N_t = \frac{V/2}{n\cos 45°} = \frac{0.5 \times 47\,578}{1 \times 0.707} = 33\,648\,(\text{N})$$

斜缀条长细比

$$\lambda = \frac{800}{\cos 45° \times 10.9} = 104$$

查附表得 $\varphi = 0.529$（b 类截面）；

折减系数

$$\gamma_0 = 0.6 + 0.001\,5\lambda\sqrt{\frac{f_y}{235}} = 0.6 + 0.001\,5 \times 104 \times \sqrt{\frac{235}{235}} = 0.756$$

$$\frac{N_t}{\varphi A}=\frac{33\ 648}{0.529\times 836}=76.5<\gamma_0 f=0.756\times 215=162.5(\text{N}/\text{mm}^2)\qquad 满足$$

（3）缀条连接焊缝设计

$$N_1'=0.7N_t=0.7\times 33\ 648=23\ 554(\text{N})$$

$$N_2'=0.3N_t=0.3\times 33\ 648=10\ 094(\text{N})$$

设 $h_{f1}=h_{f2}=6$ mm，采用 E43 焊条。单角钢连接的强度折减系数 $\gamma_0=0.85$，则

$$l_{w1}=\frac{N_1}{0.7h_f\gamma_0 f_f^w}=\frac{22\ 554}{0.7\times 6\times 0.85\times 160}=41.2(\text{mm})$$

取 $l_{w1}=50$ mm，满足 $l_w>8h_f=48$ mm 的构造要求。焊缝"2"受力更小，按构造要求也取 $l_{w2}=50$ mm。（图 6.32）

（4）设置横隔

在柱子中部设横隔，柱头的顶板和柱脚的底板可起横隔作用，不用另行设置。

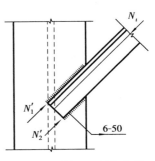

图 6.32　例 6.8 焊缝布置

例 6.9　试验算如图 6.33 所示单层厂房框架柱的下柱截面，属有侧移框架。在框架平面内的计算长度 $l_{0x}=26.03$ m，在框架平面外的计算长度 $l_{0y}=12.76$ m。组合内力的设计值为：$N=4\ 400$ kN，$M_x=\pm 4\ 375$ kN·m，$V=\pm 300$ kN。钢材 Q235，火焰切割边。

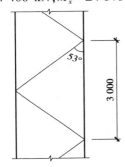

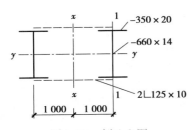

图 6.33　例 6.9 图

解

（1）截面几何特征量计算

$$A_1=350\times 20\times 2+660\times 14=23\ 240(\text{mm}^2)$$

$$A=2A_1=46\ 480(\text{mm}^2)$$

一肢对自身形心轴的惯性矩：

$$I_1=\frac{1}{12}\times(20\times 350^3\times 2+660\times 14^3)=143\ 067\ 586.7(\text{mm}^4)$$

$$I_{y1}=\frac{1}{12}\times(350\times 700^3\times 336\times 660^3)=1\ 954\ 278\ 667(\text{mm}^4)$$

$$i_1=\sqrt{\frac{I_1}{A_1}}=78.46(\text{mm})$$

$$i_{y1}=\sqrt{\frac{I_{y1}}{A_1}}=290.0(\text{mm})$$

整个截面对形心轴的惯性矩：

$$I_x=2(I_1+Ad^2)=4.676\ 613\ 517\times 10^{10}\ \text{mm}^4(d=1\ 000\ \text{mm})$$

$$i_x=\sqrt{\frac{I_x}{A}}=1\ 003.1(\text{mm})$$

缀条的几何特征量：

$$A_z=2\ 437\ \text{mm}^2,i_0=24.8\ \text{mm}$$

（2）强度验算

$$y_{\max}=1\ 000+350/2=1\ 175(\text{mm})$$

$$W_x=\frac{I_x}{y_{\max}}=39\ 800\ 966.11(\text{mm}^3)$$

$$\gamma_x = 1.0$$

$$\frac{N}{A_n} \pm \frac{M_x}{\gamma_x W_x} = \frac{4\ 400 \times 10^3}{46\ 480} + \frac{4\ 375 \times 10^6}{1.0 \times 39\ 800\ 966.11} = 204.6(\text{N/mm}^2) \ < f = 205\ \text{N/mm}^2$$

满足要求。

（3）整体稳定性验算

$$\lambda_x = \frac{l_{ox}}{i_x} = \frac{26.03 \times 10^3}{1\ 003.1} = 26.0$$

$$A_{1x} = 2A_z = 4\ 874(\text{mm}^2)$$

换算长细比：

$$\lambda_{0x} = \sqrt{\lambda_x^2 + 27\frac{A}{A_{1x}}} = \sqrt{26.0^2 + 27 \times \frac{46\ 480}{4\ 874}} = 30.55 \ < [\lambda] = 150$$

满足。

对 x 轴为 b 类截面，查表得：$\varphi_x = 0.934$

有侧移框架柱，$\beta_{mx} = 1 - 0.36\dfrac{N}{N_{cr}}$

$$N_{cr} = \frac{\pi^2 EI}{(\mu l)^2} = \frac{\pi^2 \times 206\ 000 \times 4.676\ 613\ 517 \times 10^{10}}{26\ 030^2} = 1.4 \times 10^8(\text{N})$$

$$\beta_{mx} = 1 - 0.36\frac{N}{N_{cr}} = 1 - 0.36 \times \frac{4\ 400 \times 10^3}{1.4 \times 10^8} = 0.989$$

$$N'_{Ex} = \frac{\pi^2 EA}{1.1\lambda_{0x}^2} = 92\ 048\ 766.01(\text{N})$$

$$y_0 = 1\ 000 + 14/2 = 1\ 007(\text{mm})$$

$$W_{1x} = \frac{I_x}{y_0} = 46\ 441\ 047.84(\text{mm})$$

$$\frac{N}{\varphi_x A} + \frac{\beta_{mx} M_x}{W_{1x}\left(1 - \dfrac{N}{N'_{Ex}}\right)}$$

$$= \frac{4\ 400 \times 10^3}{0.934 \times 46\ 480} + \frac{0.989 \times 4\ 375 \times 10^6}{46\ 441\ 047.84 \times \left(1 - \dfrac{4\ 400 \times 10^3}{92\ 048\ 766.01}\right)}$$

$$= 199.2(\text{N/mm}^2) \ < f = 205\ \text{N/mm}^2$$

满足要求。

（4）分肢稳定性验算

$$N_{\max} = \frac{N}{2} + \frac{M}{b} = \frac{4\ 400}{2} + \frac{4\ 375}{2} = 4\ 387.5(\text{kN})$$

$l_{o1} = 3\ 000$ mm，$\lambda_1 = \dfrac{l_{01}}{i_1} = \dfrac{3\ 000}{78.46} = 38.24 < [\lambda] = 150$，满足刚度要求。

$l_{oy1} = 12.76$ m，$\lambda_{y1} = \dfrac{l_{0y1}}{i_{y1}} = \dfrac{12\ 760}{290.0} = 44.0 < [\lambda] = 150$，满足刚度要求。

对两轴均为 b 类截面，用 $\lambda_{\max} = 44.0$ 查表得：$\varphi_{\min} = 0.882$

$$\frac{N}{\varphi_{\min}A} = \frac{4\ 387.5 \times 10^3}{0.882 \times 23\ 240} = 214.05(\,\text{N/mm}^2\,)$$

$$\frac{214.05 \times 205}{205} = 4.4\% \ < \ 5\%$$

基本满足。

(5)局部稳定验算:对分肢按轴压构件验算

翼缘:$b/t = \dfrac{(350-14)/2}{20} = 8.4 < (10+0.1\lambda)\sqrt{\dfrac{235}{f_y}} = 10+0.1\times44 = 14.4$,满足。

腹板:$\dfrac{h_0}{t_w} = \dfrac{660}{14} = 47.1 \approx (25+0.5\lambda)\sqrt{\dfrac{235}{f_y}} = 25+0.5\times44 = 47$,满足。

(6)缀条验算

$$V = \frac{Af}{85}\sqrt{\frac{f_y}{235}} = \frac{46\ 480\times205}{85}\times1 = 112.1(\,\text{kN}\,) < 300\ \text{kN},取\ V = 300\ \text{kN}$$

$$N = \frac{V}{2\sin53°} = 187.8(\,\text{kN}\,)$$

$l_0 = \dfrac{2\ 000}{\sin53°} = 2\ 504.3\ \text{mm},\lambda = \dfrac{l_0}{i_0} = \dfrac{2\ 504.3}{24.8} = 101 < [\lambda] = 150$,刚度满足。

截面属于 b 类,查表得:$\varphi = 0.549$。

单面连接的单角钢构件按轴心受压计算稳定的强度折减系数:
$$\eta = 0.6 + 0.001\ 5\lambda = 0.6 + 0.001\ 5 \times 101 = 0.751$$

$$\frac{N}{\varphi A} = \frac{187.8 \times 10^3}{0.549 \times 2\ 437} = 140.4(\,\text{N/mm}^2\,) \ < \ \eta f = 0.751 \times 215 = 161.5(\,\text{N/mm}^2\,)$$

满足。

(7)刚度验算

前面的计算过程中已经验算。

6.6　双向压弯构件设计

双向(bidirectional)压弯构件也是工程实践中常见的一种受力构件。例如两边设有吊车梁的厂房中柱,就应该按双向压弯构件计算。

(1)双向压弯构件的强度验算

按下式验算,即式(6.8)

$$\frac{N}{A_n} \pm \frac{M_x}{\gamma_x W_{nx}} \pm \frac{M_y}{\gamma_y W_{ny}} \leqslant f$$

(2)双向压弯构件的整体稳定验算

在双向压弯构件的平衡微分方程中,u、v、θ 三种变形耦合在一起,且构件达到极限承载力之前,材料已进入弹塑性阶段。虽然有人已对此问题作出过弹性解答和数值分析,但所得的结果十分复杂,使用不便。因此,目前工程上只能采用近似的直线相关的方法。

《钢结构设计标准》(GB 50017—2017)规定,对双向压弯实腹式构件,同时按以下两式验算其整体稳定性:

$$\frac{N}{\varphi_x A} + \frac{\beta_{mx} M_x}{\gamma_x W_x \left(1 - 0.8 \dfrac{N}{N'_{Ex}}\right)} + \eta \frac{\beta_{ty} M_y}{\varphi_{by} W_y} \leq f \tag{6.53}$$

$$\frac{N}{\varphi_y A} + \eta \frac{\beta_{tx} M_x}{\varphi_{bx} W_x} + \frac{\beta_{my} M_y}{\gamma_y W_y \left(1 - 0.8 \dfrac{N}{N'_{Ey}}\right)} \leq f \tag{6.54}$$

式中　　N, M_x, M_y——分别对轴力、绕强轴 x 轴和绕弱轴 y 轴的弯矩;

A——构件毛截面面积;

W_x, W_y——对强轴和弱轴的毛截面模量;

$\beta_{mx}, \beta_{tx}, \beta_{my}, \beta_{ty}$——构件两主轴方向弯矩作用平面内外的等效弯矩系数;

φ_x, φ_y——分别为对强轴和弱轴的轴心受压稳定系数;

$\varphi_{bx}, \varphi_{by}$——均匀弯曲的受弯构件整体稳定性系数:对工字形截面,φ_{bx} 可按第 5 章方法计算,φ_{by} 可取 1.0;对箱形截面,可取 $\varphi_{bx} = \varphi_{by} = 1.0$。

6.7　拉弯构件设计

(1)选择截面形式

若弯矩仅作用在截面的一个主轴平面内时,为单向拉弯构件,否则为双向拉弯构件。当弯矩较小时,拉弯构件的截面形式和轴心拉杆相同,如果弯矩很大,则应采用在弯矩作用方向惯性矩较大的截面,如矩形管、长肢相并的双角钢 T 形截面等。

(2)初选截面尺寸

同压弯构件一样,拉弯构件的截面尺寸也是根据经验初选,然后进行验算。经验算截面不满足或过于保守,重新调整截面再作验算。

(3)强度验算

拉弯构件的强度验算分两种情况:

第一种情况,对不直接承受动力荷载的实腹式拉弯构件,容许构件出现塑性变形,按式(6.8)计算强度。

第二种情况,对直接承受动力荷载的拉弯构件,不容许构件出现塑性变形,令式(6.8)中的 $\gamma_x = \gamma_y = 1$(即不考虑塑性发展),得

$$\frac{N}{A_n} \pm \frac{M_x}{W_{nx}} \pm \frac{M_y}{W_{ny}} \leq f \tag{6.55}$$

在一般情况下,拉弯构件不必验算整体稳定。但当轴心拉力很小而弯矩很大时,拉弯构件也可能和受弯构件一样出现弯扭失稳,需要注意。

(4)刚度验算

除了必须按式 $\lambda_{max} = \left(\dfrac{l_0}{i}\right)_{max} \leq [\lambda]$ 计算拉弯杆件的刚度外,当弯矩很大时,有时还应同受弯杆件一样验算其挠度。

（5）局部稳定验算

如果在拉力和弯矩共同作用下,截面的翼缘受压,则应注意受压翼缘的局部稳定问题。此时受压翼缘的宽厚比应满足压弯构件受压翼缘相同的控制条件,详见 6.4 节。

例 6.10 设计承受静力荷载的拉弯构件,计算简图如图 6.34 所示,荷载设计值为轴向拉力 $N=440$ kN,跨中弯矩 $M=80$ kN·m。设构件截面无削弱,材料选用 Q235 钢。

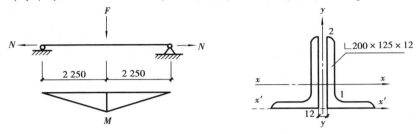

图 6.34 拉弯构件例 6.10 图

解 初选截面形式如图 6.34 所示,截面采用 $2 \llcorner 200 \times 125 \times 12$,两角钢间隙（填板厚）12 mm。

查附录得:$A=37.912 \times 2=75.82$ (cm^2);$W_{x1}=240.2 \times 2=480.4$ (cm^3);$W_{x2}=116.7 \times 2=233.4$ (cm^3);$i_x=6.44$ cm,$i_y=4.95$ cm;$\gamma_{x1}=1.05$,$\gamma_{x2}=1.2$。

强度验算:

肢背:$\dfrac{N}{A}+\dfrac{M}{\gamma_{x1} W_{x1}}=\dfrac{440 \times 10^3}{7\,582}+\dfrac{80\,000 \times 10^3}{1.05 \times 480.4 \times 10^3}=217$ ($\mathrm{N/mm}^2$)

肢尖:$\dfrac{N}{A}-\dfrac{M}{\gamma_{x2} W_{x2}}=\dfrac{440 \times 10^3}{7\,582}-\dfrac{80\,000 \times 10^3}{1.20 \times 233.4 \times 10^3}=-228$ ($\mathrm{N/mm}^2$)

$\Delta=\dfrac{228-215}{215}=3.7\% <5\%$ 可用

刚度验算:

两方向的计算长度相同,取回转半径较小的 $i_y=4.95$ cm 验算刚度

$\lambda=\dfrac{l_{0y}}{i_y}=\dfrac{4\,500}{49.5}=91<[\lambda]=350$ 满足

偏心受压柱柱头和
柱脚的构造与设计

6.8 偏心受压柱柱头和柱脚的构造与设计

和轴心受压柱一样,压弯柱也由柱头、柱身（可能与梁连接）和柱脚三部分组成。柱头及梁柱连接的作用是将上部构件或梁传来的荷载（N,M）传给柱身,柱脚则把柱身内力传给基础。由于偏心受压柱所受的荷载（或传递的内力）与轴心受压柱不同,因而其柱头、梁柱连接、柱脚的构造也有所差异,但构造原则相同,即:构造简洁、传力明确,安全可靠、经济合理。

6.8.1 柱头

对于实腹式偏心受压柱,应使偏心力作用于弱轴平面内,柱头可由顶板和一块垂直肋板组成,如图 6.34（a）所示。偏心力 N 作用于顶板上,但却位于肋板平面内,因而顶板不需计算,按

构造要求取 $t = 14$ mm。力 N 由顶板传给肋板,可设计成端面承压传力,也可以用角焊缝①传力,此焊缝属于端焊缝工作。力 N 传入肋板后,肋板属于悬臂梁工作,应验算固定端矩形截面的抗弯和抗剪承载力。焊缝②是把悬臂肋固定端的内力(N 和 Ne)传给柱身,应按受向下剪力 N 作用(侧焊缝工作)验算其强度。设计时应尽可能使力 N 通过焊缝①长度的中点,同时要求肋板宽度与厚度之比不要超过 15 倍,以保证肋板的稳定。

格构式偏心受压柱柱头的构造如图 6.35(b)所示。由顶板、隔板和两块缀板组成。传力过程如下:N 经顶板用端面承压或焊缝传给隔板,由隔板经焊缝②传给缀板,隔板按简支梁计算。焊缝属于侧焊缝工作。$N/2$ 经焊缝②传给每块缀板后,缀板属于悬臂梁工作,焊缝③和④是悬臂梁的支座,焊缝③受的力大于焊缝④。通过焊缝③,偏心力 $N/2$ 传给柱身。

例 6.11 设计图 6.35(b)所示的柱头,材料选用 Q235 钢,焊条用 E43 型,已知 $N = 450$ kN,$e = 450$ mm。

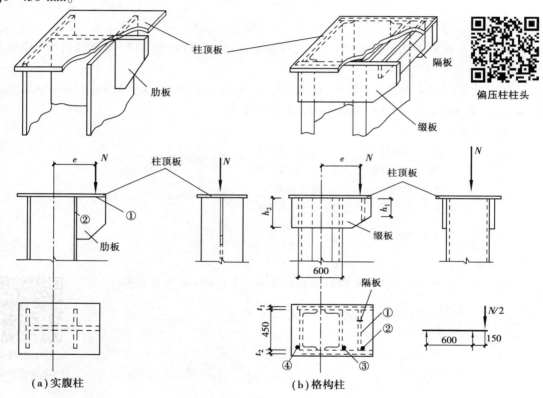

图 6.35 偏压柱柱头

解 ①隔板计算。

采用端面承压传力时,$A_{ce} = \dfrac{N}{f_{ce}} = \dfrac{450 \times 10^3}{320} = 1\ 406\ (\mathrm{mm}^2)$,已知长度为 400,需要厚度 $t_1 = 1\ 406/400 = 3.5\ (\mathrm{mm})$;但根据隔板的稳定条件,厚度 $t_1 \geqslant 400/40 = 10\ (\mathrm{mm})$。因此取 $t_1 = 10$ mm。

采用端焊缝①传力时,焊缝①只能在外侧施焊,因而只有一条焊缝。设 $h_{f1} = 10$ mm,满足焊脚尺寸的构造要求。

$$\frac{N}{0.7 h_{f1} l_w} = \frac{450 \times 10^3}{0.7 \times 10 \times 380} = 169 \leqslant 1.22 f_f^w = 1.22 \times 160 = 201.8\ (\mathrm{N/mm}^2)$$

焊缝②也只能在外侧施焊,有两条焊缝,各传力 $N/2$,属侧焊缝工作。取 $h_{f2}=8$ mm。

$$l_{w2}=\frac{\dfrac{N}{2}}{0.7h_{f2}f_f^w}=\frac{225\times10^3}{0.7\times8\times160}=251(\text{mm})$$

取　$l_{w2}=h_1=280$ mm

按简支梁验算隔板强度。$q=N/400=1\ 125(\text{N/mm})$

$$M_{\max}=\frac{ql^2}{8}=\frac{1\ 125\times400^2}{8}=22\ 500\times10^3(\text{N}\cdot\text{mm})$$

$$\sigma_{\max}=\frac{6M_{\max}}{t_1h_1^2}$$

$$=\frac{6\times22\ 500\times10^3}{10\times280^2}=172(\text{N/mm}^2)<f=215\ \text{N/mm}^2$$

$$V_{\max}=\frac{N}{2}=225\times10^3(\text{N})$$

$$\tau_{\max}=\frac{1.5V_{\max}}{t_1h_1}=\frac{1.5\times225\times10^3}{10\times280}=120.5(\text{N/mm}^2)<f_v=125\ \text{N/mm}^2 \qquad 强度满足$$

②缀板计算。

按悬伸梁计算,先计算支座反力:

$$R_{右}=\frac{N}{2}\times\frac{60+15}{60}=\frac{225\times75}{60}=281.25(\text{kN})$$

$$R_{左}=\frac{N}{2}\times\frac{15}{60}=\frac{225\times15}{60}=56.25(\text{kN})$$

取 $h_{f3}=8$ mm;$l_{w3}=\dfrac{R_{右}}{0.7\times8\times160}=314(\text{mm})$

取 $h_{f4}=6$ mm;$l_{w4}=\dfrac{R_{左}}{0.7\times8\times160}=84(\text{mm})$

取 $h_2=400$ mm;则 l_{w3} 和 l_{w4} 也都是 400 mm。$t_2=10$ mm

验算右支座处悬伸梁的强度:

$$M_{\max}=\left(\frac{N}{2}\right)\times15=225\times15=3\ 375(\text{kN}\cdot\text{cm})=3\ 375\times10^4\text{N}\cdot\text{mm}$$

$$\sigma_{\max}=\frac{6M_{\max}}{t_2h_2^2}=\frac{6\times3\ 375\times10^4}{10\times400^2}=127(\text{N/mm}^2)<f=215\ \text{N/mm}^2$$

$$V_{\max}=\frac{N}{2}=225\ \text{kN}$$

$$\tau_{\max}=\frac{1.5V_{\max}}{t_2h_2}=\frac{1.5\times225\times10^3}{10\times400}=84.4(\text{N/mm}^2)<f_v=125\ \text{N/mm}^2$$

6.8.2　梁柱连接

压弯柱与梁的连接也有铰接和刚接两种。

在第 4 章讲述的柱侧与梁的连接构造中,一般仅将梁的腹板与柱用螺栓(多为普通螺栓)

连接,梁两翼缘板不与柱连接,故连接的抗弯刚度很差,可认为是铰接,即连接不传递弯矩,这是轴压柱与梁连接所必需的连接构造,对于这类连接如果柱的两侧梁传递的支座反力相差很大时,柱子则成为一偏心受压的压弯柱。

压弯柱多出现于框架结构当中,框架的梁柱连接一般采用刚性连接,即采用抗弯连接的构造。其构造形式可分为:①全焊连接[图6.36(a)],这种构造是将梁的上下翼缘用坡口焊透对接焊缝与柱侧连接,腹板用角焊缝与柱侧连接;②栓焊混合连接[图6.36(b)],这种构造仅将梁的上下翼缘采用坡口焊透对接焊缝与柱侧连接,腹板则用高强螺栓与工厂焊于柱侧的剪力连接板连接;③全栓连接[图6.36(c)],这种构造则是将梁的翼缘及腹板全部与工厂焊于柱侧的连接板连接,以上3种连接构造中,可认为梁端弯矩全部由梁的翼缘板与柱的连接来承受并传递给柱子,而剪力全部由梁的腹板与柱的连接承受并传递给柱子。对于前两种构造形式,为便于翼缘板的焊缝能在平焊位置施焊,要求在柱侧预先焊上衬板,同时在梁腹板端部预先留出槽口,上槽口是让出衬板的位置,下槽口是为了满足施焊的要求。栓焊混合连接构造与全焊连接构造相比,可省去焊缝质量不易保证的立焊缝,有现场施焊量小、相对滑移量小及满足工程抗震要求的优点,目前在国内高层建筑钢结构梁柱连接中被普遍采用。

(a)全焊连接 (b)栓焊混合连接 (c)全栓连接

图6.36 梁柱连接构造

实际设计当中,是将梁端弯矩 M_1 或 M_2 转化为一对力偶 $N_1 = \dfrac{M_1}{h_1}$ 或 $N_2 = \dfrac{M_2}{h_2}$,如图6.37所示,上翼缘的拉力可能会使柱翼缘弯曲及与腹板的连接拉脱,而下翼缘的压力可能会使柱的腹板被局部压坏或局部板件失稳。为了防止上述破坏现象的发生,柱子的腹板一般需在梁的翼缘板或水平连接板的同一位置设置横向加劲肋,如图6.36(b)、(c)所示,加劲肋的厚度一般

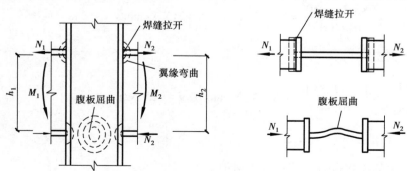

图6.37 无加劲肋时连接受拉受压区

与梁的翼缘板或连接板相同,这样相当于把柱侧两梁连为一整体。如果梁端弯矩很小,也可不设加劲肋,如[图 6.36(a)]所示。

6.8.3　柱脚设计

压弯柱与基础的连接有两种类型,一种是铰接柱脚,另一种是刚接柱脚,铰接柱脚的构造和计算方法与第 4 章轴心受压柱相同,刚接柱脚要求既能传递轴向压力和弯矩,同时要求具有足够的刚度,使之尽量接近刚接的假定。

刚接柱脚可分外露式和埋入式两类。外露式又分为整体式和分离两种,前者多用于实腹式柱,后者用于肢件间距较大的格构式柱。

(1)整体式柱脚

压弯柱整体式柱脚与轴心受压柱柱脚计算上的主要区别在于:①底板的基础反力不是均匀分布的;②靴梁与底板的连接焊缝以及底板的厚度近似地按计算区段的最大基础反力值确定;③锚栓是用来传递弯矩的,要通过计算确定。以下主要针对这 3 个方面的区别作具体介绍。

1)底板尺寸确定

整体式柱脚的底板尺寸 B 和 L(图 6.38)取决于受力的大小和基础混凝土的抗压设计强度 f_{cc},且应满足

$$\sigma_{max} = \frac{N}{BL} + \frac{6M}{BL^2} \leqslant f_{cc} \tag{6.56}$$

式中的轴力设计值 N 和弯矩设计值 M 是使底板产生最大压力的最不利的内力组合。

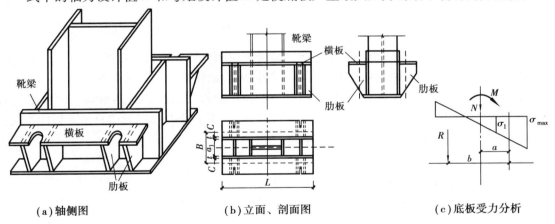

|(a)轴侧图|(b)立面、剖面图|(c)底板受力分析|

图 6.38　压弯柱整体式柱脚

底板的宽度 B 取决于构造要求,和轴心受压时的要求相同。由图 6.38 可见,锚栓不穿过底板,便于柱子的安装就位,因而底板的悬臂长度 c 应取得小一些。宽度 B 按构造确定后,根据公式(6.56)就可以求出底板的长度 L。

底板厚度的计算方法原则上和轴心受压柱柱脚底板一样,但压弯柱柱脚底板各区格所承受的压应力是不均匀的,为方便起见,在计算各区格底板的弯矩值时,可偏安全地取该区格的反力最大值作为荷载。

2)靴梁和底板的连接焊缝

靴梁和底板的连接焊缝按最大基础反力 σ_{max} 确定需要的角焊缝焊脚尺寸(图 6.38)

$$h_f = \frac{\sigma_{max} \times B}{4 \times 0.7 \times 1.22 f h_f^w} \tag{6.57}$$

在柱宽范围内，靴梁内侧不能施焊，故只有外侧的两条角焊缝，焊脚尺寸按该范围内的最大基础反力 σ_1 确定（图 6.38）

$$h_f' = \frac{\sigma_1 \times B}{2 \times 0.7 \times 1.22 f h_f^w} \tag{6.58}$$

施焊时，焊脚尺寸取 h_f 和 h_f' 中的较大值。

3）锚栓的计算

压弯柱柱脚的锚栓的作用是抵抗弯矩引起的拉力，可近似按下列方法设计。

锚栓的受力简图如图 6.38（c）所示。基础混凝土受压区的反力假定线性分布，对基础受压区的合力点取矩。

$$Rb = M - Na$$

$$R = \frac{M - Na}{b} \tag{6.59}$$

式中　N, M——使锚栓受最大拉力时的内力组合（两边的锚栓有各自的不同组合）；

　　　a——柱截面形心轴到基础受压区合力点的距离；

　　　b——锚栓到受压区合力点的距离。

每个锚栓需要的净截面为

$$A_e = \frac{R}{2f_t^a} \tag{6.60}$$

式中　f_t^a——锚栓的抗拉设计强度。

据此选择锚栓直径，但不能小于 20 mm。锚栓下端用弯钩或锚板等锚固于混凝土基础中。这些锚固构造要能够保证锚栓在拉力作用下不被拔出。锚栓规格见附表 1.6。

锚栓上端通过横板把拉力 $R/2$ 传给两块肋板，再由肋板（悬臂板）传给靴梁。应根据此力分别计算横板间的水平焊缝、肋板与靴梁间的垂直焊缝（偏心受力），以及验算悬臂板的强度。

其他的构造同计算同轴心受压柱柱脚。

（2）分离式柱脚

对于格构式压弯柱，应采用分离式柱脚，如图 6.38 所示。每个柱脚按照各自的最不利内力组合 $N_i, M_i (i=1,2)$ 换算成各自的最大压力，按轴心受压柱柱脚设计：

右肢：$\quad N_{右} = \frac{N_1 z_2}{h} + \frac{M_1}{h}$

左肢：$\quad N_{左} = \frac{N_2 z_1}{h} + \frac{M_2}{h} \tag{6.61}$

同理，每个柱脚的锚栓也按各自的最不利内力组合换算成最大拉力进行计算。

为了加强分离式柱脚在运输和安装时的刚度，应设置联系杆把两个柱脚连起来，如图 6.38 所示。

在压弯柱的柱脚设计中，可不考虑剪力的作用，因为剪力可由柱脚底板与基础的摩擦力来平衡。

例 6.12　设计一工字形截面压弯柱，已知柱的截面如图 6.39 所示，设计柱脚和锚栓时的最大内力组合为:$N=50$ kN,$M=700$ kN·m,采用 Q235 钢和 C20 混凝土。

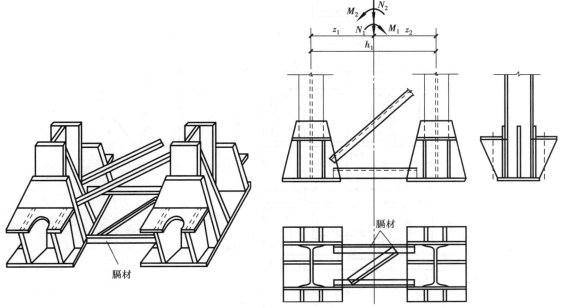

图 6.39　压弯柱分离式柱脚

解　柱脚由靴梁、横板、肋板、底板、锚栓和隔板等组成(图 6.39)。

(1)底板计算

$B=a_1+2t+2c=300+2\times10+2\times20=360$(mm);由公式(6.56)

$$\frac{N}{BL}+\frac{6M}{BL^2}=f_{cc}$$

已知 $f_{cc}=14$ N/mm²,代入上式得

$$\frac{50\times10^3}{360L}+\frac{6\times700\times10^6}{360L^2}=14$$

$$L^2-9.92L-833\,333=0$$

解出 $L=918$ mm。取 $L=1\,000$ mm。

底板边缘的应力分别为:

$$\sigma_{max}=\frac{N}{BL}+\frac{6M}{BL^2}=\frac{50\times10^3}{360\times1\,000}+\frac{6\times700\times10^6}{360\times1\,000^2}=11.8(\text{N/mm}^2)$$

$$\sigma_{min}=\frac{N}{BL}-\frac{6M}{BL^2}=\frac{50\times10^3}{360\times1\,000}-\frac{6\times700\times10^6}{360\times1\,000^2}=-11.5(\text{N/mm}^2)\qquad(\text{受拉})$$

如图 6.40 所示,设底板受压区长度为 c_1,受压翼缘到底板中性轴的距离为 c_2,底板上受压翼缘处的应力为 σ_1,底板上隔板处的应力为 σ_2,受拉螺栓轴线到受压区边缘的距离为 h_0,底板中轴线到受压区形心的距离为 a,受拉螺栓轴线到受压区形心的距离为 x。

根据相似关系可得:

$$\frac{\sigma_{max}}{c_1}=\frac{\sigma_{min}}{L-c_1}$$

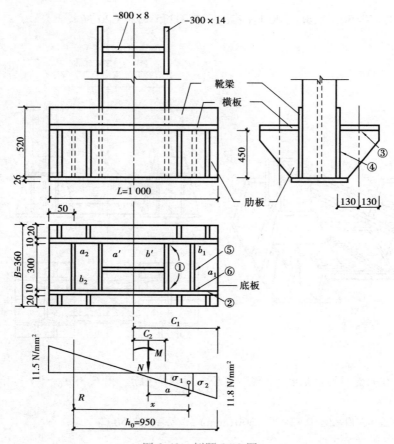

图 6.40　例题 6.12 图

解得 $c_1 = 506$ mm，$c_2 = c_1 - 100 = 406$ mm。

$$\sigma_1 = \frac{c_2}{c_1}\sigma_{max} = \frac{406}{506} \times 11.8 = 9.5(N/mm^2)$$

$$\sigma_2 = \frac{506 - 50}{506}\sigma_{max} = \frac{456}{506} \times 11.8 = 10.6(N/mm^2)$$

取 $h_0 = 1\,000 - 50 = 950(mm)$。

$$a = \frac{2c_1}{3} - (c_1 - 500) = 331(mm)$$

$$x = h_0 - \frac{c_1}{3} = 950 - \frac{506}{3} = 781(mm)$$

确定底板厚度

悬臂部分　　$M_1 = \sigma_{max}\dfrac{c^2}{2} = 11.8 \times \dfrac{20^2}{2} = 2\,360(N \cdot mm)$

三边支承部分　　$\dfrac{b_1}{a_1} = \dfrac{50}{300} = 0.167$，$\beta = 0.006$

$M_3 = \beta\sigma_{max}a_1^2 = 0.006 \times 11.8 \times 300^2 = 6\,372(N \cdot mm)$

四边支承部分　　　$\dfrac{b_2}{a_2}=\dfrac{300}{50}=6;\alpha=0.125$

$M_4=\alpha\sigma_2 a_2^2=0.125\times10.6\times50^2=3\,312.5(\text{N}\cdot\text{mm})$

柱内的四边支承部分　　　$\dfrac{b'}{a'}=\dfrac{400}{150}=2.67;\alpha=0.110$

$M_4'=\alpha\sigma_1(a')^2=0.110\times9.5\times150^2=23\,512(\text{N}\cdot\text{mm})$

$t=\sqrt{\dfrac{6M_{\max}}{f}}=\sqrt{\dfrac{6\times23\,512}{205}}=26.2(\text{mm})$

取 $t=28$ mm。

(2)靴梁计算

焊缝①　柱子一侧需传递的力 $N_1=\dfrac{N}{2}+\dfrac{M}{0.8}=\dfrac{50}{2}+\dfrac{700}{0.8}=900(\text{kN})$，取 $h_{f1}=8$ mm。

则所需焊缝总长为 $l_{w1}=\dfrac{N_1}{0.7h_{f1}f_f^w}=\dfrac{900\times10^3}{0.7\times8\times160}=1\,004(\text{mm})$。每根焊缝长 $\dfrac{l_{w1}}{2+2h_{f1}}=\dfrac{1\,004}{2+16}=$

$516(\text{mm})$。取 520 mm，即靴梁高度 $h_1=520$ mm。

焊缝②　在受压区端部受力最大，但有 4 条焊缝，故 $h_{f2}=\dfrac{\sigma_{\max}\cdot B\cdot1}{4\times0.7\times1.22\times f_f^w}=$

$\dfrac{11.8\times360\times1}{4\times0.7\times1.22\times160}=7.8(\text{mm})$。

在受压翼缘处，只有 2 条焊缝，故 $h_{f2}'=\dfrac{\sigma_1\cdot B\cdot1}{2\times0.7\times1.22\times f_f^w}=\dfrac{9.5\times360\times1}{2\times0.7\times1.22\times160}=12.5(\text{mm})$，统

一取 $h_{f2}=12$ mm。

验算靴梁强度：

$$V=\left[\dfrac{\sigma_{\max}+\sigma_1}{2}\right]\times100B=\left[\dfrac{11.8+9.5}{2}\right]\times100\times360=383\,400(\text{N})$$

$$M=\dfrac{\sigma_{\max}-\sigma_1}{2}\times B\times\dfrac{100\times2}{3}\times100+\sigma_1\times B\times\dfrac{100^2}{2}$$

$$=\dfrac{11.8-9.5}{2}\times360\times\dfrac{2\times100^2}{3}+9.5\times360\times\dfrac{100^2}{2}$$

$$=2\,760\,000+17\,100\,000=19.86\times10^6(\text{N/mm})$$

$$\sigma=\dfrac{6M}{th_1^2}=\dfrac{6\times19.86\times10^6}{10\times520^2}=44(\text{N/mm}^2)<f=215\text{ N/mm}^2$$

$$\tau=\dfrac{1.5V}{th_1}=\dfrac{1.5\times383\,400}{10\times520}=111(\text{N/mm}^2)<f_v=125\text{ N/mm}^2$$

(3)锚栓计算

由公式(6.59)

$$R=\dfrac{M-Na}{x}=\dfrac{700\times10^3-50\times331}{781}=875(\text{kN})$$

$$A_n=\dfrac{R}{2f_t^a}=\dfrac{875\times10^3}{2\times180}=2\,431(\text{mm}^2)$$

选用 M64,Q355 的锚栓共 4 个。其中两个锚栓的设计拉力 $N = 2 \times 509.2 = 1\,018(\text{kN}) > R$。横板按构造取 $t = 10$ mm。

(4)肋板计算

受拉侧肋板属于悬臂梁工作,每块肋板受 $N = \dfrac{R}{4} = 219(\text{kN})$ 的作用。

焊缝③ 因肋板内侧施焊不能保证质量,故只能按一条焊缝计算。取 $h_{f3} = 8$ mm,则

$$\frac{N}{0.7 \times h_{f3} \times 260 - 2h_{f3}} = \frac{219 \times 10^3}{0.7 \times 8 \times 244}$$

$$= 160.2 < 1.22 \times f_f^w = 1.22 \times 160 = 195.2(\text{N/mm}^2)$$

焊缝④ 取 $h_4 = 450$ mm,$h_{f4} = 8$ mm

$$V = N' = 219 \text{ kN}; \quad M = N' \times 13 = 2\,874(\text{kN} \cdot \text{cm})$$

$$\tau_f = \frac{V}{0.7h_{f4}l_{w4}} = \frac{219 \times 10^3}{0.7 \times 8 \times 434} = 90(\text{N/mm}^2)$$

$$\sigma_f = \frac{6M}{0.7 \times 8 \times 434^2} = \frac{6 \times 2\,874 \times 10^4}{0.7 \times 8 \times 434^2} = 163(\text{N/mm}^2)$$

$$\sqrt{\left(\frac{\sigma_f}{1.22}\right)^2 + \tau_f^2} = \sqrt{\left(\frac{163}{1.22}\right)^2 + 90^2} = 161(\text{N/mm}^2) \approx f_f^w = 160 \text{ N/mm}^2 \qquad 可用$$

肋板强度验算,取 $t_2 = 10$ mm

$$\sigma = \frac{6M}{t_2 h_2^2} = \frac{6 \times 2\,847 \times 10^4}{10 \times 450^2} = 84(\text{N/mm}^2) < f$$

$$\tau = \frac{1.5V}{t_2 h_2} = \frac{1.5 \times 219 \times 10^3}{10 \times 450} = 73(\text{N/mm}^2) < f_v$$

(5)隔板计算

按简支梁计算,$l = 300$ mm,$q = 50 \times \sigma_2 = 50 \times 10.6 = 530(\text{N/mm})$。取高度和肋板一样(450 mm),$t = 8$ mm。

底板焊缝⑤ $h_{f5} = \dfrac{q}{0.7 \times 1 \times 1.22 f_f^w} = \dfrac{530}{0.7 \times 1 \times 1.22 \times 160} = 3.9(\text{mm})$,所需焊缝很小,按构造要求 $h_{f5,\min} = 1.5\sqrt{t} = 1.5\sqrt{26} = 7.6(\text{mm})$,取 $h_{f5} = 8$ mm。

竖向焊缝⑥ $V = \dfrac{ql}{2} = \dfrac{530 \times 300}{2} = 79\,500(\text{N})$;按构造要求 $h_{f6,\min} = 1.5\sqrt{t} = 1.5\sqrt{10} = 4.7$ (mm),取 6 mm。

验算焊缝强度 $\dfrac{V}{0.7 \times 6 \times 438} = \dfrac{79\,500}{0.7 \times 6 \times 438} = 43(\text{N/mm}^2 < f_f^w = 160 \text{ N/mm}^2$

隔板强度验算

$$M = \frac{ql^2}{8} = \frac{350 \times 300^2}{8} = 5\,962\,500(\text{N/mm})。$$

$$\sigma = \frac{6M}{8 \times 450^2} = \frac{6 \times 5\,962\,500}{8 \times 450^2} = 22(\text{N/mm}^2) < f$$

$$V=\frac{ql}{2}=79\ 500(\mathrm{N})$$

$$\tau=\frac{1.5V}{8\times450}=\frac{1.5\times97\ 500}{8\times450}=32(\mathrm{N/mm^2})<f_v$$

（3）埋入式柱脚

在一些钢结构中,特别是在高层建筑钢结构中,除可采用外露式柱脚外,由于埋入式柱脚具有很高的固定度,能够很好地符合刚接的假定,目前在国内施工的高层建筑钢结构中被普遍采用。

埋入式柱脚是将钢柱直接埋入基础或基础梁中(图6.41)。埋入式柱脚一般有两种形式,一是先将钢柱组装固定,后浇钢筋混凝土基础梁;二是在浇钢筋混凝土基础时预留钢柱洞口,然后安装钢柱,再浇灌混凝土(又称预留洞口埋入式)。

设计埋入式柱脚时,应根据柱脚的传力过程计算下面两种情况:

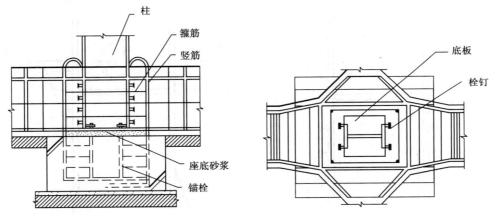

图6.41 埋入式柱脚

1)验算翼缘栓钉的抗剪承载力

计算时认为柱脚弯矩 M 全部由翼缘来承受(图6.42),并将其等效成作用于翼缘外表面的力 $N_m=M/h_c$,柱子的轴心压力 N 由整个柱身截面承受,N_m,N 之和在传递过程中有1/3传给底板,2/3由埋入段柱身表面传给混凝土基础。故受较大轴向力一侧翼缘上的栓钉受到的剪力应满足:

$$V_f=\frac{2\left(\frac{NA_f}{A}+\frac{M}{h_c}\right)}{3}\leqslant V_s \qquad (6.62)$$

式中　h_c——柱截面高度;

　　　A——柱的全截面积;

　　　A_f——一个翼缘的截面积;

　　　V_f——柱一侧翼缘抗剪栓钉所承担的轴向剪力;

　　　V_s——柱一侧翼缘栓钉的抗剪承载力。按下式计算

$$V_s=0.5nA_s\sqrt{E_cf_c} \qquad (6.63)$$

255

式中 A_s——一个抗剪栓钉的截面积；

$\quad E_c$——混凝土的弹性模量；

$\quad f_c$——混凝土的轴心抗压设计强度；

$\quad n$——柱一侧栓钉数量。

2)验算翼缘外表面混凝土承压强度

计算时假定柱脚弯矩由弹性的混凝土来承受（图6.43），因此，由柱脚弯矩产生的压应力不得超过混凝土的抗压设计强度，即

$$\sigma = \frac{M}{W} \leqslant f_c \qquad (6.64)$$

式中 $W = BH^2/6$——截面抵抗矩；

$\quad B$——翼缘板宽度；

$\quad H$——柱的埋入深度。

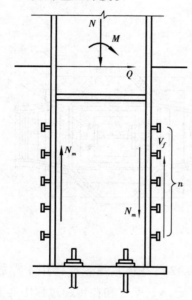

图 6.42 由翼缘栓钉抗剪

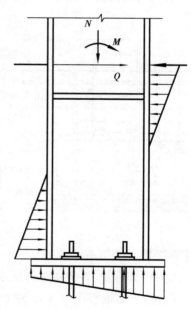

图 6.43 由基础混凝土承压

复习思考题

1. 拉弯、压弯构件的设计需满足哪两方面的要求？它们各包括什么内容？

2. 压弯构件有几种整体破坏形式？试分别说明。

3. 在计算实腹式和格构式拉弯、压弯构件时，与荷载性质（动、静）有无关系？为什么？

4. 在式(6.5)中±号的意义如何？在具体计算时如何选择？式中 γ_x、w_{nx} 表示什么？两者与式中±号的选择有无关系？

5. 式(6.15)、式(6.16)和式(6.17)分别适用的情况如何？式中 W_{1x}、W_{2x} 如何取值？

6. 在压弯构件整体稳定性计算公式中 β_{mx}、β_{tx} 表示什么？ 如何取值？ 并说明图 6.44 中同一构件受不同荷载作用时,承载力 N 的大小关系(构件中的最大弯矩相同)。

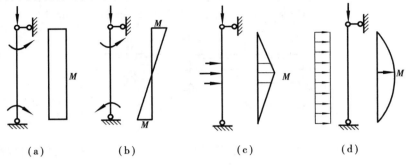

图 6.44　思考题 6 图

7. 格构式压弯构件当弯矩分别绕实轴及虚轴作用时,弯矩作用平面外的稳定性如何计算？和实腹式构件相比同异如何？

8. 格构式压弯和轴压构件的缀材计算有何异同之处？

9. 压弯构件翼缘宽厚比为什么与长细比 λ 无关？ 这一限值是根据什么原则确定下来的？

10. 工字形截面压弯构件腹板的受力状态与轴压和受弯构件的区别如何？ 确定其限时,考虑了哪两种极端受力状态？

11. 压弯柱与梁的连接有哪几种方式？ 构造如何？ 框架结构中梁柱一般采用哪一种方式？

12. 压弯柱整体式柱脚与轴心受压柱柱脚在计算上主要区别如何？

13. 压弯柱柱脚的底板与锚栓的计算所用的内力组合是否相同？ 两边锚栓计算所用的内力组合是否相同？

习　题

6.1　图 6.45 表示一两端铰接的拉弯杆。截面为 I45a 轧制工字钢,材料用 Q235 钢,截面无削弱,静态荷载。试确定此杆能承受的最大轴心拉力的设计值 N。

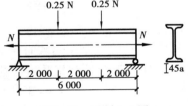

图 6.45　习题 6.1 图

6.2　验算图 6.46 所示拉弯构件的强度和刚度。轴心拉力设计值 $N = 100$ kN,横向集中荷载设计值 $F = 8$ kN,均为静力荷载。构件的截面为 2∟100×10,钢材为 Q235,$[\lambda] = 350$。

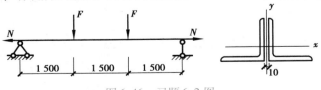

图 6.46　习题 6.2 图

6.3 某天窗架的侧腿由不等边双角钢组成,见图6.47。角钢间的节点板厚度为10 mm,杆两端铰接,杆长为3.5 m,杆承受轴心压力 $N=3.5$ kN 和横向均布荷载 $q=2$ kN/m,材料用 Q235。要求选出角钢尺寸。如果荷载 q 的方向与图中相反,角钢尺寸如何?

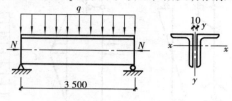

图6.47 习题6.3图

6.4 如图6.48所示的压弯构件,焊接工字截面,火焰切割边,构件翼缘上对称钻有8个 $\phi21.5$ 的螺孔,材料用 Q235 钢,已知: $F=150$ kN,试确定该构件的最大轴心压力的设计值,并验算板件的局部稳定性。如果用 Q355 钢,设计压力有何改变。

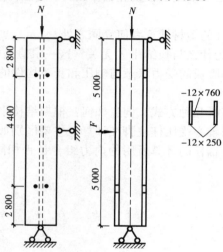

图6.48 习题6.4图

6.5 用轧制工字钢 I36a 做成10 m 长的两端铰接柱,在腹板平面内承受偏心压力的设计值为 500 kN,偏心距 125 mm,材料用 Q235 钢。要求计算:

(1)弯矩作用平面内稳定性能否保证?

(2)要保证弯矩作用平面外的稳定,应设几个中间侧向支承点?

6.6 如图6.49所示双角钢2∟80×50×5长肢相并组成的 T 形截面压弯构件,截面无削弱,节点板厚12 mm,承受的荷载设计值为:轴心压力 $N=38$ kN,均布线荷载 $q=3$ kN/m(包含自重)。构件长 $l=3$ m,两端铰接并有侧向支承,材料用 Q235-B·F 钢。试验算此构件。

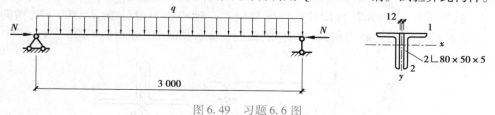

图6.49 习题6.6图

6.7　如图 6.50 所示,构件长 8 m,两端铰接,跨中有一侧向支承点,轴心压力设计值 $N=$ 800 kN,横向集中荷载设计值 $F=200$ kN,钢材为 Q235-B·F,钢材剪切加工,截面如图。试验算此构件。

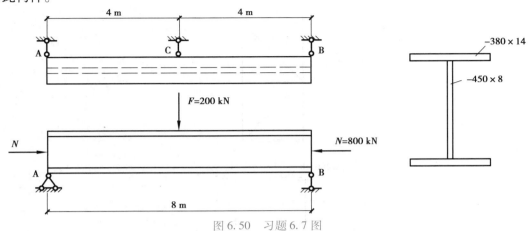

图 6.50　习题 6.7 图

6.8　有一偏心受压缀条式格构柱,如图 6.51 所示,已知一根缀条角钢的面积 $A_1=5.57$ cm^2,缀条倾角 45°。柱子 $l_{0x}=l_{0y}=550$ cm;$e_{y1}=250$ mm,$e_{y2}=180$ mm。材料用 Q235 钢,试求可承受的最大 N 是多少? 如果偏心位于虚轴平面内,能承受的最大 N 又为多少?

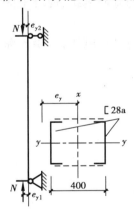

图 6.51　习题 6.8 图

6.9　图 6.52 所示单层刚架屈曲时有侧移,柱 AB 和与柱相刚接的横梁的截面尺寸如图中剖面 1—1 与 2—2。柱与基础在刚架平面内铰接,在刚架平面外刚接。已知 AB 柱承受的轴心压力为 $N=1\,400$ kN。试问柱的 B 端在刚架平面内能承受的最大弯矩? 材料用 Q235 钢。(B 端平面外无支撑)

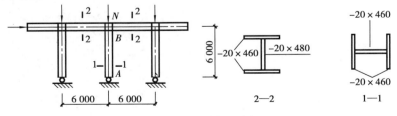

图 6.52　习题 6.9 图

259

6.10 试验算图 6.53 所示一厂房的下柱截面,属有侧移框架,柱的计算长度 $l_{0x}=19.8$ m, $l_{0y}=6.6$ m。最不利内力设计值为 $N=1\ 700$ kN,$M_x=\pm2\ 000$ kN·m。缀条倾角为 45°,且设有横缀条。钢材为 Q235。

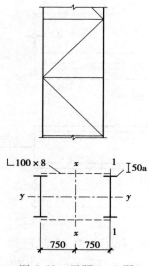

图 6.53 习题 6.10 图

6.11 将习题 6.5 中的偏压柱与基础刚接,混凝土标号为 C20。试设计该柱的柱头和柱脚,并按一定比例画出构造图。

6.12 将习题 6.8 中的偏压柱与基础刚接,混凝土标号为 C20。试设计该柱的柱头和柱脚,并按一定比例画出构造图。

附　录

附录1　钢材和连接的设计强度值

附表 1.1　钢材的强度设计值（N/mm²）

钢材牌号		厚度或直径 /mm	强度设计值			屈服强度 f_y	抗拉强度 f_u
			抗拉、抗压 和抗弯 f	抗　剪 f_v	端面承压 （刨平顶紧） f_{ce}		
碳素结构钢	Q235 钢	≤16	215	125	320	235	370
		>16,≤40	205	120		225	
		>40,≤100	200	115		215	
低合金高强 度结构钢	Q355 钢	≤16	305	175	400	355	470
		>16,≤40	295	170		345	
		>40,≤63	290	165		335	
		>63,≤80	280	160		325	
		>80,≤100	270	155		315	
	Q390 钢	≤16	345	200	415	390	490
		>16,≤40	330	190		370	
		>40,≤63	310	180		350	
		>63,≤100	295	170		330	
	Q420 钢	≤16	375	215	440	420	520
		>16,≤40	355	205		400	
		>40,≤63	320	185		380	
		>63,≤100	305	175		360	

续表

钢材牌号		厚度或直径/mm	强度设计值			屈服强度 f_y	抗拉强度 f_u
			抗拉、抗压和抗弯 f	抗剪 f_v	端面承压（刨平顶紧）f_{ce}		
低合金高强度结构钢	Q460钢	≤16	410	235	470	460	550
		>16，≤40	390	225		440	
		>40，≤63	355	205		420	
		>63，≤100	340	195		400	
建筑结构用钢板	Q345GJ	>16，≤50	325	190	415	345	490
		>50，≤100	300	175		335	

注：①表中直径指实心棒材直径，厚度系指计算点的钢材或钢管壁厚度，对轴心受拉和轴心受压构件系指截面中较厚板件的厚度。

②冷弯型材和冷弯钢管，其强度设计值应按国家现行有关标准的规定采用。

附表 1.2　钢铸件的强度设计值（N/mm²）

类　别	钢　号	铸件厚度/mm	抗拉、抗压和抗弯 f	抗　剪 f_v	端面承压（刨平顶紧）f_{ce}
非焊接结构用铸钢件	ZG230—450	≤100	180	105	290
	ZG270—500		210	120	325
	ZG310—570		240	140	370
焊接结构用铸钢件	ZG230—450H	≤100	180	105	290
	ZG270—480H		210	120	310
	ZG300—500H		235	135	325
	ZG340—550H		265	150	355

注：表中强度设计值仅适用于本表规定的厚度。

附表 1.3　焊缝的强度设计值（N/mm²）

焊接方法和焊条型号	构件钢材		对接焊缝强度设计值				角焊缝	对接焊缝抗拉强度 f_u^w	角焊缝抗拉、抗压和抗剪强度 f_u^f
	牌　号	厚度或直径/mm	抗压 f_c^w	焊缝质量为下列等级时，抗拉 f_t^w		抗剪 f_v^w	抗拉、抗压和抗剪 f_f^w		
				一级、二级	三级				
自动焊、半自动焊和 E43 型焊条手工焊	Q235	≤16	215	215	185	125	160	415	240
		>16，≤40	205	205	175	120			
		>40，≤100	200	200	170	115			

焊接方法和焊条型号	构件钢材		对接焊缝强度设计值				角焊缝抗拉、抗压和抗剪f_f^w	对接焊缝抗拉强度f_u^w	角焊缝抗拉、抗压和抗剪强度f_u^f
	牌号	厚度或直径/mm	抗压f_c^w	焊缝质量为下列等级时,抗拉f_t^w		抗剪f_v^w			
				一级、二级	三级				
自动焊、半自动焊和 E50、E55 型焊条手工焊	Q355	≤16	305	305	260	175	200	480(E50) 540(E55)	280(E50) 315(E55)
		>16,≤40	295	295	250	170			
		>40,≤63	290	290	245	165			
		>63,≤80	280	280	240	160			
		>80,≤100	270	270	230	155			
	Q390	≤16	345	345	295	200	200(E50) 220(E55)		
		>16,≤40	330	330	280	190			
		>40,≤63	310	310	265	180			
		>63,≤100	295	295	250	170			
自动焊、半自动焊和 E55、E60 型焊条手工焊	Q420	≤16	375	375	320	215	220(E55) 240(E60)	540(E55) 590(E60)	315(E55) 340(E60)
		>16,≤40	355	355	300	205			
		>40,≤63	320	320	270	185			
		>63,≤100	305	305	260	175			
自动焊、半自动焊和 E55、E60 型焊条手工焊	Q460	≤16	410	410	350	235	220(E55) 240(E60)	540(E55) 590(E60)	315(E55) 340(E60)
		>16,≤40	390	390	330	225			
		>40,≤63	355	355	300	205			
		>63,≤100	340	340	290	195			
自动焊、半自动焊和 E50、E55 型焊条手工焊	Q345GJ	>16,≤35	310	310	265	180	200	480(E50) 540(E55)	280(E50) 315(E55)
		>35,≤50	290	290	245	170			
		>50,≤100	285	285	240	165			

注:表中厚度系指计算点的钢材厚度,对轴心受拉和轴心受压构件系指截面中较厚板件的厚度。

附表 1.4　螺栓连接的强度指标(N/mm²)

螺栓的性能等级、锚栓和构件钢材的牌号		强度设计值										高强度螺栓的抗拉强度f_u^b
		普通螺栓					锚栓	承压型连接或网架用高强度螺栓				
		C 级螺栓			A 级、B 级螺栓							
		抗拉f_t^b	抗剪f_v^b	承压f_c^b	抗拉f_t^b	抗剪f_v^b	承压f_c^b	抗拉f_t^b	抗拉f_t^b	抗剪f_v^b	承压f_c^b	
普通螺栓	4.6 级、4.8 级	170	140	—	—	—	—	—	—	—	—	—
	5.6 级	—	—	—	210	190	—	—	—	—	—	—
	8.8 级	—	—	—	400	320	—	—	—	—	—	—

续表

螺栓的性能等级、锚栓和构件钢材的牌号		强度设计值										高强度螺栓的抗拉强度 f_u^b
		普通螺栓						锚栓	承压型连接或网架用高强度螺栓			
		C 级螺栓			A 级、B 级螺栓							
		抗拉 f_t^b	抗剪 f_v^b	承压 f_c^b	抗拉 f_t^b	抗剪 f_v^b	承压 f_c^b	抗拉 f_t^b	抗拉 f_t^b	抗剪 f_v^b	承压 f_c^b	
锚栓	Q235	—	—	—	—	—	—	140	—	—	—	—
	Q355	—	—	—	—	—	—	180	—	—	—	—
	Q390	—	—	—	—	—	—	185	—	—	—	—
承压型连接高强度螺栓	8.8 级	—	—	—	—	—	—	—	400	250	—	830
	10.9 级	—	—	—	—	—	—	—	500	310	—	1040
螺栓球节点用高强度螺栓	9.8 级	—	—	—	—	—	—	—	385	—	—	—
	10.9 级	—	—	—	—	—	—	—	430	—	—	—
构件钢材牌号	Q235	—	305	405	—	—	—	—	—	—	470	—
	Q355	—	385	510	—	—	—	—	—	—	590	—
	Q390	—	400	530	—	—	—	—	—	—	615	—
	Q420	—	425	560	—	—	—	—	—	—	655	—
	Q460	—	450	595	—	—	—	—	—	—	695	—
	Q345GJ	—	400	530	—	—	—	—	—	—	615	—

注:①A 级螺栓用于 $d \leqslant 24$ mm 和 $l \leqslant 10d$ 或 $l \leqslant 150$ mm（按较小值）的螺栓；B 级螺栓用于 $d > 24$ mm 和 $l > 10d$ 或 $l > 150$ mm（按较小值）的螺栓。d 为公称直径，l 为螺杆公称长度。

②A,B 螺栓孔的精度和孔壁表面粗糙度，C 级螺栓孔的允许偏差和孔壁表面粗糙度，均应符合现行国家标准《钢结构工程施工质量验收规范》（GB 50205—2001）的要求。

③用于螺栓球节点网架的高强度螺栓，M12 ~ M36 为 10.9 级，M39 ~ M64 为 9.8 级。

附表 1.5　普通螺栓螺纹处的有效截面面积

公称直径/mm	12	14	16	18	20	22	24	27	30
螺栓有效截面积 A_e/cm²	0.84	1.15	1.57	1.92	2.45	3.03	3.53	4.59	5.61
公称直径/mm	33	36	39	42	45	48	52	56	60
螺栓有效截面积 A_e/cm²	6.94	8.17	9.76	11.2	13.1	14.7	17.6	20.3	23.6
公称直径/mm	64	68	72	76	80	85	90	95	100
螺栓有效截面积 A_e/cm²	26.8	30.6	34.6	38.9	43.4	49.5	55.9	62.7	70.0

附表1.6　锚栓规格

形　式	Ⅰ				Ⅱ				Ⅲ		
锚栓直径 d/mm	20	24	30	36	42	48	56	64	72	88	90
锚栓有效截面积/cm²	2.45	3.53	5.61	8.17	11.20	14.70	20.30	26.80	34.60	43.44	55.91
锚栓设计拉力/kN　Q235	34.3	49.42	78.54	114.38	156.8	205.8	284.2	375.2	484.4	608.16	782.74
Q355	46.55	67.07	106.59	155.23	212.8	279.3	385.7	509.2	657.4	825.36	1 062.29
Ⅱ、Ⅲ型锚栓　锚板宽度 c/mm	—	—	—	—	140	200	200	240	280	350	400
锚板厚度 c/mm	—	—	—	—	20	20	20	25	30	40	40

附表1.7　高强钢丝与高强钢绞线的力学性能指标

种　类	级　别	直径/mm	抗拉强度不小于/(N·mm⁻²)	屈服强度不小于/(N·mm⁻²)	最小拉断力/kN	延伸率不小于/%	弯曲次数	
							不小于	弯曲半径/mm
高强钢丝	160	3	1 570	1 330		$L=100$　4	3	7.5
	170	4	1 670	1 410			4	10
	160	5	1 570	1 330			4	15
高强钢绞线	170	9	1 670		83.89	$L=600$　3.5		
	160	12	1 570		140.24			
	160	15	1 570		219.52			

附表1.8　结构构件或连接设计强度的折减系数 γ

项　次	情　况	折减系数 γ
1	单面连接的单角钢 （1）按轴心受力计算强度和连接 （2）按轴心受压计算稳定性 等边角钢	0.85 $0.6+0.001\,5\lambda$，但不大于 1.0
	短边相连的不等边角钢	$0.5+0.002\,5\lambda$，但不大于 1.0
	长边相连的不等边角钢	0.7
2	跨度≥60 m 桁架受压弦杆和端部受压腹杆	0.95
3	无垫板的单面施焊对接焊缝	0.85
4	施工条件较差的高空安装焊缝和铆钉连接	0.90
5	沉头和半沉头铆钉连接	0.80

注：①λ——长细比，对中间无联系的单角钢杆，应按最小回转半径计算，当 $\lambda<20$ 时，取 $\lambda=20$。

②当几种情况同时存在时，其折减系数应连乘。

附录 2　轴心受压构件的稳定系数

附表 2.1　a 类截面轴心受压构件的稳定系数 φ

$\lambda\sqrt{\dfrac{f_y}{235}}$	0	1	2	3	4	5	6	7	8	9
0	1.000	1.000	1.000	1.000	0.999	0.999	0.998	0.998	0.997	0.996
10	0.995	0.994	0.993	0.992	0.991	0.989	0.988	0.986	0.985	0.983
20	0.981	0.979	0.977	0.976	0.974	0.972	0.970	0.968	0.966	0.964
30	0.963	0.961	0.959	0.957	0.955	0.952	0.950	0.948	0.946	0.944
40	0.941	0.939	0.937	0.934	0.932	0.929	0.927	0.924	0.921	0.919
50	0.916	0.913	0.910	0.907	0.904	0.900	0.897	0.894	0.890	0.886
60	0.883	0.879	0.875	0.871	0.867	0.863	0.858	0.854	0.849	0.844
70	0.839	0.834	0.829	0.824	0.818	0.813	0.807	0.801	0.795	0.789
80	0.783	0.776	0.770	0.763	0.757	0.750	0.743	0.736	0.728	0.721
90	0.714	0.706	0.699	0.691	0.684	0.676	0.668	0.661	0.653	0.645
100	0.638	0.630	0.622	0.615	0.607	0.600	0.592	0.585	0.577	0.570
110	0.563	0.555	0.548	0.541	0.534	0.527	0.520	0.514	0.507	0.500
120	0.494	0.488	0.481	0.475	0.469	0.463	0.457	0.451	0.445	0.440
130	0.434	0.429	0.423	0.418	0.412	0.407	0.402	0.397	0.392	0.387
140	0.383	0.378	0.373	0.369	0.364	0.360	0.356	0.351	0.347	0.343
150	0.339	0.335	0.331	0.327	0.323	0.320	0.316	0.312	0.309	0.305
160	0.302	0.298	0.295	0.292	0.289	0.285	0.282	0.279	0.276	0.273
170	0.270	0.267	0.264	0.262	0.259	0.256	0.253	0.251	0.248	0.246
180	0.243	0.241	0.238	0.236	0.233	0.231	0.229	0.226	0.224	0.222
190	0.220	0.218	0.215	0.213	0.211	0.209	0.207	0.205	0.203	0.201
200	0.199	0.198	0.196	0.194	0.192	0.190	0.189	0.187	0.185	0.183
210	0.182	0.180	0.179	0.177	0.175	0.174	0.172	0.171	0.169	0.168
220	0.166	0.165	0.164	0.162	0.161	0.159	0.158	0.157	0.155	0.154
230	0.153	0.152	0.150	0.149	0.148	0.147	0.146	0.144	0.143	0.142
240	0.141	0.140	0.139	0.138	0.136	0.135	0.134	0.133	0.132	0.131
250	0.130	—	—	—	—	—	—	—	—	—

附表 2.2　b 类截面轴心受压构件的稳定系数 φ

$\lambda\sqrt{\dfrac{f_y}{235}}$	0	1	2	3	4	5	6	7	8	9
0	1.000	1.000	1.000	0.999	0.999	0.998	0.997	0.996	0.995	0.994
10	0.992	0.991	0.989	0.987	0.985	0.983	0.981	0.978	0.976	0.973
20	0.970	0.967	0.963	0.960	0.957	0.953	0.950	0.946	0.943	0.939
30	0.936	0.932	0.929	0.925	0.922	0.918	0.914	0.910	0.906	0.903
40	0.899	0.895	0.891	0.887	0.882	0.878	0.874	0.870	0.865	0.861
50	0.856	0.852	0.847	0.842	0.838	0.833	0.828	0.823	0.818	0.813
60	0.807	0.802	0.797	0.791	0.786	0.780	0.774	0.769	0.763	0.757
70	0.751	0.745	0.739	0.732	0.726	0.720	0.714	0.707	0.701	0.694
80	0.688	0.681	0.675	0.668	0.661	0.655	0.648	0.641	0.635	0.628
90	0.621	0.614	0.608	0.601	0.594	0.588	0.581	0.575	0.568	0.561
100	0.555	0.549	0.542	0.536	0.529	0.523	0.517	0.511	0.505	0.499
110	0.493	0.487	0.481	0.475	0.470	0.464	0.458	0.453	0.447	0.442
120	0.437	0.432	0.426	0.421	0.416	0.411	0.406	0.402	0.397	0.392
130	0.387	0.383	0.378	0.374	0.370	0.365	0.361	0.357	0.353	0.349
140	0.345	0.341	0.337	0.333	0.329	0.326	0.322	0.318	0.315	0.311
150	0.308	0.304	0.301	0.298	0.295	0.291	0.288	0.285	0.282	0.279
160	0.276	0.273	0.270	0.267	0.265	0.262	0.259	0.256	0.254	0.251
170	0.249	0.246	0.244	0.241	0.239	0.236	0.234	0.232	0.229	0.227
180	0.225	0.223	0.220	0.218	0.216	0.214	0.212	0.210	0.208	0.206
190	0.204	0.202	0.200	0.198	0.197	0.195	0.193	0.191	0.190	0.188
200	0.186	0.184	0.183	0.181	0.180	0.178	0.176	0.175	0.173	0.172
210	0.170	0.169	0.167	0.166	0.165	0.163	0.162	0.160	0.159	0.158
220	0.156	0.155	0.154	0.153	0.151	0.150	0.149	0.148	0.146	0.145
230	0.144	0.143	0.142	0.141	0.140	0.138	0.137	0.136	0.135	0.134
240	0.133	0.132	0.131	0.130	0.129	0.128	0.127	0.126	0.125	0.124
250	0.123	—	—	—	—	—	—	—	—	—

附表 2.3　c 类截面轴心受压构件的稳定系数 φ

$\lambda\sqrt{\dfrac{f_y}{235}}$	0	1	2	3	4	5	6	7	8	9
0	1.000	1.000	1.000	0.999	0.999	0.998	0.997	0.996	0.995	0.993
10	0.992	0.990	0.988	0.986	0.983	0.981	0.978	0.975	0.973	0.970
20	0.966	0.959	0.953	0.947	0.940	0.934	0.928	0.921	0.915	0.909
30	0.902	0.896	0.890	0.884	0.877	0.871	0.865	0.858	0.852	0.846
40	0.839	0.833	0.826	0.820	0.814	0.807	0.801	0.794	0.788	0.781
50	0.775	0.768	0.762	0.755	0.748	0.742	0.735	0.729	0.722	0.715
60	0.709	0.702	0.695	0.689	0.682	0.676	0.669	0.662	0.656	0.649
70	0.643	0.636	0.629	0.623	0.616	0.610	0.604	0.597	0.591	0.584
80	0.578	0.572	0.566	0.559	0.553	0.547	0.541	0.535	0.529	0.523
90	0.517	0.511	0.505	0.500	0.494	0.488	0.483	0.477	0.472	0.467
100	0.463	0.458	0.454	0.449	0.445	0.441	0.436	0.432	0.428	0.423
110	0.419	0.415	0.411	0.407	0.403	0.399	0.395	0.391	0.387	0.383
120	0.379	0.375	0.371	0.367	0.364	0.360	0.356	0.353	0.349	0.346
130	0.342	0.339	0.335	0.332	0.328	0.325	0.322	0.319	0.315	0.312
140	0.309	0.306	0.303	0.300	0.297	0.294	0.291	0.288	0.285	0.282
150	0.280	0.277	0.274	0.271	0.269	0.266	0.264	0.261	0.258	0.256
160	0.254	0.251	0.249	0.246	0.244	0.242	0.239	0.237	0.235	0.233
170	0.230	0.228	0.226	0.224	0.222	0.220	0.218	0.216	0.214	0.212
180	0.210	0.208	0.206	0.205	0.203	0.201	0.199	0.197	0.196	0.194
190	0.192	0.190	0.189	0.187	0.186	0.184	0.182	0.181	0.179	0.178
200	0.176	0.175	0.173	0.172	0.170	0.169	0.168	0.166	0.165	0.163
210	0.162	0.161	0.159	0.158	0.157	0.156	0.154	0.153	0.152	0.151
220	0.150	0.148	0.147	0.146	0.145	0.144	0.143	0.142	0.140	0.139
230	0.138	0.137	0.136	0.135	0.134	0.133	0.132	0.131	0.130	0.129
240	0.128	0.127	0.126	0.125	0.124	0.124	0.123	0.122	0.121	0.120
250	0.119	—	—	—	—	—	—	—	—	—

附表 2.4　d 类截面轴心受压构件的稳定系数 φ

$\lambda\sqrt{\dfrac{f_y}{235}}$	0	1	2	3	4	5	6	7	8	9
0	1.000	1.000	0.999	0.999	0.998	0.996	0.994	0.992	0.990	0.987
10	0.984	0.981	0.978	0.974	0.969	0.965	0.960	0.955	0.949	0.944
20	0.937	0.927	0.918	0.909	0.900	0.891	0.883	0.874	0.865	0.857
30	0.848	0.840	0.831	0.823	0.815	0.807	0.799	0.790	0.782	0.774
40	0.766	0.759	0.751	0.743	0.735	0.728	0.720	0.712	0.705	0.697
50	0.690	0.683	0.675	0.668	0.661	0.654	0.646	0.639	0.632	0.625
60	0.618	0.612	0.605	0.598	0.591	0.585	0.578	0.572	0.565	0.559
70	0.552	0.546	0.540	0.534	0.528	0.522	0.516	0.510	0.504	0.498
80	0.493	0.487	0.481	0.476	0.470	0.465	0.460	0.454	0.449	0.444
90	0.439	0.434	0.429	0.424	0.419	0.414	0.410	0.405	0.401	0.397
100	0.394	0.390	0.387	0.383	0.380	0.376	0.373	0.370	0.366	0.363
110	0.359	0.356	0.353	0.350	0.346	0.343	0.340	0.337	0.334	0.331
120	0.328	0.325	0.322	0.319	0.316	0.313	0.310	0.307	0.304	0.301
130	0.299	0.296	0.293	0.290	0.288	0.285	0.282	0.280	0.277	0.275
140	0.272	0.270	0.267	0.265	0.262	0.260	0.258	0.255	0.253	0.251
150	0.248	0.246	0.244	0.242	0.240	0.237	0.235	0.233	0.231	0.229
160	0.227	0.225	0.223	0.221	0.219	0.217	0.215	0.213	0.212	0.210
170	0.208	0.206	0.204	0.203	0.201	0.199	0.191	0.196	0.194	0.192
180	0.191	0.189	0.188	0.186	0.184	0.183	0.181	0.180	0.178	0.177
190	0.176	0.174	0.173	0.171	0.170	0.168	0.167	0.166	0.164	0.163
200	0.162	—	—	—	—	—	—	—	—	—

注：①附表 2.1—附表 2.4 中的 φ 值按下列公式算得：

当 $\lambda_n \leqslant \dfrac{\lambda}{\pi}\sqrt{f_y/E} \leqslant 0.215$ 时：

$\varphi = 1 - \alpha_1 \lambda_n^2$

当 $\lambda_n > 0.215$ 时：

$\varphi = \dfrac{1}{2\lambda_n^2}\left[(\alpha_2+\alpha_3\lambda_n+\lambda_n^2)-\sqrt{(\alpha_2+\alpha_3\lambda_n+\lambda_n^2)^2-4\lambda_n^2}\right]$

式中　$\alpha_1,\alpha_2,\alpha_3$ 为系数，根据附表 2.5 采用。

②当构件的 λ/ε_k 值超出附表 2.1—附表 2.4 的范围时，则 φ 值按注①所列的公式计算。

附表 2.5　系数 $\alpha_1, \alpha_2, \alpha_3$

截面类别		α_1	α_2	α_3
a 类		0.41	0.986	0.152
b 类		0.65	0.965	0.300
c 类	$\lambda_n \leqslant 1.05$	0.73	0.906	0.595
	$\lambda_n > 1.05$		1.216	0.302
d 类	$\lambda_n \leqslant 1.05$	1.35	0.868	0.915
	$\lambda_n > 1.05$		1.375	0.432

附录 3　型钢表(横排型钢表单独附文件)

附表 3.1　焊接薄壁钢管(TJ 18—75)

I——惯性矩
i——回转半径
W——抵抗矩

尺寸/mm		截面面积	重量	I	i	W
D	t	/cm^2	/(kg·m^{-1})	/cm^4	/cm	/cm^3
25	1.5	1.11	0.87	0.77	0.83	0.61
30	1.5	1.34	1.05	1.37	1.01	0.91
30	2.0	1.76	1.38	1.73	0.99	1.16
40	1.5	1.81	1.42	3.37	1.36	1.68
40	2.0	2.39	1.88	4.32	1.35	2.16
51	2.0	3.08	2.42	9.26	1.73	3.63
57	2.0	3.46	2.71	13.08	1.95	4.59
60	2.0	3.64	2.86	15.34	2.05	5.10
70	2.0	4.27	3.35	24.72	2.41	7.06
76	2.0	4.65	3.65	31.85	2.62	8.38
83	2.0	5.09	4.00	41.76	2.87	10.06
83	2.5	6.32	4.96	51.26	2.85	12.35
89	2.0	5.47	4.29	51.74	3.08	11.63
89	2.5	6.79	5.33	63.59	3.06	14.29
95	2.0	5.84	4.59	63.20	3.29	13.31
95	2.5	7.26	5.70	77.76	3.27	16.37

尺寸/mm		截面面积	重量	I	i	W
D	t	$/cm^2$	$/(kg \cdot m^{-1})$	$/cm^4$	$/cm$	$/cm^3$
102	2.0	6.28	4.93	78.55	3.54	15.40
102	2.5	7.81	6.14	96.76	3.52	18.97
102	3.0	9.33	7.33	114.40	3.50	22.43
108	2.0	6.66	5.23	93.6	3.75	17.33
108	2.5	8.29	6.51	115.4	3.73	21.37
108	3.0	9.90	7.77	136.5	3.72	25.28
114	2.0	7.04	5.52	110.4	3.96	19.37
114	2.5	8.76	6.87	136.2	3.94	23.89
114	3.0	10.46	8.21	161.3	3.93	28.30
121	2.0	7.48	5.87	132.4	4.21	21.88
121	2.5	9.31	7.31	163.5	4.19	27.02
121	3.0	11.12	8.73	193.7	4.17	32.02
127	2.0	7.85	6.17	153.4	4.42	24.16
127	2.5	9.78	7.68	189.5	4.40	29.84
127	3.0	11.69	9.18	224.7	4.39	35.39
133	2.5	10.25	8.05	218.2	4.62	32.81
133	3.0	12.25	9.62	259.0	4.60	38.95
133	3.5	14.24	11.18	298.7	4.58	44.92
140	2.5	10.80	8.48	255.3	4.86	36.47
140	3.0	12.91	10.13	303.1	4.85	43.29
140	3.5	15.01	11.78	349.8	4.83	49.97
152	3.0	14.04	11.02	389.9	5.27	51.30
152	3.5	16.33	12.82	450.3	5.25	59.25
152	4.0	18.60	14.60	509.6	5.24	67.05
159	3.0	14.70	11.54	447.4	5.52	56.27
159	3.5	17.10	13.42	517.0	5.50	65.02
159	4.0	19.48	15.29	585.3	5.48	73.62
168	3.0	15.55	12.21	529.4	5.84	63.02
168	3.5	18.09	14.20	612.1	5.82	72.87
168	4.0	20.61	16.18	693.3	5.80	82.53
180	3.0	16.68	13.09	653.5	6.26	72.61
180	3.5	19.41	15.24	756.0	6.24	84.00
180	4.0	22.12	17.36	856.8	6.22	95.20
194	3.0	18.00	14.13	821.1	6.75	84.64
194	3.5	20.95	16.45	950.5	6.74	97.99
194	4.0	23.88	18.75	1 078	6.72	111.1
203	3.0	18.85	15.00	943	7.07	92.87
203	3.5	21.94	17.22	1 092	7.06	107.55
203	4.0	25.01	19.63	1 238	7.04	122.01

续表

尺寸/mm		截面面积	重量	I	i	W
D	t	/cm²	/(kg·m⁻¹)	/cm⁴	/cm	/cm³
219	3.0	20.36	15.98	1 187	7.64	108.44
219	3.5	23.70	18.61	1 376	7.62	125.65
219	4.0	27.02	21.81	1 562	7.60	142.62
245	3.0	22.81	17.91	1 670	8.56	136.3
245	3.5	26.55	20.84	1 936	8.54	158.1
245	4.0	30.28	23.77	2 199	8.52	179.5

附表 3.2　热轧无缝钢管(YB 231—70)

外径 /mm	38	42	50	57	60	68	70	76	89
壁厚 /mm	4,4.5,6	4,5,6,8	4,5,6,8	3.5,5.0	4,5,6,8	6,8,12	4,6,8,12	5,8,12,16	5,8,12,16
外径 /mm	102	108	114	121	127	140	146	152	159
壁厚 /mm	6,10,12, 14,18	4,6,8,12, 14,16	6,10,12, 14,16,20	8,10,12, 16	8,12,16, 22	5,8,12,18, 20,22	6,10,12, 16,20	8,10,16, 20,25	4,5,6,8,10, 12,18,20,25
外径 /mm	168	180	194	219	245	273	299	325	351
壁厚 /mm	8,16,20, 28	8,16,20	8,16,20, 32	6,8,12,16, 18,25,36,	8,12,16, 25,30,40	8,12,16, 32,40,45	10,12,16, 36,50	10,12,16, 38,50	12,20,56

附表 3.3　热轧等边角钢截面特性表(YB 166—155)

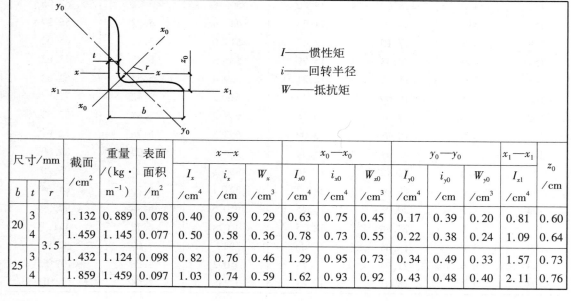

I——惯性矩
i——回转半径
W——抵抗矩

尺寸/mm			截面 /cm²	重量 /(kg·m⁻¹)	表面 面积 /m²	x—x			x_0—x_0			y_0—y_0			x_1—x_1	z_0 /cm
b	t	r				I_x /cm⁴	i_x /cm	W_x /cm³	I_{x0} /cm⁴	i_{x0} /cm	W_{x0} /cm³	I_{y0} /cm⁴	i_{y0} /cm	W_{y0} /cm³	I_{x1} /cm⁴	
20	3	3.5	1.132	0.889	0.078	0.40	0.59	0.29	0.63	0.75	0.45	0.17	0.39	0.20	0.81	0.60
	4		1.459	1.145	0.077	0.50	0.58	0.36	0.78	0.73	0.55	0.22	0.38	0.24	1.09	0.64
25	3		1.432	1.124	0.098	0.82	0.76	0.46	1.29	0.95	0.73	0.34	0.49	0.33	1.57	0.73
	4		1.859	1.459	0.097	1.03	0.74	0.59	1.62	0.93	0.92	0.43	0.48	0.40	2.11	0.76

b	t	r	截面/cm²	重量/(kg·m⁻¹)	表面面积/m²	I_x/cm⁴	i_x/cm	W_x/cm³	I_{x0}/cm⁴	i_{x0}/cm⁴	W_{x0}/cm³	I_{y0}/cm⁴	i_{y0}/cm	W_{y0}/cm³	I_{x1}/cm⁴	z_0/cm
30	3		1.749	1.372	0.117	1.46	0.91	0.68	2.31	1.15	1.09	0.61	0.59	0.51	2.71	0.85
	4		2.276	1.786	0.117	1.84	0.90	0.87	2.92	1.31	1.37	0.77	0.58	0.62	3.63	0.89
36	3	4.5	2.109	1.656	0.141	2.58	1.11	0.99	4.09	1.39	1.61	1.07	0.71	0.76	4.68	1.00
	4		2.756	2.136	0.141	3.29	1.09	1.28	5.22	1.38	2.05	1.37	0.70	0.93	6.25	1.04
	5		3.382	2.654	0.141	3.95	1.08	1.56	5.24	1.36	2.45	1.65	0.70	1.09	7.84	1.07
40	3		2.359	1.825	0.157	3.59	1.23	1.23	5.69	1.55	2.01	1.49	0.79	0.96	6.41	1.09
	4		3.086	2.422	0.157	4.60	1.22	1.60	7.29	1.54	2.58	1.91	0.79	1.19	8.56	1.13
	5		3.794	2.976	0.156	5.53	1.21	1.96	8.76	1.52	3.10	2.30	0.78	1.39	10.74	1.17
45	3	5	2.659	2.088	0.177	5.17	1.40	1.58	8.20	1.76	2.58	2.14	0.90	1.24	9.12	1.22
	4		3.486	2.736	0.177	6.65	1.38	2.05	10.56	1.74	3.32	2.75	0.89	1.54	12.18	1.26
	5		4.292	3.369	0.176	8.04	1.37	2.51	12.74	1.72	4.00	3.33	0.88	1.81	15.25	1.30
	6		5.076	3.985	0.176	9.33	1.36	2.95	14.76	1.70	4.46	3.89	0.88	2.06	8.36	1.33
50	3	5.5	2.971	2.332	0.197	7.18	1.55	1.96	11.37	1.96	3.22	2.98	1.00	1.57	12.50	1.34
	4		3.897	3.059	0.197	9.26	1.54	2.56	14.70	1.94	4.16	3.82	0.99	1.96	16.69	1.38
	5		4.803	3.770	0.196	11.21	1.53	3.13	17.79	1.92	5.03	4.64	0.98	2.31	20.90	1.42
	6		5.688	4.465	0.196	13.05	1.52	3.68	20.68	1.91	5.85	5.42	0.98	2.63	25.14	1.46
56	3	6	3.343	2.624	0.221	10.19	1.75	2.48	16.14	2.20	4.08	4.24	1.13	2.02	17.56	1.48
	4		4.390	3.446	0.220	13.18	1.73	3.24	20.92	2.18	5.28	5.46	1.11	2.52	23.43	1.53
	5		5.415	4.215	0.220	16.02	1.72	3.97	25.42	2.17	6.42	6.61	1.10	2.98	29.33	1.57
	8		8.367	6.568	0.219	23.63	1.68	6.03	37.73	2.11	9.44	9.89	1.09	4.16	47.24	1.68
63	4	7	4.978	3.907	0.248	19.03	1.96	4.13	30.14	2.46	6.78	7.89	1.26	3.29	33.35	1.70
	5		6.143	4.822	0.248	23.17	1.94	5.08	36.77	2.45	8.25	9.57	1.25	3.90	41.73	1.74
	6		7.288	5.721	0.247	27.12	1.93	6.00	43.03	2.43	9.66	11.20	1.24	4.46	50.14	1.78
	8		9.515	7.469	0.247	34.46	1.90	7.75	54.56	2.40	12.25	14.33	1.23	5.47	67.11	1.85
	10		11.657	9.151	0.246	41.09	1.88	9.39	64.85	2.36	14.56	17.33	1.22	6.36	84.31	1.93
70	4	8	5.570	4.372	0.275	26.39	2.18	5.14	41.80	2.74	8.44	10.99	1.40	4.17	45.74	1.86
	5		6.875	5.397	0.275	32.21	2.16	6.32	51.08	2.73	10.32	13.34	1.39	4.95	57.21	1.91
	6		8.160	6.406	0.275	37.77	2.15	7.48	59.93	2.71	12.11	15.61	1.38	5.67	68.73	1.95
	7		9.424	7.398	0.275	43.09	2.14	8.59	68.35	2.69	13.81	17.82	1.38	6.34	80.29	1.99
	8		10.667	8.373	0.274	48.17	2.12	9.68	76.37	2.68	15.43	19.98	1.37	6.98	91.92	2.03
75	5	9	7.367	5.181	0.295	39.97	2.33	7.32	63.30	2.92	11.94	16.63	1.50	5.77	70.56	2.01
	6		8.797	6.905	0.294	46.95	2.31	8.64	74.38	2.90	14.02	19.51	1.49	6.67	84.55	2.07
	7		10.160	7.976	0.294	53.57	2.30	9.93	84.96	2.89	16.02	22.18	1.48	7.44	98.71	2.11
	8		11.503	9.030	0.294	59.96	2.28	11.20	95.07	2.88	17.92	24.86	1.47	8.19	112.97	2.15
	10		14.126	11.089	0.293	71.98	2.26	13.64	113.92	2.84	21.48	30.05	1.46	9.56	141.71	2.22
80	5	9	7.912	6.211	0.315	48.79	2.48	8.34	77.33	3.13	13.67	20.25	1.60	6.66	85.36	2.15
	6		9.937	7.736	0.314	57.35	2.47	9.87	90.98	3.11	16.08	23.72	1.59	7.65	102.50	2.19
	7		10.360	8.525	0.314	65.58	2.46	11.37	104.47	3.10	18.40	27.09	1.58	8.58	119.70	2.23
	8		12.303	9.658	0.314	73.49	2.44	12.83	116.60	3.08	20.61	30.39	1.57	9.46	136.07	2.27
	10		15.126	11.874	0.313	8.43	2.42	15.64	140.09	3.04	24.76	36.77	1.56	11.08	171.74	2.35

续表

b	t	r	截面/cm²	重量/(kg·m⁻¹)	表面面积/m²	I_x/cm⁴	i_x/cm	W_x/cm³	I_{x0}/cm⁴	i_{x0}/cm⁴	W_{x0}/cm³	I_{y0}/cm⁴	i_{y0}/cm	W_{y0}/cm³	I_{x1}/cm⁴	z_0/cm
90	6	10	10.637	8.350	0.354	82.77	2.79	12.61	131.26	3.51	20.63	34.28	1.80	9.95	145.87	2.44
	7		12.301	9.656	0.354	94.83	2.78	14.54	150.47	3.50	23.64	39.18	1.78	11.19	170.30	2.48
	8		13.944	10.946	0.353	106.47	2.76	16.42	168.97	3.48	26.55	43.97	1.78	12.35	194.80	2.52
	9		17.167	13.476	0.353	128.58	2.74	20.07	203.90	3.45	32.04	53.26	1.76	14.52	244.07	2.59
	10		20.306	15.940	0.352	149.32	2.71	23.57	236.21	3.41	37.12	62.22	1.75	16.49	293.76	2.67
100	6	12	11.932	9.366	0.393	114.95	3.10	15.68	181.98	3.90	25.74	47.92	2.00	12.69	200.07	2.67
	7		13.796	10.830	0.393	131.86	3.09	18.10	208.97	3.89	29.55	54.74	1.99	14.26	233.54	2.71
	8		15.633	12.276	0.393	148.24	3.08	20.47	235.07	3.88	33.24	61.41	1.98	15.75	267.09	2.76
	10		19.261	15.120	0.392	179.51	3.05	25.06	284.68	3.84	40.26	74.35	1.96	18.54	334.48	2.84
	12		22.800	17.898	0.391	208.90	3.03	29.48	330.95	3.81	46.80	86.84	1.95	21.08	402.34	2.91
	14		26.256	20.611	0.391	236.53	3.00	33.73	374.06	3.77	52.90	99.00	1.94	23.44	470.75	2.99
	16		29.627	23.257	0.390	262.53	2.98	37.82	414.16	3.74	58.57	110.89	1.94	25.63	539.80	3.06
110	7	12	15.196	11.928	0.433	177.16	3.41	22.05	280.94	4.30	36.12	73.38	2.20	17.51	310.64	2.96
	8		17.238	13.532	0.433	199.46	3.40	24.95	316.49	4.28	40.69	82.42	2.19	19.39	355.20	3.01
	10		21.261	16.690	0.432	242.19	3.38	30.60	384.39	4.25	49.42	99.93	2.17	22.91	444.65	3.09
	12		25.200	19.782	0.431	282.55	3.35	36.05	448.17	4.22	57.62	116.93	2.15	26.15	534.60	3.16
	14		29.056	22.809	0.431	320.71	3.32	41.31	508.01	4.18	65.31	133.40	2.14	29.14	625.16	3.24
125	8	14	19.750	15.504	0.492	297.03	3.88	32.52	470.89	4.88	53.28	123.16	2.50	25.86	521.01	3.37
	10		24.373	19.133	0.491	361.67	3.85	36.97	573.89	4.85	64.93	149.46	2.48	30.62	651.93	3.45
	12		28.912	22.696	0.491	423.16	3.83	41.17	671.44	4.82	75.96	174.88	2.56	35.03	783.42	3.53
	14		33.367	26.193	0.490	481.65	3.80	54.16	763.73	4.78	86.41	199.57	2.45	39.13	915.61	3.61
140	10	14	27.372	21.488	0.551	514.65	4.34	50.58	817.27	5.46	82.56	212.04	2.27	39.20	915.11	3.82
	12		32.512	25.522	0.550	603.68	4.31	59.80	958.79	5.43	96.85	248.57	2.76	45.02	1 099.28	3.90
	14		37.567	29.490	0.550	688.84	4.28	68.75	1 093.56	5.40	110.47	284.06	2.75	50.45	1 284.22	3.98
	16		43.539	33.393	0.549	770.24	4.26	77.46	1 221.81	5.36	123.42	318.67	2.74	55.55	1 470.07	4.06
160	10	16	31.502	24.729	0.630	779.53	4.98	66.70	1 237.30	6.27	109.36	321.76	3.20	52.76	1 365.33	4.31
	12		37.411	29.391	0.630	916.58	4.95	78.98	1 455.68	6.24	128.67	377.49	3.18	60.74	1 639.57	4.39
	14		43.296	33.987	0.629	1 048.36	7.92	90.95	1 665.02	6.20	147.17	431.70	3.16	68.34	1 917.68	4.47
	16		49.067	38.518	0.629	1 175.08	4.89	102.63	1 865.57	6.17	164.89	484.49	3.14	75.31	2 190.82	4.55
180	12	16	42.241	33.159	0.710	1 321.35	5.59	100.82	2 100.10	7.05	165.00	542.61	3.58	78.41	2 332.80	4.89
	14		48.896	38.383	0.709	1 514.48	5.65	116.25	2 407.42	7.02	189.14	621.53	3.56	83.38	2 723.48	4.97
	16		55.467	43.542	0.709	1 700.99	5.45	131.13	2 703.37	6.98	212.20	698.60	3.55	97.83	3 115.29	5.05
	18		61.955	48.634	0.708	1 875.12	5.50	145.64	2 988.24	6.84	234.78	762.01	3.51	105.14	3 502.41	5.13
200	14	18	54.642	42.894	0.788	2 103.55	6.20	144.70	3 343.26	7.82	236.10	863.83	3.98	111.82	3734.10	5.46
	16		62.013	48.680	0.788	2 366.15	6.18	163.65	3 760.89	7.79	265.93	971.41	3.96	123.96	4 270.39	5.54
	18		69.301	54.401	0.788	2 620.64	6.15	182.22	4 164.54	7.75	294.48	1 076.74	3.94	135.52	4 803.13	5.62
	20		76.505	60.056	0.787	2 867.30	6.12	200.42	4 554.55	7.72	322.48	1 180.04	3.93	146.55	5 354.51	5.60
	24		90.661	71.168	0.785	3 338.25	6.07	236.17	5 294.97	7.64	374.41	1 381.53	3.90	166.55	6 457.16	5.87

附表 3.4　热轧不等边角钢截面特性表

I——惯性矩
i——回转半径
W——抵抗矩
r_1——$t/3$

尺寸/mm				截面面积 /cm²	重量 /(kg·m⁻¹)	表面面积 /cm²	$x-x$			$y-y$			x_1-x_1		y_1-y_1		$u-u$			$\tan a$
B	b	t	r				I_x /cm⁴	i_x /cm	W_x /cm³	I_y /cm⁴	i_y /cm	W_y /cm³	I_{x1} /cm⁴	y_0 /cm	I_{y1x1} /cm⁴	x_0 /cm	I_u /cm⁴	i_u /cm	W_u /cm³	
25	16	3	3.5	1.162	0.912	0.08	0.70	0.78	0.43	0.22	0.44	0.19	1.56	0.86	0.43	0.42	0.14	0.34	0.16	0.392
		4		1.499	1.176	0.08	0.88	0.77	0.55	0.27	0.43	0.24	2.09	0.90	0.59	0.46	0.17	0.34	0.20	0.381
32	20	3	3.5	1.492	1.171	0.10	1.53	1.01	0.72	0.46	0.55	0.30	3.27	1.08	0.82	0.49	0.28	0.43	0.25	0.328
		4		1.939	1.522	0.10	0.93	1.00	0.93	0.57	0.54	0.39	4.37	1.12	1.12	0.53	0.35	0.42	0.32	0.374
40	25	3	4	1.890	1.484	0.13	3.08	1.28	1.15	0.93	0.70	0.49	6.39	1.32	1.59	0.59	0.56	0.54	0.40	0.386
		4		2.467	0.936	0.13	3.93	1.26	1.49	1.18	0.69	0.63	8.35	1.37	2.14	0.63	0.71	0.54	0.52	0.381
45	28	3	5	2.149	1.687	0.14	4.45	1.44	1.47	1.34	0.79	0.62	9.10	1.47	2.23	0.64	0.80	0.61	0.51	0.383
		4		2.806	2.203	0.14	5.69	1.42	1.91	1.70	0.78	0.80	12.13	1.51	3.00	0.68	1.02	0.50	0.66	0.380
50	32	3	5.5	2.431	1.908	0.16	6.24	1.60	1.84	2.02	0.91	0.82	12.49	1.60	3.31	0.73	1.20	0.70	0.68	0.404
		4		3.177	2.494	0.16	8.02	1.59	2.39	2.58	0.90	1.06	16.65	1.65	4.45	0.77	1.53	0.69	0.87	0.402
56	36	3	6	2.743	2.153	0.18	8.88	1.80	2.32	2.92	1.03	1.05	17.54	1.78	4.70	0.80	1.73	0.79	0.87	0.408
		4		3.590	2.818	0.18	11.45	1.79	3.03	3.76	1.02	1.37	23.39	1.82	6.33	0.85	2.23	0.79	1.13	0.408
		5		4.415	3.466	0.18	13.86	1.77	3.71	4.49	1.01	1.65	29.25	1.87	7.49	0.88	2.67	0.78	0.36	0.404

尺寸/mm B	b	t	r	截面面积 /cm²	重量 /(kg·m⁻¹)	表面面积 /(m²·m⁻¹)	I_x /cm⁴	i_x /cm	W_x /cm³	I_y /cm⁴	i_y /cm	W_y /cm³	I_{x1} /cm⁴	y_0 /cm	I_{y1x1} /cm⁴	x_0 /cm	I_u /cm⁴	i_u /cm	W_u /cm³	$\tan a$
63	40	4	7	4.085	3.185	0.202	16.49	2.02	3.87	5.23	1.14		33.30	2.04	8.63	0.92	3.12	0.88	1.40	0.393
	40	5	7	4.993	3.920	0.202	20.02	2.00	4.75	6.31	1.12		41.63	2.08	10.86	0.95	3.76	0.87	1.71	0.396
	40	6	7	5.908	4.638	0.201	23.36	1.96	5.94	7.29	1.11		49.98	2.12	13.12	0.99	4.34	0.86	1.99	0.393
	40	7	7	6.802	5.339	0.201	26.53	1.98	6.40	8.24	1.10		58.07	2.15	15.47	1.03	4.97	0.86	2.29	0.398
70	45	4	7.5	4.547	3.570	0.226	23.17	2.26	4.86	7.55	1.29		45.92	2.24	12.26	1.02	4.40	0.98	1.77	0.410
	45	5	7.5	5.609	4.403	0.225	27.95	2.23	5.92	9.13	1.28		57.10	2.28	15.39	1.06	5.40	0.98	2.19	0.407
	45	6	7.5	6.647	5.218	0.225	32.54	2.21	6.95	10.62	1.26		68.35	2.32	18.58	1.09	6.35	0.98	2.59	0.404
	45	7	7.5	7.657	6.011	0.225	37.22	2.20	8.03	12.01	1.25		79.99	2.36	21.84	1.13	7.16	0.97	2.94	0.402
75	50	5	8	6.125	4.808	0.245	34.86	2.39	6.83	12.61	1.44		70.00	2.40	21.04	1.17	7.41	1.10	2.74	0.435
	50	6	8	7.726	5.699	0.245	41.12	2.38	8.12	14.70	1.42		84.30	2.44	25.37	1.21	8.54	1.08	3.19	0.435
	50	8	8	9.467	7.431	0.244	52.39	2.35	10.52	15.33	1.40		112.50	2.52	34.23	1.29	10.87	1.07	4.10	0.429
	50	10	8	11.590	9.098	0.244	62.71	2.33	12.79	21.96	1.38		140.80	2.60	43.34	1.36	13.01	1.06	4.99	0.423
80	50	5	8	6.375	5.005	0.255	41.06	2.56	7.78	12.82	1.42		85.21	2.60	21.06	1.14	7.66	1.10	2.74	0.388
	50	6	8	7.560	5.935	0.255	49.49	2.56	9.25	14.95	1.41		102.53	2.65	25.41	1.18	8.85	1.08	3.20	0.387
	50	7	8	8.724	6.848	0.255	56.16	2.54	10.58	16.96	1.39		119.33	2.69	29.82	1.21	10.18	1.08	3.70	0.384
	50	8	8	9.867	7.745	0.254	62.83	2.52	11.92	18.85	1.38		136.41	2.73	34.32	1.25	11.38	1.07	4.16	0.381
90	56	5	9	7.212	5.661	0.287	60.45	2.90	9.92	18.32	1.59		121.32	2.91	29.53	1.25	10.98	1.23	3.49	0.385
	56	6	9	8.557	6.717	0.286	71.03	2.88	11.74	21.42	1.58		145.59	2.95	35.58	1.29	12.90	1.23	4.13	0.384
	56	7	9	9.880	7.756	0.286	81.01	2.86	13.49	24.36	1.57		169.66	3.00	41.71	1.33	14.67	1.22	4.72	0.382
	56	8	9	11.183	8.779	0.286	91.03	2.85	15.27	27.15	1.56		191.17	3.04	47.93	1.36	16.34	1.21	5.29	0.380

D	d	n	L																	
100	63	5	10	9.617	7.550	0.320	99.06	3.21	14.64	30.94	1.79	199.71	3.24	50.50	1.43	1.43	18.42	1.38	5.25	0.394
100	63	6	10	11.111	8.722	0.320	113.45	3.20	16.88	35.26	1.78	233.00	3.28	59.14	1.47	1.47	21.00	1.38	6.02	0.393
100	63	7	10	12.584	9.878	0.319	127.37	3.18	19.08	39.39	1.77	266.32	3.32	67.88	1.50	1.50	23.50	1.37	6.78	0.391
100	63	6	10	15.467	12.142	0.319	153.81	3.15	23.32	47.12	1.74	333.06	3.40	85.73	1.58	1.58	28.33	1.35	8.24	0.387
100	80	7	10	10.637	8.350	0.354	107.04	3.17	15.19	61.23	2.40	199.83	2.95	102.68	1.97	1.97	31.65	1.72	8.37	0.627
100	80	8	10	12.301	9.656	0.354	122.73	3.16	17.52	70.08	2.39	233.20	3.00	119.98	2.01	2.01	36.17	1.72	9.60	0.626
100	80	10	10	13.944	10.946	0.353	137.92	3.14	19.81	75.58	2.37	266.61	3.04	137.37	2.05	2.05	40.58	1.71	10.80	0.625
100	80	6	10	17.167	13.476	0.353	166.87	3.12	24.24	94.65	2.35	333.63	3.12	172.49	2.13	2.13	49.10	1.69	13.12	0.622
110	70	6	10	10.637	8.350	0.354	133.37	3.54	17.85	42.92	2.01	7.90	265.78	3.53	69.08	1.57	25.36	1.54	6.53	0.403
110	70	7	10	12.301	9.656	0.354	153.00	3.53	20.60	49.01	2.00	9.90	310.07	3.57	80.82	1.61	28.95	1.53	7.50	0.402
110	70	8	10	13.944	10.946	0.353	172.04	3.51	23.30	54.87	1.98	10.25	354.39	3.62	92.70	1.65	32.45	1.53	8.45	0.401
110	70	10	10	17.167	13.476	0.353	208.39	3.48	28.54	65.38	1.96	12.48	443.13	3.70	116.83	1.72	39.20	1.51	10.29	0.397
125	80	7	11	14.096	11.066	0.403	227.98	4.02	26.86	74.42	2.30	12.01	454.99	4.01	120.32	1.80	43.81	1.76	9.92	0.408
125	80	8	11	15.989	12.551	0.403	256.77	4.01	30.41	83.49	2.28	13.56	519.99	4.06	137.85	1.84	49.15	1.75	11.18	0.407
125	80	10	11	19.712	15.474	0.402	312.04	3.98	37.33	100.67	2.26	16.56	650.09	4.14	173.40	1.92	59.45	1.74	13.64	0.404
125	80	12	11	23.351	18.330	0.402	361.41	3.95	44.01	116.67	2.24	19.43	780.39	4.22	209.67	2.00	69.35	1.72	16.01	0.400
140	90	8	12	18.038	14.160	0.453	365.64	4.50	38.48	120.60	2.59	17.34	730.53	4.50	195.79	2.04	70.83	1.98	14.31	0.411
140	90	10	12	22.261	17.475	0.452	445.50	4.47	47.31	146.03	2.06	21.22	913.20	4.58	245.92	2.12	85.82	1.96	17.48	0.409
140	90	12	12	26.400	20.724	0.451	521.59	4.44	55.87	169.79	2.54	24.95	1096.09	4.66	296.89	2.19	100.21	1.95	20.54	0.406
140	90	14	12	30.456	23.908	0.451	594.10	4.42	64.18	192.10	2.51	28.54	1279.26	4.74	348.82	2.27	114.13	1.94	23.52	0.403

续表

尺寸/mm				截面面积 /cm²	重量 /(kg·m⁻¹)	表面面积 /cm²	x—x			y—y			x₁—x₁		y₁—y₁		u—u			tan a
B	b	t	r				I_x /cm⁴	i_x /cm	W_x /cm³	I_y /cm⁴	i_y /cm	W_y /cm³	I_{x1} /cm⁴	y_0 /cm	I_{y1x1} /cm⁴	x_0 /cm	I_u /cm⁴	i_u /cm	W_u /cm³	
160	100	10	13	25.315	19.872	0.512	668.69	5.14	62.13	205.03	2.85	26.56	1 362.89	5.24	336.59	2.28	121.74	2.19	21.92	0.039
		12		30.054	23.592	0.511	784.91	5.11	73.49	239.06	2.82	31.28	1 635.56	5.32	405.94	2.36	142.33	2.17	25.79	0.388
		14		34.709	27.247	0.510	896.30	5.08	84.56	271.20	2.80	35.83	1 908.50	5.40	476.42	2.43	162.23	2.16	29.56	0.385
		16		39.281	30.835	0.510	1 003.04	5.05	95.33	301.60	2.77	40.24	2 181.79	5.48	548.22	2.51	182.57	2.16	33.44	0.382
180	110	10	14	28.373	22.273	0.571	956.25	5.80	78.96	278.11	3.13	32.49	1 940.40	5.89	447.22	2.44	166.50	2.42	26.88	0.376
		12		33.712	46.464	0.571	1 124.72	8.78	93.53	325.03	3.10	38.32	2 328.38	5.98	538.94	2.52	194.87	2.40	31.66	0.374
		14		38.967	30.589	0.570	1 286.91	5.75	107.76	369.55	3.08	43.79	2 716.60	6.06	631.95	2.59	222.30	2.39	36.32	0.372
		16		44.139	34.649	0.569	1 443.06	5.72	121.64	411.85	3.06	49.14	3 150.15	6.14	726.46	2.67	248.94	2.38	40.87	0.369
200	125	12	14	37.912	29.761	0.641	1 570.90	6.44	116.73	483.16	3.57	49.99	3 193.85	6.54	787.74	2.83	85.79	2.74	41.23	0.392
		14		43.867	34.436	0.640	1 800.97	6.41	134.65	550.83	3.54	57.44	3 726.17	6.62	922.47	2.91	326.58	2.73	47.34	0.390
		16		49.739	39.045	0.639	2 023.35	6.38	152.18	615.44	3.52	64.69	4 258.86	6.70	1 058.86	2.99	366.21	2.71	53.32	0.388
		18		55.526	43.588	0.639	2 238.30	6.35	169.33	677.19	3.49	71.74	4 792.00	6.78	1 197.13	3.06	404.83	2.70	59.18	0.385

附表 3.5　热轧普通工字钢截面特性表（GB 706—88）

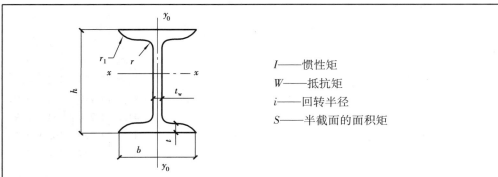

I——惯性矩

W——抵抗矩

i——回转半径

S——半截面的面积矩

型号	尺寸/mm						截面面积/cm²	重量/(kg·m⁻¹)	x—x				y_0—y_0		
	h	b	t_w	t	r	r_1			I_x/cm⁴	W_x/cm³	i_x/cm	$I_x:S_x$/cm	I_{y0}/cm⁴	W_{y0}/cm³	i_{y0}/cm
I10	100	68	4.5	7.6	6.5	3.3	14.3	11.2	245	49.0	4.14	8.6	33.0	9.72	1.52
I12.6	126	74	5	8.4	7	3.5	18.1	14.2	488	77.5	5.19	10.8	46.9	12.68	1.61
I14	140	80	5.5	9.1	7.5	3.8	21.5	16.9	712	102	5.76	12.0	61.1	16.1	1.73
I16	160	88	6.0	9.9	8.0	4.0	26.5	20.5	1 130	141	6.58	13.8	93.1	21.2	1.89
I18	180	91	6.5	10.7	8.5	4.3	30.6	24.1	1 666	185	7.36	15.4	122	26.0	2.00
I20a	200	100	7.0	11.4	9.0	4.5	35.5	27.9	2 370	237	8.15	17.2	158	31.5	2.12
I20b	200	102	9.0	11.4	9.0	4.5	39.5	31.1	2 500	250	7.96	16.9	169	33.1	2.06
I22a	220	110	7.5	12.3	9.5	4.8	42.0	33.0	3 400	309	8.99	18.9	225	40.9	2.31
I22b	220	112	9.5	12.3	9.5	4.8	46.4	36.4	3 570	325	8.78	18.7	239	42.7	2.27
I25a	250	116	8	13	10	5	48.5	38.1	5 024	401.9	10.18	21.6	280	48.3	2.40
I25b	250	118	10	13	10	5	53.5	42.0	5 284	422.7	9.94	21.3	309	52.4	2.40
I28a	280	122	8.5	13.7	10.5	5.3	55.15	43.4	7 114	508.2	11.32	24.6	345	56.6	2.49
I28b	280	124	10.5	13.7	10.5	5.3	61.05	47.9	7 480	534.3	11.08	24.6	379	61.2	2.49
I32a	320	130	9.5	15	11.5	5.8	67.05	52.7	11 076	692.2	12.84	27.5	460	70.8	2.62
I32b	320	132	11.5	15	11.5	5.8	73.15	57.7	11 621	726.3	12.58	27.1	502	76.0	2.61
I32c	320	134	13.5	15	11.5	5.8	79.95	62.8	12 168	760.5	12.34	26.8	544	81.2	2.61
I36a	360	136	10.0	15.8	12.0	6.0	76.3	59.9	15 760	875	14.4	30.7	552	81.2	2.69
I36b	360	138	12.0	15.8	12.0	6.0	83.5	65.6	16 530	919	14.1	30.3	582	84.3	2.64
I36c	360	140	14.0	15.8	12.0	6.0	90.7	71.2	17 310	962	13.8	29.9	612	87.4	2.60
I40a	400	142	10.5	10.5	12.5	6.3	86.1	67.6	21 720	1 090	15.9	31.1	660	93.2	2.77
I40b	400	144	12.5	16.5	12.5	6.3	94.1	73.8	22 780	1 140	15.6	33.6	692	96.2	2.71
I40c	400	146	11.5	16.5	12.5	6.3	102	80.1	23 850	1 190	15.2	33.2	727	99.6	2.65
I45a	450	150	11.5	18.0	13.5	6.8	102	80.4	32 240	1 430	17.7	38.6	855	114	2.89
I45b	450	152	13.5	18.0	13.5	6.8	111	87.4	33 760	1 500	17.4	38.0	894	118	2.84
I45c	450	151	15.5	18.0	13.5	6.8	120	94.5	35 280	1 570	17.1	37.6	938	122	2.79

续表

型号	尺寸/mm						截面面积/cm²	重量/(kg·m⁻¹)	x—x				y₀—y₀		
	h	b	t_w	t	r	r_1			I_x/cm⁴	W_x/cm³	i_x/cm	$I_x:S_x$/cm	I_{y0}/cm⁴	W_{y0}/cm³	i_{y0}/cm
I50a	500	158	12.0	20.0	14.0	7.0	119	693.6	46 470	1 860	19.7	42.8	1 120	142	3.07
I50b	500	160	14.0	20.0	14.0	7.0	129	101	48 560	1 940	19.4	42.4	1 170	146	3.01
I50c	500	162	16.0	20.0	14.0	7.0	139	109	50 640	2 080	19.0	41.8	1 220	151	2.96
I56a	560	166	12.5	21.0	14.5	7.3	135.25	106.2	65 586	2 312	22.02	47.7	1 370	165	3.18
I56b	560	168	14.5	21.0	14.5	7.3	146.45	115.2	68 512	2 447	21.63	47.2	1 487	174	3.16
I56c	560	170	16.5	21	14.5	7.3	157.85	123.9	71 439	2 551	21.27	46.7	1 558	183	3.16
I63a	630	176	13.0	22	15	7.5	154.9	121.6	93 916	2 981	24.62	54.2	1 701	193	3.31
I63b	630	178	15.0	22	15	7.5	167.5	131.5	98 081	3 114	24.20	53.45	1 812	204	3.29
I63c	630	180	17.0	22	15	7.5	180.1	141.0	102 339	3 246	23.82	52.9	1 925	214	3.21

附表 3.6 热轧轻型工字钢截面特性表 (YB 163—63)

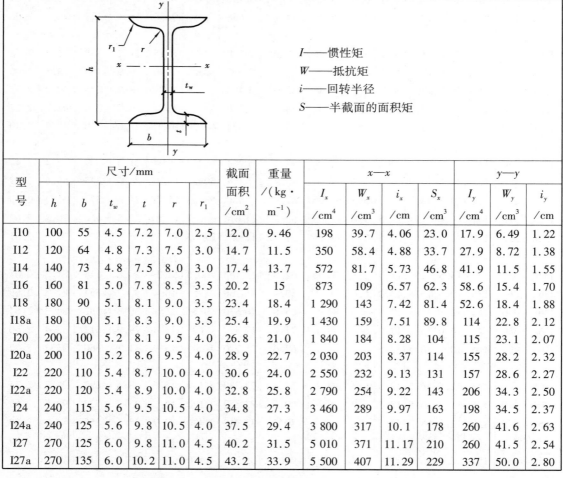

I——惯性矩
W——抵抗矩
i——回转半径
S——半截面的面积矩

型号	尺寸/mm						截面面积/cm²	重量/(kg·m⁻¹)	x—x				y—y		
	h	b	t_w	t	r	r_1			I_x/cm⁴	W_x/cm³	i_x/cm	S_x/cm³	I_y/cm⁴	W_y/cm³	i_y/cm
I10	100	55	4.5	7.2	7.0	2.5	12.0	9.46	198	39.7	4.06	23.0	17.9	6.49	1.22
I12	120	64	4.8	7.3	7.5	3.0	14.7	11.5	350	58.4	4.88	33.7	27.9	8.72	1.38
I14	140	73	4.8	7.5	8.0	3.0	17.4	13.7	572	81.7	5.73	46.8	41.9	11.5	1.55
I16	160	81	5.0	7.8	8.5	3.5	20.2	15	873	109	6.57	62.3	58.6	15.4	1.70
I18	180	90	5.1	8.1	9.0	3.5	23.4	18.4	1 290	143	7.42	81.4	52.6	18.4	1.88
I18a	180	100	5.1	8.3	9.0	3.5	25.4	19.9	1 430	159	7.51	89.8	114	22.8	2.12
I20	200	100	5.2	8.1	9.5	4.0	26.8	21.0	1 840	184	8.28	104	115	23.1	2.07
I20a	200	110	5.2	8.6	9.5	4.0	28.9	22.7	2 030	203	8.37	114	155	28.2	2.32
I22	220	110	5.4	8.7	10.0	4.0	30.6	24.0	2 550	232	9.13	131	157	28.6	2.27
I22a	220	120	5.4	8.9	10.0	4.0	32.8	25.8	2 790	254	9.22	143	206	34.3	2.50
I24	240	115	5.6	9.5	10.5	4.0	34.8	27.3	3 460	289	9.97	163	198	34.5	2.37
I24a	240	125	5.6	9.8	10.5	4.0	37.5	29.4	3 800	317	10.1	178	260	41.6	2.63
I27	270	125	6.0	9.8	11.0	4.5	40.2	31.5	5 010	371	11.17	210	260	41.5	2.54
I27a	270	135	6.0	10.2	11.0	4.5	43.2	33.9	5 500	407	11.29	229	337	50.0	2.80

型号	尺寸/mm						截面面积/cm²	重量/(kg·m⁻¹)	x—x				y—y		
	h	b	t_w	t	r	r_1			I_x /cm⁴	W_x /cm³	i_x /cm	S_x /cm³	I_y /cm⁴	W_y /cm³	i_y /cm
I30	300	135	6.5	10.2	12.0	5.0	46.5	36.5	7 080	472	12.3	268	337	49.9	2.69
I30a	300	145	6.5	10.7	12.0	5.0	49.9	39.2	7 780	518	12.5	292	436	60.1	2.95
I33	330	140	7.0	11.2	13.0	5.0	53.8	42.2	9 840	597	13.5	339	419	59.9	2.79
I36	360	145	7.5	12.3	14.0	6.0	61.9	18.6	13 380	743	14.7	423	516	71.1	2.89
I40	400	155	8.0	13.0	15.0	6.0	71.4	56.1	18 930	947	16.3	540	666	85.9	3.05
I45	450	160	8.6	11.2	16.0	7.0	83.0	65.2	27 450	1 220	18.2	699	807	101	3.12
I50	500	170	9.5	15.2	17.0	7.0	97.8	76.8	39 290	1 570	20.0	905	1 040	122	3.26
I55	550	180	10.3	16.5	18.0	7.0	114	89.8	55 150	2 000	22.0	1 150	1 350	150	3.44
I60	600	190	11.1	17.8	20.0	8.0	132	104	75 450	2 510	23.9	1 450	1 720	181	3.60
I65	650	200	12	19.2	22.0	9.0	153	120	101 400	3 120	25.8	1 800	2 170	217	3.773
I70	700	210	13	20.8	24.0	10.0	176	138	134 600	3 840	27.7	2 230	2 730	260	3.94
I70a	700	210	15	24.8	24.0	10.0	202	158	152 700	4 360	27.5	2 550	3 240	309	4.01
I70b	700	210	17.5	28.2	24.0	10.0	234	184	175 370	5 010	27.4	2 940	3 910	373	4.09

附表 3.7　热轧普通槽钢截面特性表（GB 707—88）

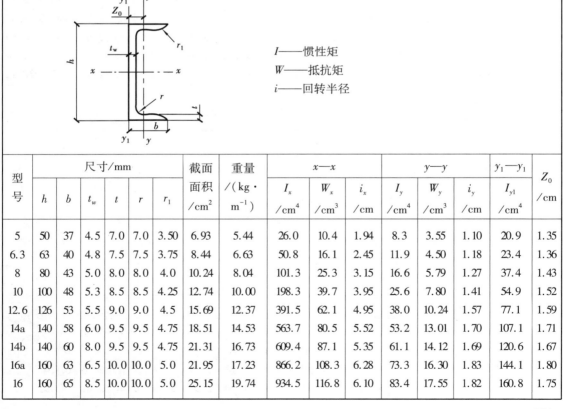

I——惯性矩

W——抵抗矩

i——回转半径

型号	尺寸/mm						截面面积/cm²	重量/(kg·m⁻¹)	x—x			y—y			y₁—y₁	Z_0 /cm
	h	b	t_w	t	r	r_1			I_x /cm⁴	W_x /cm³	i_x /cm	I_y /cm⁴	W_y /cm³	i_y /cm	I_{y1} /cm⁴	
5	50	37	4.5	7.0	7.0	3.50	6.93	5.44	26.0	10.4	1.94	8.3	3.55	1.10	20.9	1.35
6.3	63	40	4.8	7.5	7.5	3.75	8.44	6.63	50.8	16.1	2.45	11.9	4.50	1.18	23.4	1.36
8	80	43	5.0	8.0	8.0	4.0	10.24	8.04	101.3	25.3	3.15	16.6	5.79	1.27	37.4	1.43
10	100	48	5.3	8.5	8.5	4.25	12.74	10.00	198.3	39.7	3.95	25.6	7.80	1.41	54.9	1.52
12.6	126	53	5.5	9.0	9.0	4.5	15.69	12.37	391.5	62.1	4.95	38.0	10.24	1.57	77.1	1.59
14a	140	58	6.0	9.5	9.5	4.75	18.51	14.53	563.7	80.5	5.52	53.2	13.01	1.70	107.1	1.71
14b	140	60	8.0	9.5	9.5	4.75	21.31	16.73	609.4	87.1	5.35	61.1	14.12	1.69	120.6	1.67
16a	160	63	6.5	10.0	10.0	5.0	21.95	17.23	866.2	108.3	6.28	73.3	16.30	1.83	144.1	1.80
16	160	65	8.5	10.0	10.0	5.0	25.15	19.74	934.5	116.8	6.10	83.4	17.55	1.82	160.8	1.75

续表

型号	尺寸/mm						截面面积/cm²	重量/(kg·m⁻¹)	$x-x$			$y-y$			y_1-y_1	Z_0/cm
	h	b	t_w	t	r	r_1			I_x/cm⁴	W_x/cm³	i_x/cm	I_y/cm⁴	W_y/cm³	i_y/cm	I_{y1}/cm⁴	
18a	180	68	7.0	10.5	10.5	5.25	25.69	20.17	1 272.7	141.4	7.04	98.6	30.30	1.96	189.7	1.88
18	180	70	9.0	10.5	10.5	5.25	29.29	22.99	1 369.9	152.2	6.84	111.0	21.52	1.95	210.1	1.84
20a	200	73	7.0	11.0	11.0	5.5	28.83	22.63	1 780.4	178.0	7.86	128.0	24.20	2.11	244.0	2.01
20	200	75	9.0	11.0	11.0	5.5	32.83	25.77	1 913.7	191.4	7.64	143.6	25.88	2.09	268.4	1.95
22a	220	77	7.0	11.5	11.5	5.75	31.84	24.99	2 393.9	217.6	8.67	157.8	28.17	2.23	298.2	2.10
22	220	79	9.0	11.5	11.5	5.75	36.24	28.45	2 571.4	233.8	8.42	176.4	30.05	2.21	326.3	2.03
25a	250	78	7	12	12	6	34.91	27.47	3 369.6	269.8	9.82	177.5	30.61	2.24	322.2	2.07
25b	250	80	9	12	12	6	39.91	31.39	3 530.0	289.6	9.40	196.4	32.66	2.22	353.2	1.98
25c	250	82	11	12	12	6	44.91	35.32	3 690.5	295.2	9.07	218.4	35.93	2.21	384.1	1.92
28a	280	82	7.5	12.5	12.5	6.25	40.02	31.42	4 764.6	340.3	10.91	218.0	35.72	2.33	387.6	2.10
28b	280	84	9.5	12.5	12.5	6.25	45.62	35.81	5 130.5	366.5	10.60	242.1	37.93	2.30	427.6	2.02
28c	280	86	11.5	12.5	12.5	6.25	51.22	40.21	5 496.3	391.7	10.35	267.6	40.30	2.29	462.6	1.95
32a	320	88	8	14	14	7	48.7	38.22	7 598.1	474.9	12.49	304.8	46.47	2.50	552.3	2.24
32b	320	90	10	14	14	7	55.1	43.25	8 144.2	509.0	12.15	336.3	49.16	2.47	592.9	2.16
32c	320	92	12	14	14	7	61.5	46.28	8 690.3	543.1	11.88	374.2	52.64	2.47	643.2	2.09
36a	360	96	9.0	16.0	16.0	8.0	60.89	47.80	11 874.2	659.7	13.97	455.0	63.54	2.73	818.4	2.44
36b	360	98	11.0	16.0	16.0	8.0	68.09	53.45	12 651.8	702.9	13.63	496.7	66.85	2.70	880.4	2.37
36c	360	100	13.0	16.0	16.0	8.0	75.29	59.10	13 429.4	746.1	13.36	536.4	70.02	2.67	947.9	2.34
40a	400	100	10.5	18.0	18.0	9.0	75.05	58.91	17 577.9	878.9	15.30	592.0	78.83	2.81	1 067.7	2.49
40b	400	102	12.5	18.0	18.0	9.0	83.05	65.19	18 644.5	932.2	14.98	640.0	82.52	2.78	1135.6	2.44
40c	400	104	14.5	18.0	18.0	9.0	91.05	71.47	19 711.2	985.6	14.71	687.8	86.19	2.75	1 220.7	2.42

附表 3.8　热轧轻型槽钢截面特性表（YB 164—63）

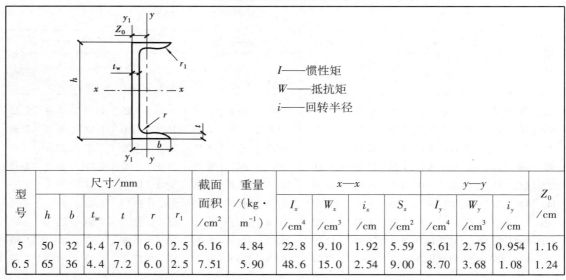

I——惯性矩

W——抵抗矩

i——回转半径

型号	尺寸/mm						截面面积/cm²	重量/(kg·m⁻¹)	$x-x$				$y-y$			Z_0/cm
	h	b	t_w	t	r	r_1			I_x/cm⁴	W_x/cm³	i_x/cm	S_x/cm²	I_y/cm⁴	W_y/cm³	i_y/cm	
5	50	32	4.4	7.0	6.0	2.5	6.16	4.84	22.8	9.10	1.92	5.59	5.61	2.75	0.954	1.16
6.5	65	36	4.4	7.2	6.0	2.5	7.51	5.90	48.6	15.0	2.54	9.00	8.70	3.68	1.08	1.24

型号	尺寸/mm						截面面积 /cm²	重量 /(kg·m⁻¹)	x—x				y—y			Z₀ /cm
	h	b	t_w	t	r	r_1			I_x /cm⁴	W_x /cm³	i_x /cm	S_x /cm²	I_y /cm⁴	W_y /cm³	i_y /cm	
8	85	40	4.5	7.4	6.5	2.5	8.98	7.05	89.4	22.4	3.16	13.3	12.8	4.75	1.19	1.31
10	100	46	4.5	7.6	7.0	3.0	10.90	8.59	174	34.8	3.99	20.4	20.4	6.46	1.37	1.44
12	120	52	4.8	7.8	7.5	3.0	13.30	10.4	304	50.6	4.78	29.6	31.2	8.52	1.53	1.54
14	140	58	4.9	8.1	8.0	3.0	15.60	12.3	491	70.2	5.60	40.8	45.4	11.0	1.70	1.67
14a	140	62	4.9	8.7	8.0	3.0	17.00	13.3	454	77.8	5.60	45.1	57.5	13.3	1.84	1.87
16	160	64	5.0	8.4	8.5	3.5	28.10	14.2	747	93.4	6.42	54.1	63.3	13.8	1.87	1.80
16a	160	68	5.0	9.0	8.5	3.5	19.50	15.3	823	103	6.49	59.4	78.8	16.4	2.01	2.00
18	180	70	5.1	8.7	9.0	3.5	20.70	16.3	1 090	121	7.24	69.8	86.0	17.0	2.04	1.94
18a	180	74	5.6	9.3	9.0	3.5	22.20	17.4	1 190	132	7.32	76.1	105	20.0	2.18	2.13
20	200	76	5.6	9.0	9.5	4.0	23.4	18.4	1 520	152	8.07	87.8	113	20.5	2.20	2.07
20a	200	80	6.0	9.7	9.5	4.0	25.2	19.8	1 670	167	8.15	95.9	139	24.2	2.35	2.28
22	220	82	5.4	9.5	10.0	4.0	26.7	21.0	2 110	192	8.89	110	151	25.1	2.37	2.21
22a	220	87	5.4	10.2	10.0	4.0	28.8	22.6	2 330	211	8.99	121	187	30.0	2.55	2.46
24	240	90	5.6	10.0	10.5	4.0	30.6	24.0	2 900	242	9.73	139	208	31.6	2.60	2.42
24a	240	95	5.6	10.7	10.5	4.0	32.9	25.8	3 180	265	9.84	151	254	37.2	2.72	2.67
27	270	95	6.0	10.5	11	4.5	35.2	27.7	4 160	308	10.29	178	262	37.3	2.73	2.47
30	300	100	6.5	11.0	12	5	40.5	31.8	5 810	387	12.0	224	327	43.6	2.84	2.52
33	330	105	7.0	11.7	13	5	46.5	36.5	7 980	481	13.1	281	410	51.8	2.97	2.59
36	360	110	7.5	12.6	14	6	53.4	41.9	10 820	601	14.2	350	513	61.7	3.10	2.68
40	400	115	8.0	13.5	15	6	61.5	48.3	15 220	761	15.7	444	642	73.4	3.23	2.75

附表 3.9　热轧等边角钢组合截面特性表（YB 166—65）

角钢型号	两个角钢的重量 /(kg·m⁻¹)	两个角钢的截面面积/cm²	回转半径/cm												
			⌐	⌐	⊐⌐	当边缘距离为/mm									
						0	4	6	8	10	12	14	16	18	20
20×3	1.778	2.264	0.39	0.75	0.59	0.84	1.00	1.08	1.16	1.25	1.34	143	1.52	1.61	1.71
4	2.290	2.918	0.38	0.73	0.58	0.87	1.02	1.11	1.19	1.28	1.37	1.46	1.55	1.65	1.74
25×3	2.248	3.864	0.49	0.95	0.76	1.05	1.20	1.28	1.36	1.44	1.53	1.62	1.71	1.8	1.89
4	2.918	3.718	0.48	0.93	0.74	1.06	1.21	1.30	1.38	1.46	1.55	1.64	1.73	1.82	1.91
30×3	2.746	3.498	0.59	1.15	0.91	1.25	1.39	1.47	1.55	1.63	1.71	1.80	1.89	1.97	206
4	3.572	4.552	0.58	1.13	0.90	1.27	1.41	1.49	1.57	1.66	1.74	1.83	1.91	2.00	2.09
36×3	3.312	4.218	0.71	1.39	1.11	1.49	1.63	1.71	1.78	1.86	1.95	2.03	2.11	2.20	2.29
4	4.326	5.512	0.70	1.38	1.09	1.51	1.65	1.73	1.81	1.89	1.97	2.05	2.14	2.23	2.31
5	5.308	6.764	0.70	1.36	1.08	1.52	1.67	1.74	1.82	1.91	1.99	2.07	2.16	2.25	2.34

续表

角钢型号	两个角钢的重量/(kg·m⁻¹)	两个角钢的截面面积/cm²	回转半径/cm												
			⌐	⌐	⊤⊦	当边缘距离为/mm									
						0	4	6	8	10	12	14	16	18	20
40×3	3.704	4.718	0.79	1.55	1.22	1.65	1.78	1.86	1.93	2.01	2.09	2.17	2.26	2.34	2.43
4	4.844	6.172	0.79	1.54	1.23	1.66	1.81	1.88	1.96	2.04	2.12	2.20	2.28	2.37	2.46
5	5.952	7.582	0.78	1.52	1.21	1.68	1.83	1.90	1.98	2.06	2.14	2.23	2.31	2.40	2.48
45×3	4.176	5.318	0.90	1.76	1.40	1.85	1.99	2.06	2.14	2.21	2.29	2.37	2.45	2.54	2.62
4	5.472	6.972	0.89	1.74	1.38	1.87	2.01	2.08	2.16	2.24	2.32	2.40	2.48	2.56	2.65
5	6.738	8.584	0.88	1.72	1.37	1.89	2.03	2.11	2.18	2.26	2.34	2.48	2.51	2.59	2.63
6	7.970	10.152	0.88	1.70	1.36	1.90	2.04	2.12	2.20	2.28	2.36	2.51	2.52	2.61	2.70
50×3	4.664	5.942	1.00	1.96	1.55	2.05	2.19	2.26	2.33	2.41	2.49	2.56	2.65	2.73	2.81
4	6.118	7.794	0.99	1.94	1.54	2.07	2.21	2.28	2.35	2.43	2.51	2.59	2.67	2.75	2.84
5	7.540	9.606	0.98	1.92	1.53	2.09	2.23	2.30	2.38	2.45	2.53	2.61	2.69	2.78	2.86
6	8.930	11.373	0.98	1.91	1.52	2.10	2.25	2.32	2.40	2.48	2.56	2.64	2.72	2.80	2.89
56×3	5.248	6.686	1.13	2.20	1.75	2.29	2.42	2.49	2.57	2.64	2.72	2.79	2.87	2.95	3.03
4	6.892	8.780	1.11	2.18	1.73	2.31	2.45	2.52	2.59	2.67	2.75	2.82	2.90	2.98	3.07
5	8.502	10.830	1.10	2.17	1.72	2.33	2.47	2.54	2.62	2.69	2.77	2.85	2.93	3.01	3.09
8	13.136	16.734	1.09	2.11	1.68	2.38	2.52	2.60	2.67	2.75	2.83	2.91	3.00	3.08	3.16
63×4	7.814	9.956	1.26	2.46	1.96	2.59	2.73	2.80	2.87	2.94	3.02	3.10	3.17	3.25	3.33
5	9.644	12.286	1.25	2.45	1.94	2.61	2.75	2.82	2.89	2.96	3.04	3.12	3.20	3.28	3.36
6	11.442	14.576	1.24	2.43	1.93	2.62	2.76	2.84	2.91	2.99	3.06	3.14	3.22	3.30	3.38
8	14.938	19.030	1.23	2.40	1.90	2.65	2.80	2.87	2.95	3.02	3.10	3.18	3.26	3.34	3.43
10	18.302	23.314	1.22	2.36	1.88	2.69	2.84	2.92	2.99	3.07	3.15	3.23	3.31	3.40	3.48
70×4	8.744	11.140	1.40	2.74	2.18	2.86	3.00	3.07	3.14	3.21	3.28	3.36	3.44	3.52	3.59
5	10.794	13.750	1.39	2.73	2.16	2.89	3.02	3.09	3.17	3.24	3.31	3.39	3.47	3.55	3.63
6	12.812	16.320	1.38	2.71	2.15	2.90	3.04	3.11	3.19	3.26	3.34	3.41	3.49	3.57	3.65
7	14.796	18.848	1.38	2.69	2.14	2.92	3.06	3.13	3.21	3.28	3.36	3.44	3.52	3.60	3.68
8	16.746	21.334	1.37	2.68	2.12	2.94	3.08	3.15	3.23	3.30	3.38	3.46	3.54	3.62	3.70
75×5	11.636	14.734	1.50	2.92	2.33	3.10	3.23	3.30	3.37	3.45	3.52	3.60	3.67	3.75	3.83
6	13.810	17.594	1.49	2.90	2.31	3.10	3.24	3.31	3.38	3.46	3.53	3.61	3.68	3.76	3.84
7	15.952	20.320	1.48	2.89	2.30	3.12	3.26	3.33	3.40	3.48	3.55	3.63	3.71	3.79	3.87
8	18.060	23.006	1.47	2.88	2.28	3.14	3.28	3.35	3.42	3.50	3.57	3.65	3.73	3.81	3.89
10	22.178	28.252	1.46	2.84	2.26	3.17	3.31	3.38	3.46	3.53	3.61	3.69	3.77	3.85	3.93
80×5	12.422	15.840	1.60	3.13	2.48	3.28	3.42	3.49	3.56	3.63	3.71	3.78	3.86	3.93	4.01
6	14.752	18.794	1.59	3.11	2.47	3.30	3.44	3.51	3.58	3.65	3.73	3.80	3.88	3.96	4.03
7	17.050	21.720	1.58	3.10	2.46	3.32	3.46	3.53	3.60	3.67	3.75	3.82	3.90	3.98	4.06
8	19.316	24.606	1.57	3.08	2.44	3.34	3.47	3.55	3.60	3.69	3.77	3.85	3.92	4.00	4.08
10	23.748	30.252	1.56	3.04	2.42	3.37	3.51	3.59	3.66	3.74	3.81	3.89	3.97	4.05	4.13

角钢型号	两个角钢的重量/(kg·m⁻¹)	两个角钢的截面面积/cm²	回转半径/cm												
			∟	⊤	⊥	当边缘距离为/mm									
						0	4	6	8	10	12	14	16	18	20
90×6	16.700	21.274	1.80	3.51	2.79	3.71	3.84	3.91	3.98	4.05	4.13	4.20	4.28	4.35	4.43
7	19.312	24.602	1.78	3.50	2.78	3.72	3.86	3.93	4.00	4.07	4.15	4.22	4.30	4.37	4.45
8	21.892	27.888	1.78	3.48	2.76	3.74	3.88	3.95	4.02	4.09	4.17	4.24	4.32	4.40	4.44
10	26.952	34.334	1.76	3.45	2.74	3.77	3.91	3.98	4.05	4.13	4.20	4.28	4.36	4.44	4.51
12	31.880	40.612	1.75	3.41	2.71	3.80	3.95	4.02	4.10	4.17	4.25	4.32	4.40	4.48	4.56
100×6	18.732	23.864	2.00	3.90	3.10	4.09	4.23	4.30	4.37	4.44	4.51	4.28	4.66	4.73	4.81
7	21.660	27.592	1.99	3.89	3.09	4.11	4.25	4.31	4.39	4.46	4.43	4.60	4.68	4.75	4.83
8	24.552	31.276	1.98	3.88	3.08	4.13	4.27	4.34	4.41	4.48	4.56	4.63	4.73	4.78	4.86
10	30.240	38.522	1.96	3.84	3.05	4.17	4.31	4.38	4.45	4.52	4.60	4.67	4.75	4.83	4.91
12	35.796	45.600	1.95	3.81	3.03	4.20	4.34	4.41	4.49	4.56	4.63	4.71	4.79	4.87	4.94
14	41.222	52.512	1.94	3.77	3.00	4.24	4.33	4.45	4.53	4.60	4.68	4.76	4.83	4.91	4.99
16	46.514	59.254	1.94	3.74	2.98	4.27	4.41	4.49	4.56	4.64	4.72	4.80	4.87	4.95	5.03
110×7	23.856	30.392	2.20	4.30	3.41	4.52	4.65	4.72	4.79	4.86	4.93	5.01	5.08	5.15	5.23
8	27.064	34.476	2.19	4.28	3.40	4.54	4.68	4.75	4.82	4.89	4.96	5.03	5.11	5.18	5.26
10	33.380	42.522	2.17	4.25	3.38	4.58	4.71	4.78	4.86	4.93	5.00	5.07	5.15	5.23	5.30
12	39.564	50.400	2.15	4.22	3.35	4.60	4.74	4.81	4.89	4.96	5.03	5.11	5.19	5.26	5.34
14	45.618	58.112	2.14	4.18	3.32	4.64	4.78	4.85	4.93	5.00	5.08	5.15	5.23	5.31	5.39
125×8	31.008	39.500	2.50	4.88	3.88	5.14	5.27	5.34	5.41	5.48	5.55	5.62	5.69	5.77	5.84
10	38.266	48.746	2.48	4.85	3.85	5.17	5.31	5.38	5.45	5.52	5.59	5.66	5.74	5.81	5.89
12	45.392	57.824	2.46	4.82	3.83	5.21	5.34	3.41	5.45	5.56	5.63	5.70	5.78	5.85	5.93
14	52.386	66.734	2.45	4.78	3.80	5.24	5.38	5.45	5.52	5.60	5.67	5.75	5.82	5.90	5.97
140×10	42.976	54.740	2.78	5.46	4.34	5.78	5.91	5.98	6.05	6.12	6.19	6.26	6.34	6.41	6.48
12	51.044	65.024	2.76	5.43	4.31	5.81	5.95	6.02	6.09	6.16	6.23	6.30	6.38	6.45	6.53
14	58.980	75.134	2.75	5.40	4.28	5.85	5.98	6.05	6.03	6.20	6.27	6.34	6.42	6.49	6.57
16	66.786	85.078	2.74	5.36	4.26	5.88	6.02	6.09	6.13	6.24	6.31	6.38	6.46	6.54	6.61
160×10	49.458	63.004	3.20	6.27	4.98	6.58	6.71	6.78	6.85	6.92	6.99	7.06	7.13	7.20	7.28
12	58.782	74.82	3.18	6.24	4.95	6.61	6.75	6.82	6.38	6.96	7.03	7.10	7.17	7.24	7.32
14	67.974	86.59	3.16	6.20	4.92	6.65	6.78	6.85	6.92	6.99	7.07	7.14	7.21	7.28	7.36
16	77.036	98.134	3.14	6.17	4.89	6.68	6.82	6.89	6.96	7.03	7.10	7.18	7.25	7.32	7.40
180×12	66.318	84.482	3.58	7.05	5.59	7.43	7.56	7.63	7.70	7.77	7.84	7.91	7.98	8.05	8.12
14	76.766	97.792	3.56	7.02	5.56	7.46	7.60	7.66	7.73	7.80	7.87	7.94	8.02	8.09	8.16
16	87.084	110.934	3.55	6.98	5.54	7.40	7.63	7.70	7.77	7.84	7.91	7.98	8.06	8.13	8.20
18	97.268	123.910	3.51	6.94	5.50	7.52	7.66	7.73	7.80	7.87	7.94	8.02	8.09	8.16	8.24
200×14	85.788	109.284	3.98	7.87	6.20	8.26	8.40	8.47	8.53	8.60	8.67	8.74	8.81	8.89	8.96
16	97.360	124.026	3.96	7.79	6.18	8.30	8.43	8.50	8.57	8.64	8.71	8.78	8.85	8.92	9.00
18	108.802	138.602	3.94	7.75	6.15	8.33	8.47	8.54	8.61	8.68	8.75	8.82	8.89	8.96	9.04
20	120.112	153.010	3.93	7.72	6.12	8.36	8.50	8.56	8.64	8.71	8.78	8.85	8.92	8.99	9.07
24	142.336	181.322	3.90	7.64	6.07	8.44	8.58	8.65	8.73	8.80	8.87	8.94	9.02	9.09	9.17

附表 3.10 不等边角钢组合截面特性表

回转半径/cm

角钢型号	两个角钢的重量 /(kg·m⁻¹)	两个角钢的截面面积 /cm²	丅	⌐⌐ 当边缘距离为/mm 0	4	6	8	10	12	14	16	18	20	丅	⌐⌐ 当边缘距离为/mm 0	4	6	8	10	12	14	16	18	20
25×16×3	1.824	2.324	0.78	0.60	0.76	0.84	0.93	1.02	1.11	1.20	1.30	1.39	1.49	0.44	1.16	1.31	1.40	1.48	1.57	1.65	1.74	1.83	1.92	2.02
4	2.253	2.998	0.77	0.63	0.75	0.87	0.96	1.05	1.14	1.24	1.33	1.42	1.52	0.43	1.18	1.34	1.42	1.51	1.60	1.68	1.77	1.86	1.96	2.05
32×16×3	2.342	2.984	1.01	0.74	0.89	0.97	1.05	1.16	1.22	1.31	1.40	1.50	1.59	0.55	1.48	1.63	1.71	1.79	1.88	1.96	2.05	2.14	2.22	2.31
4	3.044	3.878	1.00	0.76	0.91	0.99	1.08	1.30	1.25	1.34	1.44	1.53	1.62	0.54	1.50	1.67	1.74	1.82	1.90	1.99	2.08	2.16	2.25	2.34
40×25×3	2.968	3.780	1.28	.92	1.06	1.13	1.21	1.30	1.38	1.47	1.56	1.65	1.74	0.70	1.84	1.98	2.06	2.14	2.22	2.31	2.39	2.47	2.56	2.65
4	3.872	4.934	1.26	0.94	1.08	1.16	1.24	1.32	1.41	1.50	1.59	1.68	1.77	0.69	1.86	2.01	2.09	2.17	2.26	2.34	2.42	2.51	2.60	2.69
45×28×3	3.374	4.298	1.44	1.02	1.15	1.23	1.31	1.39	1.47	1.56	1.64	1.73	1.82	0.79	2.06	2.20	2.28	2.36	2.44	2.52	2.60	2.69	2.77	2.86
4	4.406	5.612	1.42	1.03	1.17	1.25	1.33	1.41	1.50	1.58	1.67	1.76	1.85	0.78	2.08	2.23	2.30	2.46	2.46	2.55	2.63	2.71	2.80	2.89
50×32×3	3.816	4.862	1.60	1.17	1.30	1.38	1.45	1.53	1.61	1.70	1.78	1.87	1.96	0.91	2.26	2.41	2.49	2.56	2.64	2.72	2.80	2.89	2.97	3.05
4	4.988	6.354	1.59	1.19	1.32	1.40	1.48	1.56	1.64	1.72	1.81	1.90	1.99	0.90	2.29	2.44	2.52	2.59	2.67	2.75	2.84	2.92	3.00	3.09
56×36×3	4.306	5.486	1.80	1.31	1.44	1.51	1.58	1.66	1.74	1.82	1.90	1.99	2.07	1.03	2.53	2.68	2.75	2.83	2.90	2.98	3.06	3.15	3.23	3.31
4	5.636	7.180	1.79	1.33	1.47	1.54	1.62	1.69	1.77	1.86	1.94	2.03	2.11	1.02	2.55	2.70	2.77	2.85	2.93	3.01	3.09	3.17	3.25	3.34
5	6.932	8.830	1.77	1.34	1.48	1.55	1.63	1.71	1.79	1.87	1.96	2.05	2.13	1.01	2.58	2.72	2.80	2.88	2.96	3.04	3.12	3.20	3.29	3.37
63×40×4	6.370	8.116	2.20	1.46	1.59	1.67	1.74	1.82	1.90	1.98	2.06	2.15	2.23	1.14	2.87	3.01	3.09	3.16	3.24	3.32	3.40	3.48	3.56	3.65
5	7.840	9.986	2.00	1.47	1.61	1.68	1.76	1.83	1.91	2.00	2.08	2.16	2.25	1.12	2.89	3.03	3.11	3.19	3.27	3.35	3.43	3.51	3.59	3.67
6	9.278	11.816	1.96	1.49	1.63	1.70	1.78	1.86	1.94	2.02	2.11	2.19	2.28	1.11	2.91	3.06	3.13	3.29	3.29	3.37	3.45	3.53	3.62	3.70
7	10.678	13.604	1.98	1.51	1.65	1.73	1.80	1.88	1.97	2.05	2.14	2.22	2.31	1.10	2.92	3.07	3.15	3.30	3.30	3.47	3.47	3.55	3.63	3.72
70×45×4	7.140	9.094	2.28	1.64	1.77	1.84	1.92	1.99	2.07	2.15	2.23	2.31	2.40	1.29	3.18	3.32	3.40	3.47	3.56	3.63	3.71	3.79	3.87	3.95
5	80.806	11.218	2.23	1.66	1.79	1.86	1.94	2.02	2.09	2.17	2.26	2.34	2.42	1.28	3.19	3.34	3.41	3.49	3.57	3.64	3.72	3.80	3.89	3.97

6	10.436	13.294	2.21	1.67	1.81	1.88	1.95	2.03	2.11	2.19	2.27	2.36	2.44	1.26	3.21	3.35	3.43	3.51	3.58	3.66	3.74	3.82	3.91	3.99
7	12.022	15.314	2.20	1.69	1.83	1.90	1.98	2.06	2.14	2.22	2.30	2.39	2.47	1.25	3.23	3.38	3.45	3.53	3.61	3.69	3.77	3.85	3.94	4.02
75×50×5	9.616	12.250	2.39	1.85	1.98	2.05	2.13	2.20	2.28	2.36	2.44	2.52	2.60	1.44	3.38	3.53	3.60	3.68	3.76	3.83	3.91	3.99	4.07	4.15
6	11.398	14.520	2.38	1.87	2.00	2.07	2.15	2.22	2.30	2.38	2.46	2.54	2.63	1.42	3.41	3.55	3.63	3.71	3.78	3.86	3.94	4.02	4.10	4.18
8	14.862	18.934	2.35	1.90	2.04	2.12	2.19	2.27	2.35	2.43	2.52	2.60	2.68	1.40	3.45	3.60	3.67	3.75	3.83	3.91	3.99	4.07	4.15	4.23
10	18.196	23.180	2.33	1.94	2.08	2.13	2.23	2.31	2.40	2.48	2.56	2.65	2.73	1.38	3.49	3.64	3.72	3.80	3.88	3.96	4.04	4.12	4.20	4.29
80×50×5	10.010	12.750	2.56	1.82	1.95	2.02	2.09	2.17	2.24	2.32	2.40	2.48	2.57	1.41	3.65	3.80	3.87	3.95	4.02	4.10	4.18	4.26	4.34	4.42
6	11.870	15.120	2.56	1.84	1.97	2.04	2.12	2.19	2.27	2.35	2.43	2.51	2.59	1.42	3.68	3.83	3.90	3.98	4.06	4.14	4.22	4.30	4.38	4.46
7	13.696	17.448	2.54	1.85	1.98	2.06	2.13	2.21	2.28	2.36	2.45	2.53	2.61	1.39	3.70	3.85	3.92	4.00	4.08	4.15	4.23	4.31	4.40	4.48
8	15.490	19.734	2.52	1.86	2.00	2.08	2.15	2.23	2.31	2.39	2.47	2.56	2.64	1.38	3.72	3.87	3.94	4.02	4.10	4.18	4.26	4.34	4.42	4.50
90×56×5	11.323	14.424	2.90	2.03	2.15	2.22	2.29	2.37	2.44	2.52	2.60	2.68	2.76	1.59	4.10	4.25	4.32	4.40	4.47	4.55	4.63	4.71	4.79	4.87
6	13.434	17.114	2.88	2.04	2.17	2.24	2.32	2.39	2.46	25.40	2.62	2.70	2.78	1.58	4.12	4.27	4.34	4.42	4.49	4.57	4.65	4.73	4.81	4.89
7	15.512	19.760	2.86	2.06	2.19	2.26	2.34	2.41	2.49	5.57	2.65	2.73	2.81	1.57	4.15	4.29	4.37	4.45	4.52	4.60	4.68	4.76	4.84	4.92
8	17.558	22.366	2.85	2.07	2.20	2.28	2.35	2.43	2.50	2.58	2.66	2.75	2.83	1.56	4.17	4.32	4.39	4.47	4.52	4.62	4.70	4.78	4.86	4.95
100×63×6	15.100	19.234	3.21	2.29	2.42	2.49	2.56	2.63	2.71	2.78	2.86	2.94	3.02	1.79	4.56	4.70	4.78	4.85	4.93	5.00	5.08	5.16	5.24	5.32
7	17.444	22.222	3.20	2.31	2.44	2.51	2.58	2.66	2.73	2.81	2.89	2.96	3.05	1.78	4.58	4.72	4.80	4.87	4.95	5.03	5.10	5.18	5.26	5.34
8	19.756	25.168	3.18	2.32	2.45	2.52	2.60	2.67	2.75	2.82	2.90	2.98	3.06	1.77	4.60	4.74	4.82	4.89	4.97	5.05	5.13	5.21	5.28	5.37
10	24.284	30.934	3.15	2.35	2.49	2.57	2.64	2.72	2.79	2.87	2.95	3.03	3.11	1.74	4.64	4.79	4.86	4.94	5.02	5.09	5.17	5.25	5.33	5.41
100×80×6	16.700	21.274	3.17	3.11	3.24	3.31	3.38	3.45	3.52	3.59	3.66	3.74	3.82	2.40	4.33	3.47	4.54	4.62	4.69	4.76	4.84	4.91	4.99	5.07

续表

角钢型号	两个角钢的重量/(kg·m^{-1})	两个角钢的截面面积/cm^2	回转半径/cm																					
			╗╔	╗┏当边缘距离为/mm										╗╔	╗┏当边缘距离为/mm									
				0	4	6	8	10	12	14	16	18	20		0	4	6	8	10	12	14	16	18	20
7	19.312	24.602	3.16	3.12	3.26	3.32	3.39	3.47	3.54	3.61	3.69	3.76	3.84	2.39	4.35	4.49	4.57	4.64	4.71	4.79	4.86	4.94	5.02	5.10
8	21.892	27.888	3.15	3.14	3.27	3.34	3.41	3.49	3.56	3.64	3.71	3.79	3.86	2.37	4.37	4.51	4.59	4.66	4.73	4.81	4.88	4.96	5.04	5.12
10	26.952	34.334	3.12	3.17	3.31	3.38	3.45	3.53	3.60	3.68	3.75	3.83	3.91	2.35	4.41	4.55	4.63	4.70	4.78	4.85	4.93	5.01	5.09	5.17
110×70×6	16.700	21.274	3.54	2.55	2.68	2.74	2.81	2.88	2.96	3.03	3.11	3.18	3.26	2.01	5.00	5.14	5.22	5.29	5.36	5.44	5.52	5.59	5.67	5.75
7	19.312	24.602	3.53	2.56	2.69	2.76	2.83	2.90	2.98	3.05	3.13	3.21	3.29	2.00	5.02	5.16	5.24	5.30	5.39	5.46	5.54	5.62	5.69	5.77
8	21.892	27.888	3.51	2.58	2.71	2.78	2.85	2.93	3.00	3.08	3.15	3.23	3.31	1.98	5.04	5.19	5.26	5.34	5.41	5.49	5.57	5.65	5.72	5.80
10	26.952	34.334	3.58	2.61	2.74	2.81	2.89	2.96	3.04	3.11	3.19	3.27	3.35	1.96	5.08	5.23	5.30	5.38	5.53	5.53	5.61	5.69	5.77	5.85
125×80×7	22.132	28.192	4.02	2.92	3.05	3.11	3.18	3.25	3.32	3.40	3.47	3.55	3.62	2.30	5.68	5.82	5.89	5.97	6.04	6.12	6.19	6.27	6.35	6.42
8	25.102	31.978	4.01	2.93	3.06	3.13	3.20	3.27	3.34	3.42	3.49	3.57	3.65	2.28	5.70	5.85	5.92	6.00	6.07	6.15	6.22	6.30	6.38	6.45
10	30.948	39.424	3.98	2.97	3.10	3.17	3.24	3.31	3.38	3.46	3.54	3.61	3.69	2.26	2.74	5.89	5.96	6.04	6.11	6.19	6.27	6.34	6.42	6.50
12	36.660	46.702	3.95	3.00	3.14	3.21	3.28	3.35	3.43	3.51	3.58	3.66	3.74	2.24	5.78	5.93	6.00	6.08	6.16	6.23	6.31	6.39	6.47	6.55
140×90×8	28.320	36.076	4.50	3.29	3.42	3.49	3.56	3.63	3.70	3.77	3.84	3.62	3.99	2.59	6.37	6.51	6.58	6.65	6.73	6.80	6.88	6.95	7.03	7.11
10	34.950	44.522	4.47	3.32	3.46	3.52	3.59	3.66	3.74	3.81	3.88	3.96	4.04	2.56	6.40	6.55	6.62	6.69	6.77	6.84	6.92	7.00	7.07	7.15
12	41.448	52.800	4.44	3.35	3.48	3.55	3.62	3.70	3.77	3.84	3.92	4.00	4.08	2.54	6.44	6.59	6.66	6.74	6.81	6.89	6.96	7.04	7.12	7.20
14	47.816	60.912	4.42	3.39	3.52	3.59	3.67	3.74	3.81	3.89	3.97	4.04	4.12	2.51	6.48	6.63	6.70	6.78	6.85	6.93	7.01	7.09	7.16	7.24
160×100×10	39.744	50.630	5.14	3.65	3.77	3.84	3.91	3.98	4.05	4.12	4.19	4.27	4.34	2.85	7.34	7.48	7.56	7.63	7.70	7.70	7.85	7.93	8.01	8.08
12	47.184	60.108	5.11	3.68	3.81	3.88	3.95	4.02	4.09	4.16	4.24	4.31	4.39	2.82	7.38	7.52	7.60	7.67	7.75	7.82	7.90	7.97	8.05	8.13
14	54.949	69.418	5.08	3.70	3.84	3.91	3.98	4.05	4.12	4.20	4.27	4.35	4.42	2.80	7.42	7.56	7.64	7.71	7.79	7.86	7.94	8.02	8.09	8.17
16	61.670	78.562	5.05	3.74	3.88	3.95	4.02	4.09	4.17	4.24	4.32	4.39	4.47	2.77	7.45	7.60	7.68	7.75	7.83	7.91	7.98	8.06	8.14	8.22

180×110×10	44.456	56.746	5.80	3.97	4.10	4.16	4.23	4.29	4.36	4.43	4.51	4.58	4.65	3.13	8.27	8.41	8.49	8.56	8.63	8.71	8.78	8.86	8.93	9.01
12	52.928	67.424	5.78	4.00	4.13	4.19	4.26	4.33	4.40	4.47	4.55	4.62	4.69	3.10	8.31	8.46	8.53	8.53	8.68	8.76	8.83	8.91	8.98	9.06
14	61.178	77.934	5.75	4.02	4.16	4.22	4.29	4.36	4.43	4.51	4.58	4.65	4.73	3.08	8.35	8.50	8.57	8.57	8.72	8.80	8.87	8.95	9.03	9.10
16	69.298	88.278	5.72	4.06	4.19	4.26	4.33	4.40	4.47	4.55	4.62	4.70	4.77	3.06	8.39	8.54	8.69	8.61	8.76	8.84	8.92	8.99	9.07	9.15
200×125×12	59.522	75.824	6.44	4.56	4.68	4.75	4.81	4.88	4.95	5.02	5.09	5.16	5.24	3.57	9.18	9.32	9.39	9.47	9.54	9.61	9.69	9.76	9.84	9.91
14	68.872	87.734	6.41	4.59	4.71	4.78	4.85	4.92	4.99	5.06	5.13	5.20	5.28	3.54	9.21	9.36	9.43	9.50	9.58	9.65	9.73	9.80	9.88	9.96
16	78.090	99.478	6.38	4.62	4.75	4.82	4.89	4.96	5.03	5.10	5.17	5.24	5.32	3.52	9.25	9.40	9.47	9.54	9.62	9.69	9.77	9.85	9.92	10.00
18	87.176	11.052	6.35	4.64	4.78	4.85	4.92	4.99	5.06	5.13	5.21	5.28	5.36	3.49	9.29	9.44	9.51	9.58	9.66	9.81	9.81	9.89	9.96	10.04

附表 3.11　热轧普通槽钢组合截面特性表（GB 707—65）

槽钢型号	两个槽钢的重量/(kg·m⁻¹)	两个槽钢的截面面积/cm²	W_x/cm³	I_x/cm⁴	i_x/cm	i_y 当边缘距离为/mm									
						0	4	6	8	10	12	14	16	18	20
5	10.88	13.86	20.8	52.0	1.94	1.74	1.90	1.98	2.06	2.15	2.24	2.32	2.41	2.50	2.59
6.3	13.26	16.89	32.2	101.6	2.45	1.80	1.96	2.04	2.12	2.21	2.29	2.38	2.46	2.55	2.64
8	16.08	20.48	50.6	202.6	3.15	1.91	2.15	2.15	2.23	2.31	2.40	2.48	2.57	2.66	2.74
10	20.00	25.48	79.4	396.6	3.95	2.08	2.31	2.31	2.39	2.47	2.55	2.63	2.72	2.80	2.89
12.6	24.74	31.38	124.3	782.6	4.95	2.22	2.45	2.45	2.53	2.61	2.69	2.77	2.85	2.94	3.02
14a	29.06	37.02	161.0	1 127.4	5.52	2.41	2.63	2.63	2.71	2.78	2.87	2.95	3.03	3.11	3.20
14b	33.46	42.62	174.2	1 218.8	5.35	2.38	2.60	2.60	2.67	2.75	2.83	2.91	2.99	3.08	3.16
16a	34.46	43.90	216.6	1 732.4	6.28	2.57	2.78	2.78	2.86	2.94	3.02	3.10	3.18	3.26	3.34
16	39.48	50.30	233.6	1 869.0	6.10	2.53	2.74	2.47	2.82	2.89	2.97	3.05	3.13	3.22	3.30
18a	40.34	51.38	282.8	2 545.4	7.04	2.72	2.93	2.93	3.01	3.08	3.16	3.24	3.32	3.40	3.48
18	45.98	58.58	304.4	2 739.8	6.84	2.68	2.89	2.89	2.97	2.04	3.12	3.20	3.28	3.36	3.44
20a	45.26	57.66	356.0	3 560.8	7.86	2.91	3.13	3.13	3.20	3.28	3.35	3.43	3.51	3.59	3.67
20	51.54	65.66	382.8	3 827.4	7.64	2.86	3.07	3.07	3.15	3.22	3.30	3.38	3.45	3.54	3.62
22a	49.98	63.68	435.2	4 784.8	8.67	3.06	3.27	3.27	3.35	3.42	3.50	3.58	3.66	3.74	3.82
22	56.90	72.48	467.6	5 142.8	8.42	3.00	3.21	3.21	3.28	3.36	3.43	3.51	3.59	3.67	3.75
25a	54.94	69.82	539.2	6 739.2	9.82	3.05	3.26	3.26	3.33	3.41	3.48	3.56	3.64	3.72	3.80
25b	62.78	79.82	564.8	7 060.1	9.41	2.97	3.18	3.18	3.26	3.33	3.40	3.48	3.56	3.64	3.72
25c	70.64	89.82	590.5	7 380.9	9.07	2.92	3.13	3.13	3.20	3.27	3.35	3.43	3.50	3.58	3.66
28a	62.84	80.04	680.7	9 529.2	10.91	3.14	3.35	3.35	3.42	3.49	3.57	3.64	3.72	3.80	3.88
28b	71.62	91.24	732.9	10 260.9	10.60	3.06	3.27	3.27	3.34	3.41	3.49	3.56	3.64	3.72	3.80
28c	80.42	102.44	785.2	10 992.6	10.35	3.01	3.21	3.21	3.28	3.35	3.43	3.50	3.58	3.65	3.73
32a	76.44	97.40	949.8	15 196.1	12.49	3.36	3.57	3.57	3.64	3.71	3.79	3.86	3.94	4.02	4.09
32b	86.50	110.20	1 018.0	16 288.4	12.15	3.28	3.49	3.49	3.56	3.63	3.70	3.78	3.85	3.93	4.01
32c	96.56	123.00	1 086.3	17 380.7	11.88	3.23	3.44	3.44	3.51	3.58	3.65	3.73	3.80	3.88	3.96
36a	95.60	121.78	1 319.4	23 748.4	13.97	3.66	3.87	3.87	3.94	4.01	4.69	4.16	4.24	4.32	4.39
36b	106.90	136.18	1 405.8	25 303.6	13.63	3.59	3.80	3.80	3.87	3.94	4.01	4.09	4.16	4.24	4.32
36c	118.20	150.58	1 492.2	26 858.8	13.36	3.55	3.75	3.75	3.83	3.90	3.97	4.05	4.12	4.20	4.28
40a	117.82	150.10	1 757.8	35 155.8	15.30	3.75	3.96	3.96	4.03	4.10	4.18	4.25	4.33	4.40	4.48
40b	130.38	166.10	1 864.4	37 289.0	14.98	3.70	3.83	3.90	3.97	4.04	4.12	4.19	4.27	4.34	4.42
40c	142.94	182.10	1 971.2	39 422.4	14.71	3.66	3.80	3.87	3.94	4.01	4.08	4.16	4.23	4.31	4.39
6.5	13.40	17.08	34.0	110.4	2.54	1.82	1.98	2.06	2.14	2.22	2.31	2.39	2.48	2.57	2.66
12	24.12	30.72	115.4	692.6	4.75	2.25	2.40	2.47	2.55	2.63	2.71	2.80	2.88	2.96	3.05
24a	53.10	68.42	508.6	6 104.4	9.45	3.08	3.22	3.29	3.37	3.44	3.52	3.59	3.67	3.75	3.83
27a	61.66	78.54	646.2	8 724.0	10.54	3.17	3.30	3.38	3.45	3.52	3.60	3.67	3.75	3.83	3.91
30a	68.90	87.78	806.4	12 095.8	11.72	3.26	3.40	3.47	3.54	3.61	3.69	3.76	3.84	3.92	4.00

附表 3.12　热轧 H 型钢

符号：

h——H 型钢截面高度；
b——翼缘宽度；
t₁——腹板高度；
t₂——翼缘厚度；
r——圆角半径；
HW、HM、HN、HT 分别代表宽翼缘、中翼缘、窄翼缘、薄壁 H 型钢；

类别	型号(高度×宽度)/(mm×mm)	截面尺寸/mm					截面面积/cm²	理论质量/(kg·m⁻¹)	惯性矩/cm⁴		惯性半径/cm		截面模量/cm³	
		h	b	t_1	t_2	r			I_x	I_y	i_x	i_y	W_x	W_y
HW	100×100	100	100	6	8	8	21.59	16.9	386	134	4.23	2.49	77	27
	125×125	125	125	7	9	8	30.00	23.6	843	293	5.30	3.13	135	46.9
	150×150	150	150	7	10	8	39.65	31.1	1 620	563	6.39	0.18	216	75
	175×175	175	175	8	11	13	51.43	40.4	2 918	983	7.53	4.37	334	112
	200×200	200	200	8	12	13	63.53	49.9	4 717	1 601	8.62	5.02	472	160
		200	204	12	12	13	71.53	56.2	4 984	1 701	8.35	4.88	498	167
	250×250	244	252	11	11	13	81.31	63.8	8 573	2 937	10.27	6.01	703	233
		250	255	9	14	13	91.43	71.8	10 689	3 648	10.81	6.32	855	292
		250	255	14	14	13	103.93	81.6	11 340	3 875	10.45	6.11	907	304
	300×300	294	302	12	12	13	106.33	83.5	16 384	5 513	12.41	7.20	1 115	365
		300	300	10	15	13	118.45	93.0	20 010	6 753	13.00	7.55	1 334	450
		300	305	15	15	13	133.45	104.8	21 135	7 102	12.58	7.29	1 409	466

续表

类别	型号 (高度×宽度)/(mm×mm)	截面尺寸/mm					截面面积 /cm²	理论质量 /(kg·m⁻¹)	惯性矩/cm⁴		惯性半径/cm		截面模量/cm³	
		h	b	t_1	t_2	r			I_x	I_y	i_x	i_y	W_x	W_y
HW	350×350	338	351	13	13	13	133.27	104.6	27 352	9 376	14.33	8.39	1 618	534
		344	348	10	16	13	144.01	113.0	32 545	11 242	15.03	8.84	1 892	646
		344	354	16	16	13	164.65	129.3	34 581	11 841	14.49	8.48	2 011	669
		350	350	12	19	13	171.89	134.9	39 637	13 582	15.19	8.89	2 265	776
		350	357	19	19	13	196.39	154.2	42 138	14 427	14.65	8.57	2 408	808
	400×400	388	402	15	15	22	178.45	140.1	48 040	16 255	16.41	9.54	2 476	809
		394	398	11	18	22	186.81	146.6	55 597	18 920	17.25	10.06	2 822	951
		394	405	18	18	22	214.39	168.3	59 165	19 951	16.61	9.65	3 003	985
		400	400	13	21	22	218.69	171.7	66 455	22 410	17.43	10.12	3 323	1 120
		400	408	21	21	22	250.69	196.8	70 722	23 804	16.80	9.74	3 536	1 167
		414	405	18	28	22	295.39	231.9	93 518	31 022	17.79	10.25	4 158	1 532
		428	407	20	35	22	360.65	283.1	120 892	39 357	18.31	10.45	5 649	1 934
		458	417	30	50	22	528.55	414.9	190 939	60 516	19.01	10.70	8 338	2 902
		*498	432	45	70	22	770.05	604.5	304 730	94 346	19.89	11.07	12 238	4 368
	*500×500	492	465	15	20	22	257.95	202.5	115 559	33 531	21.17	11.40	4 698	1 442
		502	465	15	25	22	304.45	239.0	145 012	41 910	21.82	11.73	5 777	1 803
		502	470	20	25	22	329.55	258.7	150 283	43 295	21.35	11.46	5 987	1 842

类别	型号	H	B	t₁	t₂	r	截面面积	质量	I_x	I_y	i_x	i_y	W_x	W_y
HM	150×100	148	100	6	9	8	26.35	20.7	995	150	6.15	2.39	135	30
	200×150	194	150	6	9	8	38.11	29.9	2 586	507	8.24	3.65	267	68
	250×175	244	175	7	11	13	55.49	43.6	5 908	984	10.32	4.21	484	112
	300×200	294	200	8	12	13	71.05	55.8	10 858	1 602	12.36	4.75	739	160
	350×250	340	250	9	14	13	99.53	78.1	20 867	3 648	14.48	6.05	1 227	292
	400×300	390	300	10	16	13	133.25	104.6	37 363	7 203	16.75	7.35	1 916	480
	450×300	440	300	11	18	13	153.89	120.8	54 067	8 105	18.74	0.31	2 458	540
	500×300	482	300	11	15	13	141.17	110.8	57 212	6 756	20.13	6.92	2 374	450
		488	300	11	18	13	159.17	124.9	67 916	8 106	20.66	7.14	2 783	540
	550×300	544	300	11	15	13	147.99	116.2	74 874	6 756	22.49	6.76	2 753	450
		550	300	11	18	13	165.99	130.3	88 470	8 106	23.09	6.99	3 217	540
	600×300	582	300	12	17	13	169.21	132.8	97 287	7 659	23.98	6.73	3 343	511
		588	300	12	20	13	187.21	147.0	112 827	9 009	24.55	6.94	3 838	601
		594	302	14	23	13	217.09	170.4	132 179	10 572	24.68	6.98	4 450	700
HN	100×50	100	50	5	7	8	11.85	9.3	191	15	4.02	1.11	38	6
	125×60	125	60	6	8	8	16.69	13.1	408	29	4.94	1.32	65	10
	150×75	150	75	5	7	8	17.85	14.0	646	49	6.01	1.66	86	13
	175×90	175	90	5	8	8	22.90	18.0	1 174	97	7.16	2.06	134	22
	200×100	198	99	5	7	8	22.69	17.8	1 484	113	8.09	2.24	150	23

续表

类别	型号 (高度×宽度) /(mm×mm)	截面尺寸/mm					截面面积 /cm²	理论质量 /(kg·m⁻¹)	惯性矩/cm⁴		惯性半径/cm		截面模量/cm³	
		h	b	t_1	t_2	r			I_x	I_y	i_x	i_y	W_x	W_y
HN	200×100	200	100	6	8	8	26.67	20.9	1 753	134	8.11	2.24	175	27
	250×125	248	124	5	8	8	31.99	25.1	3 346	255	10.23	2.82	270	41
		250	125	6	9	8	36.97	29.0	3 868	294	10.23	2.82	309	47
	300×150	298	149	6	8	13	40.80	32.0	5 911	442	12.04	3.29	397	59
		300	150	7	9	13	46.78	36.7	6 829	507	12.08	3.29	455	68
	350×175	346	174	6	9	13	52.45	41.2	10 456	791	14.12	3.88	604	91
		350	175	7	11	13	62.91	49.4	12 980	984	14.36	3.95	742	112
	400×150	400	150	8	13	13	70.37	55.2	17 906	733	15.95	3.23	895	98
	400×200	396	199	7	11	13	71.41	56.1	19 023	1 446	16.32	4.50	961	145
		400	200	8	13	13	83.37	65.4	22 775	1 735	16.53	4.56	1 139	174
	500×200	446	199	8	12	13	82.97	65.1	27 146	1 578	18.09	4.36	1 217	159
		450	200	9	14	13	95.43	74.9	31 973	1 870	18.30	4.43	1 421	187
	450×200	496	199	9	14	13	99.29	77.9	39 628	1 842	19.98	4.31	1 598	185
		500	200	10	16	13	112.25	88.1	45 685	2 138	20.17	4.36	1 827	214
		506	201	11	19	13	129.31	101.5	54 478	2 577	20.53	4.46	2 153	256
	550×200	546	199	9	14	13	103.79	81.5	49 245	1 842	21.78	4.21	1 804	185
		550	200	10	16	13	117.25	92.0	56 695	2 138	21.99	4.27	2 062	214
	600×200	596	199	10	15	13	117.75	92.4	64 739	1 975	23.45	4.10	2 172	199
		600	200	11	17	13	131.71	103.4	73 749	2 273	23.66	4.15	2 458	227
		606	201	12	20	13	149.77	117.6	86 656	2 716	24.05	4.26	2 860	270

HN													
650×300	646	299	10	15	13	152.75	119.9	107 794	6 688	26.56	6.62	3 337	447
	650	300	11	17	13	171.21	134.4	122 739	7 657	26.77	6.69	3 777	511
	656	301	12	20	13	195.77	153.7	144 433	9 100	27.16	6.82	4 403	605
700×300	692	300	13	20	18	207.54	162.9	164 101	9 014	28.12	6.59	4 743	601
	700	300	13	24	18	231.54	181.8	193 622	10 814	28.92	6.83	5 532	721
750×300	734	299	12	16	18	182.70	143.4	155 539	7 140	29.18	6.25	4 238	478
	742	300	13	20	18	214.04	168.0	191 989	9 015	29.95	6.49	5 175	601
	750	300	13	24	18	238.04	186.9	225 863	10 815	30.80	6.74	6 023	721
	758	303	16	28	18	284.78	223.6	271 350	13 008	30.87	6.76	7 160	859
800×300	792	300	14	22	18	239.50	188.0	242 399	9 919	31.81	6.44	6 121	661
	800	300	14	26	18	263.50	206.8	280 925	11 719	32.65	6.67	7 023	781
850×300	834	298	14	19	18	227.46	178.6	243 858	8 400	32.74	6.08	5 848	564
	842	299	15	23	18	259.72	203.9	291 216	10 271	33.49	6.29	6 917	687
	850	300	16	27	18	292.14	229.3	339 670	12 179	34.10	6.46	7 992	812
	858	301	17	31	18	324.72	254.9	389 234	14 125	34.62	6.60	9 073	939
900×300	890	299	15	23	18	266.92	209.5	330 588	10 273	35.19	6.20	7 429	687
	900	300	16	28	18	305.82	240.1	397 241	12 631	36.04	6.43	8 828	842
	912	302	18	34	18	360.06	282.6	484 615	15 652	36.69	6.59	10 628	1 037

续表

类别	型号(高度×宽度)/(mm×mm)	截面尺寸/mm					截面面积/cm²	理论质量/(kg·m⁻¹)	惯性矩/cm⁴		惯性半径/cm		截面模量/cm³	
		h	b	t_1	t_2	r			I_x	I_y	i_x	i_y	W_x	W_y
HN	1000×300	970	297	16	21	18	276.00	216.7	382 977	9 203	37.25	5.77	7 896	620
		980	298	17	26	18	315.50	247.7	462 157	11 508	38.27	6.04	9 432	772
		990	298	17	31	18	345.30	271.1	535 201	13 713	39.37	6.30	10 812	920
		1 000	300	19	36	18	395.10	310.2	626 396	16 256	39.82	6.41	12 528	1 084
		1 008	302	21	40	18	439.26	344.8	704 572	18 437	40.05	6.48	13 980	1 221
HT	100×50	95	48	3.2	4.5	8	7.62	6.0	110	8	3.79	1.05	23	4
		97	49	4.0	5.5	8	9.38	7.4	142	11	3.89	1.08	29	4
	100×100	96	99	4.5	6.0	8	16.21	12.7	273	97	4.10	2.45	57	20
	125×60	118	58	3.2	4.5	8	9.26	7.3	202	15	4.68	1.26	34	5
		120	59	4.0	5.5	8	11.40	8.9	260	19	4.77	1.29	43	6
	125×125	119	123	4.5	6.0	8	20.12	15.8	524	186	5.10	3.04	88	30
	150×75	145	73	3.2	4.5	8	11.47	9.0	383	29	5.78	1.60	53	8
		147	74	4.0	5.5	8	14.13	11.1	488	37	5.88	1.62	66	10
	150×100	139	97	3.2	4.5	8	13.44	10.5	447	69	5.77	2.26	64	14
		142	99	4.5	6.0	8	18.28	14.3	633	97	5.88	2.31	89	20
	150×150	144	148	5.0	7.0	8	27.77	21.8	1 070	378	6.21	3.69	149	51
		147	149	6.0	8.5	8	33.68	26.4	1 338	469	6.30	3.73	182	63
	175×90	168	88	3.2	4.5	8	13.56	10.6	620	51	6.76	1.94	74	12
		171	89	4.0	6.0	8	17.59	13.8	852	71	6.96	2.00	100	16

HT													
175×175	167	173	5.0	7.0	13	33.32	26.2	1 731	605	7.21	4.26	207	70
175×175	172	175	6.5	9.5	13	44.65	35.0	2 466	849	7.43	4.36	287	97
200×100	193	98	3.2	4.5	8	15.26	12.0	921	71	7.77	2.15	95	14
200×100	196	99	4.0	6.0	8	19.79	15.5	1 260	97	7.98	2.22	129	20
200×150	188	149	4.5	6.0	8	26.35	20.7	1 669	331	7.96	3.54	178	44
200×200	192	198	6.0	8.0	13	43.69	34.3	2 984	1 036	8.26	4.87	311	105
200×125	244	124	4.5	6.0	8	25.87	20.3	2 529	191	9.89	2.72	207	31
200×175	238	173	4.5	8.0	13	39.12	30.7	4 045	691	10.17	4.20	340	80
300×150	294	148	4.5	6.0	13	31.90	25.0	4 342	325	11.67	3.19	295	44
300×200	286	198	6.0	8.0	13	49.33	38.7	7 000	1 036	11.91	4.58	490	105
300×175	340	173	4.5	6.0	13	36.97	29.0	6 823	518	13.58	3.74	401	60
400×150	390	148	6.0	8.0	13	2.00	37.3	10 900	433	15.14	3.02	559	59
400×200	390	198	6.0	8.0	13	55.57	43.6	13 819	1 036	15.77	4.32	709	105

注:①同一型号的产品,其内侧尺寸高度一致;

②截面面积计算公式:$t_1(H-2t_2)+2Bt_2+0.858r^2$;

③"*"所示规格表示国内暂不能生产。

附表 3.13　剖分 T 型钢

符号:
h——截面高度;
b——翼缘宽度;
t_1——腹板高度;
t_2——翼缘厚度;
r——圆角半径;C——重心;
TW、TM、TN 分别代表宽翼缘、中翼缘、窄翼缘 H 型钢。

类别	型号 (高度×宽度) /(mm×mm)	截面尺寸/mm					截面面积 /cm²	质量 /(kg·m⁻¹)	惯性矩/cm⁴		惯性半径/cm		截面模量/cm³		重心 C /cm	对应 H 型钢
		h	b	t_1	t_2	r			I_x	I_y	i_x	i_y	W_x	W_y		
TW	50×100	50	100	6	8	8	10.79	8.5	17	67.7	1.23	2.49	4.2	13.5	1.00	100×100
	62.5×125	63	125	7	9	8	15.00	11.8	5	147.1	1.53	3.13	6.9	23.5	1.19	125×125
	75×150	75	150	7	10	8	19.82	15.6	67	281.9	1.83	3.77	10.9	37.6	1.37	150×150
	87.5×175	88	175	8	11	13	25.71	20.2	116	494.4	2.12	4.38	16.1	56.5	1.55	175×175
	100×200	100	200	8	12	13	31.77	24.9	186	803.3	2.42	5.03	22.4	80.3	1.73	200×200
		100	204	12	12	13	35.77	28.1	256	853.6	2.68	4.89	32.4	83.7	2.09	
	125×250	125	250	9	14	13	45.72	35.9	413	1 827.0	3.01	6.32	39.6	146.1	2.08	25×250
		125	255	14	14	13	51.97	40.8	589	1 941.0	3.37	6.11	59.4	152.2	2.58	
	150×300	147	302	12	12	13	53.17	41.7	856	2 760.0	4.01	7.20	72.2	182.8	2.85	
		150	300	10	15	13	59.23	46.5	799	3 379.0	3.67	7.55	63.8	225.3	2.47	300×300
		150	305	15	15	13	66.73	52.4	1 107	3 554.0	4.07	7.30	92.6	233.1	3.04	
	175×350	172	348	10	16	13	72.01	56.5	1 231	5 624.0	4.13	8.84	84.7	323.2	2.67	350×350
		175	350	12	19	13	85.95	67.5	1 520	6 794.0	4.21	8.89	103.9	388.2	2.87	

类型	尺寸														尺寸
TW	200×400	194	402	15	15	22	89.23	70.0	2 479	8 150.0	5.27	9.56	157.9	405.5	3.70	400×400
		197	398	11	18	22	93.41	73.3	2 052	9 481.0	4.69	10.07	122.9	476.4	3.01	
		200	400	13	21	22	109.35	85.8	2 483	11 227.0	4.77	10.13	147.9	561.3	3.21	
		200	408	21	21	22	125.35	98.4	3 654	11 928.0	5.40	9.75	229.4	584.7	4.07	
		207	405	18	28	22	147.70	115.9	3 634	15 535.0	4.96	10.26	213.6	767.2	3.68	
		214	407	20	35	22	180.33	141.6	4 393	19 704.0	4.94	10.45	251.0	968.2	3.90	
TM	75×100	74	100	6	9	8	13.17	10.3	52	75.6	1.98	2.39	8.9	15.1	1.56	150×100
	100×150	97	150	6	9	8	19.05	15.0	124	253.7	2.56	3.65	15.8	33.8	1.80	200×150
	125×175	122	175	7	11	13	27.75	21.8	288	494.4	3.22	4.22	29.1	56.5	2.28	250×175
	150×200	147	200	8	12	13	35.53	27.9	570	803.5	4.01	4.76	48.1	80.3	2.85	300×200
	175×250	170	250	9	14	13	49.77	39.1	1 016	1 827.0	4.52	6.06	73.1	146.1	3.11	350×250
	200×300	195	300	10	16	13	66.63	52.3	1 730	3 605.0	5.10	7.36	4.5	240.3	3.43	400×300
	225×300	220	300	11	18	13	76.95	60.4	2 680	4 056.0	5.90	7.26	149.6	270.4	4.09	450×300
	250×300	241	300	11	15	13	70.59	55.4	3 399	3 381.0	6.94	6.92	178.0	225.4	5.00	500×300
		244	300	11	18	13	79.59	62.5	3 615	4 056.0	6.74	7.14	183.7	270.4	4.72	
	275×300	272	300	11	15	13	74.00	58.1	4 789	3 381.0	8.04	6.76	225.4	225.4	5.96	550×300
		275	300	11	18	13	83.00	65.2	5 093	4 056.0	7.83	6.99	232.5	270.4	5.59	
	300×300	291	300	12	17	13	84.61	66.4	6 324	3 832.0	8.65	6.73	280.0	255.5	6.51	600×300
		294	300	12	20	13	93.61	73.5	6 691	4 507.0	8.45	6.94	288.1	300.5	6.17	
		297	302	14	23	13	108.55	85.2	7 917	5 289.0	8.54	6.98	339.9	350.3	6.41	

续表

类别	型号 (高度×宽度) /(mm×mm)	截面尺寸/mm					截面面积/cm²	质量/(kg·m⁻¹)	惯性矩/cm⁴		惯性半径/cm		截面模量/cm³		重心 C/cm	对应 H 型钢
		h	b	t_1	t_2	r			I_x	I_y	i_x	i_y	W_x	W_y		
TN	50×50	50	50	5	7	8	5.92	4.7	12	7.8	1.42	1.14	3.2	3.1	1.28	100×50
	62.5×60	63	60	6	8	8	8.34	6.6	28	14.9	1.81	1.34	6.0	5.0	1.64	125×60
	75×75	75	75	5	7	8	8.92	7.0	42	25.1	2.18	1.68	7.4	6.7	1.79	150×75
	87.5×90	88	90	5	8	8	11.45	9.0	71	49.1	2.48	2.07	10.3	10.9	1.93	175×90
	100×100	99	99	5	7	8	11.34	8.9	93	57.1	2.87	2.24	12.0	11.5	2.17	200×100
		100	100	6	8	8	13.33	10.5	114	67.2	2.92	2.25	14.8	13.4	2.31	
	125×125	124	124	5	8	8	15.99	12.6	207	127.6	3.59	2.82	21.2	20.6	2.66	250×125
		125	125	6	9	8	18.48	14.5	248	147.1	3.66	2.82	25.5	23.5	2.81	
	150×150	149	149	6	8	13	20.40	16.0	390	223.3	4.37	3.31	33.5	30.0	3.26	300×150
		150	150	7	9	13	23.39	18.4	460	256.1	4.44	3.31	39.7	34.2	3.41	
	175×175	173	174	6	9	13	26.23	20.6	675	398.0	5.07	3.90	49.7	45.8	3.72	350×175
		175	175	7	11	13	31.46	24.7	811	494.5	5.08	3.96	59.0	56.5	3.76	
	200×200	198	199	7	11	13	35.71	28.0	1 188	725.7	5.77	4.51	76.2	72.9	4.20	400×200
		200	200	8	13	13	41.69	32.7	1 392	870.3	5.78	4.57	88.4	87.0	4.26	
	225×200	223	199	8	12	13	41.49	32.6	1 863	791.8	6.70	4.37	108.7	79.6	5.15	450×200
		225	200	9	14	13	47.72	37.5	2 148	937.6	6.71	4.43	124.1	93.8	5.19	
	250×200	248	199	9	14	13	49.65	39.0	2 820	923.8	7.54	4.31	149.8	92.8	5.97	500×200
		250	200	10	16	13	56.13	44.1	3 201	1 072.0	7.55	4.37	168.7	107.2	6.03	
		253	201	11	19	13	64.66	50.8	3 666	1 292.0	7.53	4.47	189.9	128.5	6.00	

550×200 / 600×200 / 650×300 / 700×300 / 800×300 / 900×300														275×200 / 300×200 / 325×300 / 350×300 / 400×300 / 450×300
550×200	273	199	9	14	13	51.90	40.7	3 689	8.43	924.0	4.22	180.3	92.9	6.85	275×200
550×200	275	200	10	16	13	58.63	46.0	4 182	8.45	1 072.0	4.28	202.9	107.2	6.89	275×200
600×200	298	199	10	15	13	58.88	46.2	5 148	9.35	990.6	4.10	235.3	99.6	7.92	300×200
600×200	300	200	11	17	13	65.86	51.7	5 779	9.37	1 140.0	4.16	262.1	114.0	7.95	300×200
600×200	303	201	12	20	13	74.89	58.8	6 554	9.36	1 361.0	4.26	292.4	135.4	7.88	300×200
650×300	323	299	10	15	12	76.27	59.9	7 230	9.74	3 346.0	6.62	289.0	223.8	7.28	325×300
650×300	325	300	11	17	13	85.61	67.2	8 095	9.72	3 832.0	6.69	321.1	255.4	7.29	325×300
650×300	328	301	12	20	13	97.89	76.8	9 139	9.66	4 553.0	6.82	357.0	302.5	7.20	325×300
700×300	346	300	13	20	13	103.11	80.9	11 263	10.45	4 510.0	6.61	425.3	300.6	8.12	350×300
700×300	350	300	13	24	13	115.11	90.4	12 018	10.22	5 410.0	6.86	439.5	360.6	7.65	350×300
800×300	396	300	14	22	18	119.75	94.0	17 660	12.14	4 970.0	6.44	592.1	331.3	9.77	400×300
800×300	400	300	14	26	18	131.75	103.4	18 771	11.94	5 870.0	6.67	610.8	391.3	9.27	400×300
900×300	445	299	15	23	18	133.46	104.8	25 897	13.93	5 147.0	6.21	790.0	344.3	11.72	450×300
900×300	450	300	16	28	18	152.91	120.0	29 223	13.82	6 327.0	6.43	868.5	421.8	11.35	450×300
900×300	456	302	18	31	18	180.03	141.3	34 345	13.81	7 838.0	6.60	1 002.0	519.0	11.34	450×300

TN

附录4 各种截面回转半径的近似值

$i_x=0.30h$ $i_y=0.90b$ $i_z=0.195h$	$i_x=0.40h$ $i_y=0.21b$	$i_x=0.38h$ $i_y=0.60b$	$i_x=0.41h$ $i_y=0.22b$
$i_x=0.32h$ $i_y=0.28b$ $i_z=0.18\dfrac{b+h}{2}$	$i_x=0.40h$ $i_y=0.21b$	$i_x=0.38h$ $i_y=0.44b$	$i_x=0.32h$ $i_y=0.49b$
$i_x=0.30h$ $i_y=0.215b$	$i_x=0.44h$ $i_y=0.28b$	$i_x=0.32h$ $i_y=0.58b$	$i_x=0.39h$ $i_y=0.50b$
$i_x=0.32h$ $i_y=0.20b$	$i_x=0.43h$ $i_y=0.43b$	$i_x=0.32h$ $i_y=0.40b$	$i_x=0.29h$ $i_y=0.45b$
$i_x=0.28h$ $i_y=0.24b$	$i_x=0.39h$ $i_y=0.20b$ 注：型钢	$i_x=0.38h$ $i_y=0.12b$	$i_x=0.29h$ $i_y=0.29b$
$i_x=0.30h$ $i_y=0.17b$	$i_x=0.42h$ $i_y=0.22b$ 注：宽翼缘焊接组合截面	$i_x=0.44h$ $i_y=0.32b$	$i=0.25d$
$i_x=0.28h$ $i_y=0.21b$	$i_x=0.43h$ $i_y=0.24b$ 注：窄翼缘焊接组合截面	$i_x=0.44h$ $i_y=0.38b$	$i_x=0.35\dfrac{D+d}{2}$
$i_x=0.30h$ $i_y=0.17b$ $i_z=0.185h$	$i_x=0.365h$ $i_y=0.275b$	$i_x=0.37h$ $i_y=0.54b$	$i_x=0.39h$ $i_y=0.53b$
$i_x=0.21h$ $i_y=0.21b$	$i_x=0.35h$ $i_y=0.56b$	$i_x=0.37h$ $i_y=0.45b$	
$i_x=0.45h$ $i_y=0.24b$	$i_x=0.43h$ $i_y=0.24b$	$i_x=0.40h$ $i_y=0.24b$	

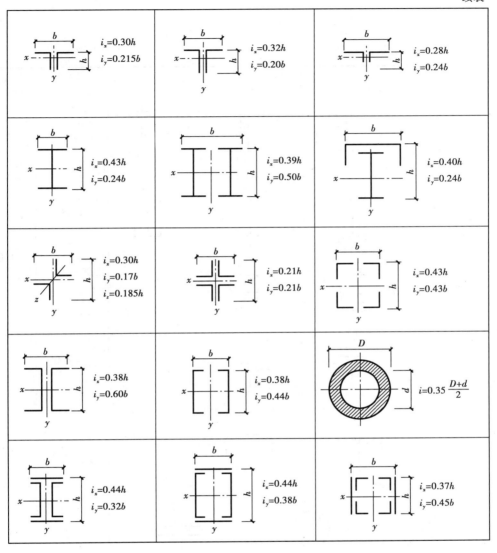

附录 5 截面塑性发展系数 γ_x,γ_y

项次	截面形式		γ_x	γ_y
1				1.2
2			1.05	1.05
3			$\gamma_{x_1}=1.05$	1.2
4			$\gamma_{x_2}=1.2$	1.05
5			1.2	1.2
6			1.15	1.15

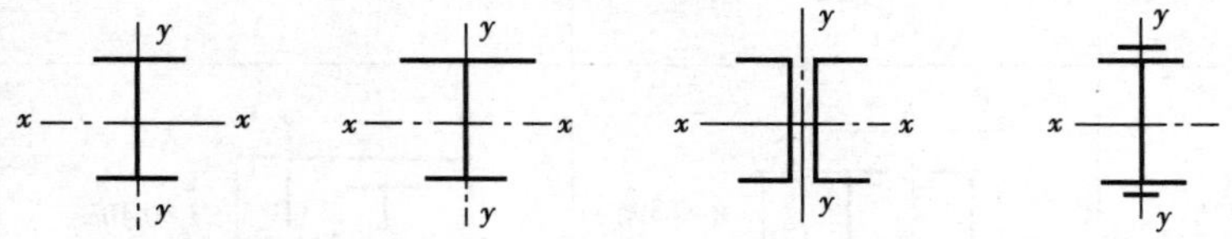

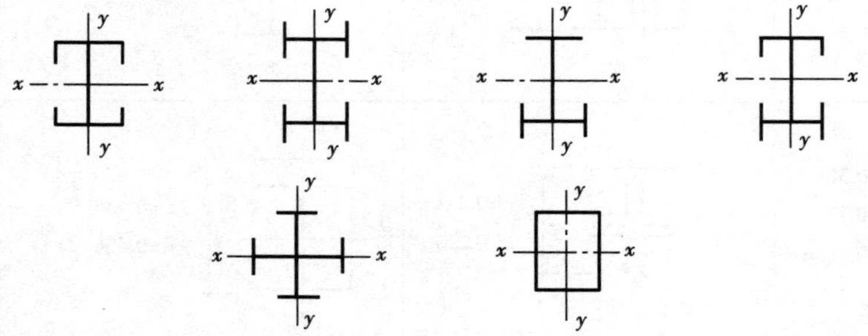

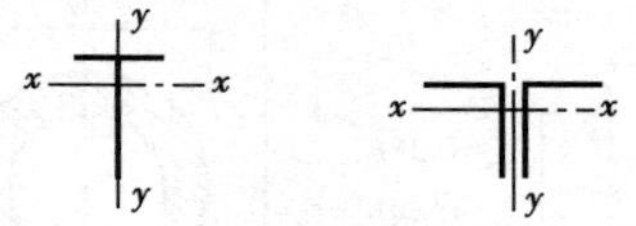

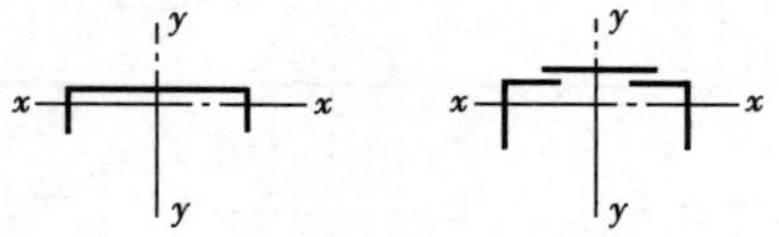

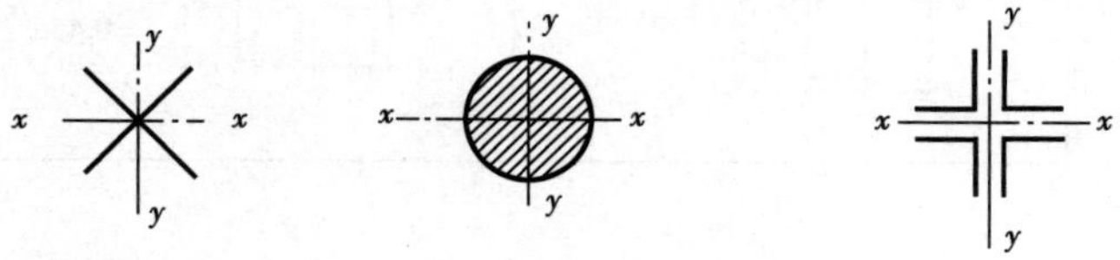

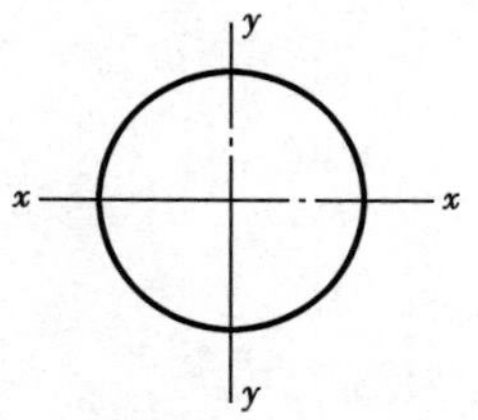

续表

项次	截面形式	γ_x	γ_y
7	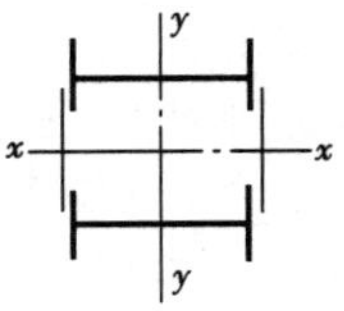 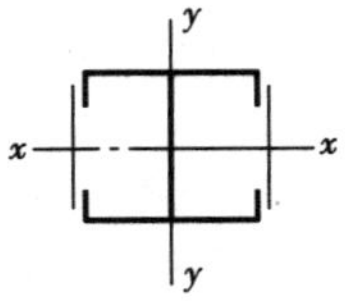	1.0	1.05
8	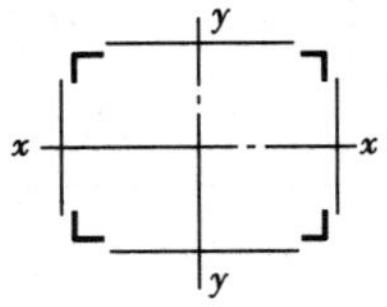 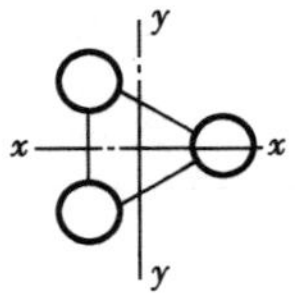		1.0

附录 6　疲劳计算的构件和连接分类表

附表 6.1　非焊接的构件和连接分类

项次	构造细节	说　明	类别
1	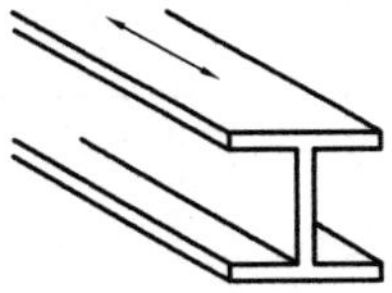	● 无连接处的母材轧制型钢	Z1
2	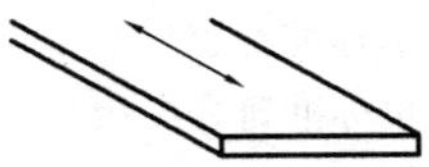	● 无连接处的母材钢板 (1)两边为轧制边或刨边 (2)两侧为自动、半自动切割边 (切割质量标准应符合现行国家标准《钢结构工程施工质量验收标准》GB 50205—2020)	Z1 Z2
3	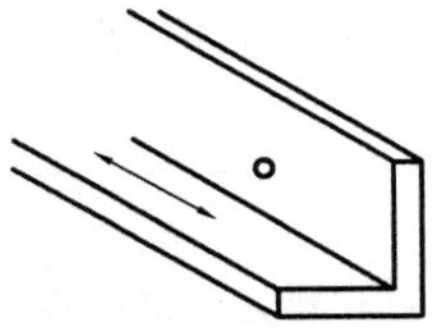	● 连系螺栓和虚孔处的母材应力以净截面面积计算	Z2
4	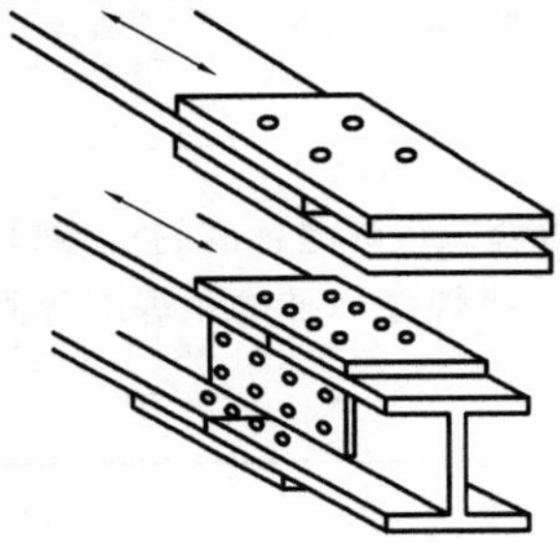	● 螺栓连接处的母材高强度螺栓摩擦型连接应力以毛截面面积计算;其他螺栓连接应力以净截面面积计算 ● 铆钉连接处的母材连接应力以净截面面积计算	Z2 Z4

续表

项次	构造细节	说　明	类别
5	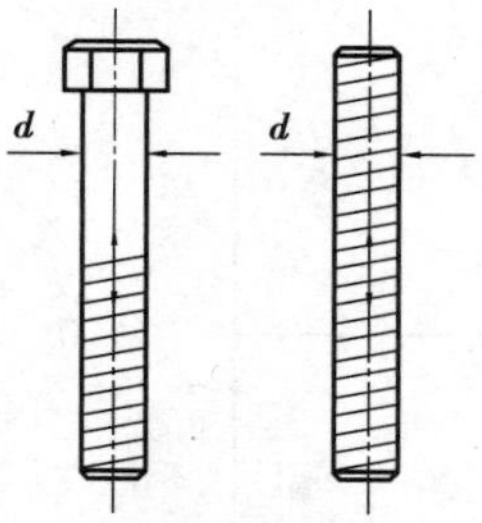	• 受拉螺栓的螺纹处母材连接板件应有足够的刚度,保证不产生撬力。否则对于直径大于 30 mm 螺栓受拉正应力应考虑撬力及其他因素产生的全部附加应力,且尺寸效应对容许应力幅进行修正,修正系数 γ_t:为: $\gamma_t = \left(\dfrac{30}{d}\right)^{0.25}$, d—螺栓直径,单位为 mm	Z11

注:箭头表示计算应力幅的位置和方向。

附表 6.2　纵向传力焊缝的构件和连接分类

项次	构造细节	说　明	类别
1		• 无垫板的纵向对接焊缝附近的母材焊缝符合二级焊缝标准	Z2
2		• 有连续垫板的纵向自动对接焊缝附近的母材 (1)无起弧、灭弧 (2)有起弧、灭弧	Z4 Z5
3	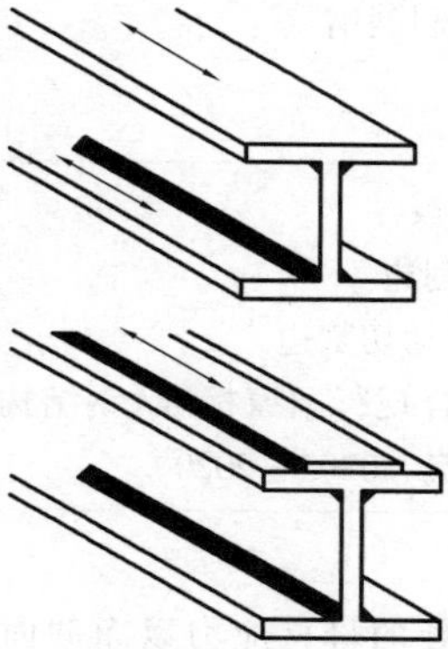	• 翼缘连接焊缝附近的母材 翼缘板与腹板的连接焊缝 自动焊,二级 T 形对接与角接组合焊缝 自动焊,角焊缝,外观质量标准符合二级 手工焊,角焊缝,外观质量标准符合二级 双层翼缘板之间的连接焊缝 自动焊,角焊缝,外观质量标准符合二级 手工焊,角焊缝,外观质量标准符合二级	 Z2 Z4 Z5 Z4 Z5
4	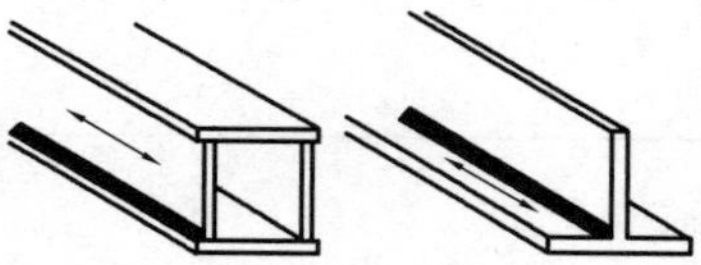	• 仅单侧施焊的手工或自动对接焊缝附近的母材,焊缝符合二级焊缝标准,翼缘与腹板很好贴合	Z5
5	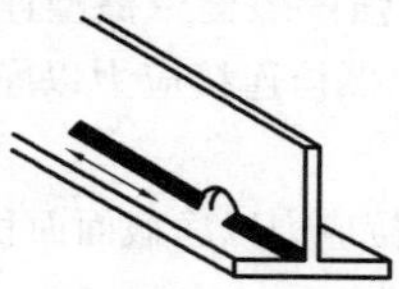	• 开工艺孔处焊缝符合二级焊缝标准的对接焊缝、焊缝外观质量符合二级焊缝标准的角焊缝等附近的母材	Z8

续表

项次	构造细节	说　明	类别
6		● 节点板搭接的两侧面角焊缝端部的母材	Z10
		● 节点板搭接的三面围焊时两侧角焊缝端部的母材	Z8
		● 三面围焊或两侧面角焊缝的节点板母材(节点板计算宽度按应力扩散角 0 等于 30°考虑)	Z8

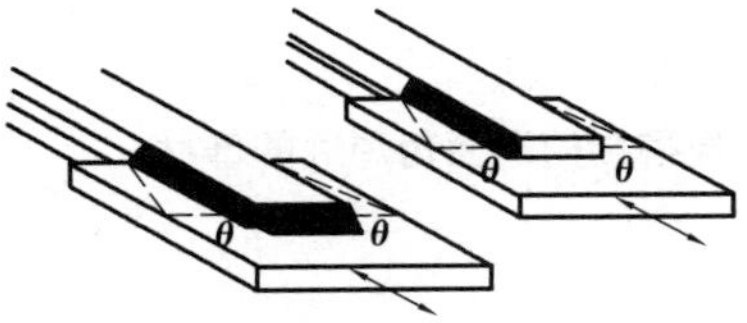

注:箭头表示计算应力幅的位置和方向。

附表 6.3　横向传力焊缝的构件和连接分类

项次	构造细节	说　明	类别
1		● 横向对接焊缝附近的母材,轧制梁对接焊缝附近的母材: 符合现行国家标准《钢结构工程施工质量验收标准》(GB 50205—2020)的一级焊缝,且经加工、磨平	Z2
		符合现行国家标准《钢结构工程施工质量验收标准》(GB 50205—2020)的一级焊缝	Z4
2		● 不同厚度(或宽度)横向对接焊缝附近的母材 符合现行国家标准《钢结构工程施工质量验收标准》(GB 50205—2020)的一级焊缝,且经加工、磨平	Z2
		符合现行国家标准《钢结构工程施工质量验收标准》(GB 50205—2020)的一级焊缝	Z4
3	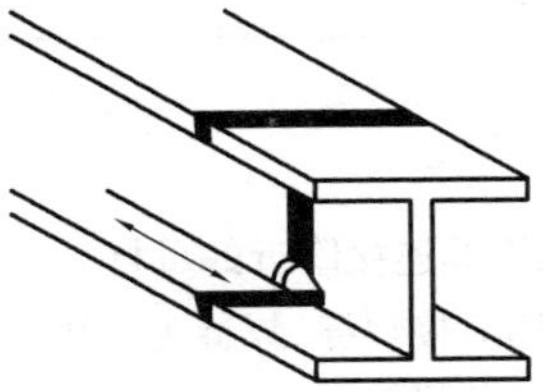	● 有工艺孔的轧制梁对接焊缝附近的母材,焊缝加工成平滑过渡并符合一级焊缝标准	Z6
4	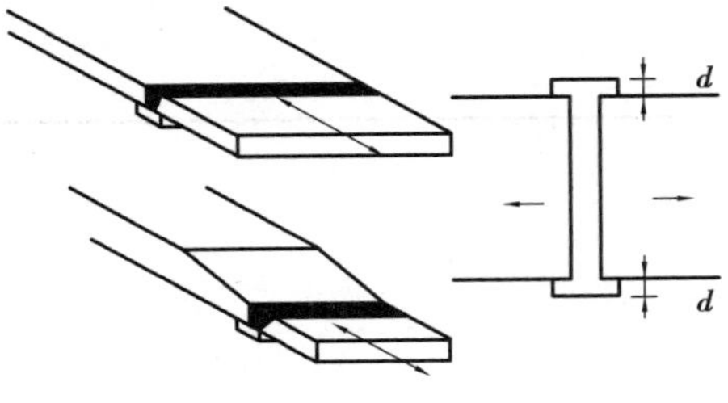	● 带垫板的横向对接焊缝附近的母材垫板端部超出母板距离 d $d \geqslant 10$ mm $d < 10$ mm	Z8 Z11

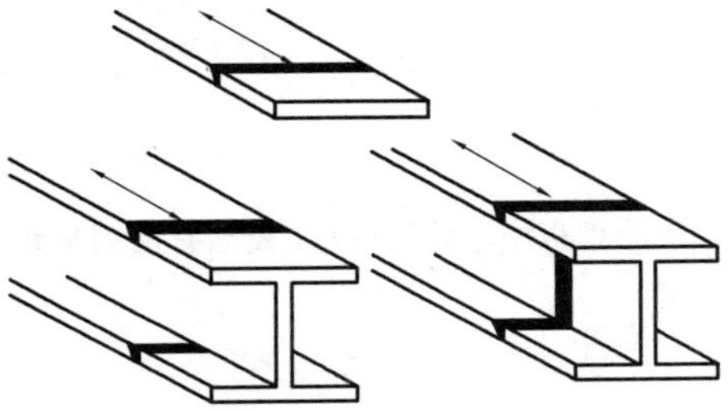

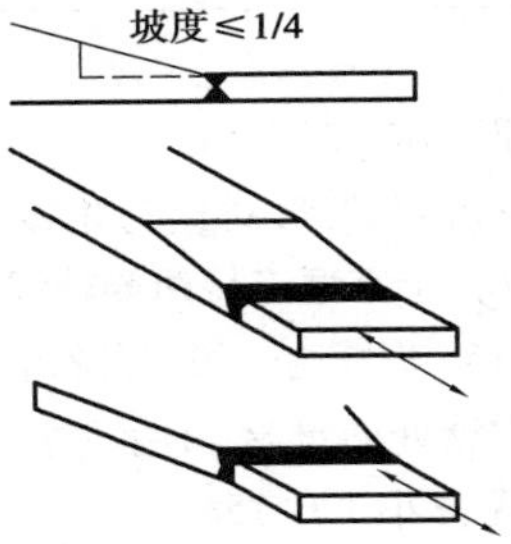

续表

项次	构造细节	说　明	类别
5		● 节点板搭接的端面角焊缝的母材	Z7
6		● 不同厚度直接横向对接焊缝附近的母材,焊缝等级为一级,无偏心	Z8
7		翼缘盖板中心处的母材(板端有横向端焊缝)	Z8
8		● 十字形连接、T形连接 (1)K形坡口、T形对接与角接组合焊缝处的母材,十字型连接两侧轴线偏离距离小于0.15t,焊缝为二级,焊趾角 $\alpha \leq 45°$ (2)角焊缝处的母材,十字形连接两侧轴线偏离距离小于0.15t	Z6 Z8
9		● 法兰焊缝连接附近的母材 (1)采用对接焊缝,焊缝为一级 (2)采用角焊缝	Z8 Z13

注:箭头表示计算应力幅的位置和方向。

附表 6.4　非传力焊缝的构件和连接分类

项次	构造细节	说　明	类别
1	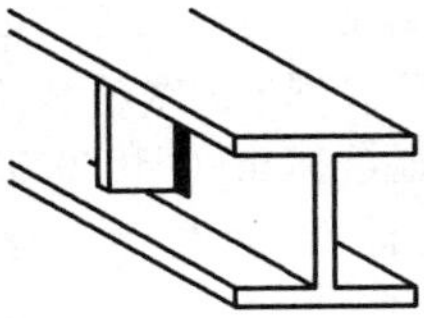	● 横向加劲肋端部附近的母材 肋端焊缝不断弧(采用回焊) 肋端焊缝断弧	Z5 Z6
2	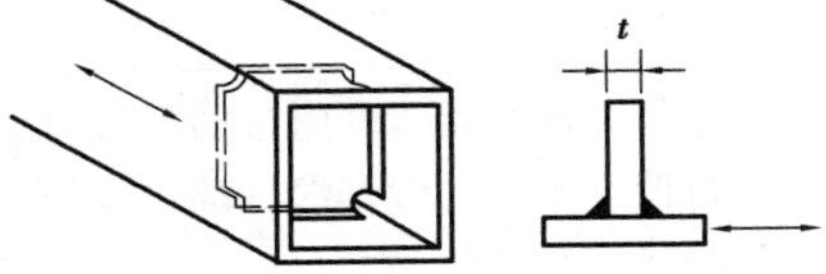	● 横向焊接附件附近的母材: (1)$t \leqslant 50$ mm (2)50 mm$<t \leqslant 80$ mm t 为焊接附件的板厚	Z7 Z8
3	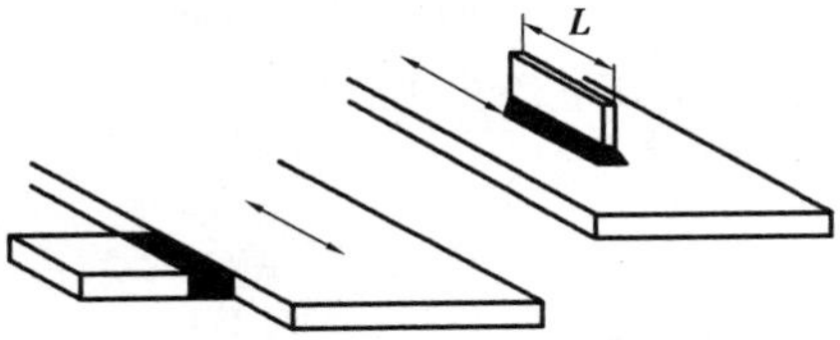	● 矩形节点板焊接于构件翼缘或腹板处的母材 (节点板焊缝方向的长度 $L>150$ mm)	Z8
4	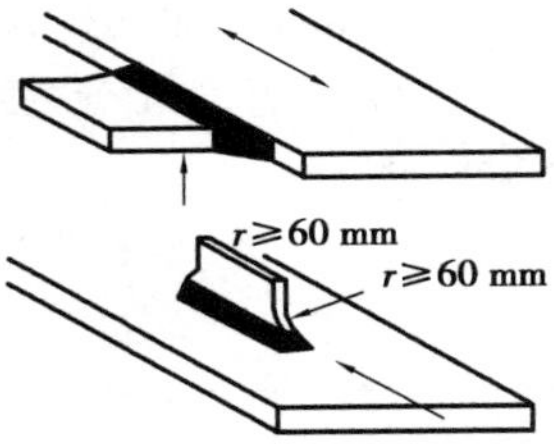	● 带圆弧的梯形节点板用对接焊缝焊于梁翼缘、腹板以及桁架构件处的母材,圆弧过渡处在焊后铲平、磨光、圆滑过渡,不得有焊接起弧、灭弧缺陷	Z6
5	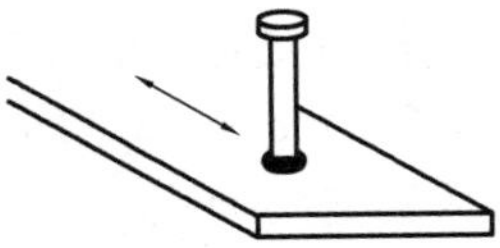	● 焊接剪力栓钉附近的钢板母材	Z7

注:箭头表示计算应力幅的位置和方向。

附表 6.5　钢管截面的构件和连接分类

项次	构造细节	说　明	类别
1	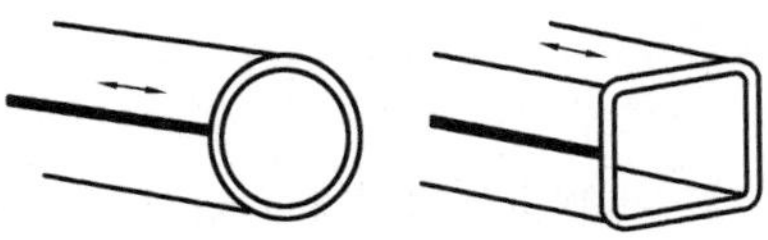	● 钢管纵向自动焊缝的母材 (1)无焊接起弧、灭弧点 (2)有焊接起弧、灭弧点	Z3 Z6

续表

项次	构造细节	说　明	类别
2		• 圆管端部对接焊缝附近的母材,焊缝平滑过渡并符合现行国家标准《钢结构工程施工质量验收标准》(GB 50205—2020)的一级焊缝标准,余高不大于焊缝宽度的10%: (1)圆管壁厚 8 mm<t≤12.5 mm (2)圆管壁厚 t≤8 mm	Z6 Z8
3		• 矩形管端部对接焊缝附近的母材,焊缝平滑过渡并符合一级焊缝标准,余高不大于焊缝宽度的10%: (1)方管壁厚 8 mm<t≤12.5 mm (2)方管壁厚 t≤8 mm	Z8 Z10
4		• 焊有矩形管或圆管的构件,连接角焊缝附近的母材,角焊缝为非承载焊缝,其外观质量标准符合二级,矩形管宽度或圆管直径不大于100 mm	Z8
5		• 通过端板采用对接焊缝拼接的圆管母材,焊缝符合一级质量标准: (1)圆管壁厚 8 mm<t≤12.5 mm (2)圆管壁厚 t≤8 mm	Z10 Z11
6		• 通过端板采用对接焊缝拼接的矩形管母材,焊缝符合一级质量标准: (1)方管壁厚 8 mm<t≤12.5 mm (2)方管壁厚≤8 mm	Z11 Z12
7		• 通过端板采用角焊缝拼接的圆管母材,焊缝外观质量标准符合二级,管壁厚度 t≤8 mm	Z13

项次	构造细节	说　明	类别
8		• 通过端板采用角焊缝拼接的矩形管母材,焊缝外观质量标准符合二级,管壁厚度 $t \leqslant 8$ mm	Z14
9		• 钢管端部压扁与钢板对接焊缝连接(仅适用于直径小于 200 mm 的钢管),计算时采用钢管的应力幅	Z8
10		• 钢管端部开设槽口与钢板角焊缝连接,槽口端部为圆弧,计算时采用钢管的应力幅: (1)倾斜角 $\alpha \leqslant 45°$ (2)倾斜角 $\alpha > 45°$	Z8 Z9

注:箭头表示计算应力幅的位置和方向。

附表 6.6　剪应力作用下的构件和连接分类

项次	构造细节	说　明	类别
1		• 各类受剪角焊缝 剪应力按有效截面计算	J1
2		• 受剪力的普通螺栓 采用螺杆截面的剪应力	J2
3		• 焊接剪力栓钉 采用栓钉名义截面的剪应力	J3

注:箭头表示计算应力幅的位置和方向。

附录7 柱的计算长度系数

附表7.1 无侧移框架柱的计算长度系数 μ

K_2 \ K_1	0.0	0.05	0.1	0.2	0.3	0.4	0.5	1	2	3	4	5	≥10
0.0	1.000	0.990	0.981	0.964	0.949	0.935	0.922	0.875	0.821	0.791	0.773	0.760	0.732
0.05	0.999	0.981	0.971	0.955	0.940	0.926	0.914	0.867	0.814	0.784	0.766	0.754	0.726
0.1	0.981	0.971	0.963	0.946	0.931	0.918	0.906	0.860	0.807	0.778	0.760	0.748	0.721
0.2	0.964	0.955	0.946	0.930	0.916	0.903	0.891	0.846	0.795	0.767	0.749	0.737	0.711
0.3	0.949	0.940	0.931	0.916	0.902	0.889	0.878	0.834	0.784	0.756	0.739	0.728	0.701
0.4	0.935	0.926	0.918	0.903	0.889	0.877	0.866	0.823	0.774	0.747	0.730	0.719	0.693
0.5	0.922	0.914	0.906	0.891	0.878	0.866	0.855	0.813	0.765	0.738	0.721	0.710	0.685
1	0.875	0.867	0.860	0.846	0.834	0.823	0.813	0.774	0.729	0.704	0.688	0.677	0.654
2	0.821	0.814	0.807	0.795	0.784	0.774	0.765	0.729	0.686	0.663	0.648	0.638	0.615
3	0.791	0.784	0.778	0.767	0.756	0.747	0.738	0.704	0.663	0.640	0.625	0.616	0.593
4	0.773	0.766	0.760	0.749	0.739	0.730	0.721	0.688	0.648	0.625	0.611	0.601	0.580
5	0.760	0.754	0.748	0.737	0.728	0.719	0.710	0.677	0.638	0.616	0.601	0.592	0.570
≥10	0.732	0.726	0.721	0.711	0.701	0.693	0.685	0.654	0.615	0.593	0.580	0.570	0.549

注:①表中的计算长度系数 μ 值系按下式算得:

$$\left[\left(\frac{\pi}{\mu}\right)^2 + 2(K_1+K_2) - 4K_1K_2\right]\frac{\pi}{\mu}\cdot\sin\frac{\pi}{\mu} - 2\left[(K_1+K_2)\left(\frac{\pi}{\mu}\right)^2 + 4K_1K_2\right]\cos\frac{\pi}{\mu} + 8K_1K_2 = 0$$

式中,K_1,K_2 分别为相交于柱上端、柱下端的横梁线刚度之和与柱线刚度之和的比值。当梁远端为铰接时,应将横梁线刚度乘以 1.5;当横梁远端为嵌固时,则将横梁线刚度乘以 2。

②当横梁与柱铰接时,取横梁线刚度为零。

③对底层框架柱:当柱与基础铰接时,取 $K_2 = 0$(对平板支座可取 $K_2 = 0.1$);当柱与基础刚接时,取 $K_2 = 10$。

④当与柱刚性连接的横梁所受轴心压力 N_b 较大时,横梁线刚度应乘以折减系数 α_N:

横梁远端与柱刚接和横梁远端铰支时:$\alpha_N = 1 - N_b/N_{Eb}$

横梁远端嵌固时:$\alpha_N = 1 - N_b(2N_{Eb})$

式中,$N_{Eb} = \pi^2 EI_b/l^2$,I_b 为横梁截面惯性矩,l 为横梁长度。

附表 7.2　有侧移框架柱的计算长度系数 μ

K_2 \ K_1	0.0	0.05	0.1	0.2	0.3	0.4	0.5	1	2	3	4	5	≥10
0.0	∞	6.02	4.46	3.42	3.01	2.78	2.63	2.33	2.17	2.11	2.08	2.07	2.03
0.05	6.02	4.16	3.47	2.86	2.58	2.42	2.31	2.07	1.94	1.90	1.87	1.86	1.83
0.1	4.46	3.47	3.01	2.56	2.33	2.20	2.11	1.90	1.79	1.75	1.73	1.72	1.70
0.2	3.42	2.86	2.56	2.23	2.05	1.94	1.87	1.70	1.60	1.57	1.55	1.54	1.52
0.3	3.01	2.58	2.33	2.05	1.90	1.80	1.74	1.58	1.49	1.46	1.45	1.44	1.42
0.4	2.78	2.42	2.20	1.94	1.80	1.71	1.65	1.50	1.42	1.39	1.37	1.37	1.35
0.5	2.63	2.31	2.11	1.87	1.74	1.65	1.59	1.45	1.37	1.34	1.32	1.31	1.30
1	2.33	2.07	1.90	1.70	1.58	1.50	1.45	1.32	1.24	1.21	1.20	1.19	1.17
2	2.17	1.94	1.79	1.60	1.49	1.42	1.37	1.24	1.16	1.14	1.12	1.12	1.10
3	2.11	1.90	1.75	1.57	1.46	1.39	1.34	1.21	1.14	1.11	1.10	1.09	1.07
4	2.08	1.87	1.73	1.55	1.45	1.37	1.32	1.20	1.12	1.10	1.08	1.07	1.06
5	2.07	1.86	1.72	1.54	1.44	1.37	1.31	1.19	1.12	1.09	1.07	1.07	1.05
≥10	2.03	1.83	1.70	1.52	1.42	1.35	1.30	1.17	1.10	1.07	1.06	1.05	1.03

注:①表中的计算长度系数 μ 值系按下式算得:

$$\left[36K_1K_2-\left(\frac{\pi}{\mu}\right)^2\right]\tan\frac{\pi}{\mu}+6(K_1+K_2)\frac{\pi}{\mu}=0$$

式中, K_1 , K_2 分别为相交于柱上端、柱下端的横梁线刚度之和与柱线刚度之和的比值。当横梁远端为铰接时,应将横梁线刚度乘以 0.5;当横梁远端为嵌固时,则将横梁线刚度乘以 2/3。

②当横梁与柱铰接时,取横梁线刚度为零。

③对底层框架柱:当柱与基础铰接时,取 $K_2=0$(对平板支座可取 $K_2=0.1$);当柱与基础刚接时,取 $K_2=10$。

④当与柱刚性连接的横梁所受轴心压力 N_b 较大时,横梁线刚度应乘以折减系数 α_N:

横梁远端与柱刚接时: $\alpha_N=1-N_b/(4N_{Eb})$

横梁远端铰接时: $\alpha_N=1-N_b/N_{Eb}$

横梁远端嵌固时: $\alpha_N=1-N_b/(2N_{Eb})$

N_{Eb} 的计算式与附表 7.1 注 4 相同。

参考文献

[1] 中华人民共和国住房和城乡建设部. 钢结构设计标准：GB 50017—2017[S]. 北京：中国建筑工业出版社，2017.

[2] 中华人民共和国住房和城乡建设部. 工程结构通用规范：GB 55001—2021[S]. 北京：中国建筑工业出版社，2021.

[3] 中华人民共和国住房和城乡建设部. 建筑结构可靠性设计统一标准：GB 50068—2018[S]. 北京：中国建筑工业出版社，2018.

[4] 中华人民共和国住房和城乡建设部. 钢结构通用规范：GB 55006—2021[S]. 北京：中国建筑工业出版社，2021.

[5] 国家市场监督管理总局，中国国家标准化管理委员会. 低合金高强度结构钢：GB/T 1591—2018[S]. 北京：中国建筑工业出版社，2018.

[6] 中华人民共和国国家质量监督检验检疫总局，中国国家标准化管理委员会. 碳素结构钢：GB/T 700—2006[S]. 北京：中国标准出版社，2006.

[7] 国家市场监督管理总局，中国国家标准化管理委员会. 建筑结构用钢板：GB/T 19879—2015[S]. 北京：中国建筑工业出版社，2016.

[8] 中华人民共和国住房和城乡建设部. 门式刚架轻型房屋钢结构技术规范：GB 51022—2015[S]. 北京：中国建筑工业出版社，2016.

[9] 中华人民共和国住房和城乡建设部. 钢结构工程施工规范：GB 50755—2012[S]. 北京：中国建筑工业出版社，2012.

[10] 中华人民共和国住房和城乡建设部. 钢结构工程施工质量验收标准：GB 50205—2020[S]. 北京：中国计划出版社，2020.

[11] 中华人民共和国住房和城乡建设部. 建筑结构荷载规范：GB 50009—2012[S]. 北京：中国建筑工业出版社，2012.

[12] 中华人民共和国住房和城乡建设部，中华人民共和国国家质量监督检验检疫总局. 建筑抗震设计规范（2016年版）：GB 50011—2010[S]. 北京：中国建筑工业出版社，2010.

[13] 中华人民共和国住房和城乡建设部，中华人民共和国国家质量监督检验检疫总局. 冷弯薄壁型钢结构技术规范：GB 50018—2002[S]. 北京：中国标准出版社，2003.

［14］中华人民共和国住房和城乡建设部. 工程结构设计基本术语标准: GB/T 50083—2014 ［S］. 北京: 中国建筑工业出版社, 2015.

［15］陈绍蕃, 顾强. 钢结构(上册)——钢结构基础［M］. 4 版. 北京: 中国建筑工业出版社, 2019.

［16］陈绍蕃, 顾强. 钢结构(下册)——房屋建筑钢结构设计［M］. 4 版. 北京: 中国建筑工业出版社, 2019.

［17］戴国欣. 钢结构［M］. 5 版. 武汉: 武汉理工大学出版社, 2019.